普通高等教育一流本科专业建设成果教材

“十二五”江苏省高等学校重点教材

化学工程与工艺实验

第2版

邵　荣　许　伟
冒爱荣　郁桂云　编著

·北京·

内容简介

《化学工程与工艺实验（第2版）》是高等学校化工类、制药类专业本科教学用书，内容共分8章。第一章“实验基础知识”介绍了实验误差分析、实验设计与数据处理、化工基本物理量测量和化工物性数据测定等，引入测量不确定度评定，并结合Statistic、Origin、Excel等应用软件对实验设计及数据处理进行了介绍。第二章“实验室安全与环保”介绍了实验室安全制度、事故预防与处理、现场急救和“三废”处理。第三章“化工原理实验”主要针对典型化工单元过程进行验证和特性测定，包括伯努利方程实验、雷诺实验、离心泵实验、流体阻力实验和换热、过滤、精馏、干燥等化工单元实验。第四章“化工过程控制实验”通过流量控制、液位控制、温度控制等实验使学生了解化工过程控制仪表的基本结构和工作原理，掌握仪表调校和测试方法。第五章“化学工程专业实验”和第六章“精细化工专业实验”贴近生产实际，选取适合教学使用的无机、有机和精细化工实验项目。第七章“化学化工设计实验”通过实际化工工程项目培养学生分析、解决问题的能力。第八章“化工专业创新实验”全面提升学生专业能力，培养创新思维和创造能力。本书附录收入了常用数据、仪器操作规程和危险化学品安全说明。

本书涵盖教育部高等学校化工类专业教学指导委员会制定的化工类专业教学质量国家标准中化工实验教学的基本内容，可供高等学校化工类专业本科生使用，也可供相关专业科研和实验工作者参考使用。

本书通过二维码附加拓展实验内容，可供不同专业灵活选用。

图书在版编目（CIP）数据

化学工程与工艺实验/邵荣等编著.—2版.—北京：化学工业出版社，2022.8（2024.11重印）

普通高等教育一流本科专业建设成果教材 “十二五”江苏省高等学校重点教材 获中国石油和化学工业优秀出版物奖

ISBN 978-7-122-41630-8

Ⅰ.①化… Ⅱ.①邵… Ⅲ.①化学工程-化学实验-高等学校-教材 Ⅳ.①TQ016

中国版本图书馆CIP数据核字（2022）第099945号

责任编辑：李玉晖　　文字编辑：段曰超　师明远

责任校对：赵懿桐　　装帧设计：韩　飞

出版发行：化学工业出版社（北京市东城区青年湖南街13号　邮政编码100011）

印　　装：大厂回族自治县聚鑫印刷有限责任公司

787mm×1092mm　1/16　印张18　字数446千字　2024年11月北京第2版第4次印刷

购书咨询：010-64518888　　售后服务：010-64518899

网　　址：http://www.cip.com.cn

凡购买本书，如有缺损质量问题，本社销售中心负责调换。

定　　价：58.00元

前言

本书是盐城工学院化学工程与工艺国家级一流本科专业建设成果教材，根据教育部高等学校化工类专业教学指导委员会制定的化工类专业教学质量国家标准，在多年教学实践经验基础上编写。

本书第1版贯彻了“打好专业基础、拓宽就业口径、增强实践能力、提高创新素质”这一指导思想，自2016年出版以来，经盐城工学院和兄弟院校多轮教学使用，获得了广泛的认同，先后被评为“江苏省精品教材”和“十二五”江苏省高等学校重点教材，2019年获中国石油和化学工业优秀出版物奖教材奖二等奖。

为适应新工科建设、工程教育认证新的发展需求，反映学科的发展和技术的进步，促进化工类专业高水平应用型人才培养，本次再版主要做了以下几方面修订：

（1）单独设置“实验室安全与环保”章节，旨在贯彻绿色发展理念，树立实验室安全与环保意识，提高实验个人防护能力，确保实验安全开展。

（2）增加“化工过程控制”章节，通过流量控制、液位控制、温度控制等实验使学生了解化工过程控制仪表的基本结构和工作原理，掌握仪表调校和测试方法。

（3）根据学科的发展特点，对部分第1版实验项目进行了必要的补充与更新。

（4）对附录中仪器操作规程等内容进行了补充，新增了实验室常见危险化学品使用说明。

本书共分为8章，包括实验基础知识、实验室安全与环保、化工原理实验、化工过程控制实验、化学工程专业实验、精细化工专业实验、化学化工设计实验和化工专业创新实验等。本书内容涵盖化工原理、化工仪表及自动化、化工热力学、反应工程、分离工程和精细化学品合成等课程。在实验项目的设计上突出了化工与资源环境、制药、食品及材料等领域的交叉，以加强学生创新能力的培养，全面提升学生专业素质。

在内容的编排上，本书力求由浅入深，由简单到综合，由理论到应用，既方便教师教学，又有利于学生自主学习。本书编写力求概念清晰、层次分明、简洁易懂，具有较强的实用性和可读性。本书可供化工类本科专业教学使用，也可供相关专业科研和实验工作者参考使用。

本书由邵荣、许伟、冒爱荣、郁桂云编著，参与收集资料的人员还有吴静、丁建飞等，全书由冒爱荣负责统稿。另外，颜秀花、宋孝勇、刘红霞等对教材的编写也给予了大量帮助，本书还参考了一些国内外相关书籍及文献资料，在此一并表示衷心的感谢。

鉴于编著者的水平有限，书中难免存在不妥之处，恳请广大读者批评指正。

编著者

2022 年 12 月

目录

第一章　实验基础知识

第二章　实验室安全与环保

第三章　化工原理实验

第四章　化工过程控制实验

第五章　化学工程专业实验

第六章　精细化工专业实验

第七章　化学化工设计实验

第八章　化工专业创新实验

附　录

第一章　实验基础知识

第一节　实验误差分析及测量结果不确定度

一、实验的误差分析

由于实验方法和实验设备的不完善，周围环境的影响，人的观察力差异，测量程序的限制等，实验观察值和真值之间总是存在一定的差异，在数值上即表现为误差。为了提高实验的精度，缩小实验观测值与真值之间的差值，需要对实验的误差进行分析和讨论。

1. 误差的基本概念

（1）真值与平均值　真值是一个理想的概念，一般是不可能观测到的。但是若对某一物理量经过无限多次的测量，出现误差有正有负，而正负误差出现的概率是相同的。因此，在不存在系统误差的前提下，它们的平均值就相当接近于这一物理量的真值。所以实验科学中定义：无限多次的观测值的平均值为真值。由于在实验工作中观测的次数总是有限的，由有限的观测值所得的平均值，只能近似于真值，故称这个平均值为最佳值。化工中常用的平均值有以下几种。

① 算术平均值　以下式表示：

$$x_m = \frac{x_1 + x_2 + \cdots x_n}{n} = \frac{\sum_{i=1}^{n} x_i}{n} \tag{1-1}$$

② 均方根平均值　以下式表示：

$$x_s = \left(\frac{x_1^2 + x_2^2 + \cdots x_n^2}{n}\right)^{\frac{1}{2}} = \sqrt{\frac{\sum_{i=1}^{n} x_i^2}{n}} \tag{1-2}$$

③ 几何平均值　以下式表示：

$$x_c = (x_1 x_2 \cdots x_n)^{\frac{1}{n}} = (\prod_{i=1}^{n} x_i)^{\frac{1}{n}} \tag{1-3}$$

计算平均值方法的选择，取决于一组观测值的分布类型。在一般情况下，观测值的分布属于正态类型，即正态分布。因此，算术平均值作为最佳值使用最为普遍。

（2）误差表示法　某测量点的误差通常由下面三种形式表示。

① 绝对误差　某量的观测值与真值的差称为绝对误差，通称误差。但在实际工作中，

以平均值（即最佳值）代替真值，把观测值与最佳值之差称为剩余误差，但习惯上称为绝对误差。

② 相对误差　为了比较不同被测量的测量精度，引入了相对误差。即为：

$$相对误差=\frac{绝对误差}{真值}\times 100\%$$

③ 引用误差　引用误差（或相对示值误差）指的是一种简化和实用方便的仪器仪表指示值的相对误差，它是以仪器仪表的满量程示值为分母，量程内最大示值误差为分子，所得比值的百分数。仪器仪表的精度是用仪器的最大引用误差来表示。比如1级精度仪表，即为：

$$\frac{量程内最大示值误差}{满量程示值}\times 100\%$$

④ 算术平均误差　在化工领域中，通常用算术平均误差和标准误差来表示测量数据的误差。算术平均误差以下式表示：

$$\delta=\frac{\sum_{i=1}^{n}|X_i-X_m|}{n} \tag{1-4}$$

⑤ 标准误差　标准误差称为标准差或称均方根误差。当测量次数为无穷时，其定义为：

$$\sigma=\sqrt{\left(\frac{\sum_{i=1}^{n}(X_i-X_n)^2}{n}\right)} \tag{1-5}$$

当测量次数为有限时，常用下式表示：

$$\delta=\sqrt{\left(\frac{\sum_{i=1}^{n}(X_i-X_m)^2}{n-1}\right)} \tag{1-6}$$

式中，n 为观测次数；X_i 为第 i 次的测量值；X_m 为 n 次测量值的算术平均值。

标准误差的大小说明，在一定条件下等精度测量的数据中每个观测值对其算术平均值的分散程度。如果测的数值小，该测量列数据中相应小的误差占优势，任一单次观测值对其算术平均值的分散程度就小，测量的精度高；反之，精度就低。

（3）误差的分类

① 系统误差　系统误差是指在同一条件下，多次测量同一量时，误差的数值和符号保持恒定，或在条件改变时，按某一确定的规律变化的误差。系统误差的大小反映了实验数据准确度的高低。

产生系统误差的原因是：a.仪器不良，如刻度不准、仪表未经校正或标准表本身存在偏差等；b.周围环境的改变，如外界温度、压力、风速等；c.实验人员个人的习惯和偏向，如读数的偏高或偏低等引入的误差。系统误差可针对上述诸原因分别通过改进仪器和实验装置以及提高实验技巧予以清除。

② 随机误差（或称偶然误差）　随机误差是指在已经消除系统误差的前提下，在相同条件下测量同一量时，误差的绝对值时大时小，其符号时正时负，没有确定规律的误差。随机

误差的大小反映了精密程度的高低。这类误差产生的原因无法预测，因而无法控制和补偿。但是倘若对某一量值做足够多次数的等精度测量时，就会发现随机误差完全服从统计规律，误差的大小和正负的出现完全由概率决定。因此随着测量次数的增加，随机误差的算术平均值必然趋近于零。所以，多次测量结果的算术平均值将更接近于真值。

③ 过失误差（或称粗大误差） 过失误差是一种显然与事实不符的误差，它主要是由实验人员粗心大意如读错数据或操作失误等所致。存在过失误差的观测值在实验数据整理时必须剔除，因此测量或实验时只要认真负责是可以避免这类误差的。

显然，实测到数据的精确程度是由系统误差和随机误差的大小来决定的。系统误差越小，实测到数据的精确度越高；而随机误差越小，实测到数据的精确度越高。所以要使实测到数据的精确度提高，就必须满足系统误差和随机误差均很小的条件。

2. 误差的基本性质

（1）偶然（随机）误差的正态分布 实测到数据的可靠程度如何？怎样提高它们的可靠性？这些都要求我们应了解在给定条件下误差的基本性质和变化规律。

如果测量列中不包含系统误差和过失误差，从大量的实验中发现偶然误差具有如下特点。

① 绝对值相等的正误差和负误差，其出现的概率相同。

② 绝对值很大的误差出现的概率趋近于零，也就是误差值有一定的实际极限。

③ 绝对值小的误差出现的概率大，而绝对值大的误差出现的概率小。

④ 当测量次数 $n\to\infty$ 时，误差的算术平均值趋近于零，这是正负误差相互抵消的结果。也就说明在测定次数无限多时，算术平均值就等于测定量的真值。

根据偶然误差的分布规律，在经过大量的对测量数据的分析后知道，它是服从正态分布的，其误差函数 $f(x)$ 表达式为：

$$y=f(x)=\frac{h}{\sqrt{\pi}}\mathrm{e}^{-h^2x^2} \tag{1-7}$$

或者：

$$y=f(x)=\frac{1}{\sigma\sqrt{2\pi}}\mathrm{e}^{-\frac{x^2}{2\sigma^2}} \tag{1-8}$$

式中，h 为精密指数，$h=\frac{1}{\sqrt{2}\sigma}$；$x$ 为测量值与真实值之差；σ 为均方误差。

上式称为高斯误差分布定律。根据此方程所给出的曲线则称为误差分布曲线或高斯正态分布曲线。此误差分布曲线完全反映了偶然误差的上述特点，如图 1-1 所示。

现在我们来考虑一下 σ 值对分布曲线的影响，由式（1-8）可见，数据的均方误差 σ 越小，e 指数的绝对值就越大，y 减小得就越快，曲线下降得也就更急，而在 $x=0$ 处的 y 值也就越大；反之，σ 越大，曲线下降得就更缓慢，而在 $x=0$ 处的 y 值也就越小。图 1-2 对三种不同的 σ 值给出了偶然误差的分布曲线。

从这些曲线以及上面的讨论中可知，σ 值越小，小的偶然误差出现的次数就越多，测定精度也就越高。当 σ 值越大时，就会经常碰到大的偶然误差，也就是说，测定的精度也就越差。因而实测到数据的均方误差，完全能够表达出测定数据的精确度，也即表征着测定结果的可靠程度。

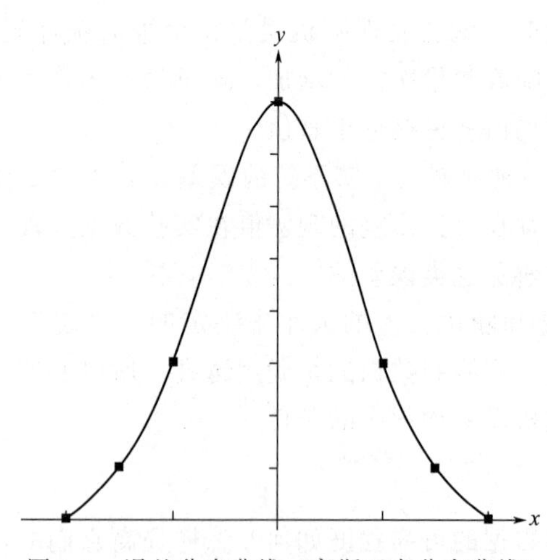

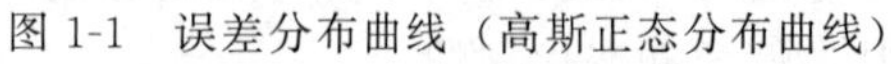
图 1-1　误差分布曲线（高斯正态分布曲线）

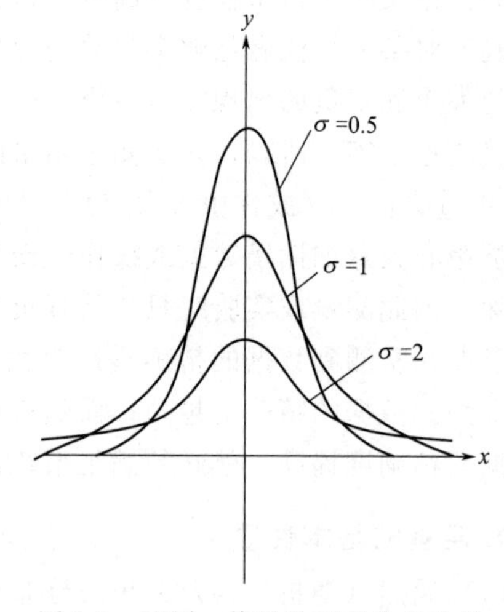

图 1-2　不同 σ 值时的误差分布曲线

（2）可疑的实验观测值的舍弃　由概率积分可知，偶然误差正态分布曲线下的全部面积，相当于全部误差同时出现的概率，即：

$$P=\frac{1}{\sqrt{2\pi}\sigma}\int_{-x}^{x}\mathrm{e}^{-\frac{x^2}{2\sigma^2}}\mathrm{d}x=1 \tag{1-9}$$

若随机误差在 $-\sigma\sim+\sigma$ 范围内，概率则为：

$$P(|x|<\sigma)=\frac{1}{\sqrt{2\pi}\sigma}\int_{-\sigma}^{\sigma}\mathrm{e}^{-\frac{x^2}{2\sigma^2}}\mathrm{d}x=\frac{2}{\sqrt{2\pi}\sigma}\int_{0}^{\sigma}\mathrm{e}^{-\frac{x^2}{2\sigma^2}}\mathrm{d}x=1 \tag{1-10}$$

令 $t=\frac{x}{\sigma}$，则 $x=t\sigma$，所以：

$$P(|x|<\sigma)=\frac{2}{\sqrt{2\pi}}\int_{0}^{t}\mathrm{e}^{-\frac{t^2}{2}}\mathrm{d}t=2\varphi(t) \tag{1-11}$$

即误差在 $\pm t\sigma$ 的范围内出现的概率为 $2\varphi(t)$，而超出这个范围的概率则为 $1-2\varphi(t)$。

概率函数 $\varphi(t)$ 与 t 的对应值在数学手册或相关专著中均附有此类积分表，现给出几个典型的 t 值及其相应的超出或不超出 $|x|$ 的概率，见表 1-1。

表 1-1　t 值及相应的概率

t	$\|x\|$	不超过 $\|x\|$ 的概率 $2\varphi(t)$	超过 $\|x\|$ 的概率 $1-2\varphi(t)$	测量次数 n	超过 $\|x\|$ 的测量次数 n
0.67	0.67σ	0.4972	0.5028	2	1
1	σ	0.6226	0.3174	3	1
2	2σ	0.9544	0.0456	22	1
3	3σ	0.9973	0.0027	370	1
4	4σ	0.9999	0.0001	15626	1

由表 1-1 可知，当 $t=3$、$|x|=3\sigma$ 时，在 370 次观测中只有一次绝对误差超出 3σ 范围，由于在测量中次数不过几次或几十次，因而可以认为 $|x|>3\sigma$ 的误差是不会发生的，通常

把这个误差称为单次测量的极限误差，这也称为 3σ 规则。由此认为，$|x|=3\sigma$ 的误差已不属于偶然误差，这可能是过失误差或实验条件变化未被发觉引起的，所以这样的数据点经分析和误差计算以后予以舍弃。

3. 函数误差

上述讨论的主要是直接测量的误差计算问题，但在许多场合下，往往涉及间接测量的变量，所谓间接测量是通过直接测量与被测的量之间有一定函数关系的其他量，并根据函数关系计算出被测量，如流体流速等测量变量。因此，间接测量就是直接测量得到的各测量值的函数。其测量误差是各原函数。

（1）函数误差的一般形式　在间接测量中，一般为多元函数，而多元函数可用下式表示：

$$y=f(x_1,x_2,x_3,\cdots,x_n) \tag{1-12}$$

式中，y 为间接测量值；x 为直接测量值。

由泰勒级数展开得：

$$\Delta y=\frac{\partial f}{\partial x_1}\Delta x_1+\frac{\partial f}{\partial x_2}\Delta x_2+\cdots+\frac{\partial f}{\partial x_n}\Delta x_n \tag{1-13}$$

或

$$\Delta y=\sum_{i=1}^{n}\frac{\partial f}{\partial x_i}\Delta x_i \tag{1-14}$$

它的极限误差为：

$$\Delta y=\sum_{i=1}^{n}\left|\frac{\partial f}{\partial x_i}\Delta x_i\right| \tag{1-15}$$

式中，$\frac{\partial f}{\partial x_i}$ 为误差传递系数；Δx 为直接测量值的误差；Δy 为间接测量值的极限误差或称函数极限误差。

由误差的基本性质和标准误差的定义，得函数的标准误差：

$$\sigma=\left[\sum_{i=1}^{n}\left(\frac{\partial f}{\partial x_i}\right)^2\sigma_i^{\ 2}\right]^{\frac{1}{2}} \tag{1-16}$$

式中，σ_i 为直接测量值的标准误差。

（2）某些函数误差的计算

① 设函数 $y=x\pm z$，变量 x、z 的标准误差分别为 σ_x、σ_z。

由于误差的传递系数 $\frac{\partial y}{\partial x}=1$，$\frac{\partial y}{\partial z}=\pm 1$，则：

函数极限误差

$$\Delta y=|\Delta x|+|\Delta z| \tag{1-17}$$

函数标准误差

$$\sigma_y=(\sigma_x^{\ 2}+\sigma_z^{\ 2})^{\frac{1}{2}} \tag{1-18}$$

② 设函数 $y=k\frac{xz}{w}$，变量 x、z、w 的标准误差分别为 σ_x、σ_z、σ_w。

由于误差传递系数分别为：

$$\frac{\partial y}{\partial x}=\frac{kz}{w}=\frac{y}{x}$$

$$\frac{\partial y}{\partial z}=\frac{kx}{w}=\frac{y}{w}$$

$$\frac{\partial y}{\partial w}=-\frac{kxz}{w^2}=-\frac{y}{w}$$

则函数的相对误差为：

$$\Delta y = |\Delta x| + |\Delta z| + |\Delta w| \tag{1-19}$$

函数的标准误差为：

$$\sigma_y = k\left[\left(\frac{z}{w}\right)^2 \sigma_x{}^2 + \left(\frac{x}{w}\right)^2 \sigma_z{}^2 + \left(\frac{x}{w^2}\right)^2 \sigma_w{}^2\right]^{\frac{1}{2}} \tag{1-20}$$

③ 设函数 $y=a+bx^n$，变量 x 的标准误差为σ_x，a、b、n 为常数。

由于误差传递系数为：

$$\frac{\mathrm{d}y}{\mathrm{d}x} = nbx^{n-1}$$

则函数的误差为：

$$\Delta y = |nbx^{n-1}\Delta x| \tag{1-21}$$

函数的标准误差为：

$$\sigma_y = nbx^{n-1}\sigma_x \tag{1-22}$$

④ 设函数 $y=k+n\ln x$，变量 x 的标准误差为σ_x，k、n 为常数。

由于误差传递系数为：

$$\Delta y = \left|\frac{n}{x}\Delta x\right| \tag{1-23}$$

函数的标准误差为：

$$\sigma_y = \frac{n}{x}\sigma_x \tag{1-24}$$

⑤ 算术平均值的误差表示实验测量列中任一次测量结果的标准偏差，用来表征测量设备的重复性，标准误差为 σ_{m}。

由算术平均值的定义可知：

$$M_m = \frac{M_1 + M_2 + \cdots + M_n}{n}$$

其误差传递系数为：

$$\frac{\partial M_m}{\partial M_i} = \frac{1}{n} \qquad i = 1, 2, \cdots, n$$

则算术平均值的误差为：

$$\Delta M_m = \frac{\sum_{i=1}^{n} |\Delta M_i|}{n} \tag{1-25}$$

算术平均值的标准误差为：

$$\sigma_m = \left(\frac{1}{n^2}\sum_{i=1}^{n}\sigma_i{}^2\right)^{\frac{1}{2}} \tag{1-26}$$

当 $M_1, M_2, \cdots, M_n$ 是同组等精度测量值，它们的标准误差相同，并等于 σ。所以：

$$\sigma_m = \frac{\sigma}{\sqrt{n}} \tag{1-27}$$

上述讨论除了用来由已知各变量的误差或标准误差计算函数误差外，还可以应用于实验装置的设计和实验装置的改进。在实验装置设计时，选择仪表的精度时，一般由预先给定的函数误差（实验装置允许的误差）求取各测量值（直接测量）所允许的最大误差，从而计算其精密度。但由于直接测量的变量不是一个，在数学上则是不定解。为了获得唯一解，假定各变量的误差对函数的影响相同，这种设计的原则称为等效应原则或等传递原则，即：

$$\sigma_y=\sqrt{n}\left(\frac{\partial f}{\partial x_i}\right)\sigma_i \tag{1-28}$$

或

$$\sigma_i=\frac{\sigma_y}{\sqrt{n}\left(\frac{\partial f}{\partial x_i}\right)} \tag{1-29}$$

二、测量结果的评定和不确定度

测量的目的是，不但要测量待测物理量的近似值，而且要对近似真实值的可靠性做出评定（即指出误差范围），这就要求我们还必须掌握不确定度的有关概念。下面将结合对测量结果的评定对不确定度的概念、分类、合成等问题进行讨论。

1. 不确定度的含义

在实验中，常常要对测量的结果做出综合的评定，采用不确定度的概念。不确定度是“误差可能数值的测量程度”，表征所得测量结果代表被测量的程度。也就是因测量误差存在而对被测量不能肯定的程度，因而是测量质量的表征，用不确定度对测量数据做出比较合理的评定。

对一个实验的具体数据来说，不确定度是指测量值（近真值）附近的一个范围，测量值与真值之差（误差）可能落于其中。不确定度小，测量结果可信赖程度高；不确定度大，测量结果可信赖程度低。在实验和测量工作中，不确定度表示由于测量误差的存在而对被测量值不能确定的程度。它是被测量真值在某一范围内的一个评定。因为误差是未知的，不可能用指出误差的方法去说明可信赖程度，而只能用误差的某种可能的数值去说明可信赖程度，所以不确定度更能表示测量结果的性质和测量的质量。用不确定度评定实验结果的误差，这是更准确地表述了测量结果的可靠程度，因而有必要采用不确定度的概念。

2. 测量结果的表示和合成不确定度

在做实验时，要求表示出测量的最终结果。在这个结果中既要包含待测量的近似真实值 $\overline{x}$，又要包含测量结果的不确定度 σ，还要反映出物理量的单位。因此，要写成含义深刻的标准表达形式，即：

$$x=(\overline{x}\pm\sigma)\text{单位} \tag{1-30}$$

式中，x 为待测量；$\overline{x}$ 为测量的近似真实值；σ 为合成不确定度，一般保留一位有效数字。这种表达形式反映了三个基本要素：测量值、合成不确定度和单位。

在实验中，直接测量时若不需要对被测量进行系统误差的修正，一般就取多次测量的算术平均值 $\overline{x}$ 作为近似真实值；若在实验中有时只需测一次或只能测一次，该次测量值就为被测量的近似真实值。如果要求对被测量进行该系统误差的修正，通常是将该系统误差（即绝对值和符号都确定的可估计出的误差分量）从算术平均值 $\overline{x}$ 或一次测量值中减去，从而求得被修正后的直接测量结果的近似真实值。

在测量结果的标准表达式中，给出了一个范围$[\overline{x}-\sigma,\ \overline{x}+\sigma]$，它表示待测量的真值在$[\overline{x}-\sigma,\ \overline{x}+\sigma]$范围内的概率为 68.3%，不要误认为真值一定就会落在$[\overline{x}-\sigma,\ \overline{x}+\sigma]$。

在上述的标准式中，近似真实值、合成不确定度、单位三个要素缺一不可，否则就不能全面表达测量结果。同时，近似真实值 $\overline{x}$ 的末尾数应该与不确定度的所在位数对齐，近似真实值 $\overline{x}$ 与不确定度 σ 的数量级、单位要相同。在实验中，测量结果的正确表示是一个难点，要引起重视，从开始就应注意纠正出现的偏差和错误，培养良好的实验习惯，才能逐步克服难点，正确书写测量结果的标准形式。

在不确定度的合成问题中，主要是从系统误差和随机误差等方面进行综合考虑的，提出了统计不确定度和非统计不确定度的概念。合成不确定度 σ 是由不确定度的两类分量（A 类和 B 类）求"方和根"计算而得。为使问题简化，本书只讨论简单情况下（即 A 类、B 类分量保持各自独立变化，互不相关）的合成不确定度。

A 类不确定度（统计不确定度）用 S_i 表示，B 类不确定度（非统计不确定度）用 σ_B 表示，合成不确定度为：

$$\sigma=\sqrt{S_i^2+\sigma_B^2} \tag{1-31}$$

3. 合成不确定度的两类分量

计算不确定度是将可修正的系统误差修正后，将各种来源的误差按计算方法分为两类，即用统计方法计算的不确定度（A 类）和用非统计方法计算的不确定度（B 类）。

A 类统计不确定度，是指可以采用统计方法（即具有随机误差性质）计算的不确定度，如测量读数具有分散性、测量时温度波动影响等。这类统计不确定度通常被认为服从正态分布规律，因此可以像计算标准偏差那样，用"贝塞尔公式"计算被测量的 A 类不确定度。A 类不确定度 S_i 为：

$$S_i=\sqrt{\frac{\sum_{i=1}^{n}(x_i-\overline{x})^2}{n-1}}=\sqrt{\frac{\sum_{i=1}^{n}\Delta x_i^2}{n-1}} \tag{1-32}$$

式中，i 表示测量次数，$i=1,2,3,\cdots,n$。

在计算 A 类不确定度时，也可以用最大偏差法、极差法、最小二乘法等，本书只采用"贝塞尔公式法"，并且着重讨论读数分散对应的不确定度。用"贝塞尔公式"计算 A 类不确定度，可以用函数计算器直接读取，十分方便。

B 类非统计不确定度，是指用非统计方法求出或评定的不确定度，如实验室中的测量仪器不准确、量具磨损老化等。评定 B 类不确定度常用估计方法，要估计适当，需要确定分布规律，同时要参照标准，更需要估计者的实践经验、学识水平等。因此，往往是意见纷纭，争论颇多。本书对 B 类不确定度的估计同样只做简化处理。仪器不准确的程度主要用仪器误差来表示，所以因仪器不准确对应的 B 类不确定度为：

$$\sigma_B=\Delta_{仪} \tag{1-33}$$

$\Delta_{仪}$ 为仪器误差或仪器的基本误差，或允许误差，或显示数值误差。一般的仪器说明书中都以某种方式注明仪器误差，是制造厂或计量检定部门给定。物理实验教学中，由实验室提供。对于单次测量的随机误差一般是以最大误差进行估计，以下分两种情况处理。

已知仪器准确度时，这时以其准确度作为误差大小。如用物理天平称量某个物体的质量，当天平平衡时砝码为 $P=145.02\text{g}$，让游码在天平横梁上偏离平衡位置一个刻度（相当于 0.05g），天平指针偏过 1.8 分度，则该天平这时的灵敏度为 1.8 分度÷0.05g，其感量为 0.03g/分度，就是该天平称衡物体质量时的准确度，测量结果可写成 $P=(145.02\pm$

0.03)g。

未知仪器准确度时，单次测量误差的估计应根据所用仪器的精密度、仪器的灵敏度、测试者感觉器官的分辨能力以及观测时的环境条件等因素具体考虑，以使估计误差的大小尽可能符合实际情况。一般来说，最大读数误差对连续读数的仪器可取仪器最小刻度值的一半，而无法进行估计的非连续读数的仪器，如数字式仪表，则取其最末位数的一个最小单位。

4. 直接测量的不确定度

在对直接测量的不确定度的合成问题中，对A类不确定度主要讨论在多次等精度测量条件下，读数分散对应的不确定度，并且用“贝塞尔公式”计算A类不确定度。对B类不确定度，主要讨论仪器不准确对应的不确定度，将测量结果写成标准形式。因此，实验结果的获得，应包括待测量近似真实值的确定，A、B两类不确定度以及合成不确定度的计算。增加重复测量次数对于减小平均值的标准误差，提高测量的精密度有利。但是应注意到当次数增多时，平均值的标准误差减小减缓，当次数多于10次时，平均值的减小便不明显了。通常取测量次数5～10次为宜。下面通过两个例子加以说明。

【例1-1】 采用感量为0.1g的物理天平称量某物体的质量，其读数值为35.41g，求物体质量的测量结果。

解：采用物理天平称物体的质量，重复测量读数值往往相同，故一般只需进行单次测量即可。单次测量的读数即为近似真实值，$m=35.41$g。

物理天平的“示值误差”通常取感量的一半，并且作为仪器误差，即：

$$\sigma_B=\Delta_{仪}=0.05\text{g}=\sigma$$

测量结果为：

$$m=(35.41\pm0.05)\text{g}$$

在例1-1中，因为是单次测量（$n=1$），合成不确定度$\sigma=\sqrt{S_1^2+\sigma_B^2}$中的$S_1=0$，所以$\sigma=\sigma_B$，即单次测量的合成不确定度等于非统计不确定度。但是这个结论并不表明单次测量的σ就小，因为$n=1$时，S_x发散。其随机分布特征是客观存在的，测量次数n越大，置信概率就越高，因而测量的平均值就越接近真值。

在计算合成不确定度中求“方和根”时，若某一平方值小于另一平方值的$\frac{1}{9}$，则这一项就可以略去不计。这一结论称为微小误差准则。在进行数据处理时，利用微小误差准则可减少不必要的计算。不确定度的计算结果，一般应保留一位有效数字，多余的位数按有效数字的修约原则进行取舍。评价测量结果，有时候需要引入相对不确定度的概念。相对不确定度定义为：

$$E_\sigma=\frac{\sigma}{\overline{x}}\times100\% \tag{1-34}$$

E_σ的结果一般应取两位有效数字。此外，有时候还需要将测量结果的近似真实值$\overline{x}$与公认值$x_{公}$进行比较，得到测量结果的百分偏差B。百分偏差定义为：

$$B=\frac{|\overline{x}-x_{公}|}{x_{公}}\times100\% \tag{1-35}$$

百分偏差其结果一般应取两位有效数字。

测量不确定度表达涉及深广的知识领域和误差理论问题，同时，有关它的概念、理论和应用规范还在不断地发展和完善。本书中在保证科学性的前提下，尽量把方法简化，使初学者易于接受。以后在工作需要时，可以参考有关文献继续深入学习。

5. 间接测量结果的合成不确定度

间接测量的近似真实值和合成不确定度是由直接测量结果通过函数式计算出来的，既然直接测量有误差，那么间接测量也必有误差，这就是误差的传递。由直接测量值及其误差来计算间接测量值的误差之间的关系式称为误差的传递公式。设间接测量的函数式为：

$$N=F(x,y,z,\cdots) \tag{1-36}$$

N 为间接测量的量，它有 K 个直接测量的物理量 $x,y,z,\cdots$，各直接观测量的测量结果分别为：

$$x=\overline{x}\pm\sigma_x$$

$$y=\overline{y}\pm\sigma_y$$

$$z=\overline{z}\pm\sigma_z$$

$$\cdots$$

(1) 若将各个直接测量量的近似真实值 $\overline{x}$ 代入函数表达式中，即可得到间接测量的近似真实值。

$$\overline{N}=F(\overline{x},\overline{y},\overline{z},\cdots)$$

(2) 求间接测量的合成不确定度，由于不确定度均为微小量，相似于数学中的微小增量，对函数式 $N=F(x,y,z,\cdots)$ 求全微分。

$$\mathrm{d}N=\frac{\partial F}{\partial x}\mathrm{d}x+\frac{\partial F}{\partial y}\mathrm{d}y+\frac{\partial F}{\partial z}\mathrm{d}z+\cdots \tag{1-37}$$

式中，$\mathrm{d}N,\mathrm{d}x,\mathrm{d}y,\mathrm{d}z,\cdots$ 均为微小量，代表各变量的微小变化，$\mathrm{d}N$ 的变化由各自变量的变化决定，$\frac{\partial F}{\partial x},\frac{\partial F}{\partial y},\frac{\partial F}{\partial z},\cdots$ 为函数对自变量的偏导数，记为 $\frac{\partial F}{\partial A_K}$。将上面全微分式中的微分符号 d 改写为不确定度符号 σ，并将微分式中的各项求"方和根"，即为间接测量的合成不确定度：

$$\sigma_N=\sqrt{\left(\frac{\partial F}{\partial x}\sigma_x\right)^2+\left(\frac{\partial F}{\partial y}\sigma_y\right)^2+\left(\frac{\partial F}{\partial z}\sigma_z\right)^2}=\sqrt{\sum_{i=1}^{k}\left(\frac{\partial F}{\partial A_K}\sigma_{AK}\right)^2} \tag{1-38}$$

K 为直接测量量的个数，A 代表 $x,y,z,\cdots$ 各个自变量（直接观测量）。

上式表明，间接测量的函数式确定后，测出它所包含的直接观测量的结果，将各个直接观测量的不确定度 σ_{AK} 乘以函数对各变量（直测量）的偏导数 $\left(\frac{\partial F}{\partial A_K}\sigma_{AK}\right)$，求"方和根"，即 $\sqrt{\sum_{i=1}^{k}\left(\frac{\partial F}{\partial A_K}\sigma_{AK}\right)^2}$ 就是间接测量结果的不确定度。

当间接测量的函数表达式为积和商或包含有和差（加与减）的积商（乘与除）形式时，为了使运算简便起见，可以先将函数式两边同时取自然对数，然后再求全微分，即：

$$\frac{\mathrm{d}N}{N}=\frac{\partial \ln F}{\partial x}\mathrm{d}x+\frac{\partial \ln F}{\partial y}\mathrm{d}y+\frac{\partial \ln F}{\partial z}\mathrm{d}z+\cdots$$

同样改写微分符号为不确定度符号，再求其"方和根"，即为间接测量的相对不确定度 E_N，即：

$$E_N=\frac{\sigma_N}{\overline{N}}=\sqrt{\left(\frac{\partial \ln F}{\partial x}\sigma_x\right)^2+\left(\frac{\partial \ln F}{\partial y}\sigma_y\right)^2+\left(\frac{\partial \ln F}{\partial z}\sigma_z\right)^2}$$

$$=\sqrt{\sum_{i=1}^{k}\left(\frac{\partial \ln F}{\partial A_K}\sigma_{AK}\right)^2} \tag{1-39}$$

已知 E_N、$\overline{N}$，可以求出合成不确定度：

$$\sigma_N=\overline{N}E_N \tag{1-40}$$

这样计算间接测量的统计不确定度时，特别对函数表达式很复杂的情况，尤其显示出它的优越性。今后在计算间接测量的不确定度时，对函数表达式仅为“和差”形式，可以直接利用式（1-38），求出间接测量的合成不确定度 σ_N，若函数表达式为积和商（或积商和差混合）等较为复杂的形式，可直接采用式（1-39），先求出相对不确定度，再求出合成不确定度 σ_N。

【例 1-2】 已知电阻 $R_1=(50.2\pm0.5)\Omega$，$R_2=(149.8\pm0.5)\Omega$，求它们串联的电阻 R 和合成不确定度 σ_R。

解：串联电阻的阻值为：

$$R=R_1+R_2=50.2+149.8=200.0(\Omega)$$

合成不确定度为：

$$\sigma_R=\sqrt{\sum_{1}^{2}\left(\frac{\partial R}{\partial R_i}\sigma_{Ri}\right)^2}=\sqrt{\left(\frac{\partial R}{\partial R_1}\sigma_1\right)^2+\left(\frac{\partial R}{\partial R_2}\sigma_2\right)^2}$$

$$=\sqrt{\sigma_1^2+\sigma_2^2}=\sqrt{0.5^2+0.5^2}=0.7(\Omega)$$

相对不确定度为：

$$E_R=\frac{\sigma_R}{R}=\frac{0.7}{200.0}\times100\%=0.35\%$$

测量结果为：

$$R=(200.0\pm0.7)(\Omega)$$

在例 1-2 中，由于 $\frac{\partial R}{\partial R_1}=1,\frac{\partial R}{\partial R_2}=1$，$R$ 的总合成不确定度为各个直接观测量的不确定度平方求和后再开方。间接测量的不确定度计算结果一般应保留一位有效数字，相对不确定度一般应保留两位有效数字。

【例 1-3】 测量金属环的内径 $D_1=(2.880\pm0.004)\text{cm}$，外径 $D_2=(3.600\pm0.004)\text{cm}$，厚度 $h=(2.575\pm0.004)\text{cm}$。试求环的体积 V 和测量结果。

解：环体积公式为：

$$V=\frac{\pi}{4}h(D_2^2-D_1^2)$$

（1）环体积的近似真实值为：

$$V=\frac{\pi}{4}h(D_2^2-D_1^2)$$

$$=\frac{3.1416}{4}\times2.575\times(3.600^2-2.880^2)=9.436(\text{cm}^3)$$

（2）首先将环体积公式两边同时取自然对数后，再求全微分为：

$$\ln V=\ln\frac{\pi}{4}+\ln h+\ln(D_2^2-D_1^2)$$

$$\frac{dV}{V}=0+\frac{dh}{h}+\frac{2D_2dD_2-2D_1dD_1}{D_2^2-D_1^2}$$

则相对不确定度为：

$$E_V=\frac{\sigma_V}{V}=\sqrt{\left(\frac{\sigma_h}{h}\right)^2+\left(\frac{2D_2\sigma_{D_2}}{D_2^2-D_1^2}\right)^2+\left(\frac{-2D_1\sigma_{D_1}}{D_2^2-D_1^2}\right)^2}$$

$$=\left[\left(\frac{0.004}{2.575}\right)^2+\left(\frac{2\times3.600\times0.004}{3.600^2-2.880^2}\right)^2+\left(\frac{-2\times2.880\times0.004}{3.600^2-2.880^2}\right)^2\right]^{\frac{1}{2}}$$

$$=0.0081=0.81\%$$

（3）总合成不确定度为：

$$\sigma_V=VE_V=9.436\times0.0081=0.08(\text{cm}^3)$$

（4）环体积的测量结果为：

$$V=(9.44\pm0.08)\text{cm}^3$$

V 的标准式中，$V=9.436\text{cm}^3$ 应与不确定度的位数取齐，因此将小数点后的第三位数6，按照数字修约原则进到百分位，故为 9.44cm^3。

间接测量结果的误差，常用两种方法来估计：算术合成（最大误差法）和几何合成（标准误差法）。误差的算术合成将各误差取绝对值相加，是从最不利的情况考虑，误差合成的结果是间接测量的最大误差，因此是比较粗略的，但计算较为简单，它常用于误差分析、实验设计或粗略的误差计算中。上面例子采用几何合成的方法，计算较麻烦，但误差的几何合成较为合理。

第二节　实验设计与数据处理

一、正交实验设计

根据已确定的实验内容，拟定一个具体的实验安排表，以指导实验的进程，这项工作称为实验设计。对于化工过程，影响实验结果的实验条件往往是多方面的，如温度、压力、流量和浓度等。若要考察各种条件对实验结果的影响程度，就需要进行大量的实验研究，然而，影响结果的因素很多，有些因素单独起作用，有些因素则是相互制约联合起作用。因此，如何合理安排和组织，用最少的实验次数来获取足够的实验数据、得到稳定可靠的实验结果，成为实验设计的核心内容。

随着科学研究和实验技术的发展，实验设计方法的研究也经历了由经验向科学的发展过程。其中有代表性的是正交实验设计法、均匀实验设计法、单纯形优化法和序贯实验设计法等。其中正交实验设计（orthogonal experimental design）是研究多因素多水平的一种高效率、快速、经济的实验设计方法，它是根据正交性从全面实验中挑选出部分有代表性的点进行实验，这些有代表性的点具备了“均匀分散，齐整可比”的特点。

实验设计方法常用的术语定义如下。

实验指标是指能够表征实验结果特性的参数，作为实验研究过程的因变量。它是通过实验来研究的主要内容，它的确定与实验目的息息相关。如产品的性能、质量、成本、产量等均可作为衡量实验效果的指标。

因素作为实验研究过程的自变量，是指可能对实验结果产生影响的实验参数。如温度、压力及流量等参数。

水平是指实验研究中因素所处的具体状态或情况，又称为等级。如温度可分别选取不同的值，所选取值的数目就是因素的水平数。

1. 正交实验设计法及正交表的特点

日本著名的统计学家田口玄一将正交实验选择的水平组合列成表格，称为正交表。例如做一个三因素三水平的实验，按全面实验要求，需进行 $3^3=27$ 种组合的实验，且尚未考虑每一组合的重复数。若按 $L_9(3^3)$ 正交表安排实验，只需做 9 次，按 $L_{18}(3^7)$ 正交表进行 18 次实验，显然大大减少了工作量。因而正交实验设计在很多领域的研究中已经得到广泛应用。

用正交表安排多因素实验的方法，称为正交实验设计法。其特点为：完成实验要求所需的实验次数少；数据点的分布很均匀；可用相应的极差分析方法、方差分析方法、回归分析方法等对实验结果进行分析，引出许多有价值的结论。

(1) 正交表　正交表是一整套规则的设计表格，用 L 作为正交表的代号，n 为实验的次数，t 为水平数，c 为列数，也就是可能安排最多的因素个数。例如 $L_9(3^4)$，它表示需做 9 次实验，最多可观察 4 个因素，每个因素均为 3 水平。

所有的正交表与 $L_9(3^4)$ 正交表一样，都具有以下两个性质。

① 每一列中各数字出现的次数相同。

② 表中任意两列并列在一起形成若干个数字对，不同数字对出现的次数也都相同。

在表 $L_9(3^4)$ 中，每一列有三个水平，水平 1、2、3 都是各出现 3 次。在表 $L_9(3^4)$ 中，任意两列并列在一起形成的数字对共有 9 个：(1,1)、(1,2)、(1,3)、(2,1)、(2,2)、(2,3)、(3,1)、(3,2)、(3,3)。每一个数字对各出现一次，既没有重复也没有遗漏，这反映了实验点分布的均匀性。

正交表 $L_9(3^4)$ 见表 1-2。

表 1-2　正交表 $L_9(3^4)$

行号	列号			
	1	2	3	4
	水平			
1	1	1	1	1
2	1	2	2	2
3	1	3	3	3
4	2	1	2	3
5	2	2	3	1
6	2	3	1	2
7	3	1	3	2
8	3	2	1	3
9	3	3	2	1

这两个特点称为正交性。正是由于正交表具有上述特点，就保证了用正交表安排的实验方案中因素水平是均衡搭配的，数据点的分布是均匀的。因素、水平数越多，运用正交实验设计方法，越发能显示出它的优越性。

一个正交表中也可以各列的水平数不相等，称为混合型正交表，如 $L_{18}(2^1\times3^7)$，此表的 8 列中，有 1 列为 2 水平，7 列为 3 水平。根据正交表的数据结构看出，正交表 $L_n(S^c)$ 是一个 n 行 c 列的表，其中第 j 列由数码 1,2,…，S 组成，这些数码均各出现 n/S 次。

常见的单一水平正交表中，各列水平均为 2 的常用正交表有 $L_4(2^3)$、$L_8(2^7)$、$L_{12}(2^{11})$、$L_{16}(2^{15})$、$L_{20}(2^{19})$、$L_{32}(2^{31})$；各列水平数均为 3 的常用正交表有 $L_9(3^4)$、$L_{27}(3^{13})$；各列水平数均为 4 的常用正交表有 $L_{16}(4^5)$；各列水平数均为 5 的常用正交表有 $L_{25}(5^6)$。

使用正交设计方法进行实验方案的设计，就必须用到正交表。常用正交表见附录部分。

2. 因素之间的交互作用

在化工生产中，因素之间常有交互作用。如果上述的因素 T 的数值和水平发生变化时，实验指标随因素 p 变化的规律也发生变化，或反过来，因素 p 的数值和水平发生变化时，实验指标随因素 T 变化的规律也发生变化。这种情况称为因素 T、p 间有交互作用，记为 T×p。

每一张正交表后都附有相应的交互作用表，它是专门用来安排交互作用实验。安排交互作用的实验时，是将两个因素的交互作用当作一个新的因素，占用一列，为交互作用列，表中带（ ）的为主因素的列号，它与另一主因素的交互列为第一个列号从左向右，第二个列号顺次由下向上，二者相交的号为二者的交互作用列。例如将 A 因素排为第（1）列，B 因素排为第（2）列，两数字相交为 3，则第 3 列为 A×B 交互作用列。

3. 选择正交表的基本原则

一般都是先确定实验的因素、水平和交互作用，后选择适用的 L 表。在确定因素的水平数时，主要因素宜多安排几个水平，次要因素可少安排几个水平。

（1）先看水平数。若各因素全是 3 水平，就选用 $L(3^*)$ 表；若各因素的水平数不相同，就选择混合水平表。

（2）每一个交互作用在正交表中应占一列或两列。为了对实验结果进行方差分析或回归分析，还必须至少留一个空白列，作为“误差”列，在极差分析中要作为“其他因素”列处理。

（3）要看实验精度的要求及相关的实验条件。若精度要求高，则宜取实验次数多的 L 表。若实验的经费有限，人力和时间都比较紧张，则不宜选实验次数太多的 L 表。

（4）对某因素或某交互作用的影响是否确实存在没有把握的情况下，选择 L 表时常为该选大表还是选小表而犹豫。若条件许可，应尽量选用大表。某因素或某交互作用的影响是否真的存在，留到方差分析进行显著性检验时再做结论。这样既可以减少实验的工作量，又不至于漏掉重要的信息。

（5）按原来考虑的因素、水平和交互作用去选择正交表，若无正好适用的正交表可选，简便且可行的办法是适当修改原定的水平数。

4. 正交表的表头设计

正交实验的表头设计是正交设计的关键，它承担着将各因素及交互作用合理安排到正交表的各列中的重要任务，因此一个表头设计就是一个设计方案。

表头安排应优先考虑交互作用不可忽略的处理因素，按照不可混杂的原则，将它们及交互作用首先在表头排妥，而后再将剩余各因素任意安排在各列上。例如某项目考察 4 个因素 A、B、C、D 及 A×B 交互作用，各因素均为 2 水平，现选取 $L_8(2^7)$ 表，由于 A、B 两因素需要观察其交互作用，故将二者优先安排在第1、2列，根据交互作用表查得A×B应排在第3列，于是C排在第4列，A×C交互在第5列，B×C交互作用在第6列，虽然未考察A×C与B×C，为避免混杂之嫌，D就排在第7列。

5. 正交实验的操作方法

对于一批实验，如果要使用几台不同的机器或几种原料来进行，为了防止机器或原料的不同带来误差而干扰实验的分析，可在开始做实验之前，用L表中未排因素和交互作用的一个空白列来安排机器或原料。类似的，为了消除不同人（或仪器）检验的水平不同给实验分析带来干扰，也可采用在L表中用一个空白列来安排的办法。这样一种做法称为分区组法。在排列因素水平表时，最好不要简单地按因素数值由小到大或由大到小的顺序排列。从理论上讲，最好能使用随机化的方法，采用抽签或查随机数值表的办法，来决定排列的顺序。在确定每一个实验的实验条件时，只需考虑所确定的几个因素和分区组该如何取值，而不要考虑交互作用列和误差列怎么办的问题。交互作用列和误差列的取值问题由实验本身的客观规律来确定，它们对指标影响的大小在方差分析时给出。实验过程中要严格控制实验条件，这在因素各水平下的数值差别不大时更为重要。例如，某实验中的因素（温度）T的三个水平，$T_1=25$，$T_2=27$，$T_3=29$，在以$T=T_2=27$为条件的某一个实验中，就必须严格地让$T_2=27$。若因为粗心和不负责任，造成$T_2=26$或造成$T_2=28$，那就将使整个实验失去正交实验设计方法的特点，使极差和方差分析方法的应用丧失了必要的前提条件，得不到正确的实验结果。

6. 正交实验结果分析方法

正交实验设计之所以能得到科技工作者的重视并在实践中得到广泛的应用，究其原因不仅在于能使实验的次数减少，而且能够用相应的方法对实验结果进行分析并引出许多有价值的结论。因此，用正交实验法进行实验，如果不对实验结果进行认真的分析，并引出应该引出的结论，那就失去用正交实验法的意义和价值。

（1）极差分析方法　下面以$L_4(2^3)$正交实验结果为例介绍一下极差分析方法。极差指的是各列中各水平对应的实验指标平均值的最大值与最小值之差。用极差法分析正交实验结果可引出以下几个结论。

① 在实验范围内，各列对实验指标的影响从大到小排队。某列的极差最大，表示该列的数值在实验范围内变化时，使实验指标数值的变化最大。所以各列对实验指标的影响从大到小排队，就是各列极差R的数值从大到小排队。

② 实验指标随各因素的变化趋势。为了能更直观地看到变化趋势，常将计算结果绘制成图。

③ 使实验指标最好的适宜的操作条件（适宜的因素水平搭配）。

$L_4(2^3)$正交实验计算见表1-3。

表1-3　$L_4(2^3)$正交实验计算

列号		1	2	3	实验指标 y_i
实验号	1	1	1	1	y_1
	2	1	2	2	y_2
	3	2	1	2	y_3
	$n=4$	2	2	1	y_4

续表

列号	1	2	3	实验指标 y_i
$Ⅰ_j$	$Ⅰ_1=y_1+y_2$	$Ⅰ_2=y_1+y_3$	$Ⅰ_3=y_1+y_4$	
$Ⅱ_j$	$Ⅱ_1=y_3+y_4$	$Ⅱ_2=y_2+y_4$	$Ⅱ_3=y_2+y_3$	
k_j	$k_1=2$	$k_2=2$	$k_3=2$	
$Ⅰ_j/k_j$	$Ⅰ_1/k_1$	$Ⅰ_2/k_2$	$Ⅰ_3/k_3$	
$Ⅱ_j/k_j$	$Ⅱ_1/k_1$	$Ⅱ_2/k_2$	$Ⅱ_3/k_3$	
极差(R_j)	max{ }－min{ }	max{ }－min{ }	max{ }－min{ }	

注：$Ⅰ_j$为第j列"1"水平所对应的实验指标的数值之和；$Ⅱ_j$为第j列"2"水平所对应的实验指标的数值之和；k_j为第j列同一水平出现的次数，等于实验的次数（n）除以第j列的水平数；$Ⅰ_j/k_j$为第j列"1"水平所对应的实验指标的平均值；$Ⅱ_j/k_j$为第j列"2"水平所对应的实验指标的平均值；R_j为第j列的极差，等于第j列各水平对应的实验指标平均值中的最大值减最小值，即$R_j=\max\{Ⅰ_j/k_j, Ⅱ_j/k_j, \cdots\}-\min\{Ⅰ_j/k_j, Ⅱ_j/k_j, \cdots\}$。

④ 可对所得结论和进一步的研究方向进行讨论。

（2）方差分析方法

① 计算公式和项目　实验指标的加和值$=\sum_{i=1}^{n} y_i$，实验指标的平均值$\overline{y}=\frac{1}{n}\sum_{i=1}^{n} y_i$，以第$j$列为例。

a. $Ⅰ_j$为"1"水平所对应的实验指标的数值之和。

b. $Ⅱ_j$为"2"水平所对应的实验指标的数值之和。

c. k_j为同一水平出现的次数，等于实验的次数除以第j列的水平数。

d. $Ⅰ_j/k_j$为"1"水平所对应的实验指标的平均值。

e. $Ⅱ_j/k_j$为"2"水平所对应的实验指标的平均值。

以上5项的计算方法同极差法。

f. 偏差平方和。即

$$S_j=k_j\left(\frac{Ⅰ_j}{k_j}-\overline{y}\right)^2+k_j\left(\frac{Ⅱ_j}{k_j}-\overline{y}\right)^2+k_j\left(\frac{Ⅲ_j}{k_j}-\overline{y}\right)^2+\cdots \tag{1-41}$$

g. f_j为自由度。$f_j=$第j列的水平数-1。

h. V_j为方差。$V_j=S_j/f_j$。

i. V_e为误差列的方差。$V_e=S_e/f_e$。式中，e为正交表的误差列。

j. F_j为方差之比。$F_j=V_j/V_e$。

k. 查F分布数值表（F分布数值表可查阅相关参考书）做显著性检验。

l. 总的偏差平方和。即：

$$S_{总}=\sum_{i=1}^{n}(y_i-\overline{y})^2$$

m. 总的偏差平方和等于各列的偏差平方和之和。即：

$$S_{总}=\sum_{j=1}^{m} S_j$$

式中，m为正交表的列数。

若误差列由5个单列组成，则误差列的偏差平方和S_e等于5个单列的偏差平方和之和，即$S_e=S_{e1}+S_{e2}+S_{e3}+S_{e4}+S_{e5}$；也可用$S_e=S_{总}+S''$来计算，其中$S''$为安排有因素或交互作用的各列的偏差平方和之和。

② 可引出的结论 与极差法相比，方差分析方法可以判断各列对实验指标的影响是否显著，在什么水平上显著。在数理统计上，这是一个很重要的问题。显著性检验强调实验在分析每列对指标影响中所起的作用。如果某列对指标影响不显著，那么，讨论实验指标随它的变化趋势是毫无意义的。因为在某列对指标的影响不显著时，即使从表中的数据可以看出该列水平变化时，对应的实验指标的数值在以某种“规律”发生变化，但那很可能是由于实验误差所致，将它作为客观规律是不可靠的。有了各列的显著性检验之后，最后应将影响不显著的交互作用列与原来的“误差列”合并起来。组成新的“误差列”，重新检验各列的显著性。

（3）正交实验设计及结果分析实例

【例 1-4】 以蛋黄油为原料制备蛋黄脂质后，用超临界流体 CO_2 萃取分离蛋黄卵磷脂的实验研究，以蛋黄油萃取率为卵磷脂萃取效果的评价指标，确定萃取最佳工艺参数。

解：考虑到影响蛋黄油萃取率的主要因素温度、压力和时间，此研究以萃取压力、萃取温度和萃取时间这 3 个因素为变量。如何安排实验才能获得最高的萃取率？如果对每个因素每个水平进行搭配实验，必须做 27 次实验，进行 27 次实验需要耗费很多的人力、物力、财力，所以在不影响实验结果的情况下，尽量地减少实验次数是非常必要的。把代表性的搭配保留下来，具体的方法就是使用 $L_9(3^3)$ 正交表。

设计进行 3 水平 3 因素的正交实验，采用 $L_9(3^3)$ 正交表，见表 1-4 和表 1-5。

表 1-4 蛋黄油萃取率的正交实验（3 因素 3 水平）

水平	A 压力/MPa	B 温度/℃	C 时间/h
1	20	40	4
2	28	50	5
3	36	60	6

表 1-5 蛋黄油萃取率的正交实验［$L_9(3^3)$］

序号 \ 因素	A	B	C
1	1	1	1
2	1	2	2
3	1	3	3
4	2	1	2
5	2	2	3
6	2	3	1
7	3	1	3
8	3	2	2
9	3	1	2

在此研究过程中，安排 9 次实验，每个因素的每个水平都做了 3 次实验，每两个因素的每一种水平搭配都做了 1 次实验。从这 9 个实验的结果就可以分析清楚每个因素对实验指标的影响。虽然只做了 9 个实验，但是能够了解到全面情况，可以说这 9 个实验代表了全部实验。每次得到的萃取率分别为：4.42、21.43、20.84、13.53、21.01、19.69、14.64、20.28、19.38。分析表 1-6 中数据，得出最优化萃取条件。

表 1-6　正交实验结果

实验号	组合 A　B　C	A	B	C	E
1	1　1　1	20	40	4	4.42
2	1　2　2	20	50	5	21.43
3	1　3　3	20	60	6	20.84
4	2　1　2	28	40	5	13.53
5	2　2　3	28	50	6	21.01
6	2　3　1	28	60	4	19.69
7	3　1　3	36	40	6	14.64
8	3　2　1	36	50	4	20.28
9	3　3　2	36	60	5	19.38
Ⅰ		46.48	32.33	44.19	
Ⅱ		54.23	67.72	54.34	
Ⅲ		54.25	59.91	56.43	
K_1		15.50	10.78	14.73	
K_2		18.06	20.91	18.12	
K_3		18.08	19.97	18.62	
R		2.58	10.13	3.89	

其中：*Ⅰ*为该列中“1”水平所对应的实验指标的数值之和；如 A 列中*Ⅰ*＝4.42＋21.43＋20.84＝46.48，相应可求得 B 和 C 列数值。*Ⅱ*为该列中“2”水平所对应的实验指标的数值之和；如 A 列中*Ⅱ*＝13.53＋21.01＋19.69＝54.23，相应可求得 B 和 C 列数值。*Ⅲ*为该列中“3”水平所对应的实验指标的数值之和；如 A 列中*Ⅲ*＝14.64＋20.28＋19.38＝54.25，相应可求得 B 和 C 列数值。K_1 为*Ⅰ*/k_j（k_j 为 j 列中同一水平出现的次数），即“1”水平所对应的实验指标的平均值。如 A 列中 K_1＝46.48/3＝15.50，相应可求得 B 和 C 列数值。K_2 为“2”水平所对应的实验指标的平均值；如 A 列中 K_2＝54.23/3＝18.06，相应可求得 B 和 C 列数值。K_3 为“3”水平所对应的实验指标的平均值；如 A 列中 K_3＝54.25/3＝18.08，相应可求得 B 和 C 列数值。

极差 R 表示该因素在其取值范围内实验指标变化的幅度。

$$R=\max(K_i)-\min(K_i)$$

如 A 列中 R＝18.08－15.50＝2.58，相应可求得 B 和 C 列数值。

极差 R 越大，说明这个因素的水平改变时对实验指标的影响越大，在上述结果中 B 的极差值最大，所以温度的影响最大，其次是 C（时间），再次为 A（压力），最优化萃取条件为 $A_3B_2C_3$，即萃取压力为 36MPa，萃取时间为 6h，萃取温度为 50℃。

二、Statistica 软件在正交实验中的应用

计算机及其软件的发展为方便地应用统计方法来进行实验设计和分析数据提供了工具和手段，有专门的统计软件可完成实验设计与分析的工作，Statsoft 的 Statistica 就是其中之一。Statistica 提供的 Experimental Design 模块可用来进行实验设计与分析的工作。实验设计与分析包含的内容很多，本节通过实例来介绍实验设计与分析的主要内容、用 Statistica 来进行实验设计与分析以及数据处理、数据模型参数化处理的方法及其分析。

正交实验设计及分析是实验数据分析处理的一个常用方法。对正交实验结果进行分析，可以从较少的实验数据中获得较多的信息。软件 Statistica 可以进行各种正交实验的设计及

分析，当然还包括其他的实验设计与分析的方法和过程。Statistica 6.0 中 Experimental Design 模块的主要功能见表 1-7。

表 1-7 Statistica 6.0 中 Experimental Design 模块的主要功能

2 * * (K-p) standard design (box, hunter & hunter)	两水平析因标准设计
2-level screening (Plackett-Burman) designs	两水平筛选因素设计
2 * * (K- p) max unconfounded or min aberration designs	两水平最大混区或最小偏差设计
3 * * (K-p) and box-behnken designs	三水平和 box-behnken 设计
Mixed 2 and 3 level designs	混合两水平和三水平设计
Central composite, non-factorial, surface designs	中心复合、非析因和响应面设计
Latin squares, Greco-Latin squares	拉丁方、Greco-拉丁方
Taguchi robust design experiments (orthogonal arrays)	田口稳健实验设计(正交数组)
Mixture designs and triangular surfaces	混合设计和三角面
Designs for constrained surfaces and mixtures	约束面和混合物设计
D-and A-(T-)optimal algorithmic designs	D-和 A-(T-)优化算法设计

下面通过一个实例来介绍 Experimental Design 模块处理具体问题的方法，以及进行实验设计及分析的步骤和特点。

1. 全析因设计

用 Statistica 软件进行数据分析。对例 1-4 中的实例选择的数据进行分析，用 Statistica 主窗口中 Experimental Design 模块的 3 * * （K-p） and box-behnken designs 进行统计分析，其中 3p 表示区组个数，3 K-p 表示区组大小。选择 Analyze results，应变量选择蛋黄油

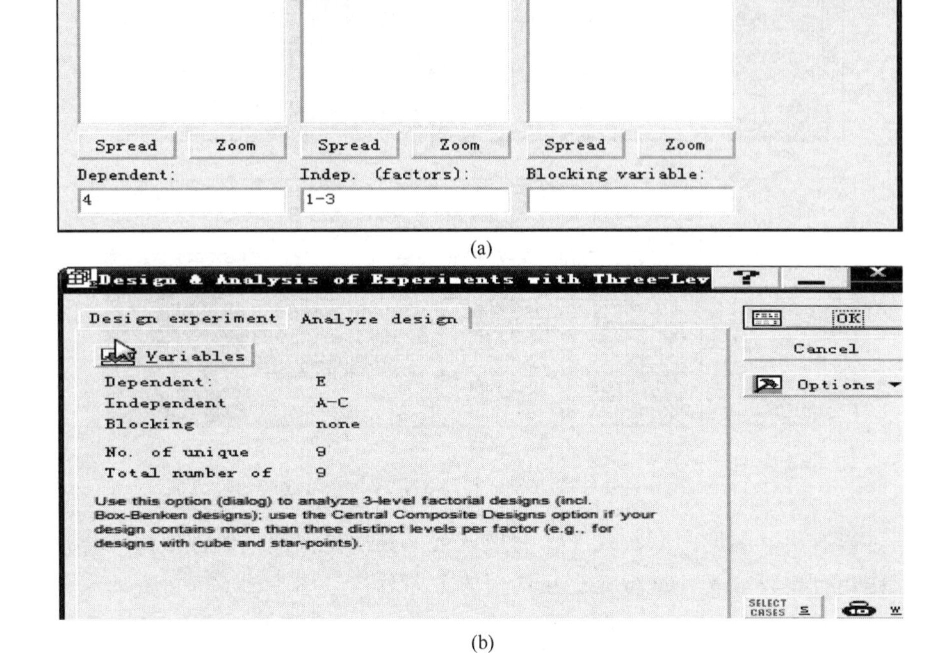

图 1-3 Statistica 软件中设置自变量和因变量界面

萃取率，而自变量选压力、温度、时间，这样就进入各种数据统计分析及结果的界面。如图1-3（a）所示，点击“OK”后出现图1-3（b）中的界面。

点击图1-3（b）中的“OK”按钮，可进行进一步分析。

Statistica软件中设置交互作用界面如图1-4所示。选中方框中一项，点击ANOVA/Effects，然后进行方差分析（ANOVA）与效应估计，如图1-5所示。

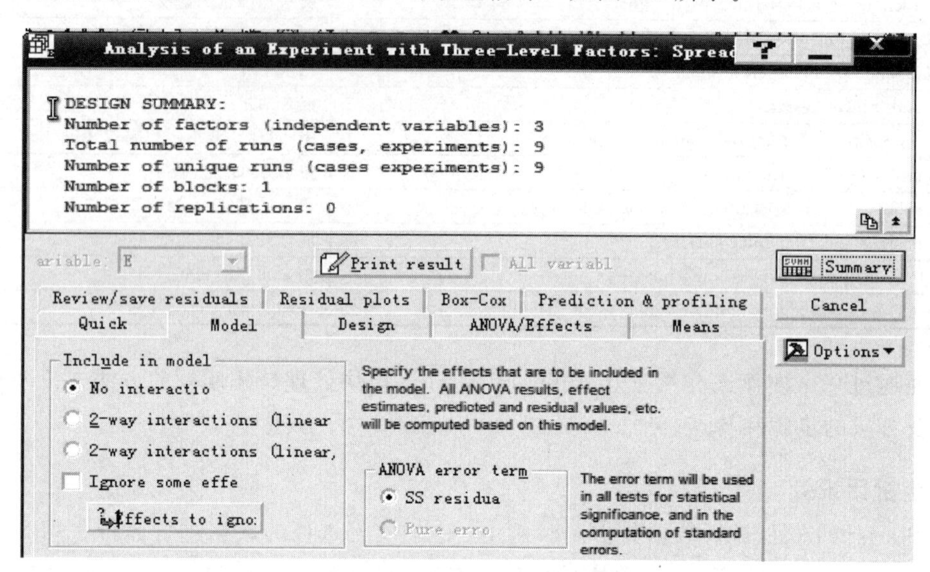

图1-4　Statistica软件中设置交互作用界面

Design (DOE) (Spreadsheet2) — Effect Estimates; Var.:E; R-sqr=1. (Spreadsheet2) … 1 Blocks, 9 Runs

DV: E

Factor	Effect	Coeff.
Mean/Interc.	23.9433	23.94333
(1)A　(L)	2.5367	1.26833
A　(Q)	-2.4900	-1.24500
(2)B　(L)	9.4767	4.73833
B　(Q)	-11.3500	-5.67500
(3)C　(L)	0.3833	0.19167
C　(Q)	-6.2500	-3.12500
1L by 2L	-7.3000	-3.65000
1L by 3L	0.7400	0.37000

(a)

ANOVA; Var.:E; R-sqr=.90291; Adj:.61163 (Spreadsheet2)
3 3-level factors, 1 Blocks, 9 Runs; MS Residual=12.1089
DV: E

Factor	SS	df	MS	F	p
(1)A　L+Q	12.7521	2	6.37603	0.526558	0.655069
(2)B　L+Q	184.6773	2	92.33863	7.625683	0.115933
(3)C　L+Q	27.7817	2	13.89083	1.147159	0.465732
Error	24.2178	2	12.10890		
Total SS	249.4288	8			

(b)

图1-5　Statistica软件中方差分析（ANOVA）与效应估计界面

由数据可以看出，温度的二次效应影响最显著，其次是温度的线性效应，再次是压力和温度的交互作用也比较显著。进行无交互作用的方差分析（图1-6）。

由数据可以看出，B（温度）的二次效应对实验的影响最大。进行回归系数统计分析（图1-7）。

Effect Estimates; Var.:E; R-sqr=.90291; Adj:.61163 (Spreadsheet2)
3 3-level factors, 1 Blocks, 9 Runs; MS Residual=12.1089
DV: E

Factor	Effect	Std.Err.	t(2)	p	-95.% Cnf.Limt	+95.% Cnf.Limt	Coeff.	Std.Err. Coeff.	-95.% Cnf.Limt	+95.% Cnf.Limt
Mean/Interc.	22.6033	3.068881	7.36533	0.017939	9.3990	35.80766	22.60333	3.068881	9.3990	35.80766
(1)A (L)	2.5367	2.841232	0.89281	0.466170	-9.6882	14.76150	1.26833	1.420616	-4.8441	7.38075
A (Q)	-2.4900	4.921158	-0.50598	0.663131	-23.6640	18.68404	-1.24500	2.460579	-11.8320	9.34202
(2)B (L)	9.1067	2.841232	3.20518	0.085099	-3.1182	21.33150	4.55333	1.420616	-1.5591	10.66575
B (Q)	-10.9800	4.921158	-2.23118	0.155375	-32.1540	10.19404	-5.49000	2.460579	-16.0770	5.09702
(3)C (L)	4.0333	2.841232	1.41957	0.291557	-8.1915	16.25817	2.01667	1.420616	-4.0958	8.12908
C (Q)	-2.6000	4.921158	-0.52833	0.650038	-23.7740	18.57404	-1.30000	2.460579	-11.8870	9.28702

图 1-6 Statistica 软件中无交互作用的方差分析

Regr. Coefficients; Var.:E; R-sqr=.90291; Adj:.61163 (Spreadsheet2)
3 3-level factors, 1 Blocks, 9 Runs; MS Residual=12.1089
DV: E

Factor	Regressn Coeff.	Std.Err.	t(2)	p	-95.% Cnf.Limt	+95.% Cnf.Limt
Mean/Interc.	-199.687	90.05075	-2.21750	0.156869	-587.144	187.7700
(1)A (L)	1.248	2.16032	0.57765	0.621865	-8.047	10.5430
A (Q)	-0.019	0.03845	-0.50598	0.663131	-0.185	0.1460
(2)B (L)	5.945	2.46468	2.41222	0.137326	-4.659	16.5500
B (Q)	-0.055	0.02461	-2.23118	0.155375	-0.161	0.0510
(3)C (L)	15.017	24.64677	0.60928	0.604335	-91.030	121.0631
C (Q)	-1.300	2.46058	-0.52833	0.650038	-11.887	9.2870

图 1-7 Statistica 软件中回归系数统计分析图

选择变量为蛋黄萃取率和 Normal Probablity Plot 则得到正态概率分布图（图 1-8）。

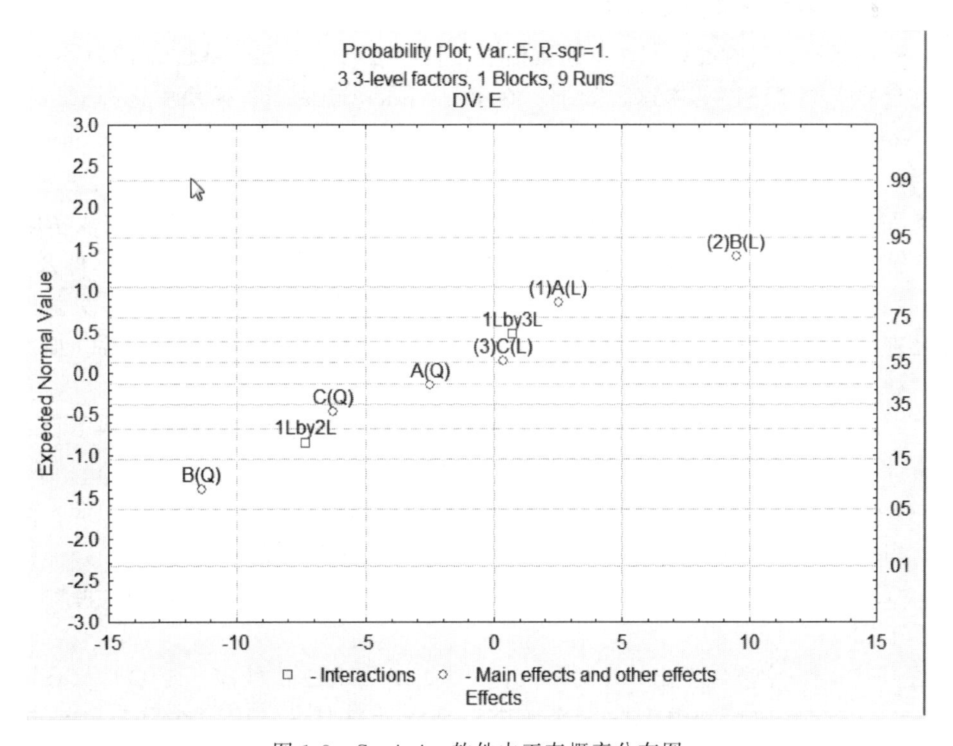

图 1-8 Statistica 软件中正态概率分布图

相对于其他的因素来说，B（温度）偏离程度比较大，说明了时间和压力及各个因素之间的交互作用对萃取率的影响比较小，而温度是影响萃取率的主要因素。

由于主效应模型就可以描述因素之间的关系，因此选择无交互作用后，就可以做出Pareto图（图1-9），同样可表明对萃取率影响最显著的还是温度因素。用此因素的二次方型可以描述。

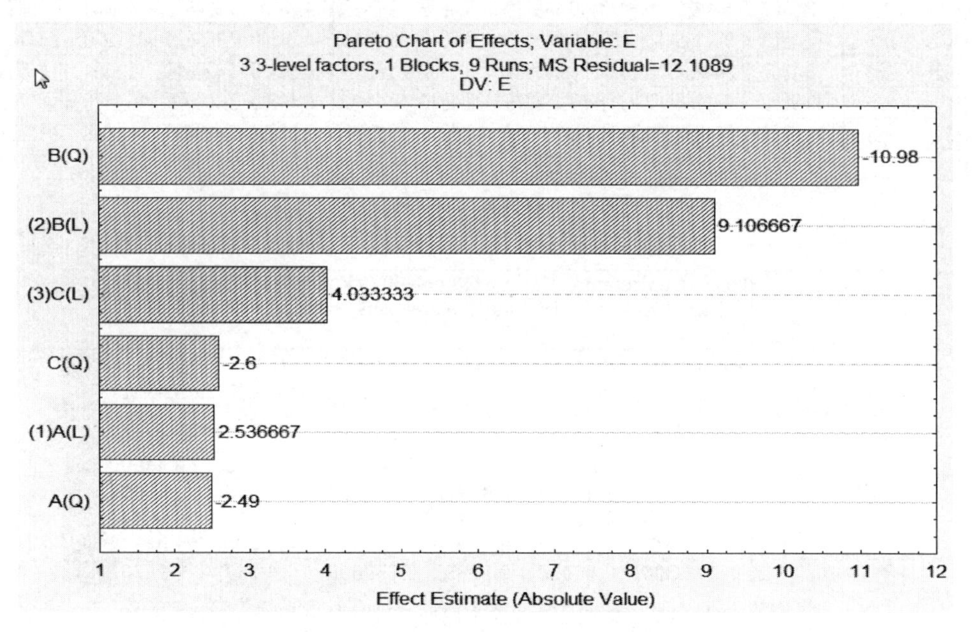

图 1-9　Statistica 软件中 Pareto 图

2. 中心复合的实验设计和分析

（1）中心复合的实验设计　在上述实例中，只考虑A（压力）和B（时间）两个因素进行中心复合的实验设计，具体过程如下：在Experimental design模块中选择Central composite、Non-factorial、Response surface designs，打开Central composite design对话框，采用两因素标准中心复合设计，进行10次实验，分两区组，这样可以看到如下表格。

如图1-10（a）所示，表中的值为因素水平的编码值，为便于用实验数据表示结果及分析，可在结果对话框中点击Change factor names、values等输入因素的高、低及中心值，如图1-10（b）所示。再从Add to the design中，每区组增加一个相同的中心实验，这样在某些点处进行重复实验，可以估计随机测量的可靠性，检验残差的统计显著性。加入中心实验以后，如图1-10（c）所示。

（2）实验结果分析　对每组的组合进行实验，得到相应的产率，结果如图1-11所示。

点击Variables按钮并选择E作为Dependent variable，A和B作为Indep.（Factors），选择Block作为Blocking variable，点击两次“OK”，如图1-12（a）、（b）所示。首先看方差分析，用线性模型及纯误差（pure error），从方差ANOVA表中［图1-12（c）］可以看出，有A（压力）和lack of fit（$p<0.05$）是统计显著的。如果用二次模型，再看ANOVA表，如图1-12（d）所示。

从图1-12（d）中可以看出，压力的线性［A(L)］和二次效应［A(Q)］都是统计显著的，A、B的交互作用和温度的二次效应也是统计显著的。因此在模型中都应该加以考虑。

Standard Run	2**(2) central composite, nc= Block	A	B
2	1	-1.00000	1.00000
5 (C)	1	0.00000	0.00000
10 (C)	2	0.00000	0.00000
7	2	1.41421	0.00000
8	2	0.00000	-1.41421
9	2	0.00000	1.41421
6	2	-1.41421	0.00000
1	1	-1.00000	-1.00000
3	1	1.00000	-1.00000
4	1	1.00000	1.00000

(a)

Factor	Factor Name	Low Value	Low Label	Center Value	Center Label	High Value	High Label	Star Low Label	Star Hi. Label
A (1)	A	20	Low	28	CenterPt	36	High	StarLow	StarHigh
B (2)	B	40	Low	50	CenterPt	60	High	StarLow	StarHigh

(b)

Standard Run	2**(2) central composite, nc= + 1 center points per block Block	A	B
1	1	20.00000	40.00000
2	1	20.00000	60.00000
3	1	36.00000	40.00000
4	1	36.00000	60.00000
5 (C)	1	28.00000	50.00000
6 (C)	1	28.00000	50.00000
7	2	16.68629	50.00000
8	2	39.31371	50.00000
9	2	28.00000	35.85786
10	2	28.00000	64.14214
11 (C)	2	28.00000	50.00000
12 (C)	2	28.00000	50.00000

(c)

图 1-10 Statistica 软件中心复合实验设计界面

Standard Run	2**(2) central composite, nc=4 ns=4 nc + 1 center points per block Block	A	B	E
1	1	20.00000	40.00000	4.42
2	1	20.00000	60.00000	21.43
3	1	36.00000	40.00000	20.84
4	1	36.00000	60.00000	13.53
5 (C)	1	28.00000	50.00000	21.01
6 (C)	1	28.00000	50.00000	19.69
7	2	16.68629	50.00000	14.64
8	2	39.31371	50.00000	20.28
9	2	28.00000	35.85786	19.38
10	2	28.00000	64.14214	16.78
11 (C)	2	28.00000	50.00000	20.15
12 (C)	2	28.00000	50.00000	19.23

图 1-11 Statistica 软件中心复合实验数据图

进行参数估计和系数回归。点击 Quick tab（或 ANOVA/Effects tab），然后点击 Summary：Effect estimates 按钮，参数估计如图 1-13 所示。

根据其中“Coeff.”下面的系数，可以写出萃取率和各个因素之间的关系：

$$y=20.02+2.06*x_1-1.96*x_1^2+0.75*x_2-1.65*x_2{}^2-6.08*x_1*x_2$$

y 代表萃取率的预测值，x_1、x_2 分别代表压力和温度因素的编码值，式中没有包括区组系数，因为区组影响不重要。

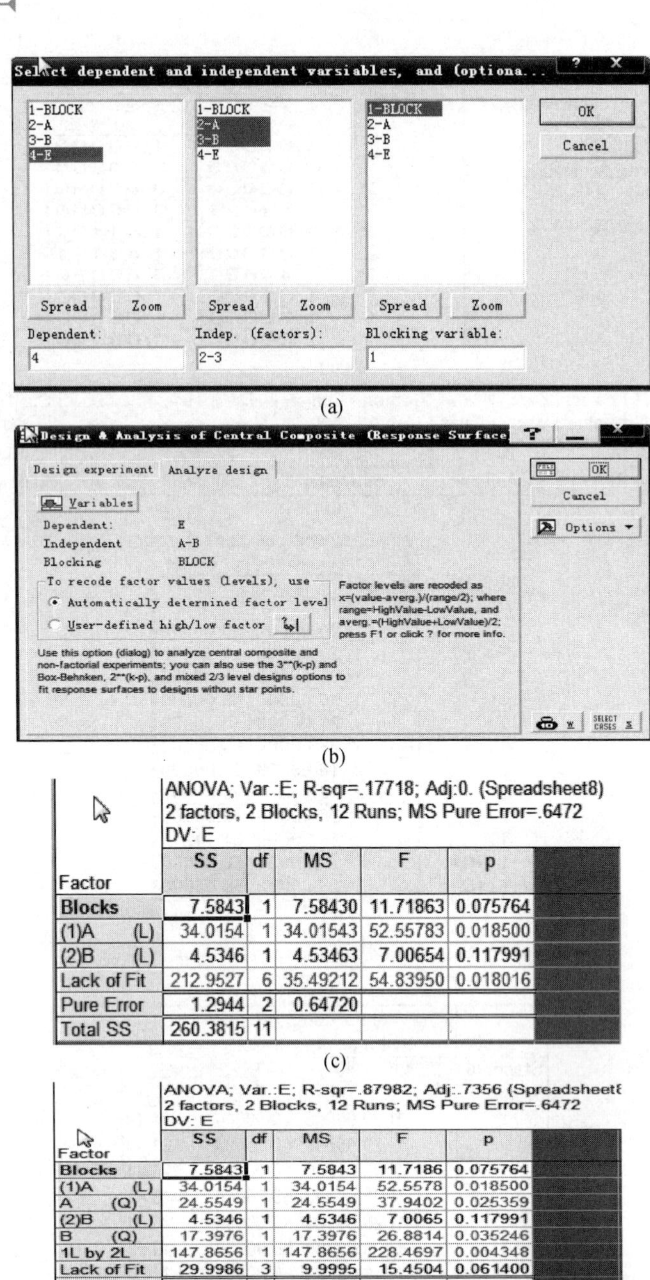

(a)

(b)

ANOVA; Var.:E; R-sqr=.17718; Adj:0. (Spreadsheet8)
2 factors, 2 Blocks, 12 Runs; MS Pure Error=.6472
DV: E

Factor	SS	df	MS	F	p
Blocks	7.5843	1	7.58430	11.71863	0.075764
(1)A (L)	34.0154	1	34.01543	52.55783	0.018500
(2)B (L)	4.5346	1	4.53463	7.00654	0.117991
Lack of Fit	212.9527	6	35.49212	54.83950	0.018016
Pure Error	1.2944	2	0.64720		
Total SS	260.3815	11			

(c)

ANOVA; Var.:E; R-sqr=.87982; Adj:.7356 (Spreadsheet8
2 factors, 2 Blocks, 12 Runs; MS Pure Error=.6472
DV: E

Factor	SS	df	MS	F	p
Blocks	7.5843	1	7.5843	11.7186	0.075764
(1)A (L)	34.0154	1	34.0154	52.5578	0.018500
A (Q)	24.5549	1	24.5549	37.9402	0.025359
(2)B (L)	4.5346	1	4.5346	7.0065	0.117991
B (Q)	17.3976	1	17.3976	26.8814	0.035246
1L by 2L	147.8656	1	147.8656	228.4697	0.004348
Lack of Fit	29.9986	3	9.9995	15.4504	0.061400
Pure Error	1.2944	2	0.6472		
Total SS	260.3815	11			

(d)

图 1-12 Statistica 软件方差分析界面

Effect Estimates; Var.:E; R-sqr=.87982; Adj:.7356 (Spreadsheet8)
2 factors, 2 Blocks, 12 Runs; MS Pure Error=.6472
DV: E

Factor	Effect	Std.Err. Pure Err	t(2)	p	-95.% Cnf.Limt	+95.% Cnf.Limt	Coeff.	Std.Err. Coeff.	-95.% Cnf.Limt	+95.% Cnf.Limt
Mean/Interc.	20.0200	0.402244	49.7708	0.000403	18.2893	21.75071	20.02000	0.402244	18.28929	21.75071
BLOCK(1)	1.5900	0.464471	3.4232	0.075764	-0.4085	3.58846	0.79500	0.232236	-0.20423	1.79423
(1)A (L)	4.1240	0.568859	7.2497	0.018500	1.6764	6.57164	2.06202	0.284429	0.83822	3.28582
A (Q)	-3.9175	0.636003	-6.1596	0.025359	-6.6540	-1.18100	-1.95875	0.318002	-3.32700	-0.59050
(2)B (L)	1.5058	0.568859	2.6470	0.117991	-0.9418	3.95336	0.75288	0.284429	-0.47092	1.97668
B (Q)	-3.2975	0.636003	-5.1847	0.035246	-6.0340	-0.56100	-1.64875	0.318002	-3.01700	-0.28050
1L by 2L	-12.1600	0.804487	-15.1152	0.004348	-15.6214	-8.69857	-6.08000	0.402244	-7.81071	-4.34929

图 1-13 Statistica 软件中参数估计图

如果用实际实验因素值，可从回归系数中得到类似于上面的结果（图 1-14）。

Regr. Coefficients; Var.:E; R-sqr=.87982; Adj:.7356 (Spreadsheet8)
2 factors, 2 Blocks, 12 Runs; MS Pure Error=.6472
DV: E

Factor	Regressn Coeff.	Std.Err. Pure Err	t(2)	p	-95.% Cnf.Limt	+95.% Cnf.Limt
Mean/Interc.	-162.575	11.72457	-13.8662	0.005161	-213.022	-112.128
BLOCK(1)	0.795	0.23224	3.4232	0.075764	-0.204	1.794
(1)A (L)	5.772	0.37668	15.3223	0.004232	4.151	7.392
A (Q)	-0.031	0.00497	-6.1596	0.025359	-0.052	-0.009
(2)B (L)	3.852	0.34893	11.0395	0.008106	2.351	5.353
B (Q)	-0.016	0.00318	-5.1847	0.035246	-0.030	-0.003
1L by 2L	-0.076	0.00503	-15.1152	0.004348	-0.098	-0.054

图 1-14 Statistica 软件中回归系数图

由回归系数和公式就可以预测效应的值：

$$y=-162.58+5.77*x_1-0.03*x_1^2+3.85*x_2-0.02*x_2^2-0.08*x_1*x_2$$

点击 Predict dependent variable values 按钮，并在 Block（1）、A、B 处分别输入 0、36、60。点“OK”得到产率的预测值为 13.15%（图 1-15）。

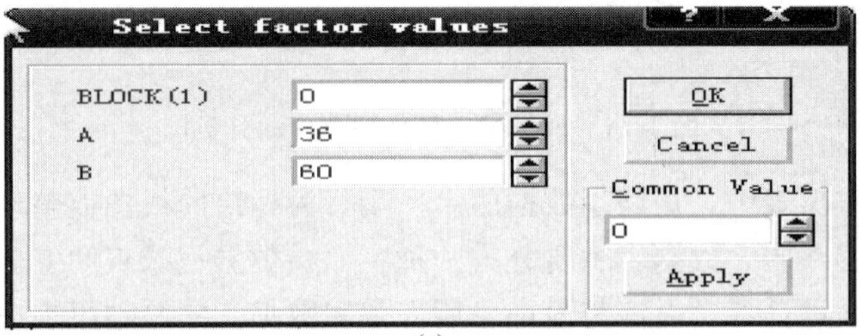

Select factor values

BLOCK(1) 0
A 36
B 60
OK
Cancel
Common Value
0
Apply

(a)

Predicted Value; Var.:E; R-sqr=.87982; Adj:.7356 (Spreadsheet8)
2 factors, 2 Blocks, 12 Runs; MS Pure Error=.6472
DV: E

Factor	Regressn Coeff.	Value	Coeff. * Value
Constant	-162.575		
BLOCK(1)	0.795	0.000	0.000
(1)A (L)	5.772	36.000	207.780
A (Q)	-0.031	1296.000	-39.665
(2)B (L)	3.852	60.000	231.122
B (Q)	-0.016	3600.000	-59.355
1L by 2L	-0.076	2160.000	-164.160
Predicted			13.147
-95.% Conf.			10.411
+95.% Conf.			15.884
-95.% Pred.			8.735
+95.% Pred.			17.560

(b)

图 1-15 Statistica 软件中产率预测图

同样可以用 BLOCK（0），从 surface 中得到响应面和等值线图（图 1-16）。

采用两因素的中心复合设计，并分了两区组，和析因设计不同，析因设计需要考虑因素的不同水平，但是在有些场合不能采用，如果需要在某些特殊点进行实验，这些点又不在析因设计的各个水平上，采用响应曲面实验设计与分析是最好的选择。

三、实验数据的列表表示法

列表法是一种展示实验成果的数据处理方法，它将实验的原始数据、运算数据和最终结

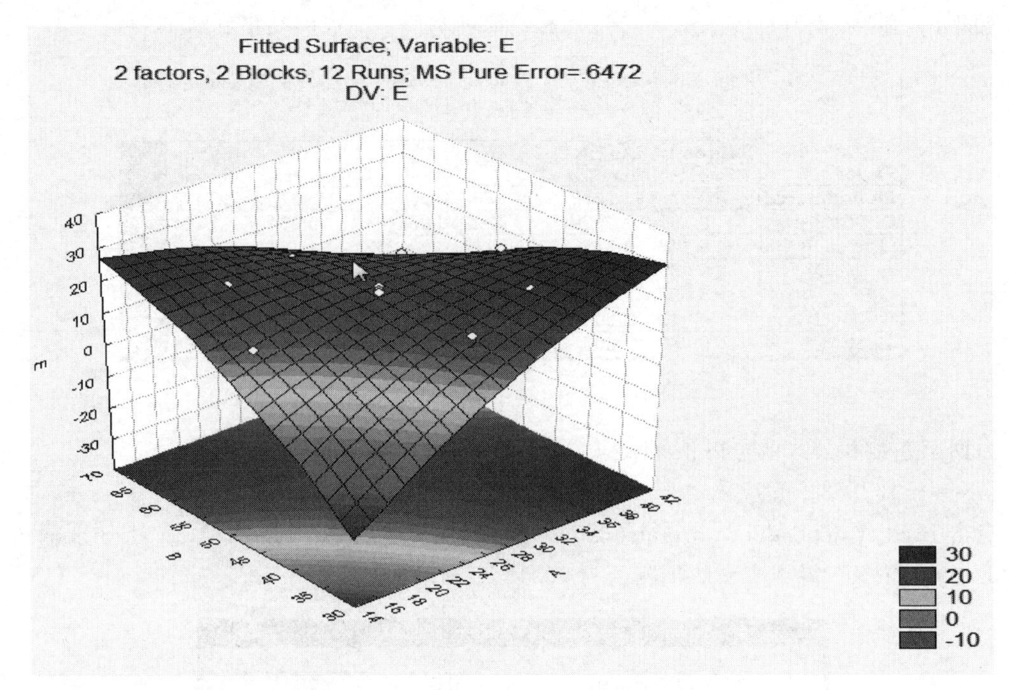

图 1-16　Statistica 软件中响应面分析图

果直接列举在各类数据表中，是整理数据的第一步，为标绘曲线图或整理成数学公式打下基础。根据记录的内容不同，数据表主要分为两种：原始数据记录表和实验结果表。原始数据记录表必须在实验前设计好，以清楚地记录所有待测数据。实验结果表应简明扼要，只表达主要物理量（参变量）的计算结果，有时还可以列出实验结果的最终表达式。

1. 实验数据表的分类

以离心泵特性曲线的测定为例进行说明。

原始数据记录表是根据实验的具体内容而设计的，以清楚地记录所有待测数据。该表必须在实验前完成。离心泵特性曲线的测定原始数据记录表如表 1-8 所示。

表 1-8　离心泵特性曲线的测定原始数据记录表

实验装置编号：________________

涡轮流量计编号：______________　仪表常数 ξ=_________次/s

功率表常数=______________　$d_{进}$=_________mm，$d_{出}$=_________mm

泵的转速=________r/min　水温=　℃________

实验时间：________年________月________日

序号	涡轮流量计读数 /(次/s)	真空表读数 /MPa	压力表读数 /MPa	功率表读数 /W
1				
2				
3				
4				
5				
6				

实验结果表可细分为中间计算结果表，其体现出实验过程主要变量的计算结果；综合结果表主要表达实验过程中得出的结论和误差分析表，表达实验值与参照值或理论值的误差范围等。实验报告中要用到哪种类型的实验结果表，应根据具体实验情况而定。离心泵特性曲线的测定的实验结果表见表 1-9。

表 1-9 离心泵特性曲线的测定的实验结果表

序号	流量 q_v /(m^3/s)	压头 H /m	轴功率 N /W	有效功率 Ne /W	效率 η /%
1					
2					
3					
4					
5					
6					

2. 设计实验数据表应注意的事项

(1) 列表的标题要清楚、醒目、能恰当说明问题。

(2) 表格设计要力求简明扼要，记录、计算项目要满足实验需要，如在原始数据记录表格的上方需要列出实验装置的几何参数等常数项。

(3) 表头列出物理量的名称、符号和计量单位。符号与计量单位之间用斜线“/”隔开。计量单位不宜混在数字之中，以免造成分辨不清。

(4) 注意有效数字位数，也就是说记录的数字应与测量仪表的准确度相匹配，不可过多或过少。

(5) 物理量的数值较大或较小时，要用科学记数法表示。以“物理量的符号$\times 10^{\pm n}$/计量单位”的形式记入表头。注意，表头中的 $10^{\pm n}$ 与表中的数据应服从下式：

$$\text{物理量的实际值}\times 10^{\pm n}=\text{表中数据}$$

(6) 为便于引用，每一个数据表都应在表的上方写明表号和表题（表名）。表号应按出现的顺序编写并在正文中有所交代。同一个表尽量不跨页，必须跨页时，在跨页的表上须注“续表×××”。

(7) 数据表格要正规，数据书写清楚整齐。修改时宜用单线将错误的划掉，将正确的写在下面。各种实验条件及做记录者的姓名可作为“表注”，写在表的下方。

四、实验数据的图示法

图示法是以曲线的形式简单明了地表达实验结果的常用方法。由于图示法能直观地显示变量间存在的极值点、转折点、周期性及变化趋势，尤其在数学模型不明确或解析计算有困难的情况下，图示求解是数据处理的有效手段。

图示法的关键是坐标的合理选择，包括坐标类型与坐标刻度的确定。坐标选择不当，往往会扭曲和掩盖曲线的本来面目，导致错误的结论。为保证图示法获得的曲线能正确地表示实验数据变量之间的定量关系，便于对实验数据的分析处理，在图形标绘时应注意以下问题。

1. 坐标系的选择

为了使绘制出的曲线能清晰地反映出数据的规律性，绘制曲线时应根据因变量与自变量变化规律及变化幅度的大小，或根据经验判断出的该实验结果应具有的函数形式来选择适宜的坐标类型。在化工领域中常用的坐标类型有 3 种：普通直角坐标、单对数坐标和双对数坐标。

坐标类型选择的一般原则是尽可能使函数的图形线性化。即线性函数 $y=a+bx$，选用直角坐标纸。指数函数 $y=a^{bx}$，选用半对数坐标纸。幂函数 $y=ax^{b}$，选用对数坐标纸。若变量的数值在实验范围内发生了数量级的变化，则该变量应选用对数坐标纸来标绘。

2. 坐标分度的确定

习惯上横坐标是自变量 x，纵坐标表示因变量 y，坐标分度是指 x、y 轴每条坐标所代表数值的大小，它以阅读、使用、绘图以及能真实反映因变关系为原则。

（1）为了尽量利用图面，分度值不一定自零开始，可以用变量的最小值整数值作为坐标起点，而高于最大值的某一整数值为坐标的终点。

（2）坐标的分度不应过细或过粗，应与实验数据的精度相匹配，一般最小的分度值为实验数据的有效数字倒数第二位，即有效数字最末位在坐标上刚好是估计值。

（3）当标绘的图线为曲线时，其主要的曲线斜率应以接近 1 为宜。

（4）横、纵坐标之间的比例不一定取得一致，应根据具体情况选择，使实验曲线的坡度介于 30°～60°之间，这样的曲线坐标读数准确度较高。坐标比例的确定应尽可能使曲线主要部分的切线与 x 轴和 y 轴的夹角成 45°。

（5）推荐使用坐标轴的比例常数 M 为 $1\times10^{\pm n}$、$2\times10^{\pm n}$、$5\times10^{\pm n}$（n 为正整数），而 $3\times10^{\pm n}$、$4\times10^{\pm n}$、$6\times10^{\pm n}$、$7\times10^{\pm n}$、$8\times10^{\pm n}$、$9\times10^{\pm n}$ 等的比例常数绝不可选用，因为后者的比例常数不但引起图形的绘制和实验麻烦，也极易引出错误。

3. 其他注意事项

（1）数据点的标出　实验数据点在图纸上用“+”符号标出，符号的交叉点正是数据点的位置。若在同一张图上作几条实验曲线，各条曲线的实验数据点应该用不同符号（如×、⊙等）标出，以示区别。

（2）曲线的描绘　由实验数据点描绘出平滑的实验曲线，连线要用透明直尺或三角板、曲线板等拟合。根据随机误差理论，实验数据应均匀分布在曲线两侧，与曲线的距离尽可能小。个别偏离曲线较远的点，应检查标点是否错误。

（3）注解与说明　在图纸上要写明图线的名称、坐标比例及必要的说明（主要指实验条件），并在恰当地方注明作者姓名、日期等。

五、实验数据的数学描述

在实验研究中，除了用表格和图形描述变量之间的关系外，还常常把实验数据整理成方程式，以描述过程或现象的自变量和因变量之间的关系，即建立过程的数学模型。其方法是将实验数据绘制成曲线，与已知的函数关系式的典型曲线（线性方程、幂函数方程、指数函数方程、抛物线函数方程、双曲线函数方程等）进行对照选择，然后用图解法或者数值法确定函数式中的各种常数。所得函数表达式是否能准确地反映实验数据所存在的关系，应通过检验加以确认。运用计算机将实验数据结果回归为数学方程已成为实验数据处理的主要手段。

1. 数学关系式形式的确定

数学方程式选择的原则是：既要求形式简单，所含常数较少，也希望能准确地表达实验数据之间的关系，但要同时满足两者往往难以做到，通常是在保证必要的准确度的前提下，尽可能选择简单的线性关系或者经过适当方法转换成线性关系的形式，使数据处理工作得到简单化。

通常将实验数据标绘在普通坐标纸上，可以得到一条直线或曲线。如果是直线，则根据初等数学可知，$y=a+bx$，其中 a、b 值可由直线的截距和斜率求得。如果 y 和 x 不是线性关系，则可将实验曲线和典型的函数曲线相对照，选择与实验曲线相似的典型曲线函数，然后用直线化方法处理，最后以所选函数与实验数据的符合程度加以检验。

2. 线性化方法

由于直线最易描绘，并且直线方程的两个参数（斜率和截距）也容易得到，所以对于两个变量之间的函数关系是非线性的情况，在用图解法时应尽可能通过变量代换将非线性的函数曲线转变为线性函数的直线。下面为几种常用的变换方法。

（1）$xy=a$（a 为常数）。令 $z=\frac{1}{x}$，则 $y=az$，即 y 与 z 为线性关系。

（2）$x=a\sqrt{y}$（a 为常数）。令 $z=x^2$，则 $y=\frac{1}{a^2}z$，即 y 与 z 为线性关系。

（3）$y=ax^b$（a 和 b 为常数）。等式两边取对数得 $\lg y=\lg a+b\lg x$。于是，$\lg y$ 与 $\lg x$ 为线性关系，b 为斜率，$\lg a$ 为截距。

（4）$y=a\mathrm{e}^{bx}$（a 和 b 为常数）。等式两边取自然对数得 $\ln y=\ln a+bx$。于是，$\ln y$ 与 x 为线性关系，b 为斜率，$\ln a$ 为截距。

3. 函数式中待定参数的确定

当函数形式确定后，接下来的工作就是通过实验数据确定函数中的待定系数。求取线性化模型中待定参数的方法很多，可根据计算的简便程度以及所需要的准确程度来选择。最常用的方法有直接图解法、平均值法和最小二乘法。

（1）直接图解法

① 直线图解法　直线图解法首先是求出斜率和截距，从而得出完整的线性方程。步骤如下。

a. 选点。在直线上紧靠实验数据两个端点内侧取两点 $A(x_1, y_1)$、$B(x_2, y_2)$，并用不同于实验数据的符号标明，在符号旁边注明其坐标值（注意有效数字）。这两点既不能在实验数据范围以外取点，因为它已无实验根据，也不能直接使用原始测量数据点计算斜率。

b. 求斜率。设直线方程为 $y=a+bx$，则斜率为：

$$b=\frac{y_2-y_1}{x_2-x_1} \tag{1-42}$$

c. 求截距。截距的计算公式为：

$$a=y_1-bx_1 \tag{1-43}$$

② 幂函数和指数函数、对数函数的图解法　当公式选定后，可用图解法求方程式中的常数，本节以幂函数和指数函数、对数函数为例进行说明。

表 1-10 中列出了化工中常见的曲线与函数式之间的关系，并给出了其线性化的方法。

表 1-10　化工中常见的曲线与函数式之间的关系

序号	图形	函数及线性化方法
①	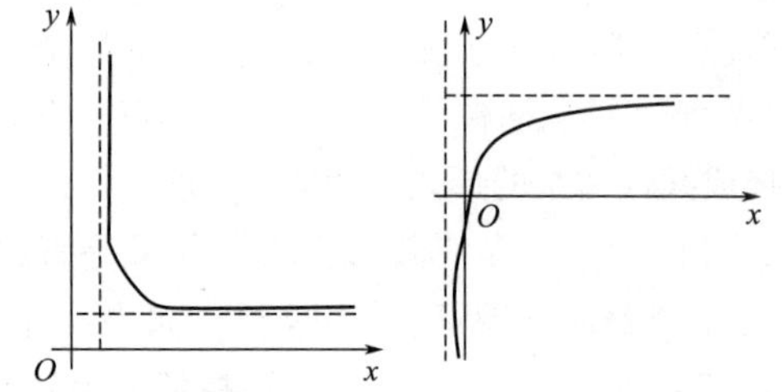 $(b>0)$　$(b<0)$	双曲线函数　$y=\dfrac{x}{ax+b}$ 令 $Y=\dfrac{1}{y}$，$X=\dfrac{1}{x}$，则得直线方程 $Y=a+bX$
②	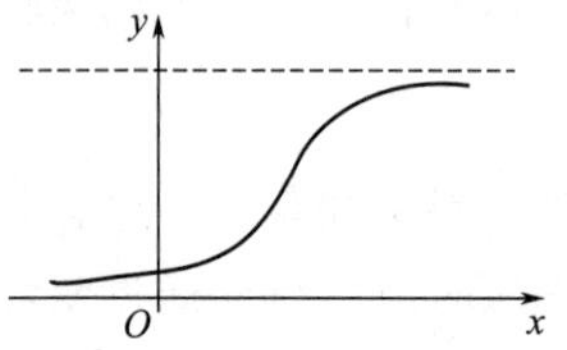	S 型曲线函数　$y=\dfrac{1}{a+b\mathrm{e}^{-x}}$ 令 $Y=\dfrac{1}{y}$，$X=\mathrm{e}^{-x}$，则得直线方程 $Y=a+bX$
③	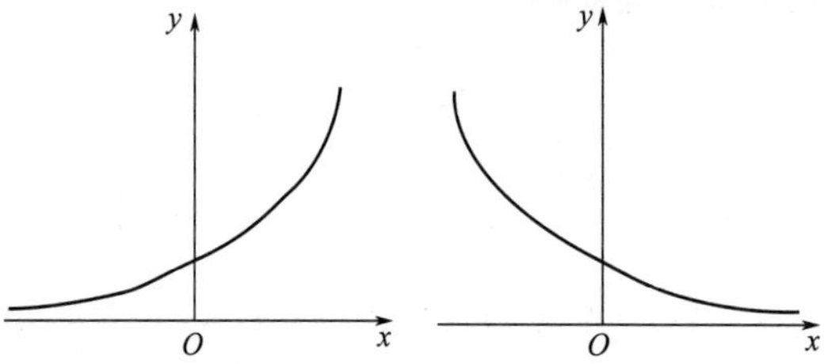 $(b<0)$　$(b>0)$	指数函数　$y=a\mathrm{e}^{bk}$ 令 $Y=\lg y$，$X=x$，$k=b\lg\mathrm{e}$，则得直线方程 $Y=\lg a+kX$
④	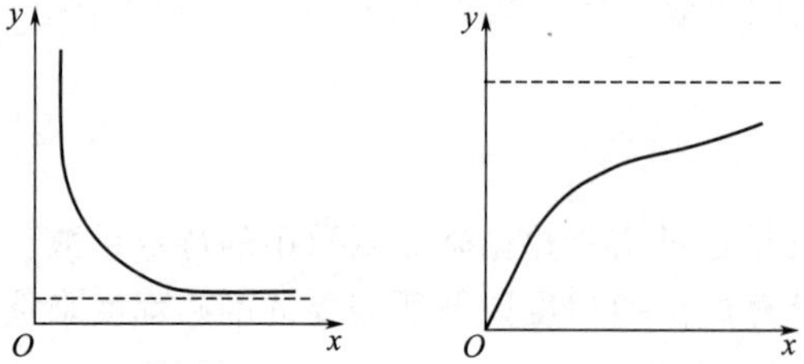 $(b>0)$　$(b<0)$	指数函数　$y=a\mathrm{e}^{\frac{b}{x}}$ 令 $Y=\lg y$，$X=\dfrac{1}{x}$，$k=b\lg\mathrm{e}$，则得直线方程 $Y=\lg a+kX$
⑤	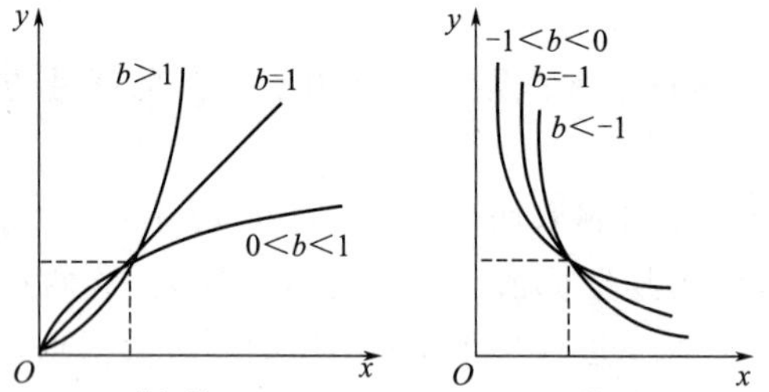 $b>1$，$b=1$，$0<b<1$　$(b>0)$ $-1<b<0$，$b=-1$，$b<-1$　$(b<0)$	幂函数　$y=ax^b$ 令 $Y=\lg y$，$X=\lg x$，则得直线方程 $Y=\lg a+bX$
⑥	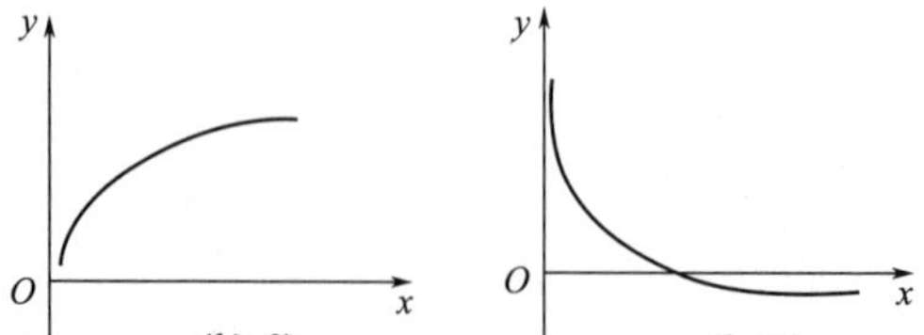 $(b>0)$　$(b<0)$	对数函数　$y=a+b\lg x$ 令 $Y=y$，$X=\lg x$，则得直线方程 $Y=a+bX$

注：此表摘自《化工数据处理》（江体乾. 化工数据处理. 北京：化学工业出版社，1984）。

（2）最小二乘法 作图法虽然在数据处理中比较方便，但是存在相当大的主观成分，在图线的绘制上往往会引入附加误差，尤其在根据图线确定常数时，这种误差有时很明显。为了克服这一缺点，在数理统计中研究直线拟合问题的时候，常用一种以最小二乘法为基础的实验数据处理方法。它的依据是：对于一组测量数据，若可以用一条最佳曲线表示它们之间的关系，那么各测量值与这条直线上的对应点值之差的平方和应为最小。由于某些非线性关系可以通过对变量作适当的转换使曲线的函数变换为直线，例如对函数 $y=ae^{-bx}$ 取对数得 $\ln y=\ln a-bx$，$\ln y$ 与 x 的函数关系就变成直线型了。因此这一方法也适用于某些曲线型的规律。

设某一实验中，可控制的物理量取 $x_1,x_2,\cdots,x_n$ 值时，对应的物理量依次取 $y_1,y_2,\cdots,y_n$ 值。假定每个数据点的测量精度都相同，而且 x 的测量误差可忽略，只有 y 的测量存在测量误差。从（x_i,y_i）中任取两组实验数据就可得出一条直线，但是这条直线的误差有可能很大。而直线拟合的任务就是用数学拟合的方法从这些得到的一系列数据中求出一个误差最小的最佳经验式 G'。按这一最佳经验式作出的图线虽不一定能通过每一个实验点，但是它以最接近这些点的方式穿过它们。可见，对应于每一个 x_i 值，观测值 y_i 和最佳经验式的 y 值之间存在一个偏差 δ_{yi}，即：

$$\delta_{y_i}=y_i-y=y_i-(a+bx_i)\qquad(i=1,2,3,\cdots,n)\tag{1-44}$$

由于偏差有正有负，所以我们通常用偏差平方和为参数估计值的目标函数，即：

$$Q=\sum_{i=1}^{n}d_i^2=\sum_{i=1}^{n}[y_i-(a+bx_i)]^2\tag{1-45}$$

将目标函数分别对待估参数 a 和 b 求偏导数 $\frac{\partial Q}{\partial a}$、$\frac{\partial Q}{\partial b}$，并令其等于零，即可求 a 和 b 之值，即：

$$\begin{cases}\dfrac{\partial Q}{\partial a}=-2\sum\limits_{i=1}^{n}(y_i-a-bx_i)=0\\ \dfrac{\partial Q}{\partial b}=-2\sum\limits_{i=1}^{n}(y_i-a-bx_i)x_i=0\end{cases}\tag{1-46}$$

由式（1-46）可得正规方程：

$$\begin{cases}a+\overline{x}b=\overline{y}\\ n\overline{x}a+\left(\sum\limits_{i=1}^{n}x_i^2\right)b=\sum\limits_{i=1}^{n}x_iy_i\end{cases}\tag{1-47}$$

其中

$$\overline{x}=\frac{1}{n}\sum_{i=1}^{n}x_i,\overline{y}=\frac{1}{n}\sum_{i=1}^{n}y_i\tag{1-48}$$

解正规方程式（1-47），可得到回归式中的 a（截距）和 b（斜率）

$$b=\frac{\sum(x_iy_i)-n\overline{x}\overline{y}}{\sum x_i^2-n(\overline{x})^2}\tag{1-49}$$

$$a=\overline{y}-b\overline{x}\tag{1-50}$$

将得出的 a 和 b 代入直线方程，即得到最佳的经验公式 V_t。

【例 1-5】 以过滤实验为例，用最小二乘法求实验方程，从而求过滤常数 K。

恒压过滤压力 0.08MPa　　料液浓度 1°Bé

过滤器直径 750mm　　计量筒直径 150mm

序号	时间 τ/s	清液高度 h/mm	单位过滤面积所得滤液量 $q/(m^3/m^2)$	$(\tau-\tau_0)/(q-q_0)$ /(s/m)	$q+q_0$ $/(m^3/m^2)$
0	50	21.06	0.8395	5.49	1.1321
1	80	21.41	1.2847	6.05	1.5773
2	110	21.70	1.6536	6.61	1.9462
3	140	21.96	1.9843	7.09	2.2769
4	200	22.43	2.5821	7.86	2.8747
5	260	22.81	3.0655	8.66	3.3581
6	320	23.15	3.4979	9.36	3.7905
7	380	23.50	3.9431	9.86	4.2357
8	500	24.11	4.7190	10.84	5.0116
9	620	24.60	5.3423	11.88	5.6349
10	740	25.09	5.9656	12.69	6.2582

解：

$$\frac{\tau-\tau_0}{q-q_0}=\frac{1}{K}(q+q_0)+\frac{2}{K}q_e$$

$$\sum(x_iy_i)=3743.698\overline{x}=3.4633\times10^{-3},\overline{y}=8.76\times10^4$$

$$\sum x_i^2=160.6246\times10^{-6}$$

$$b=\frac{\sum(x_iy_i)-n\overline{x}\overline{y}}{\sum x_i^2-n(\overline{x})^2}=\frac{3743.698-11\times3.4633\times10^{-3}\times8.76\times10^4}{160.6246\times10^{-6}-11\times(3.4633\times10^{-3})^2}=14.356\times10^6$$

$$a=\overline{y}-b\overline{x}=8.76\times10^4-14.365\times3.4633\times10^3=37800$$

所以，回归方程为：

$$y=37800+1.4356\times10^7x$$

4. 相关系数及其显著性检验

在以上计算过程中，并不需要事先假定两个变量之间一定有某种相关关系。即使平面图上是一群完全杂乱无章的离散点，也可以用最小二乘法拟合一条直线来表示 x 和 y 之间的关系。但是，只有两变量是线性关系时进行线性回归才有意义。因此，我们必须对回归效果进行检验。

（1）相关系数　相关系数是说明两个变量之间相关关系密切程度的统计分析指标。相关系数用字母 r 表示，r 值的范围在 $-1\sim1$ 之间。r 的绝对值越大，相关程度越高。两变量之间的相关程度，一般划分为四级。

① 如两者呈正相关，r 呈正值。

② 如两者呈负相关，则 r 呈负值。

③ $r=1$ 时为完全正相关，而 $r=-1$ 时为完全负相关，完全正相关或负相关时，所有图点都在直线回归线上。

④ 当 $r=0$ 时，说明 X 和 Y 两个变量之间无直线关系。

若回归所得线性方程为：

$$y'=a+bx$$

则相关系数 r 的计算式为：

$$r=\frac{\sum(x_i-\overline{x})(y_i-\overline{y})}{\sqrt{\sum(x_i-\overline{x})^2\sum(y_i-\overline{y})^2}} \tag{1-51}$$

相关系数的几何意义可用图 1-17 来说明。

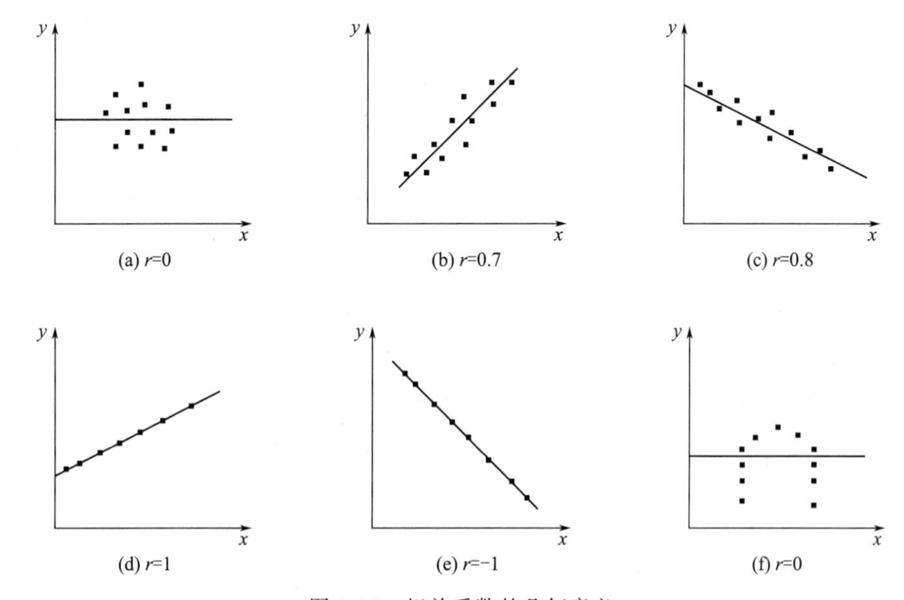

图 1-17 相关系数的几何意义

应该指出，两变量之间没有线性关系，可能会存在其他函数关系，如图 1-17(f)。

(2) 显著性检验 根据上面可以看出，当相关系数 r 的绝对值越接近 1，x、y 间越线性相关。但究竟 $|r|$ 接近到什么程度才能说明 x 与 y 两变量之间存在线性相关，这就是相关系数进行显著性检验的问题。在一般情况下，相关系数 r 是否达到相关显著的值与实验数据的个数 n 有关。只有 $|r|>r_{\min}$ 时，才能采用拟合回归方程来描述其变量之间的关系。$r_{\min}$ 值可以从附录中相关系数检验表中查出。根据实验点个数 n 得到自由度 $\nu=n-2$，再结合显著水平系数 α 在表中查出相应的 $r_{\min}$。显著水平系数 α 一般可取 1%或 5%。在过滤常数一例中，$n=11$ 则 $\nu=n-2=9$，查表得：$\alpha=0.01$ 时，$r_{\min}=0.735$；$\alpha=0.05$ 时，$r_{\min}=0.602$。

若实际的数值大于 0.735，说明该线性相关关系在 $\alpha=0.01$ 水平上显著。当 $0.735\geqslant|r|\geqslant0.602$ 时，则该线性相关关系在 $\alpha=0.05$ 水平上显著。当实际得到的数值小于 0.602，说明相关关系不显著，此时认为 x、y 线性不相关，回归直线无意义。α 越小，显著程度越高。

【例 1-6】 求过滤实验的实际相关系数 r。

解：

$$\overline{x}=3.4633\times10^{-3}, \overline{y}=8.76\times10^4$$

$$\sum(x_i-\overline{x})(y_i-\overline{y})=405.432$$

$$\sum(x_i-\overline{x})^2=3.068\times10^{-5}$$

$$\sum(y_i-\overline{y})^2=5.734\times10^7$$

$$r=\frac{\sum(x_i-\overline{x})(y_i-\overline{y})}{\sqrt{\sum(x_i-\overline{x})^2\sum(y_i-\overline{y})^2}}=\frac{405.432}{\sqrt{3.068\times10^{-5}\times5.734\times10^{9}}}=0.97\geqslant0.735$$

说明此例的相关系数在 $\alpha=0.01$ 的水平是高度显著的。

5. 插值法

化学工程中用来描述客观现象的函数 $f(x)$ 往往是很复杂的，通过实验可以得到一系列的离散点 x_i 及其相应的函数值 y_i，而 x_i 和 y_i 之间有时不能表达成一个适宜的数学关系式。前已述及，在这种情况下，可以用表格来反映 x_i 和 y_i 之间的关系。然而，用表格法不能连续表达变量之间的关系，特别是不能直接读取表中数据点之间的数据。例如，水的物理性质（黏度、密度、焓、比热容、热导率、动力黏度、运动黏度等）是在化工过程研究与计算中常用的参数，手册中往往只给出每隔 10℃的相关物理性质数据，而实际应用中常常需要知道任意给定点处的函数值，或者利用已知的测试值来推算非测试点上的函数值，这就需要通过函数插值法来解决。

插值法的基本思想就是构造一个简单函数 $y=P(x)$ 作为 $f(x)$ 的近似表达式，以 $P(x)$ 的值作为函数 $f(x)$ 的近似值，而且要求在给定点 x_i 处，$P(x_i)=f(x_i)$，这通常称 $P(x)$ 为 $f(x)$ 的插值函数，x_i 为插值节点。插值的方法很多，这里介绍线性插值和二次插值，并推广到 n 次拉格朗日（Lagrange）插值。

（1）线性插值与二次插值　最简单的插值问题是已知两点 $(x_0,f(x_0))$ 及 $(x_1,f(x_1))$，通过此两点的插值多项式是一条直线，即两点式为：

$$L_1(x)=\frac{x-x_1}{x_0-x_1}f(x_0)+\frac{x-x_0}{x_1-x_0}f(x_1) \tag{1-52}$$

显然 $L_1(x_0)=f(x_0),L_1(x_1)=f(x_1)$，满足插值条件，所以 $L_1(x)$ 就是线性插值。若记 $l_0(x)=\frac{x-x_1}{x_0-x_1},l_1(x)=\frac{x-x_0}{x_1-x_0}$，则称 $l_0(x)$ 为 x_0 与 x_1 的线性插值基函数，于是：

$$L_1(x)=l_0(x)f(x_0)+l_1(x)f(x_1)$$

当 $n=2$，已给三点 $(x_0,f(x_0))$、$(x_1,f(x_1))$、$(x_2,f(x_2))$，则有：

$$l_0(x)=\frac{(x-x_1)(x-x_2)}{(x_0-x_1)(x_0-x_2)},l_1(x)=\frac{(x-x_0)(x-x_2)}{(x_1-x_0)(x_1-x_2)},l_2(x)=\frac{(x-x_0)(x-x_1)}{(x_2-x_0)(x_2-x_1)}$$

称为关于点 x_0、x_1、x_2 的二次插值基函数，它满足：

$$l_i(x_j)=\begin{cases}1,j=i,i,j=0,1,2\\0,j\neq i,i,j=0,1,2\end{cases} \tag{1-53}$$

满足条件 $L_2(x_i)=f(x_i)(i=0,1,2)$ 的二次插值多项式 $L_2(x)$ 可表示为：

$$L_2(x)=l_0(x)f(x_0)+l_1(x)f(x_1)+l_2(x)f(x_2) \tag{1-54}$$

$y=L_2(x)$ 的图形是通过三点 $(x_i,f(x_i))(i=0,1,2)$ 的抛物线。

（2）Lagrange 插值多项式　将 $n=1$ 及 $n=2$ 的插值推广到一般情形，考虑通过 $n+1$ 个点，设点 $(x_i,f(x_i))(i=0,1,\cdots,n)$ 的插值多项式为 $L_n(x)$，使：

$$L_n(x_i)=f(x_i),i=0,1,\cdots,n \tag{1-55}$$

用插值基函数方法可得：

$$L_n(x)=\sum_{i=0}^{n}l_i(x)f(x_i) \tag{1-56}$$

其中 $$l_i(x)=\frac{(x-x_0)\cdots(x-x_{i-1})(x-x_{i+1})\cdots(x-x_n)}{(x_i-x_0)\cdots(x_i-x_{i-1})(x_i-x_{i+1})\cdots(x_i-x_n)},i=0,1,\cdots,n \quad (1\text{-}57)$$

称为关于 x_0、x_1、x_2 的 n 次插值基函数，它满足条件：

$$l_i(x_j)=\begin{cases}1,j=i,i,j=0,1,\cdots,n\\0,j\neq i,i,j=0,1,\cdots,n\end{cases}$$

显然式（1-56）得到的插值多项式 $L_n(x)$ 满足条件式（1-55），则称 $L_n(x)$ 为 Lagrange（拉格朗日）插值多项式。

引入记号：

$$\omega_{n+1}(x)=(x-x_0)(x-x_1)\cdots(x-x_n) \quad (1\text{-}58)$$

则 $$\omega'_{n+1}(x_i)=(x_i-x_0)\cdots(x_i-x_{i-1})(x_i-x_{i+1})\cdots(x_i-x_n)$$

于是由式（1-57）得到的 $l_i(x)$ 可改写为：

$$l_i(x)=\frac{\omega_{n+1}(x)}{(x-x_i)\omega'_{n+1}(x_i)}$$

从而式（1-55）中的 $L_n(x)$ 可改为表达式：

$$L_n(x)=\sum_{i=0}^{n}\frac{\omega_{n+1}(x)}{(x-x_i)\omega'_{n+1}(x_i)}f(x_i) \quad (1\text{-}59)$$

并有关于插值多项式的存在唯一性结论。

六、Origin 软件在实验数据处理中的应用

在化工基础实验中常用的数据处理方法主要有三种。

（1）图形分析及公式计算。

（2）用实验数据作图或对实验数据计算后作图，然后线性拟合，由拟合直线的斜率或截距求得需要的参数。

（3）非线性曲线拟合，作切线，求截距或斜率。

第（1）种数据处理方法用计算器即可完成，第（2）和第（3）种数据处理方法可用 Origin 软件在计算机上完成。第（2）种数据处理方法即线性拟合，用 Origin 软件很容易完成。第（3）种数据处理方法即非线性曲线拟合，如果已知曲线的函数关系，可直接用函数拟合，由拟合的参数得到需要的物理量；如果不知道曲线的函数关系，可根据曲线的形状和趋势选择合适的函数和参数，以达到最佳拟合效果，多项式拟合适用于多种曲线，通过对拟合的多项式求导得到曲线的切线斜率，由此进一步处理数据。

1. Origin 概述

Origin 是美国 OriginLab 公司开发的一个功能强大的用于数据处理、数据分析、科技绘图的软件。该软件是一个多文档界面应用程序，使用简单，采用直观的、图形化的、面向对象的窗口菜单和工具栏操作。Origin 的数据分析功能可以给出选定数据的各项统计参数，还可以对选定的数据作图，并给出拟合参数，如回归系数、直线的斜率、截距等。该软件具有处理快速、方便易用、功能强大等优点，是一种实用性很强的综合型软件，被化学工作者广泛使用，通过学习使用该软件可以提高解决化学化工计算中问题的能力。

Origin 的使用主要包括两个部分，主要是工作表格和绘图表格。绝大部分的化学基础实验的数据都可以用 Origin 完成，并且可以同时进行数据分析和绘图。

Origin 7.0 的工作界面（Workspace）如图 1-18 所示。

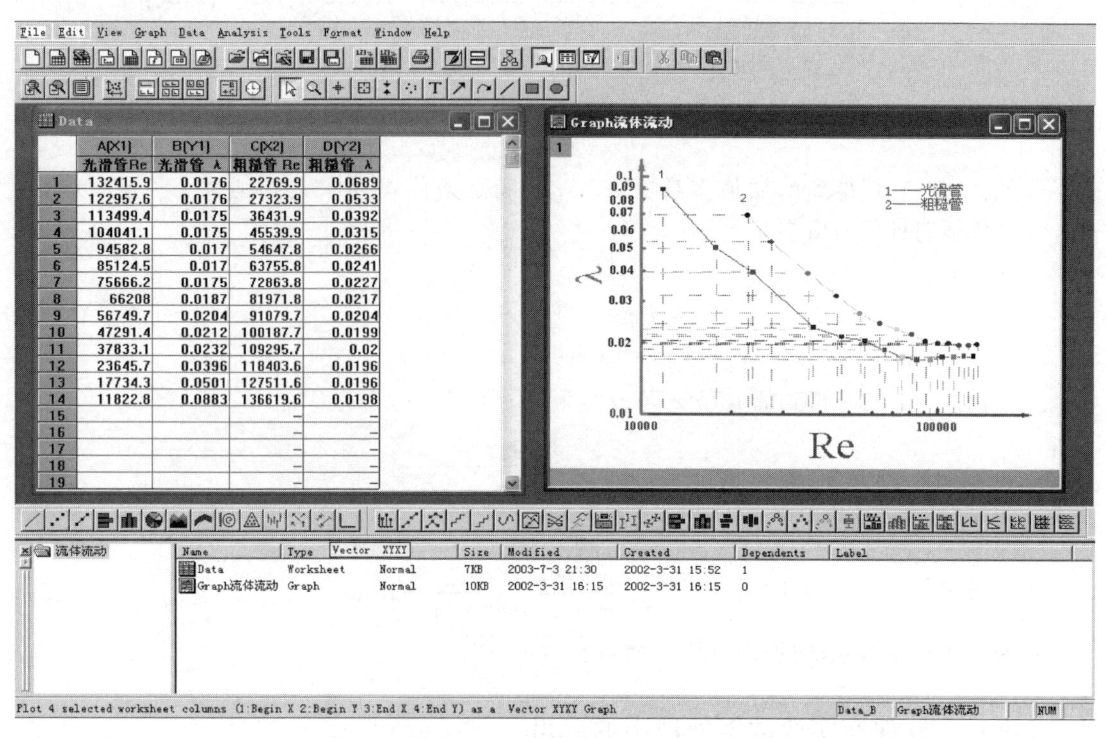

图 1-18　Origin 7.0 的工作界面（Workspace）

其界面主要包括以下几个方面。

（1）菜单栏　位于顶部，一般可以实现大部分功能。

（2）工具栏　位于菜单栏下面，一般最常用的功能都可以通过此栏实现。

（3）绘图区　位于中部，所有工作表、绘图子窗口等都在这里。

（4）项目管理器　位于下部，类似资源管理器可以方便切换各个窗口等。

（5）状态栏　位于底部，标出当前的工作内容以及鼠标指到某些菜单按钮时的说明。

2. Origin 的绘图功能

Origin 提供了多种绘图功能，通常在化学化工实验中使用到的主要是几种样式的二维绘图功能，包括直线、描点、直线加符号、特殊线/符号、条形图、柱形图、特殊条形图/柱形图和饼图。

下面简单地介绍一下 Origin 7.0 的使用方法和二维图的绘制方法及数据分析。我们以过滤实验的数据为例介绍一下该软件的用法。

（1）打开 Origin 7.0　双击桌面上 Origin 7.0 的图标，或从开始/程序/Origin 70/Origin 7.0 打开。

（2）熟悉 Origin 7.0 的操作界面　打开 Origin 7.0 的页面，如图 1-19 所示。

（3）数据的输入　在工作表单元格中直接输入即可。如图 1-20（a）所示，如果实验数据多于两列，则把鼠标移动到“column”处点击，在其下拉菜单中选择“Add New Columns”项，弹出如图 1-20（b）所示对话框，输入要添加的数据列数，单击“OK”，然后将需要的实验数据输入到表格中。

（4）设置数据列的名称　为了简单明了地表述某一数据列的意义，可以给数据列命名。

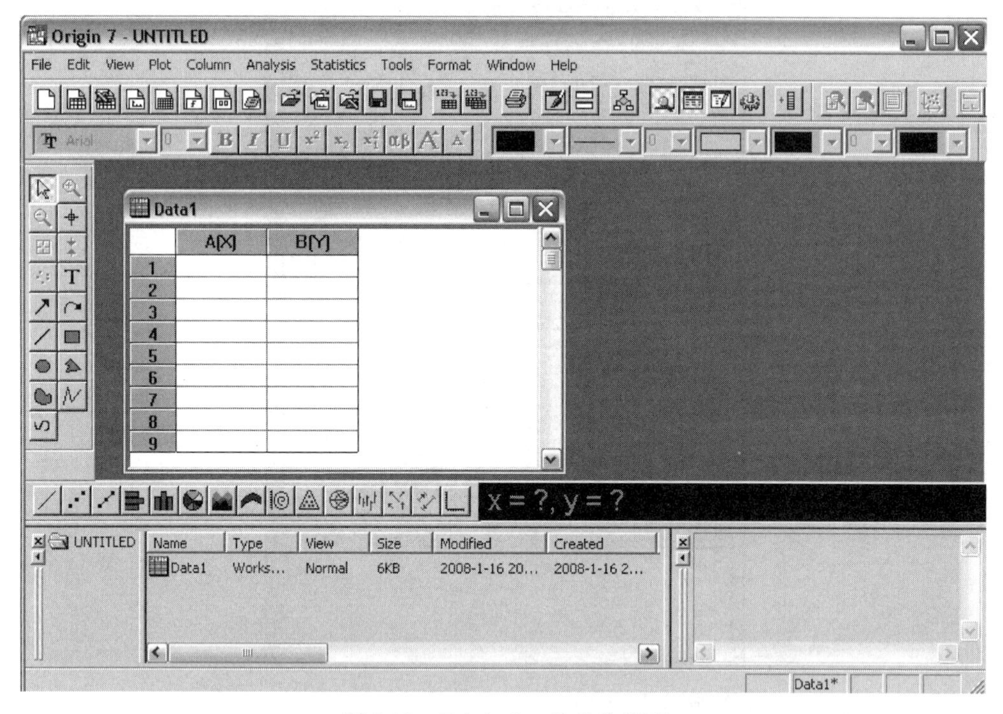

图 1-19 Origin 7.0 的操作界面

Data1

	A(X)	B(Y)
	q+q0	[τ-τ 0]/[q-q0]
1	1.1321	5.49
2	1.5773	6.05
3	1.9462	6.61
4	2.2769	7.09
5	2.8747	7.86

(a)

Add New Columns

How many columns do you want to add to the worksheet?

OK

Cancel

1

(b)

图 1-20 Origin 7.0 中数据图

将鼠标指向 A(X)，单击右键，在下拉菜单中选择“Properties”项，鼠标左键单击，出现如图 1-21 所示的页面。

将鼠标移至最下面的空栏中，单击，输入想要输入的文字，如 q+q0。设置好之后，在工作表中便会有显示。其他数据列的名称设置可参照 A(X) 数据列。

(5) 添加新的数据列　单击工具栏上的图标，即可添加新的数据列，作用和图 1-20 (b) 一样。

(6) 数据的计算　数据分析可以包括简单的数学运算、统计、快速傅里叶变换、平滑和滤波、基线和峰值分析几个部分。

将鼠标移至列首 [例如 C(Y) 处]，单击右键，选择 Set Column Values，单击。在弹出窗口中单击窗口右上角的 Add Function、Add Column 两个按钮来进行比较简单的数据计算(图 1-22)。

(7) 画图表　选中任意一列或几列数据，单击绘图区下部工具栏中的任意一个图标（图 1-23)，即可作出不同类型的图。用此方法画出的图默认以第一列数据为“X 轴”。

在化工实验中常常是多条实验曲线画在一起，我们可以通过刚才的方法绘制曲线，也可

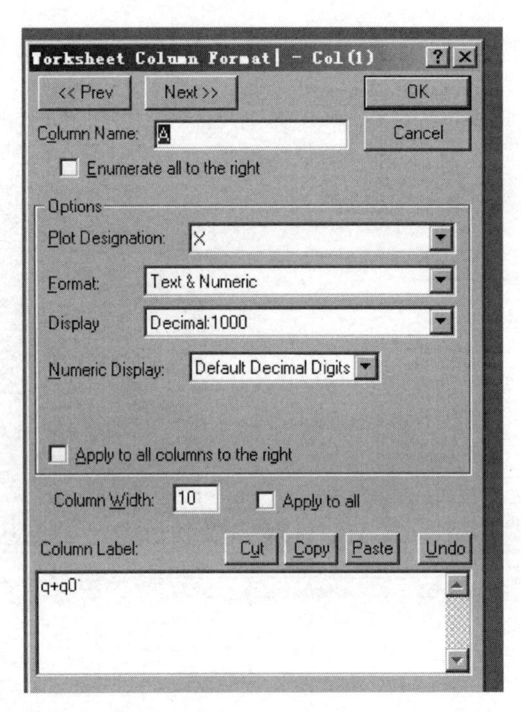

图 1-21　Origin 7.0 中数据列意义设置

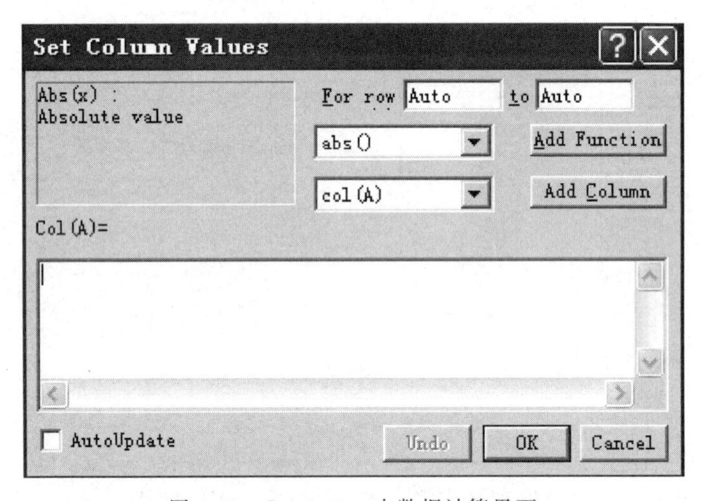

图 1-22　Origin 7.0 中数据计算界面

图 1-23　绘图工具栏（部分）

以在原来画的一条线的基础上，点击“Graph”，在其下拉菜单中选择“Add Plot to Layer”，再在展开的菜单中选择需要的图形，然后再在弹出的对话框中选择需要添加曲线的“X 轴”和“Y 轴”，点击“Add”，再点击“OK”，就可以添加曲线了。多个曲线在同一个图中，有利于实验数据的分析和研究。

若想自己随意设置“X 轴”和“Y 轴”，则先不选数据列，先点击图 1-23 中的任意图标，在弹出的窗口中可以设置任意数据列为“X 轴”或“Y 轴”（图 1-24）。

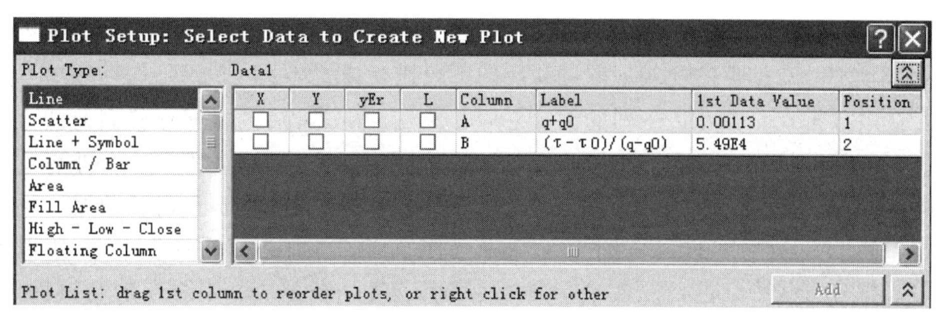

图 1-24 Origin 7.0 中绘图设计界面

(8) 设置图表的细节

① 设置坐标轴样式 用鼠标双击坐标轴，即可在弹出的对话框中选择不同的标签（图1-25），改变坐标轴的样式。常用的是改变数据范围，设定数值间隔。

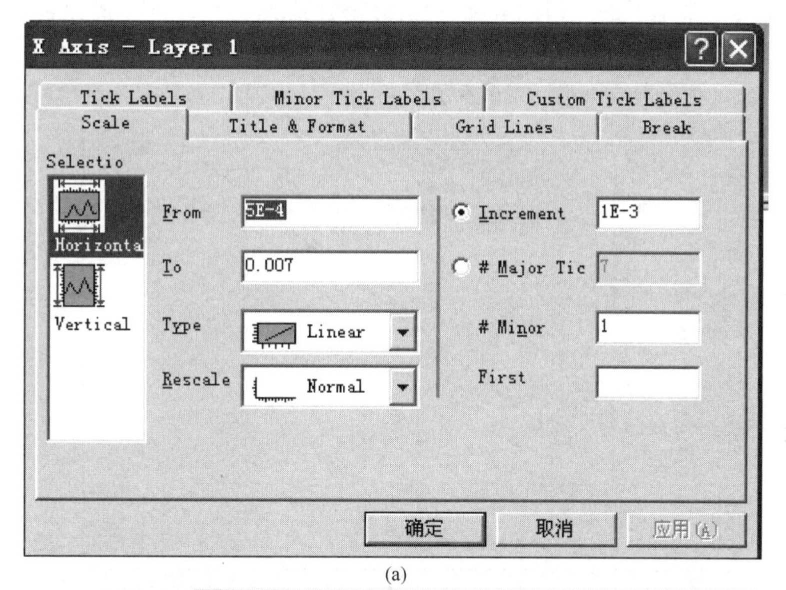

(a)

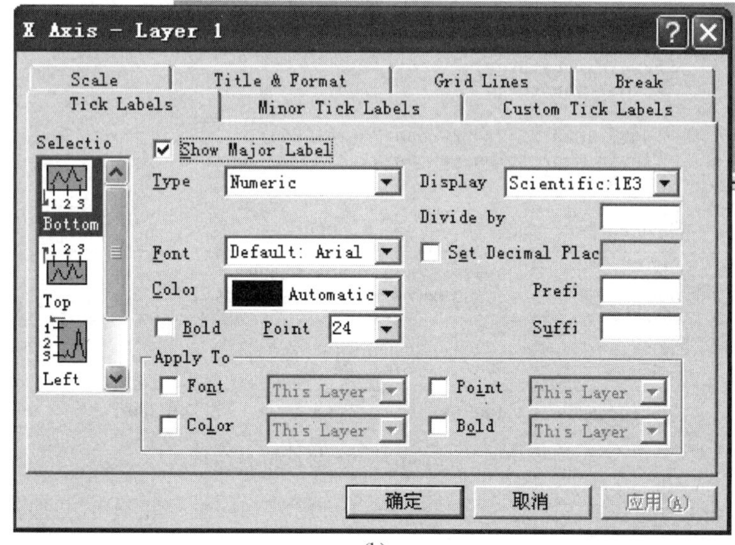

(b)

图 1-25 Origin 7.0 中绘图中坐标轴样式改动界面

② 设置数据点、线的样式　同样用鼠标双击数据点，在弹出的对话窗口中也可以选择不同的标签分别对数据点的样式、颜色和线的颜色进行设置等。

(9) 读取数据点　在左边一列的工具栏中，单击 或 后，将光标移到曲线上，对准数据点击鼠标左键，即可在右下角的黑底绿字的小屏幕上看到所索取数据点的坐标。

(10) 线性拟合　对于离散的数据点，可以采用回归的方式得到光滑的曲线。把鼠标移至菜单栏中的 Analysis，单击，在下拉菜单中选择"Fit Linear"（线性拟合），用鼠标左键单击即可。拟合直线为红色，拟合的方程、标准误差等一般都可在右下角的新窗口中看到。拟合完成后可把坐标系的起点，刻度值显示及显示格式、坐标名称，定制数据点的符号类型，颜色，拟合曲线的颜色、线宽、线型，并将拟合结果适当地排列并添加文本，把得到的拟合函数表达式写在文本中。

如前面所述，例 1-6 过滤实验中得到的数据表现的应该是直线关系。在图形表窗口，用鼠标选"Analysis"菜单下的"Fit Linear"就会完成直线 $y=A+Bx$ 的拟合，并计算出 A、B 值及 A、B、Y 的实验标准差 $S(x)$（SD），A、B 的实验标准差 $S(A)$、$S(B)$（Error）和相关系数 $r(R)$，拟合结果如图 1-26 所示。

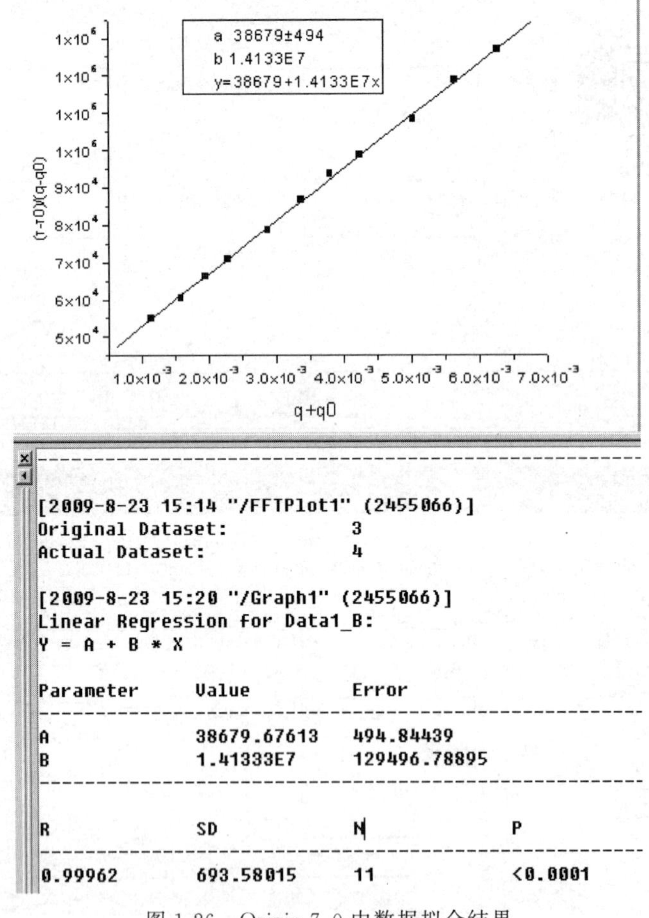

图 1-26　Origin 7.0 中数据拟合结果

因此，该拟合得到直线方程为 $y=38679+1.4133\times10^7x$，和最小二乘法得到的数据非常相近。

(11) 显示数据　有时候（特别是经过数据列之间的计算后）发现有的单元格中间没有

一个数字，全部是乱码。出现这种情况时不要着急，这并不是程序出错或是计算出错了，而是因为数据长度太大。这种情况可以用两个办法解决：一个是将数据列拉宽；另一个是通过采取科学计数法和有效数字来避免由于数据太长而无法显示的问题。具体设置方法是：将鼠标指向此数据列［例如 A(X)］，单击右键，在下拉菜单中选择“Properties”，单击左键，在弹出的对话框中，通过调整 Fromat 和 Numeric display 的下拉选项即可。

3. 曲线拟合

即用各种曲线拟合数据，在 Analysis 菜单里，点击则可以看到如图 1-27 所示窗口，在该菜单中有很多不同的拟合函数。常用的有线性拟合、多项式拟合等，还可以利用 Analysis->Non-Linear Curve Fit 里的两个选项做一些特殊的拟合。默认为整条曲线拟合，但可以设置为部分拟合，和 Mask 配合使用会得到很好的效果。

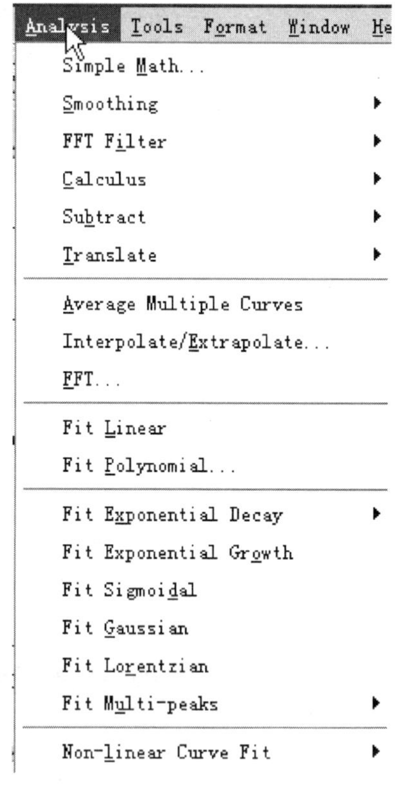

图 1-27 Origin 7.0 中的分析菜单

七、Microsoft Excel 软件在实验数据处理中的应用

Excel 是微软公司 Office 办公软件中的一个组件，可以用来制作电子表格，完成许多复杂的数据运算，能够进行数据的分析，具有强大的制作图表的功能。

1. Microsoft Excel 工作环境简介

Excel 工作窗口是由标题栏、菜单栏、工具栏、编辑栏、工作区域和状态栏组成的，如图 1-28 所示。

（1）标题栏 标题栏给出当前窗口所属程序和文件的名字，见图 1-28 第一行，Microsoft Excel-Book1，这就是 Excel 的标题栏。Microsoft Excel 是所属程序的名字；Book1 是 Excel 打开的一个空工作簿文档的系统暂定名字。

（2）菜单栏 菜单栏中包括各种菜单项，见图 1-28 第二行，如文件、编辑、视图、插入、格式、工具、数据、窗口、帮助等。每个菜单项中含有各种操作命令，用鼠标单击可引出一个下拉式菜单，可从中选择要执行的命令。

（3）工具栏 在菜单栏下面是工具栏，它用图标代表常用的命令，可快速执行，如打开、保存、打印、图表向导等。用鼠标单击代表命令的工具的小图标，即可执行相应的命令。工具栏由标准工具栏和格式化工具栏组成。标准工具栏提供用于日常操作的命令按钮。格式化工具栏是对编辑后的数据进行格式化，能选择字体、字型、边界等操作。

2. Excel 软件的绘图功能介绍

Excel 软件在数据运算处理及图形绘制方面具有很强大的功能，本节中只对在化工实验过程中的常用的绘图功能进行介绍，其他部分应参考其帮助文件。单击菜单栏中的“插入”→“图

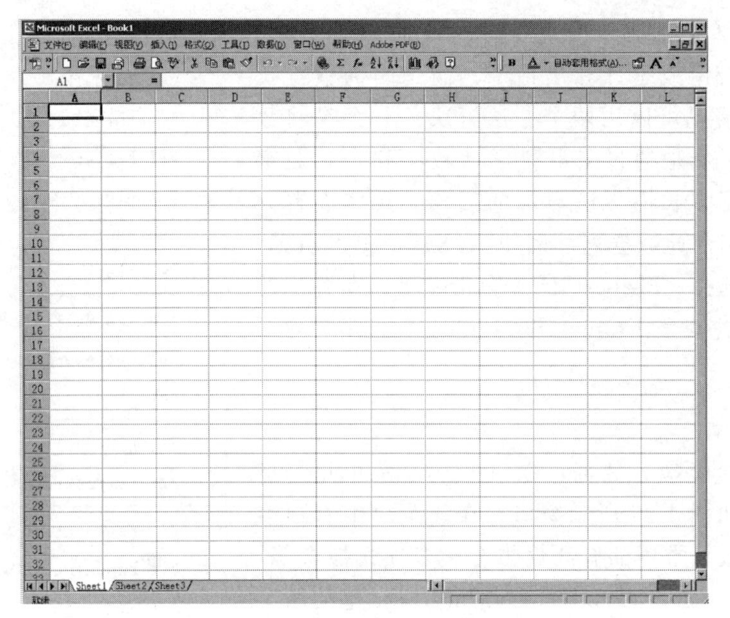

图 1-28　Excel 的工作环境界面

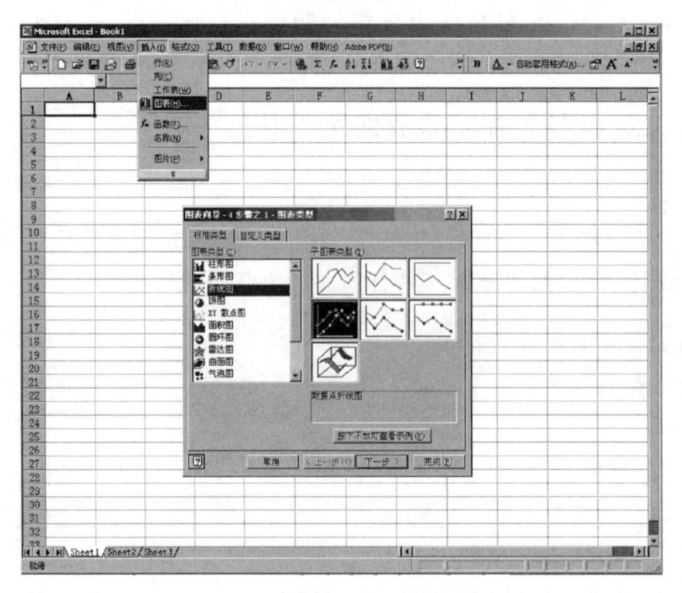

图 1-29　Microsoft Excel 的绘图工具

表”，就能打开 Excel 软件的图表向导功能，如图 1-29 所示。

（1）图表类型　Excel 有 14 种标准图表类型，每一种类型又有 2～7 个子类型。同时，还有 20 种自定义图表类型，它们可以是标准类型的变异，也可以是标准类型的组合，每种类型主要是在颜色和外观上有所区别。

① 柱形图　使用柱状来表示数值的大小。在 Excel 中，它是默认图表类型。

② 条形图　用水平条的长度表示它所代表的值的大小。

③ 折线图　对于每一个 X 的值，都有一个 Y 值与其对应，像一个数学函数一样。折线图常用于表示一段时期内的变化。

④ 饼图　非常生动，容易理解，但绘制局限于一个单一的数据系列。

⑤ *XY* 散点图　通过把数据描述成一系列的 *XY* 坐标值来对比一系列数据。散点图的一个应用是表示一个实验中的多个实验值。

⑥ 面积图　表现了数据在一段时间内或者类型中的相对关系。一个值所占的面积越大，那么它在整体关系中所占的比重就越大。

⑦ 圆环图　大体上和饼图相似，只是不局限于单一的数据系列。每一个系列使用圆环的一个环表示数据，而不是饼图的片。

⑧ 雷达图　表示由一个中心点向外辐射的数据。中心是零，各种轴线由中心扩展出来。

⑨ 曲面图　可以用二维空间的连续曲线表示数据的走向。

⑩ 气泡图　对三个系列的数据进行比较。它与“*XY* 图标”很相似，“*X* 轴”和“*Y* 轴”共同表示两个值，但是气泡的大小由第三个值确定。

⑪ 股价图　常用于绘制股票的价值。

⑫ 圆柱图　使用圆柱体表示数据。

⑬ 圆锥图　它使用锥体表示数据。

⑭ 棱锥图　使用棱锥表示数据。

（2）图表的建立　下面我们以一个具体的例子来演示使用 Excel 绘图的方法。

【例 1-7】 转子流量计标定时得到的读数与流量的关系如下表所示，请绘图表示数据之间的关系。

读数 x/格	0	2	4	6	8	10	12	14	16
流量 y/(m^3/h)	30.00	31.25	32.58	33.71	35.01	36.20	37.31	38.79	40.04

解： 图表的建立需要用 Excel 图表向导来完成，具体步骤如下。

① 在工作表的 A 列和 B 列中输入相应的 *X* 与 *Y* 的数值，选择要用图表表示的范围，如图 1-30 所示。

② 单击工具栏的“图表向导”按钮。

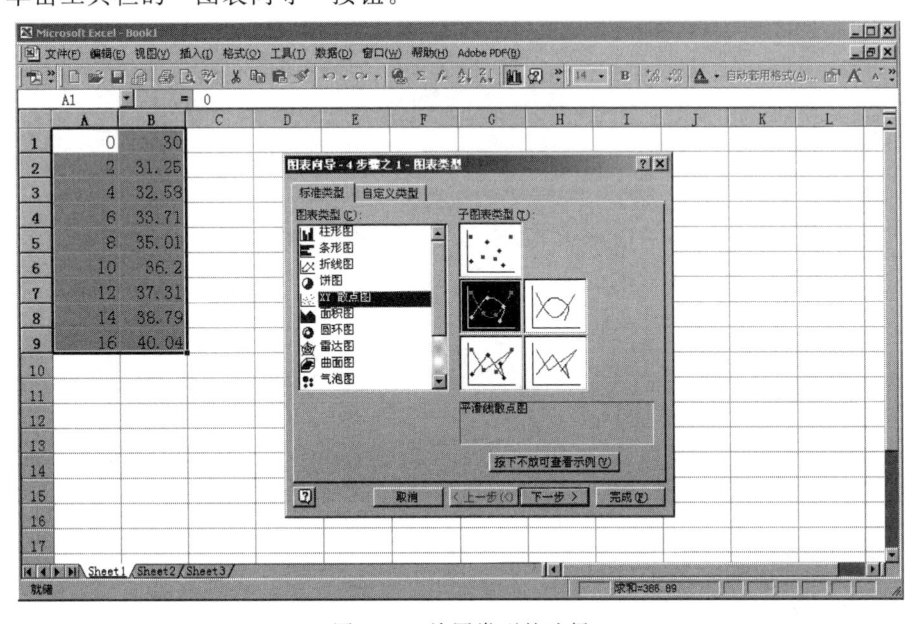

图 1-30　绘图类型的选择

③ 在“图表类型”中，选择要创建的图表类型的种类，如图 1-30 所示。

④ 在“子图表类型”中，选择要使用的具体的图表类型的种类。

⑤ 如果想看一下图表类型的实际效果，单击“按下不放可查看示例”按钮。

⑥ 单击下一步按钮，选择系列产生在“列”后，再单击下一步，结果如图 1-31 所示。

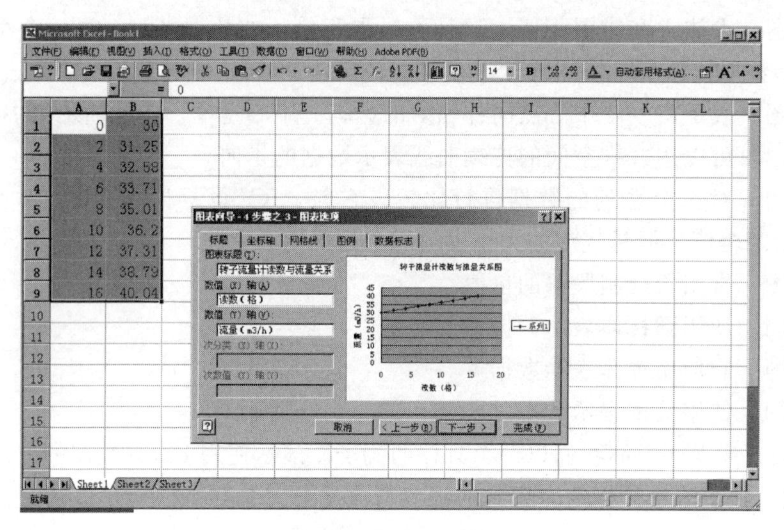

图 1-31　图表选项填写

⑦ 如果想要图表下面或左边显示一些文字，在分类“*X* 轴”文本框及分类“*Y* 轴”文本框中输入，如图 1-31 所示。

⑧ 单击下一步按钮，图表位置选择“作为其中的对象插入”，单击完成按钮，结果如图 1-32 所示。

图 1-32　图形初步绘制

⑨ 双击生成图形的“*X* 轴”和“*Y* 轴”或“图形区域”，可根据需要对坐标轴设置刻度，如图 1-32、图 1-33 所示。

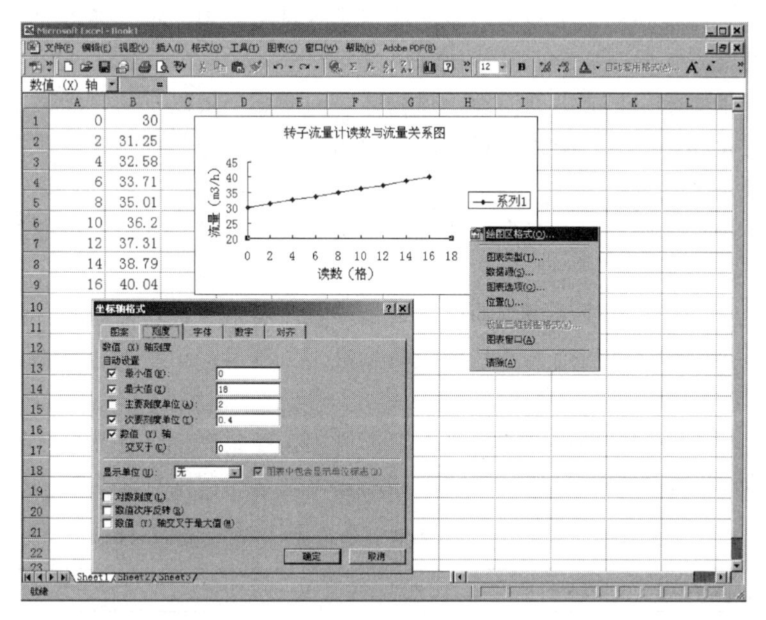

图 1-33　坐标轴及绘图区格式的调整

⑩ 鼠标置于绘图区域，单击右键可根据下拉菜单对绘图区域进行调整，最终完成图形的绘制，如图 1-33 所示。

第三节　化工基本物理量的测量

在化工生产过程和科学实验中，温度、压强、流量和功率等物理量是操作条件的重要信息，是必须测量的基本参数。用来测量这些基本参数的仪表统称为化工测量仪表。

化工测量仪表虽然品种众多，但从化工仪表的组成来看，一般由检测、传送、显示三个基本部分组成。检测部分通常与被测介质直接接触，并依据不同的原理和方式将需要测量的压强、流量或温度等信号转变为易于传送的物理量，如机械力、电信号等；传送部分一般只起信号能量的传递作用；显示部分则将传送来的物理量信号转换为可读可见信号，常见的显示形式有指示、记录、声光报警等。根据不同的需要，检测、传送、显示这三个基本部分可集成在一台仪表内，比如弹簧管式压强表；也可分散为几台仪表，比如在仪表室对现场设备操作时，检测部分在现场，显示部分在仪表室，而传送部分则在两者之间。

化工测量仪表的准确度对实验结果的影响很大，因此必须根据实验工作需要，对所需化工测量仪表进行正确选用或自行设计，必须考虑所选仪表的测量范围与精度。化工测量仪表的选用或设计合理，可以在获得可靠的实验结果的同时，节省一定的实验经费。否则，将引入较大的测量误差。

化工测量仪表的种类很多，本章主要介绍一些较典型、常用的测量仪表的工作原理、选用及安装和使用等基本知识。读者可查阅相关专业书籍和手册做进一步的了解。

一、温度的测量及控制

温度是表征物体或系统冷热程度的物理量，它反映物体或系统分子无规则热运动的剧烈程度。在化工生产过程和科学实验中，温度往往是测量和控制的重要参数之一，几乎每个化工实验装置上都要安装温度测量元件或仪表。

温度不能直接测量，只能借助于冷、热物体之间的热交换以及物体的某些物理性质随冷热程度不同而变化的特性进行间接测量。温度的测量方式可分为接触式与非接触式两种。

接触式测量基于热平衡原理。当某一测量元件与被测物体相接触时，热量将在被测物体和测量元件之间进行传递，直至二者冷热程度完全一致。此时，测量元件的温度即为被测物体的温度。

非接触式测量是测量元件与被测物体不直接接触，而是通过其他原理（如辐射原理和光学原理等）测量被测物体的温度。非接触式测量常用于测量运动物体、热容量小及特高温度的场合。

化工实验中所涉及的被测温度对象基本上都可用接触式测量法来测量，而非接触式测量法的应用则很少。接触式温度测量元件或仪器的分类及适用范围见表 1-11。

表 1-11　接触式温度测量元件或仪器的分类及适用范围

测量仪表(元件)名称	测量原理	使用温度范围/℃	主要特点
双金属温度计	固体热膨胀	−80～500	结构简单,价格低廉,使用方便,但感温部大,无法进行信号远传
玻璃液体温度计	液体热膨胀	−80～500	
压力式温度计	气体热膨胀	−50～450	
铂热电阻 半导体热敏电阻	电阻变化	−200～500 −50～300	精度高,能进行信号远传,感温部大,灵敏性好,但线性差,互换性差
铂铑-铂热电偶 镍铬-镍硅热电偶 铜-康铜热电偶	热电效应	0～1600 0～1300 −200～400	结构简单,感温部小,可远传,但线性差,适应性差

1. 热膨胀式温度计

根据液体受热膨胀的原理制成的测量温度的仪表称为液体膨胀式温度计，如玻璃管温度计。下面对玻璃管温度计的种类、安装和使用、校正进行简单介绍。

（1）玻璃管温度计　玻璃管温度计是一种最常用的测量温度的仪表。其特点是结构简单、价格低廉、读数方便、有较高的精度、测量范围为−80～500℃。它的缺点是易损坏且损坏后无法修复。目前实验室使用最多的是水银温度计和有机液体（如乙醇）温度计。水银温度计测量范围广、刻度均匀、读数准确，但损坏后易造成汞污染。有机液体（乙醇、苯等）温度计着色后读取数据容易，但由于膨胀系数随温度变化，故刻度不均匀，精度较水银温度计低。

玻璃温度计又分为三种形式：棒式、内标式和电接点式。

（2）玻璃管温度计的安装和使用

① 玻璃管温度计需安装在没有大的振动且不易受碰撞的设备上，特别是有机液体玻璃管温度计，如果振动很大，容易使液柱中断。

② 玻璃管温度计感温泡中心应处于温度变化最敏感处（如管道中流速最大处）。

③ 玻璃管温度计安装在便于读数的场所，不能倒装，尽量不要倾斜安装。

④ 为了减少读数误差，应在玻璃管温度计保护管中加入甘油、变压器油等，以排除空气等不良导体。

⑤ 水银温度计读数时按凸面的最高点读数；有机液体玻璃管温度计则按凹面最低点读数。

⑥ 为了准确地测定温度，用玻璃管温度计测定物体温度时，如果指示液柱不是全部插入欲测的物体中，就不能得到准确值。

（3）玻璃管温度计的校正　用玻璃管温度计进行精确测量时需要校正，校正方法有两种：一是与标准温度计在同一状况下进行比较；二是利用纯物质相变点（如冰-水、水-水蒸气系统）进行校正。

采用第一种方法进行校正时，可将被校验的玻璃管温度计与标准温度计（在市场上购买的二等标准温度计）同时插入恒温槽中，待恒温槽的温度稳定后，比较被校验温度计与标准温度计的示值。注意在校正过程中，应采用升温校验。这是因为有机液体与毛细管壁有附着力，当温度下降时，会有部分液体停留在毛细管壁上，影响准确读数。水银温度计在降温时会因摩擦出现滞后现象。

如果实验室中无标准温度计时，亦可用冰-水、水-水蒸气的相变温度来校正温度计。

① 用冰-水混合液校正 0℃　在 100mL 烧杯中，装满碎冰或冰块，然后注入蒸馏水使液面达冰面下 2cm 为止，插入温度计使刻度便于观察或是露出 0℃于冰面之上，搅拌并观察水银柱的改变，待其所指温度恒定时，记录读数，即是校正过的 0℃。注意勿使冰块完全溶解。

② 用水-水蒸气校正 100℃　校正温度计安装如图 1-34 所示。为了平衡试管内外的压力，塞子应留缝隙。向试管内加入少量沸石及 10mL 蒸馏水。调整温度计使其水银球在液面上 3cm。以小火加热并注意蒸汽在试管壁上冷凝形成一个环，控制火力使该环维持在水银球上方约 2cm 处，若保持水银球上有一个液滴，说明液态与气态间达到热平衡。观察水银柱读数直至温度恒定时，记录读数，再经气压校正后即为校正过的 100℃。

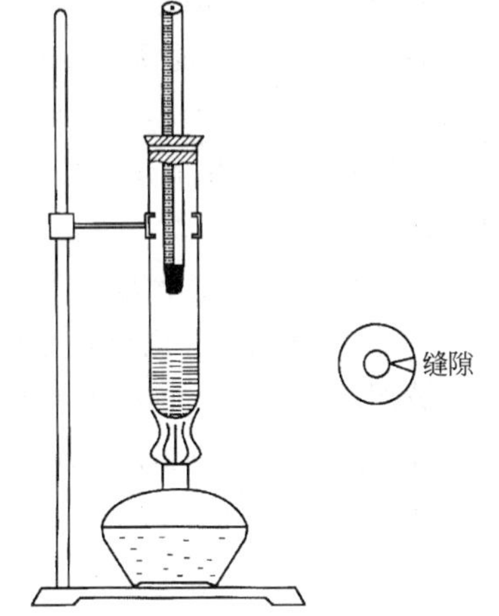

图 1-34　校正温度计安装示意图

2. 热电偶温度计

热电偶是一种常用的测量温度的元件，具有结构简单、使用方便、精度高、测量范围宽等优点，因此在化工生产和科学实验中有着广泛的应用。

（1）热电偶测温元件及原理　将两种不同性质的金属丝或合金丝 A 与 B 连接成一个闭合回路。如果将它们的两个接点分别置于温度为 t_0 和 t_1 的热源中，则该回路中会产生电动势。这种现象称为热电效应。

热电现象是因为两种不同金属的自由电子密度不同，当两种金属接触时，在两种金属的交界处就会因电子密度不同而有电子扩散，扩散结果在两金属接触面两侧形成静电场即接触电势差。这种接触电势差仅与两金属的材料和接触点的温度有关。温度越高，金属中自由电子就越活跃，致使接触处所产生的电场强度增加，接触面电动势也相应增高。根据这个原理就制成热电偶测温计。

这个由不同金属丝组成的闭合回路即为热电偶（从理论上讲，任何两种金属或半导体都可以组成一支热电偶）。在两种金属的接触点处，由于逸出的电位不同而产生接触电势，记作 $e_{AB}(t)$，根据物理学原理，其接触电势的大小为：

$$e_{AB}(t)=\frac{Kt}{e}\ln\frac{N_{At}}{N_{Bt}} \tag{1-60}$$

此外，由于金属丝两端温度不同，形成温差电势，其值为：

$$e_A(t,t_0)=\frac{K}{e}\int_{t_0}^{t}\frac{1}{N_A}\left(\frac{dN_{At}}{dt}\right)dt \tag{1-61}$$

热电偶回路中既有接触电势，又有温差电势，因此，回路中总电势为：

$$\begin{aligned}E_{AB}(t,t_0)&=e_{AB}(t)+e_B(t,t_0)-e_{AB}(t_0)-e_A(t,t_0)\\&=[e_{AB}(t)-e_{AB}(t_0)]-[e_A(t,t_0)-e_B(t,t_0)]\end{aligned} \tag{1-62}$$

由于温差电势比接触电势小很多，可忽略不计，故式（3-3）可简化为：

$$E_{AB}(t,t_0)=e_{AB}(t)-e_{AB}(t_0)=f_{AB}(t)-f_{AB}(t_0) \tag{1-63}$$

当$t=t_0$时，$E_{AB}(t,t_0)=0$。

当t_0一定时，$E_{AB}(t,t_0)=e_{AB}(t)-C$（$C$为常数）成为单值函数关系，这是热电偶测温的基本依据。

当$t_0=0$℃时，可用实验方法测出不同热电偶在不同工作温度下产生的热电势值，列成表格称为分度表。

利用热电偶测量温度时，必须要用某些显示仪表如毫伏计或电位差计来测量热电势的数值。测量仪表往往要远离测温点，这就需要接入连接导线，这样就在其所组成的热电偶回路中加入了第三种金属导线，从而构成了新的接点。实验证明，在热电偶回路中接入第三种金属导线对原热电偶所产生的热电势数值并无影响，不过必须保证引入线两端的温度相同。同理，如果回路中串入多种导线，只要引入线两端温度相同，也不影响热电偶所产生的热电势数值。

（2）热电偶自由端的温度补偿

① 补偿导线法　由于热电偶一般做得比较短（特别是贵重金属），这样热电偶的参比端距离被测对象很近，使参比端温度较高且波动较大。所以采用某种廉价金属丝来代替贵金属丝延长热电偶，以使参比端延伸到温度比较稳定的地方。这种廉价金属丝做成的各种电缆，称为补偿导线。补偿导线应满足以下条件。

a. 在0～100℃范围内，补偿导线的热电性质与热电偶的热电性质相同。

b. 价格低廉。

热电偶配用的补偿导线材料及其特点见表1-12。

表1-12　热电偶配用的补偿导线材料及其特点

热电偶名称	补偿导线			
	正极		负极	
	材料	颜色	材料	颜色
铂铑-铂	铜	红	铜镍合金	绿
镍铬-镍硅 铜-康铜	铜	红	康铜	棕
镍铬-考铜	镍铬	褐绿	考铜	黄

② 计算补正法　如果自由端的温度在小范围（0～4℃）内变化，要求又不是很高的情况下，可以用式（1-64）进行补偿修正。

$$t=t_{指}+Kt_0' \tag{1-64}$$

式中 t——热电偶工作端实际温度；

$t_{指}$——仪表的指示值；

t_0'——热电偶自由端的温度；

K——修正系数。

常用热电偶的近似 K 值见表 1-13。

表 1-13 常用热电偶的近似 *K* 值

项目	类别				
	铜-康铜 T(CK)	镍铬-考铜(EA)	铁-康铜 J(TK)	镍铬-镍硅 K(EU)	铂铑$_{10}$-铂 S(LB)
常用温度/℃	300～600	500～800	0～600	0～1000	1000～1600
近似 K 值	0.7	0.8	1.0	1.0	0.5

③ 补偿电桥法　补偿电桥法是利用不平衡电桥产生的电势补偿热电偶因自由端温度变化而引起的热电势变化值。补偿电桥法电路如图 1-35 所示。

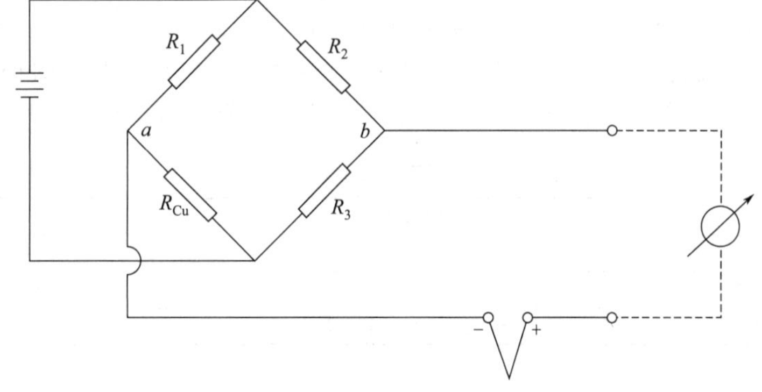

图 1-35　补偿电桥法电路

R_1、R_2、R_3 为锰铜电阻；R_{Cu} 为铜电阻

电桥由 R_1、R_2、R_3（均为锰铜电阻）和 R_{Cu}（铜电阻）组成。串联在热电偶测量回路中，热电偶自由端与电桥中 R_{Cu} 处于同温。通常，取 $t_0=20℃$时，电桥平衡（$R_1=R_2=R_3=R_{Cu}^{20}$），此时对角线 a、b 两点电位相等（即 $U_{ab}=0$），电桥对仪表的读数无影响。当环境温度高于 20℃时，R_{Cu} 增加，平衡被破坏，a 点电位高于 b 点，产生一个不平衡电压 U_{ab} 与热电偶的电势相叠加，一起送入测量仪表。选择适当桥臂电阻和电流的数值，可使电桥产生的不平衡电压 U_{ab} 正好补偿由于自由端温度变化而引起的热电势变化值，仪表即可指示出正确的温度。由于电桥是在 20℃时平衡，所以采用这种补偿电桥需把仪表的机械零位调整到 20℃的刻度线。

（3）常用热电偶对材料的要求和热电偶的特性　为了便于选用和自制热电偶，必须对热电偶材料提出要求和了解常用热电偶的特性。

① 对热电偶材料的基本要求　物理化学性能稳定；测温范围广，在高低温范围内测温准确；热电性能好，热电势与温度呈线性关系；电阻温度系数小，这样可以减少附加误差；机械加工性能好；价格便宜。

② 常用热电偶的特性　目前我国广泛使用的热电偶有下列几种。

a. 铂铑-铂热电偶　分度号为 S。该热电偶正极为 90％的铂和 10％的铑组成的合金丝，负极为铂丝。此种热电偶在 1300℃以下范围内可长期使用，在良好环境中，可短期测量

1600℃高温。由于容易得到高纯度的铂和铑，故该热电偶的复制精度和测量准确性较高，可用于精密温度测量和用作基准热电偶。其缺点是热电势较弱，而且成本较高。

b. 镍铬-镍硅热电偶　分度号为 K。该热电偶正极为镍铬，负极为镍硅。该热电偶可在氧化性或中性介质中长期测量 900℃以下的温度，短期测量可达 1200℃。该热电偶具有复制性好、产生热电势大、线性好、价格便宜等特点。其缺点是测量精度偏低，但完全能满足工业测量的要求，是工业生产中最常用的一种热电偶。

c. 镍铬-考铜热电偶　分度号为 EA。该热电偶正极为镍铬，负极为考铜。适用于还原性或中性介质，长期使用温度不可超过 600℃，短期测量可达 800℃。该热电偶的特点是电热灵敏度高，价格便宜。

d. 铜-康铜热电偶　分度号为 CK。该热电偶正极为铜，负极为康铜。其特点是低温时精确度较高，可测量－200℃的低温，上限温度为 300℃，价格低廉。

(4) 热电偶的校验（定标）

① 对新焊好的热电偶需校核电势与温度关系是否符合标准，检查有无复制性，或进行单个标定。

② 对所用热电偶定期进行校验，测出校正曲线，以便对高温氧化产生的误差进行校正。

表 1-14 所列检验温度和检验设备可根据测定温度范围而定。例如，实验室测温在 100℃左右，故可用油浴恒温槽检验，在所测温度范围内找 3～4 个点，利用标准温度计（如二等玻璃管温度计）与热电偶进行比较。标定方法与标定其他温度计类似。

表 1-14　热电偶校正检验点

热电偶名称	检验温度/℃	检验设备
铂铑 30-铂铑 6	100,1200,1400,1554	管式电炉
镍铬-考铜	300,400,600	油浴槽,管式电炉
铜-康铜	－196,－100,100,300	液槽,油浴槽

3. 热电阻温度计

(1) 热电阻测温元件及特点　电阻的热效应早已被人们所认知。根据导体或半导体的电阻值随温度变化的性质，可将其特征值的变化用显示仪表反映出来，从而达到测温目的。

工业上广泛应用的热电阻温度计通常用于测量－200～500℃范围内的温度，并有如下特点。

① 热电阻温度计较其他温度计（如热电偶）有较高的精确度，所以把铂电阻温度计作为基准温度计，并在 961.78℃以下温度范围内，被指定为国际温标的基准仪器。

② 电阻温度传感器的灵敏度高，输出信号较强，容易显示和实现远距离传送。

③ 金属热电阻的电阻和温度具有较好的线性关系，而且重现性和稳定性较好。

④ 半导体热电阻可做得很小，其灵敏度高，但目前测温上限较低，电阻与温度关系为非线性，而且重现性较差。

热电阻温度计的使用温度见表 1-15。

表 1-15　热电阻温度计的使用温度

种类	使用温度范围/℃	温度系数/$℃^{-1}$
铂电阻温度计	－260～630	0.0039
镍电阻温度计	150 以下	0.0062
铜电阻温度计	150 以下	0.0043
热敏电阻温度计	350 以下	－0.06～－0.03

（2）标准化热电阻

① 铂热电阻 由于铂在高温下及氧化性介质中的化学和物理性质均很稳定，所以用其制成的热电阻精度高，重现性好，可靠性强。

在0～630.74℃范围内，铂电阻的电阻值与温度之间的关系可精确地用式（1-65）表示：

$$R_t = R_0(1 + At + Bt^2 + Ct^3) \tag{1-65}$$

在－90～0℃范围内，铂电阻的电阻值与温度的关系为：

$$R_t = R_0[A + At + Bt^2 + C(t-100)t^3] \tag{1-66}$$

式中 R_t——某温度下铂电阻的电阻值，Ω；

R_0——0℃时铂电阻的电阻值，Ω；

A,B,C——常数，$A=3.96847\times10^{-3}℃^{-1}$，$B=5.847\times10^{-7}℃^{-2}$，$C=4.22\times10^{-12}℃^{-3}$。

目前工业上常用的铂电阻为Pt100（$R_0=100\Omega$）。

② 铜热电阻 铜电阻的电阻值与温度呈直线关系，铜的电阻温度系数小，铜容易加工和提纯，价格便宜，这些都是用铜作为热电阻的优点。铜的主要缺点是，当温度超过100℃时容易被氧化，电阻率较小。

铜一般用来制造－50～200℃工程用的电阻温度计。其电阻值与温度呈线性关系，即：

$$R_t = R_0(1 + \alpha t) \tag{1-67}$$

式中 R_t——铜电阻在温度 t 时的电阻值，Ω；

R_0——铜电阻在温度0℃时的电阻值，$R_0=50\Omega$，Ω；

α——铜电阻的电阻温度系数，$\alpha=4.25\times10^{-3}℃^{-1}$，$℃^{-1}$。

（3）热电阻电阻值的测量仪表 由于热电阻只能反映由于温度变化而引起的电阻值的改变，因而通常需用测量显示仪表才能读出温度值。工业上与热电阻配套使用的测温仪表种类繁多，主要有电子平衡电桥和数字式显示仪表。

使用热电阻可以对温度进行较为精确的测量，因而在某些要求较高的场合下，需对热电阻进行标定。标定方法为：用精密的仪器、仪表，测出被标定的热电阻在已知温度下的电阻值，然后作出温度-电阻值校正曲线，供实际测量使用。标定的主要仪器为测温专用的电桥，如QJ18A。在标定要求不很严格的情况下，亦可使用高精度的数字万用表测量热电阻的电阻值。

4. 温度计使用技术

在进行温度测量时需要考虑以下几点。

（1）温度计设置 温度计感温部分所在处必须按照工艺要求严格设置。

（2）尽量消除热交换引起的测温误差 温度测量的关键是温度计的热端点温度是否等于热端点所在处被测物体的温度。两者若不相等，其原因是测量时热量不断从热端点向周围环境传递，同时热量不断从被测物体向热端点传递，被测物体到热端点再到周围环境的方向有温度梯度。减小这种误差的方法是尽量减小热端点与其周围环境之间的温度差和传热速率。具体办法如下。

① 当待测温对象是管内流动流体时，若条件允许，应尽量使作为周围环境的管壁与热端点的温度差变小。为此可在管壁外面包一层绝热层（如石棉等）。管子壁面的热损失越大，

管道内流体测温的误差也越大。

② 可在热端点与管壁之间加装防辐射罩，减小热端点和管壁之间的辐射传热速率。防辐射罩表面的黑度越小（反光性越强），其防辐射效果越好。

③ 尽量减小温度计的体积，减小保护套管的黑度、外径、壁厚和热导率。减小黑度和外径可减小保护套管与管壁面之间的辐射传热。减小外径、壁厚和热导率可减小保护套管本身在轴线方向上的高温处与低温处之间的导热速率。

④ 增加温度计的插入深度，管外部分应短些，而且要有保温层。目的是减小贴近热端点处的保护套管与裸露的保护套管之间的导热速率。为此，管道直径较小时，宜将温度计斜插入管道内，或在弯头处沿管道轴心线插入；或安装一段扩大管，然后将温度计插入扩大管中。

⑤ 减小被测介质与热端点之间的传热热阻，使两者温度尽量接近。为此，可适当增加被测介质的流速，但气体流速不宜过高，因为高速气流被温度计阻挡时，气体的动能将转变为热能，使测量元件的温度变高。尽量让温度计的插入方向与被测介质的流动方向逆向。使用保护套管时，宜在热端点与套管壁面之间加装传热良好的填充物，如变压器油、铜屑等。保护套管的热导率不宜太小。测量壁面温度时，壁面与热端点之间的接触热阻应尽量小，因此要注意焊接质量或黏合剂的热导率。

⑥ 待测温管道或设备内为负压，插入温度计时应注意密封，以免冷空气漏入引起误差。

⑦ 经常采用热电偶测量壁面温度，若被测的是壁温且壁面材料的热导率很小，则热电偶热端点与外界的热交换将会破坏原壁面的温度分布，使测温点的温度失真。为此可在被测温的壁面固定一个导热性能良好的金属片，再将热电偶焊在该金属片上。若焊接有困难时，利用上述加装金属片的办法，也可大大减小壁面与热端点之间的热阻，提高测量精度。在壁温测量用热电偶的热端点外面加保温层，也是提高测量精度的办法。

将两热电极分别焊在壁面的两等温点上，壁面为第三导线接入热电偶线路后，可提高壁温的测量精度。但要注意，如果被测表面材质不均匀，这种方法反而会使误差增大。

⑧ 热电极线沿等温壁面紧贴一段距离，可减小热端点通过热电偶丝与周围环境的传热速率，相当于增大热电偶的插入深度。

（3）热电偶测量系统的动态性能引起的误差　热电偶测量系统的动态性能可用滞后时间表示。滞后时间越长，达到稳定输出所需的时间越长，热电偶的热惰性越大。为了缩短滞后时间，被测介质向感温元件传热的热阻应尽量小，保护管与热端点之间的导热物料和热端点本身的热容量也应当尽量小。为此，应尽量减小热电偶丝的直径和保护套管的直径。测量变化较快、信号较大的温度时，动态性能引起的误差是不可忽视的。

（4）仪表的工作误差　尽量减少测量仪表的工作误差。

（5）传输的误差　消除信号传输过程中的误差。

（6）保护套管材料　根据被测物质的化学性质选用保护套管材料。

5. 温度控制技术

在工业生产过程中，由于介质获得热量的来源各异，因而控制手段也各不相同，此部分讨论电热控制方法。在实验或生产过程中，由于电能较容易得到且易转换为热能，因而得到了广泛的应用，其加热主体为电热棒、加热带和电炉丝等。如在流化干燥速率曲线的测定实验中，通过控制电加热器中电热棒的电压来控制其进入流化干燥塔的热空气的温度，其控制电路由热电偶、测控仪表和固态继电器组成，如图 1-36 所示。

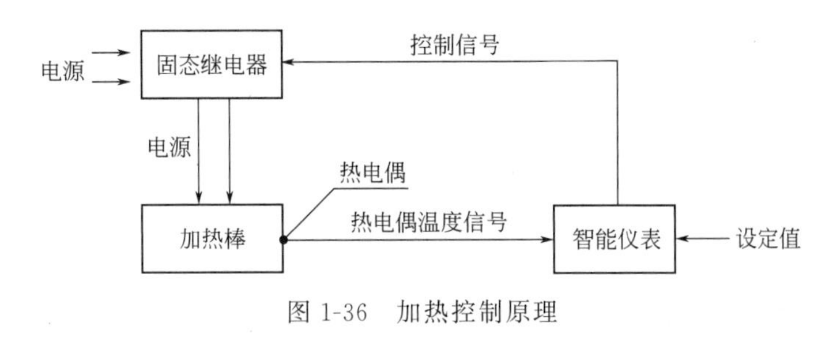

图 1-36 加热控制原理

这样，通过修改温度控制仪表上的温度设定值，即可控制电热棒上的加热电压，进而控制被控对象的温度。

二、流量的测量及控制

化工产品生产及实验过程中，经常需测量过程中各介质（如液体、气体和固体）的流量，用来核算生产过程中物料的输送和配比，为生产管理和过程控制提供参考。因此，流量的测量是化工生产中参数测定的重要环节之一。

流量可分为瞬时流量和累积流量。其中，瞬时流量是指在单位时间内流过管道某截面流体的量，有体积流量（m^3/h）和质量流量（kg/h）两种表示方法。累积流量又称为总量，是指一段时间内流过管道截面流体的总和。有关流量测量的方法和仪器很多，本节仅介绍实验室常用的压差式（如锐孔、喷嘴、文丘里管和皮托管）流量计、转子（定压降式）流量计、涡轮流量计、湿式流量计及质量流量计。

1. 压差式流量计

压差式流量计是基于液体流经节流装置时产生压差实现流量测量的。其使用历史悠久，已积累了丰富而完整的实验资料。常见的节流元件如孔板、喷嘴及文丘里管的设计计算都有统一标准。因此，可以直接根据计算结果进行制造和使用，而不必用实验方法进行单独标定。这里简单介绍节流现象及其基本原理、标准节流元件的基本原理和知识，以便选择和使用实验所需的合适的流量计。

（1）节流现象及其原理　连续流动的流体遇到安装在管道内的节流装置时，由于节流装置中间有个节流孔，孔径比管道内径小，导致流体流通面积突然缩小、流速突增，挤过节流孔，形成流束收缩。当挤过节流孔之后，流速又由于流通面积的变大和流束的扩大而降低流速。与此同时，在节流装置前后的管壁处的流体静压力产生差异，形成静压差，即为节流现象。因此，节流装置的作用在于形成流束的局部收缩，从而产生压差。流过的流量越大，在节流装置前后产生的压差也就越大，因此通过测量压差可以计算流量的大小。

（2）常用节流元件种类与测量原理　目前应用较多的节流元件有三种。

① 标准孔板　标准孔板如图 1-37 所示。它是一个带有圆孔的板，圆孔与管道同心，直角入口边缘非常锐利。标准孔板的进口圆筒部分应与管道同心安装。孔板（材料一般为不锈钢、铜或硬铝）必须与管道轴线垂直，其偏差不得超过$\pm 1°$。若该元件与压差传感器联合使用，则可实现计算机数据在线采集。

其计算公式为：

$$q_v = \alpha A_0 e \sqrt{\frac{2}{\rho}(p_1 - p_2)} \tag{1-68}$$

式中　q_v——流量，m^3/s；

α——实际流量系数（简称流量系数）；

A_0——节流孔开孔面积，$A_0=\pi d_0^2/4$，m^2；

d_0——节流孔直径，m；

e——流束膨胀校正系数，对不可压缩性流体，$e=1$，对可压缩性流体，$e<1$；

ρ——流体密度，kg/m^3；

p_1-p_2——节流孔上下游两侧压力差，Pa。

② 标准喷嘴　标准喷嘴如图 1-38 所示。标准喷嘴适用的管道直径 D 通常为 50～1000mm，孔径比 β 为 0.32～0.8，雷诺数为 $(2\times10^4)\sim(2\times10^6)$。

③ 文丘里管　文丘里管如图 1-39 所示。文丘里管是由入口圆筒段 A、圆锥收缩段 B、圆筒形喉部 C、圆锥扩散段 E 组成的。文丘里管第一收缩段锥度为 21°±1°，扩散段为 7°～15°，文丘里管的 d/D 值为 0.4～0.7。

角接取压装置如图 1-40 所示。

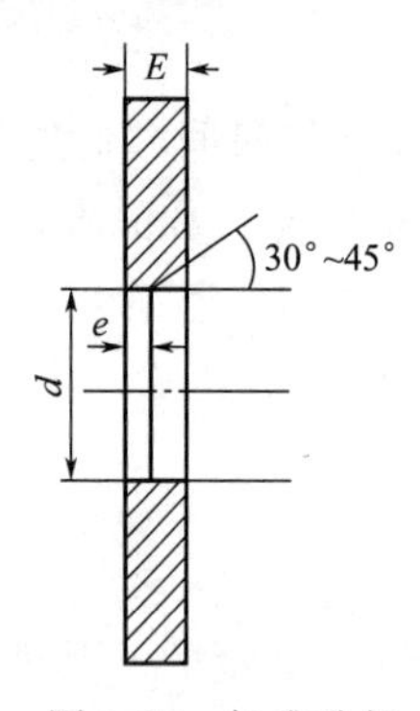

图 1-37　标准孔板

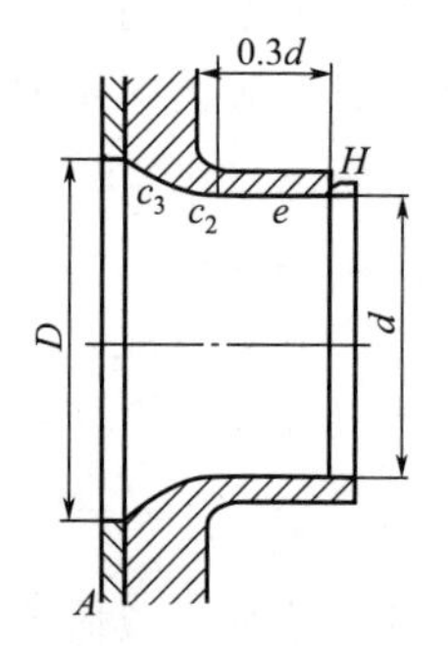

图 1-38　标准喷嘴

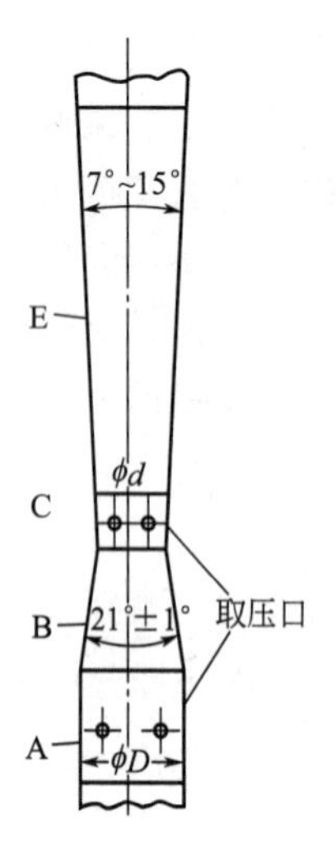

图 1-39　文丘里管

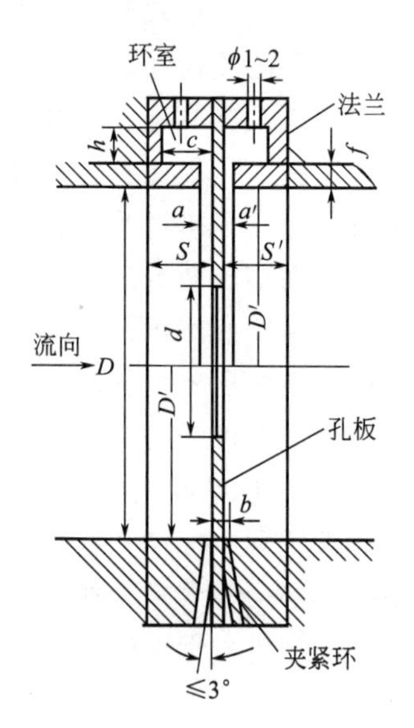

图 1-40　角接取压装置示意图

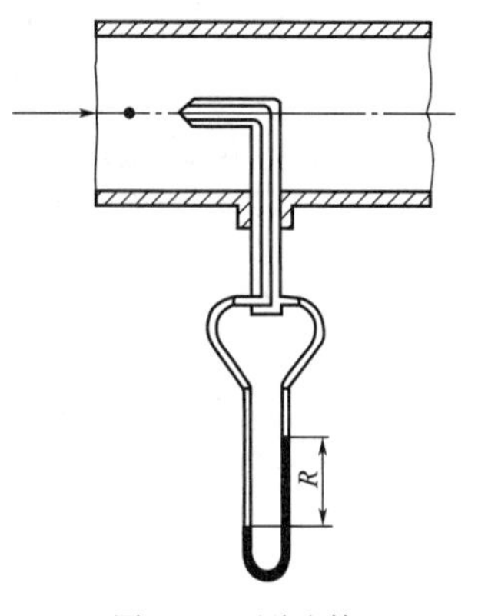

图 1-41 测速管

④ 测速管　测速管又名皮托管，是用来测量导管中流体的点速度的，其构造如图 1-41 所示。测速管装置简单，对于流体的压头损失很小，它的特点是只能测定点速度，可用来测定流体的速度分布曲线。

为了提高测量的准确性，测速管须装在直管部分，并且应与导管的轴线相平行。管口至能产生涡流的地方（如弯头、大小头和阀门等），必须大于 50 倍导管直径的距离。这样流体在导管中的速度分布是稳定的，在导管中心线上所测得的点速度才为最大速度。

(3) 使用节流式流量计的技术问题　一定的流量使管内节流件前后有一定的速度分布和流动状态，流体经过节流孔时产生速度变化和能量损失以致产生压力差，通过测量压差可获得该流量。因此，能够影响速度分布、流动状态、速度变化和能量损失的所有因素都会对流量与压差关系产生影响，使流量与压差关系发生变化而导致测量误差。因此，在进行测量时需注意以下几个问题。

① 流体必须为牛顿型流体，在物理上和热力学上是单相的或者可认为是单相的，并且流经节流件时不发生相变化。

② 流体在节流装置前后必须完全充满管道整个截面。

③ 被测流量稳定，即测量时流量不随时间变化或变化非常缓慢。节流式流量计不适用于对脉动流和临界状态流体的测量。

④ 节流件前后的直管段要保证足够长，一般上游直管段长度为 $(30\sim50)D$，下游直管段长度在 $10D$ 左右。

⑤ 检查安装节流装置的管道直径是否符合设计要求，允许偏差范围为：$d_0/D>0.55$ 时，允许偏差为 $\pm0.005D$；$d_0/D\leqslant0.55$ 时，允许偏差为 $\pm0.02D$。其中，d_0 为孔径，D 为管道直径。

⑥ 安装节流装置用的垫圈，在夹紧之后内径不得小于管径。

⑦ 节流件的中心应位于管道的中心线上，最大允许偏差为 $0.01D$。节流件入口端面应与管道中心线垂直。

⑧ 在节流件上下游至少 2 倍管道直径的距离内，无明显不光滑的凸块、电气焊熔渣凸出的垫片、露出的取压口接头、铆钉及温度计套管等。

⑨ 取压口、导压管和压差测量对流量测量精度的影响也很大，安装时可参看压差测量部分。

⑩ 长期使用的节流装置必须考虑有无腐蚀、磨损、结污问题，若观察到节流件的形状和尺寸已发生变化时，应采取有效措施妥善处理。

⑪ 注意节流件的安装方向。使用孔板时，圆柱形锐孔应朝向上游；使用喷嘴和 1/4 圆喷嘴时，喇叭形曲面应向上游；使用文丘里管时，较短的渐缩段应装在上游，较长的渐扩段应装在下游。

⑫ 当被测流体的密度与设计计算或流量标定用的流体密度不同时，应对流量与压差关系进行修正。

2. 转子流量计

转子流量计是另一种形式的流量测量仪表。它与前面所讲的压差式流量计测量原理根本不同。压差式流量计，是在节流面积（如孔板面积）不变的条件下，以压差变化来反映流量的大小。而转子流量计，却是以压降不变，利用节流面积的变化来反映流量的大小。转子流量计是工业上和实验室最常用的一种流量计。它具有结构简单、直观、压力损失小、维修方便等特点。转子流量计适用于测量通过管道直径 $D<150\text{mm}$ 的小流量，也可以测量腐蚀性介质的流量。使用时流量计必须安装在垂直走向的管段上，流体介质自下而上地通过转子流量计。

(1) 测量原理　转子流量计由两个部件组成：一个是从下向上逐渐扩大的锥形管；另一个是置于锥形管中且可以沿管的中心线上下自由移动的转子。转子流量计如图 1-42 所示。

工作时，被测流体（气体或液体）由锥形管下部进入，沿着锥形管向上运动，流过转子与锥形管之间的环隙，再从锥形管上部流出。当流体流过锥形管时，所产生的作用力将转子托起。当这个力正好等于浸没在流体里的转子重量（即等于转子重量减去流体对转子的浮力）时，转子受力处于平衡状态而停留在某一高度。被测流体的流量突然由小变大时，作用在转子上的“冲力”就加大。因为转子在流体中的重量是不变的，所以转子就上升。由于转子在锥形管中位置的升高，造成转子与锥形管间的环隙增大（即流通面积增大），流体流过环隙时的流速降低，因而“冲力”也就降低，当“冲力”再次等于转子在流体中的重量时，转子又稳定在一个新的高度上。因此，观测转子在锥形管中的位置高度，就可以求得相应的流量值。如果在锥形管外沿其高度刻上对应的流量值，那么根据转子平衡位置的高低就可以直接读出流量的大小。这就是转子流量计测量的基本原理。

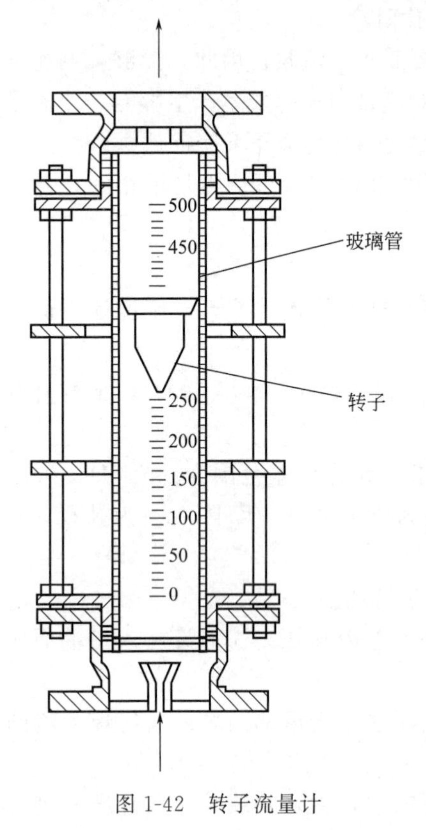

图 1-42　转子流量计

为了使转子在锥形管的中心线上下移动时不碰到管壁，通常采用两种方法：一种是在转子中心装有一根导向芯棒，以保持转子在锥形管的中心线做上下运动；另一种是在转子圆盘边缘开一道道斜槽，当流体自下而上流过转子时，一面绕过转子，同时又穿过斜槽产生一个反推力，使转子绕中心线不停地旋转，就可保持转子在工作时不碰到管壁。

(2) 玻璃转子流量计使用说明　玻璃转子流量计是带有透明锥形管，可直接观察浮子（转子）高度的指示式仪表。其特点是结构简单，使用可靠，且易于安装，维修方便，压力损失小。玻璃转子流量计已广泛应用于石油、化工、冶金、化纤、染料、造纸、环保设备、医疗设备、食品及科学实验仪器配套设施等各行各业中。

玻璃转子流量计的使用注意事项如下。

① 安装必须垂直。

② 调节或控制流量不宜采用速开阀门（如电磁阀等），否则，迅速开启阀门，转子会冲到顶部，因骤然受阻失去平衡而将玻璃管撞破或将玻璃转子撞碎。

③ 使用时，应缓慢开启上游阀门至全开，然后用仪表下游的调节阀调节流量，仪表停止工作时，应先缓慢关闭仪表上游阀门，然后再关闭仪表的流量调节阀。

④ 按图 1-43 所示的读数位置读取示值。

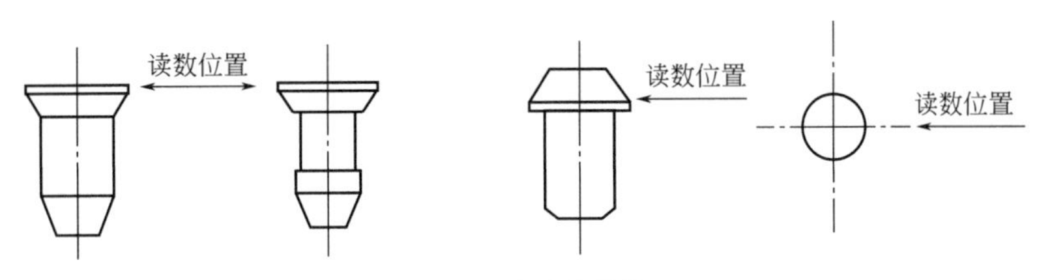

图 1-43 浮子读数位置

⑤ 使用中如发现有渗漏，应均匀地紧固压盖螺栓（或推压杆），此时应避免过分紧固（或推压）而夹碎（或顶碎）锥管。

⑥ 浮子的工作直径（读数边）如有损伤，应重新标定。

3. 涡轮流量计

涡轮流量计为速度式流量计，是在动量矩守恒原理的基础上设计的。它是采用多叶片的转子（涡轮）感受流体平均流速，从而推导出流量或总量的仪表。在流体流动的管道里，安装一个可以自由转动的叶轮，当流体通过叶轮时，流体的动能使叶轮旋转，流体的流速越高，动能越大，叶轮转速也就越高。因此，测出叶轮的转数或转速，就可以确定流过管道的流量。日常生活中使用的某些自来水表、油量计等，都是利用类似原理制成的，其结构如图 1-44 所示。

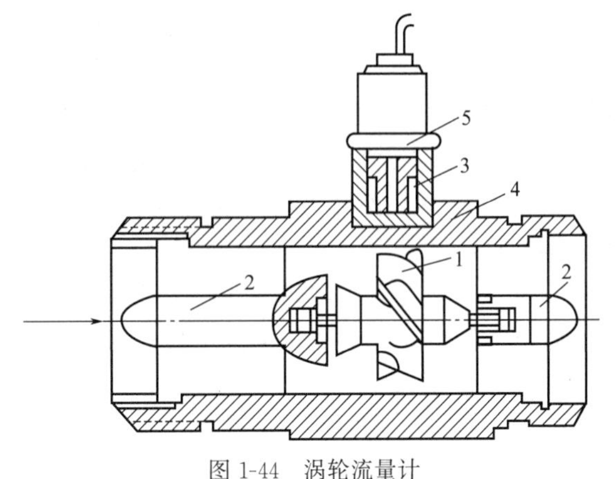

图 1-44 涡轮流量计

1—涡轮；2—导流器；3—磁电感应转换器；4—外壳；5—前置放大器

① 涡轮 用高磁导率的不锈钢材料制成。叶轮芯上装有螺旋形叶片，流体作用于叶片上使之旋转。

② 导流器 用以稳定流体的流向和支承叶轮。

③ 磁电感应转换器 由线圈和磁铁组成用以将叶轮的转速转换成相应的电信号。

④ 外壳 由非导磁的不锈钢制成用以固定和保护内部零件，并与流体管道连接。

⑤ 前置放大器 用以放大磁电感应转换器输出的微弱电信号，进行远距离传送。

（1）测量原理 涡轮流量计的转速通过装在机壳外的传感线圈来检测。当涡轮流量计叶片切割由壳体内永久磁钢产生的磁力线时，就会引起传感线圈中的磁通变化。传感线圈将检测到的磁通周期变化信号送入前置放大器，对信号进行放大、整形，产生与流速成正比的脉冲信号，并送入单位换算与流量积算电路得到并显示累积流量值；同时亦将脉冲信号送入频率电流转换电路，将脉冲信号转换成模拟电流量，进而指示瞬时流量值。

使用涡轮流量计时，一般应加装过滤器，以保持被测介质的洁净，减少磨损，并防止涡轮被卡住。同时，安装时，必须保证变送器的前后有一定的直管段，使流向比较稳定。一般入口直管段的长度取管道内径的 10 倍以上，出口取 5 倍以上。

（2）涡轮流量计特点

① 测量精度可以达到 0.5 级以上，在狭小范围内甚至可达 0.1%。故可作为校验 1.5～

2.5 级普通流量计的标准计量仪表。

② 对被测信号的变化反应快。被测介质为水时，涡轮流量计的时间常数一般只有几毫秒至几十毫秒。故特别适用于脉动流量的测量。

（3）使用技术问题

① 了解被测流体的物理性质、腐蚀性和清洁程度，以便选用合适的涡轮流量计轴承材料和类型。

② 工作点最好在仪表测量范围上限数值的 50%以上。

③ 应了解介质密度和黏度变化情况，考虑是否有必要进行流量计的刻度换算和纠正。

④ 由于涡轮流量计出厂时是在水平安装情况下标定的，必须水平安装，否则会引起仪表常数发生变化。

⑤ 为确保叶轮正常工作，流体必须洁净，切勿使污物、铁屑、棉纱等进入流量计。因此，需在流量计前加装滤网，网孔大小一般为 100 孔/cm^2，在特殊情况下可选用 400 孔/cm^2。否则，将导致测量精度下降、使用寿命缩短，甚至出现被卡住和被损坏等不良后果。

⑥ 为了保证变送器性能稳定，除了在其内部设置导流器之外，还必须在变送器前后分别留出长度为管径 15 倍和 5 倍以上的直管段。因为流场变化会使流体旋转，改变流体和涡轮叶片的作用角度，此时即使流量稳定，涡轮的转速也会改变。

⑦ 被测流体的流动方向必须与变送器所标箭头方向一致。

⑧ 感应线圈切勿轻易转动或移动，否则会引起大的测量误差，必须要动时，事后一定要重新校验。

⑨ 轴承损坏是涡轮运转不好的常见原因之一。轴承和轴的间隙应等于（2～3）×10^{-2}mm，超出此范围时应立即更换轴承。更换后对流量计必须重新校验。

4. 湿式流量计

该仪器属于容积式流量计。它是实验室常用仪器，如图 1-45 所示，主要由圆鼓形壳体、转鼓及传动计数机构组成。转鼓由圆筒及四个弯曲形状的叶片所构成，同时四个叶片构成四个体积相等的小室。鼓的下半部浸在水中，充水量由水位器指示。气体从背部中间的进气管处依次进入一室，并相继由顶部排出时，迫使转鼓转动。通过计数机构的表盘上的计数器和指针来显示体积，同时配合秒表计时，可直接测定气体流量。湿式气体流量计是一种液封式流量计。湿式流量计在测量气体体积总量时，其准确度较高，特别是小流量时，它的误差比较小。可直接用于测量气体流量，也可用来作标准仪器检定其他流量计。它是实验室常用的仪表之一，现已被广泛用于冶金工业、煤气工业、化学工业及科研部门。

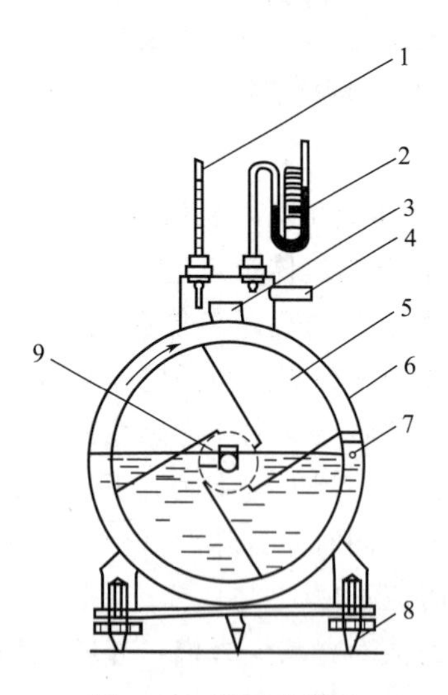

图 1-45　湿式流量计

1—温度计；2—压差计；3—水平仪；4—排气管；5—转毂；6—壳体；7—水位器；8—可调支脚；9—进气管

湿式气体流量计每个气室的有效体积是由预先注入流量计的水面控制的，所以在使用时必须检查水面是否达到预定的位置，安装时，仪表必须保持水平。

5. 质量流量计

前面介绍的各种流量计都是测量流体的体积流量，从普遍意义上讲，流体的密度是随流体的温度、压力的变化而变化的。因此，在温度、压力频繁变化的场合，用测量体积的流量计时，测量精度难以保证。质量流量计可以直接测量通过流量计的介质的质量流量，还可测量介质的密度及间接测量介质的温度。

质量流量计一般可分为两类：一类是直接式，即直接输出质量流量；另一类为间接式或推导式，如应用超声流量计和密度计组合，对它们的输出再进行乘法运算以得出质量流量。

图 1-46 为双叶轮式质量流量计。在壳体内同轴地安装两个叶片角不等的叶轮，中间用弹簧连成一体。两轮受到的转矩之差，使弹簧扭转角 α。α 与质量流量 M 和角频率 ω 之积成比例，测出角位移 α 所需的时间，即可测出 M 值。测量的方法是：在壳体上装两个电磁检测器，当第一个涡轮产生脉冲时，开始计数。当第二个涡轮产生脉冲时，停止计数。根据计数器的标准频率测出时间 t，进而求出 M 值。

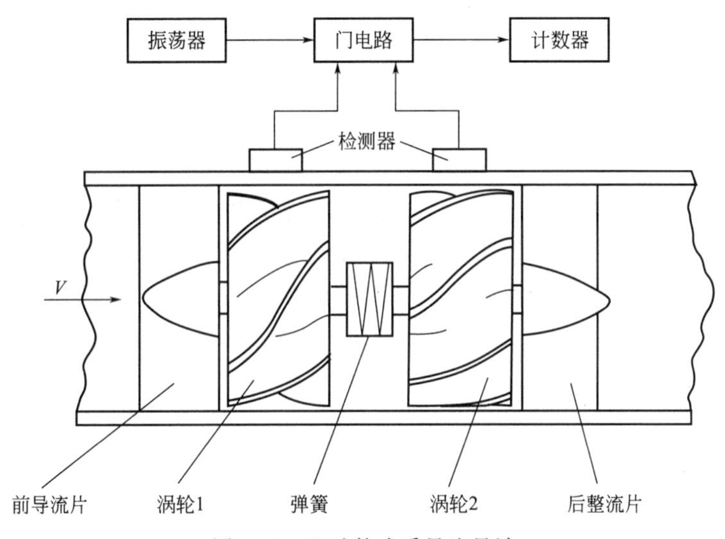

图 1-46　双叶轮式质量流量计

6. 流量计的校验和标定

为了得到准确的流量测量值，应充分了解流量计构造和特性，采用适当方法进行测量，同时还要注意使用中的维护、管理，应每隔适当的时间标定一次。当遇到下述几种情况，均应考虑是否需对流量计进行标定。

① 使用长时间放置的流量计。

② 需要高精度测量时。

③ 对测量值产生怀疑时。

④ 当被测流体特性不符合流量计标定所用的流体特性时。

标定气体流量计时需特别注意测量流过被标定流量计和标准器的实验气体的温度、压力及湿度。另外，在实验之前必须了解清楚实验气体的特性。例如，气体是否溶于水，在温度、压力的作用下其性质是否会发生变化等。

7. 流量控制技术

在连续的工业生产和科学实验过程中，希望某种物料的流量保持稳定。下面介绍几种实验室常用的流量控制技术。

(1) 用调节阀控制流量　精馏操作中，只有保持进料量和采出量等参数稳定，才能获得合格产品。调节阀控制流量系统如图 1-47 所示，它是一种采用调节阀、智能仪表、孔板流量计和压差传感器等器件实现流量的调节和控制的调节系统。

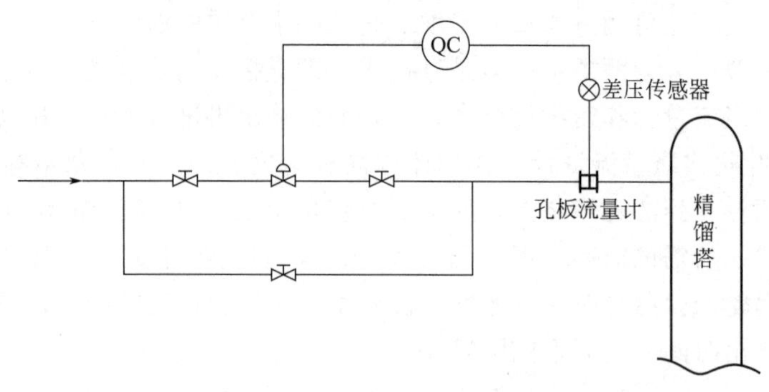

图 1-47　调节阀控制流量系统

（2）用计量泵控制流量　当物料流量较小时，常用上述方案会造成较大误差，一般宜采用计量泵控制流量。

（3）用电磁铁分配器控制流量　在反应精馏实验中，采用回流比分配器控制回流量和采出量则更为准确和简便，其结构如图 1-48 所示。分配器为玻璃容器，有一个进口、两个出口，分别连接精馏塔塔顶冷凝器、产品罐和回流管。中间有一根活动的带铁芯的导流棒，在电磁铁有规律的吸放下，控制导流棒上液体流向，使液体流向产品罐或精馏塔。

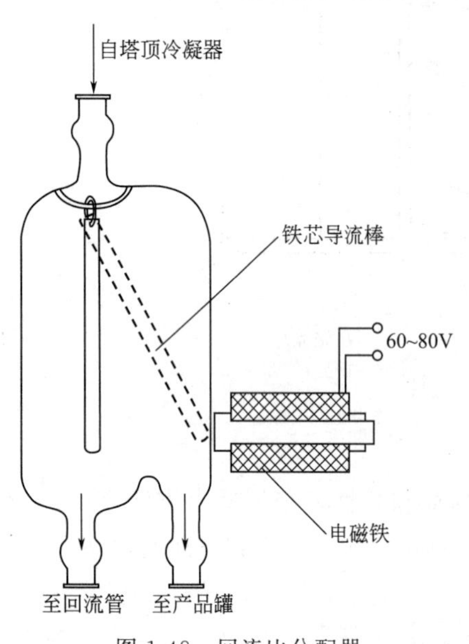

图 1-48　回流比分配器

（4）用变频器控制流量　当流量较大且精度要求不是很高时，可采用变频器控制电机的转速，从而控制流体流量。

三、压力、压差的测量

在化学工业与科学实验中，过程的操作压力是一个非常重要的参数。例如，管道阻力实验，流体流过管道的压降，泵性能实验中泵进出口压力的测量，对了解泵的性能和安装是否正确都是必不可少的参数。又如精馏、吸收等化工单元所用的塔器，需要测量塔顶、塔釜的压力，以便了解塔器的操作是否正常。通常测量压力的范围很广，要求精度也不同，所以目前使用的压力测量仪器种类很多，原理各异，根据工作原理和工作状况可进行如下分类。

（1）按仪表的工作原理分

① 液柱压力计　利用液体高度产生的力去平衡未知力的方法来测量压力。

② 弹性压力计　利用弹性元件受压后变形产生的位移来测量压力。

③ 电测压力计　通过某些转换元件，将压力变换为电量来测量压力。

（2）按所测的压力范围分

① 压力计　测量表压力的仪表。

② 气压计　测量大气压力的仪表。

③ 微压计 测量 $10N/cm^2$[1] 以下表压力的仪表。

④ 真空计 测量真空度或负压力的仪表。

⑤ 压差计 测量两处压力差的仪表。

(3) 按仪表的精度等级分

① 标准压力计 精度等级在 0.5 级以上。

② 工程用压力计 精度等级在 0.5 级以下。

(4) 按显示方式分

① 指示式。

② 自动记录式。

③ 远传式。

④ 信号式。

现将常用的液柱式压力计、弹簧管压力计、压差变换器做简单介绍。

1. 液柱压力计

液柱压力计是利用液柱所产生的压力与被测介质压力相平衡，然后根据液柱高度来确定被测压力值的压力计。该类压力计结构简单，精度较高，既可用于测量流体的压强，又可用于测量流体的压差。液柱所用的液体种类很多，可用纯物质，也可用液体混合物，但所用液体在与被测介质接触处界面必须清楚而稳定，以便准确地读数。同时所用液体密度及其与温度关系必须已知，液体在环境温度的变化范围内不应汽化或凝固。

常用的工作液有水银、水、乙醇。当被测压强或压差很小，且流体是水时，还可用甲苯、氯苯、四氯化碳等作为指示液。液柱压力计包括 U 形管压力计、单管压力计、斜管微压力计、微差压力计等。液柱压力计的使用范围约达 1m 水银柱高压力，但是由于它不能测量较高压力，也不能进行自动的指示和记录，所以它的应用范围受到限制。一般可作为实验室中低压的精密测量以及仪表的检定校验。

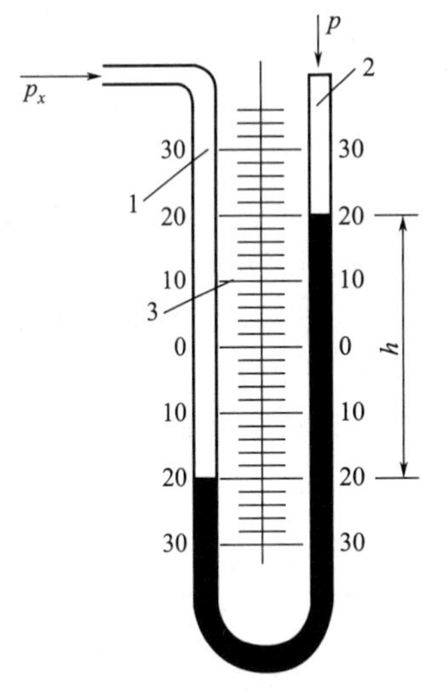

图 1-49 U 形管液柱压力计

1,2—管；3—刻度标尺

(1) U 形管压力计 U 形管液柱压力计如图 1-49 所示。它是一根弯成 U 形的玻璃管 1 和 2，在 U 形管中间装有刻度标尺 3，读数的零点在标尺的中央，管内充满液体到零点处。管 1 与被测介质相接通，管 2 则通大气。

当被测介质的压力 p_x 大于大气压力 p 时，管 1 中的工作液体液面下降，管 2 中的工作液体液面上升，一直到两液面差的高度产生的压力与被测压力相平衡时为止。

如果被测介质是气体，可得到被测压力值 p_x 为：

$$p_x = h\rho g \tag{1-69}$$

式中 ρ——工作液体的密度，kg/m^3；

g——重力加速度，m/s^2。

---

[1] $1N/cm^2 = 10^4 Pa$。

如果被测介质是液体，平衡时还要考虑被测介质的密度，被测压力为：

$$p_x = h(\rho - \rho_x)g \tag{1-70}$$

式中　ρ_x——被测介质的密度，kg/m^3。

液柱压力计一般是以毫米均匀刻度的，其压力测量单位采用 Pa 或 mmH_2O（当工作液是水时）、Pa 或 mmHg（当工作液为水银时）。

在 U 形管压力计中很难保证两管的直径完全一致，因而在确定液柱高度 h 时，必须同时读出两管的液面高度，否则就可能造成较大的测量误差。

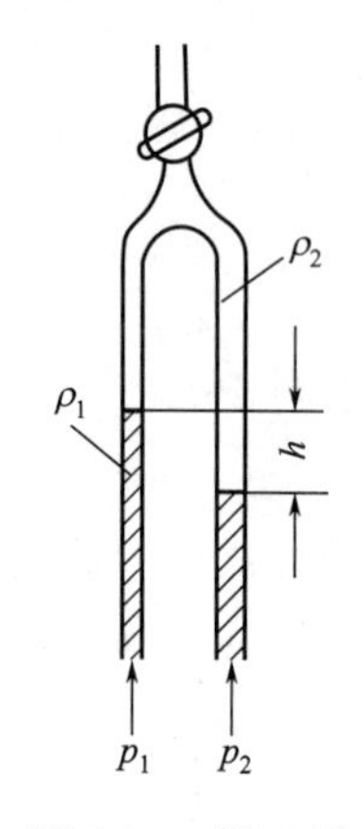

图 1-50　倒 U 形管液柱压力计

U 形管压力计的测量范围一般为 0～800mmH_2O 或 0～800mmHg，精度为 1 级，可测表压、真空度、压差以及作为校验流量计的标准压力计。其特点是零位刻度在刻度板中间，使用前无须调零，液柱高度须两次读数。

有时将 U 形管压力计倒置，如图 1-50 所示，称为倒 U 形管液柱压力计。

这种压差计的优点是不需要另加指示液而以待测液体为指示液。其压差值为：

$$p_1 - p_2 = h(\rho_1 - \rho_2)g \tag{1-71}$$

当 p_2 为空气压力时：

$$p_1 - p_2 = h\rho_1 g \tag{1-72}$$

当测量压差值微小时，可采用斜管微压力计或微差压力计。

(2) 液柱压力计使用注意事项　液柱压力计虽然构造简单、使用方便、测量准确度高，但耐压程度差、结构不牢固、容易破碎，测量范围小，且示值与工作液密度有关，因此在使用中必须注意以下几点。

① 被测压力不能超过仪表测量范围。

② 被测介质不能与工作液混合或起化学反应。当被测介质要与水或水银混合或起化学反应时，则应更换工作液或采取加隔离液的方法。某些介质的隔离液如表 1-16 所示。

表 1-16　某些介质的隔离液

测量介质	隔离液	测量介质	隔离液
氯气	98%的浓硫酸或氟油	氨水	变压器油
氯化氢	煤油	水煤气	变压器油
硝酸	五氯乙烷	氧气	甘油

③ 液柱压力计安装位置应避开过热、过冷和有震动的地方。一般，冬天常在水中加入少许甘油或者采用乙醇、甘油、水的混合物作为工作液以防冻结。

④ 由于液体的毛细现象，在读取压力值时，视线应在液柱面上，观察水面时应看凹面处，观察水银面时应看凸面处，如图 1-51 所示。

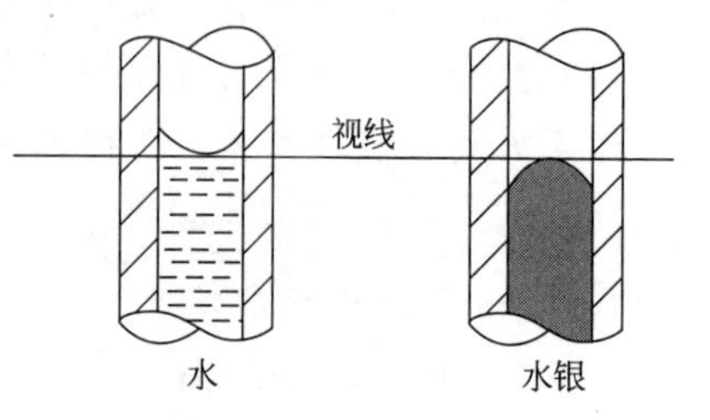

图 1-51　水和水银在玻璃管中的毛细现象

⑤ 水平放置的仪表，测量前应将仪表放平，再校正零点。

工作液为水时，可在水中加入一点红墨水或其他颜色，以便于观察读数。

在使用过程中保持测量管和刻度标尺的清晰，定期更换工作液。经常检查仪表本身和连接管之间是否有泄漏现象。

2. 弹性压力计

弹性压力计的原理是利用各类弹性元件作为敏感元件来感受压力，并以弹性元件受压后变形产生的反作用力与被测压力平衡，此时弹性元件的变形就是压力的函数，通过测量弹性元件的变形（位移）即可测得压力的大小。

弹簧管压力计主要由弹簧管、齿轮传动机构、示数装置（指针和分度盘）以及外壳等几个部分组成。其结构如图 1-52 所示。

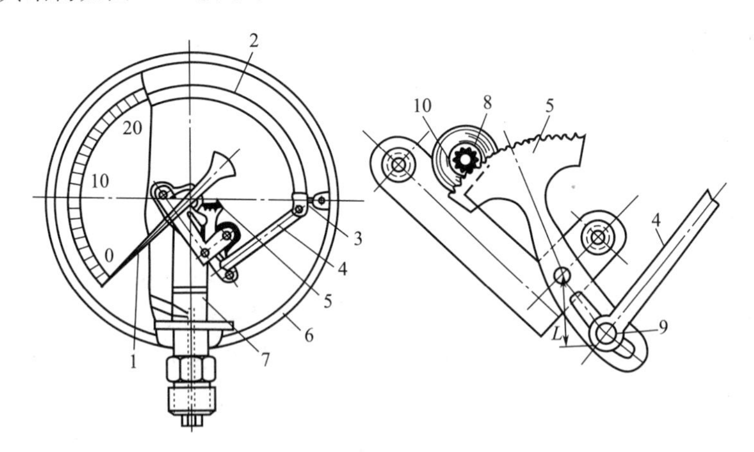

图 1-52 弹簧压力计及传动部分

1—指针；2—弹簧管；3—接头；4—拉杆；5—扇形齿轮；6—壳体；
7—基座；8—齿轮；9—铰链；10—游丝

弹簧管 2 是一根弯成圆弧形的横截面为椭圆形的空心管子。椭圆的长轴与通过指针 1 的轴芯的中心线相平行，弹簧的自由端是封闭的，它借助于拉杆 4 与扇形齿轮 5 和小齿轮之间的间隙活动，在小齿轮的转轴上装置了螺旋形的游丝 10。

弹簧管的另一端焊在仪表的壳体上并与管接头相通，管接头可以把压力计与需要测量压力的空间连接起来，介质可由所测空间通过细管进入弹簧管的内腔中。在介质压力的作用下，弹簧管断面极力倾向变为圆形，迫使弹簧管的自由端产生移动，这一移动距离（通常称为管端位移量）借助拉杆 4，带动齿轮传动机构 5 和 8，使固定在齿轮 8 上的指针 1 相对于分度盘旋转，指针旋转角的大小正比于弹簧管自由端的位移量，即正比于所测压力的大小，因此可借助指针在分度盘上的位置指示出待测压力值。

3. 压力（或压力差）的电测方法

压力或压力差除了用前述测量方法外，还常用电信号来测量。电信号便于用在远传、数据采集和计算机控制等方面。压强的测量是利用“变送器”（传感器）将待测的非电量转变成一个电量，然后对该电量进行直接测量或做进一步的加工处理。

非电量的电测技术是现代化科学技术的重要组成部分，是现代化工科研、实验和生产中不可缺少的一种技术，下面以测定压差的电动压差变送器为例简单介绍。

（1）电动压差变送器原理 电动压差变送器是一种常用的压力变送器，它可以用来连续测量压差、液位、分界面等工艺参数，它与节流装置配合，也可以连续测量液体、蒸气和气体的流量。来自双侧导压管的压差直接作用于变送器传感器双侧隔离膜片上，通过膜片内的密封液传导至测量元件上，测量元件将测得的压差信号转换为与之对应的电信号传递给转换器，经过放大等处理变为标准电信号输出。电动压差变送器具有反应速度快和传送距离远的特点。

电动压差变送器是以电为能源，它将被测压差 Δp 的变化转化成直流电流（0～10mA）的统一标准信号，送往调节器或显示仪表进行调节、指示和记录。

（2）压差变送器的用途

① 作为压力变送器　用于压力或真空度的测量和记录。

② 测量流量　当用锐孔或文丘里管流量计测量流体的流量时，可以将节流元件前后的压力接在变送器的测量膜盒的前后，膜盒受到压差作用后经过变换输出电信号，实现远传记录。电传可以克服水银压差计因为各种原因使水银冲出而造成的汞害。它的缺点是价格比 U 形管压差计贵，且精度不如 U 形管压差计。

四、液位的测量

液位是表征设备或容器内液体储量多少的度量。液位检测为保证生产过程的正常运行，如调节物料平衡、掌握物料消耗量、确定产品产量等提供决策依据。

液位测量方法因物系性质的变化而异，种类较多，其常见分类有直读式液位计（玻璃管式液位计、玻璃板式液位计）、压差式液位计（压力式液位计、吹气法压力式液位计、压差式液位计）、浮力式液位计（浮球式液位计、浮标式液位计、浮筒式液位计、磁性翻板式液位计）、电气式液位计（电接点式液位计、磁致伸缩式液位计、电容式液位计）、超声波式液位计、雷达液位计、放射性液位计。

下面介绍实验室中常用的直读式液位计、压差式液位计、浮力式液位计、电容式液位计。

1. 直读式液位计

（1）基本原理　直读式液位计是将指示液位用的玻璃管或特制的玻璃板接于被测容器，根据连通管原理，从玻璃管或玻璃板上的刻度读出液位的高度。直读式液位计结构简单、直观，但只能就地读数，不能远传。直读式液位计测量原理见图 1-53。

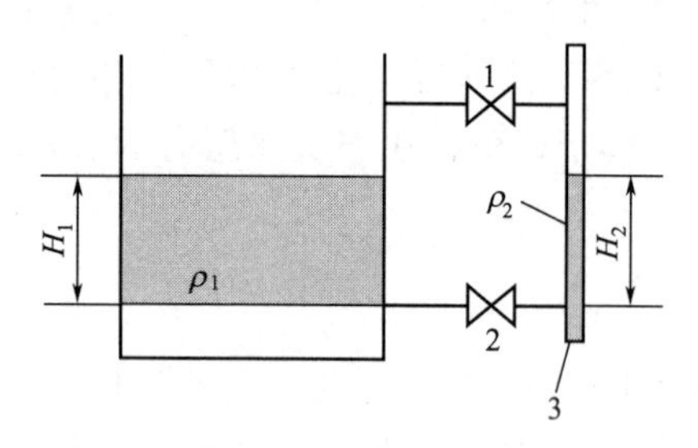

图 1-53　直读式液位计测量原理

1—气相切断阀；2—液相切断阀；3—玻璃管

利用液相压力平衡原理：

$$H_1\rho_1 g = H_2\rho_2 g \tag{1-73}$$

当 $\rho_1=\rho_2$ 时：

$$H_1=H_2$$

这种液位计适宜于就地直读液位的测量。当介质温度高时，ρ_2 不等于 ρ_1，就出现误差。但由于简单实用，因此应用广泛。有时也用于自动液位计的零位和最高液位的校准。

（2）玻璃管式液位计　玻璃管式液位计是基于连通器原理设计的，由玻璃管构成的液体通路。通路经接管用法兰或锥管螺纹与被测容器连接构成连通器，透过玻璃管观察到的液面与容器内的液面相同即液位高度。目前，玻璃管式液位计主要由玻璃管、保护套、上下阀门及连接法兰（或螺纹）等组成。由于玻璃管材质改用石英玻璃，同时外加了保护金属管，克服了易碎的缺点。此外，石英具有适宜于高温高压下操作的特点，因此也拓宽了玻璃管式液位计的使用范围。UGS 型玻璃管式液位计外形尺寸见图 1-54。

(3) 玻璃板式液位计　直读式玻璃板液位计是为克服各玻璃板式液位计每段测量盲区而设计的，液位计本身前后两侧玻璃板交错排列，从前面玻璃板可看到后面玻璃板之间的盲区，反之亦然。WB 型玻璃板式液位计外形尺寸见图 1-55。

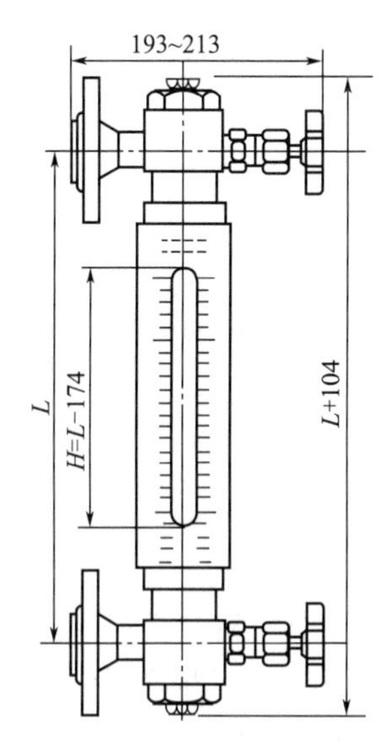

图 1-54　UGS 型玻璃管式液位计外形尺寸（单位：mm）

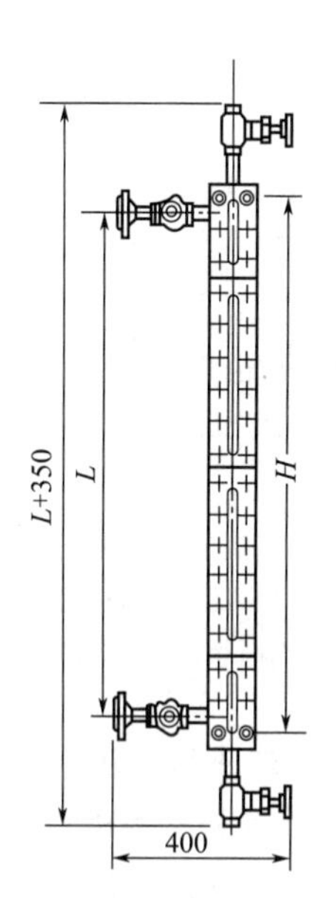

图 1-55　WB 型玻璃板式液位计外形尺寸（单位：mm）

2. 压差式液位计

压差式液位变送器安装在液体容器的底部，通过表压信号反映液位高度。压差式液位计有气相和液相两个取压口。气相取压点处压力为设备内气相压力；液相取压点处压力除受气相压力作用外，还受液柱静压力的作用，液相和气相压力之差，就是液柱所产生的静压力。压差计一端接液相，另一端接气相时，在一般情况下，被测介质的密度和重力加速度都是已知的，因此，压差计测得的压差与液体的高度 H 成正比，这样就把测量液体的高度的问题变成了测量压差的问题。此类压差式仪表在工业上经常使用在制药、食品、化工行业液位测量控制过程中。

(1) 吹气法压差式液位计测量　空气经过滤、减压后经针形阀节流，通过转子流量计到达吹气切断阀入口，同时经三通进入压力变送器，而稳压器稳住转子流量计两端的压力，使空气压力稍微高于被测液柱的压力，而缓缓均匀地冒出气泡，这时测得的压力几乎接近液位的压力，吹气法压差式液位计测量原理见图 1-56。

此方法适宜于开口容器中黏稠或腐蚀介质的液位测量，方法简便可靠，应用广泛。但测量范围较小，较适用于卧式储罐。

(2) 压差法压差式液位计测量　压差法压差式液位计测量原理见图 1-57。

测得压差：

$$\Delta p = p_2 - p_1 = H\rho g \text{ 或 } H = \frac{\Delta p}{\rho g} \tag{1-74}$$

式中　Δp——测得压差；

ρ——介质密度；

H——液位高度。

通常被测液体的密度是已知的，压差变送器的压差与液位高度成正比，应用式（1-74）就可以计算出液位的高度。

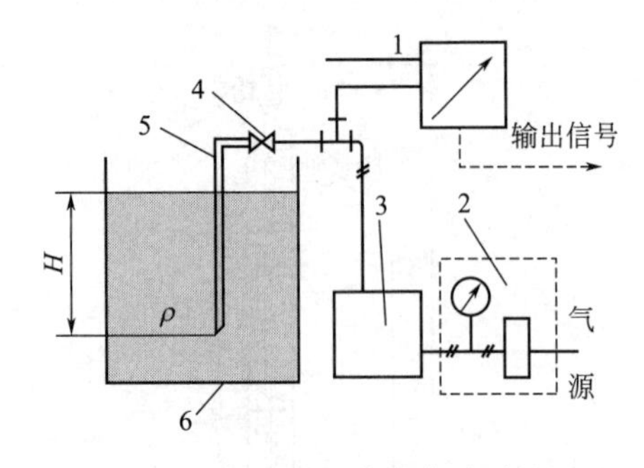

图 1-56　吹气法压差式液位计测量原理

1—压力变送器；2—过滤器减压阀；3—稳压和流量调整组件；4—切断阀；5—吹气管；6—被测对象

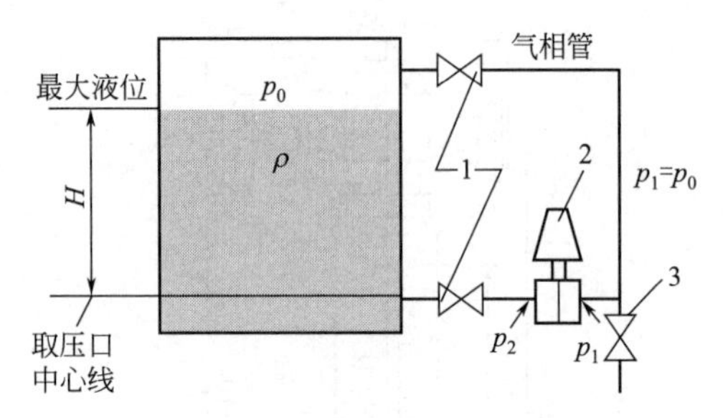

图 1-57　压差法压差式液位计测量原理

1—切断阀；2—压差仪表；3—气相管排液阀

（3）带有正负迁移的压差式液位计测量　这种方法适用于气相易于冷凝的场合，见图 1-58。图中 ρ_1 为气相冷凝液的密度，h_1 为冷凝液的高度。当气相不断冷凝时，冷凝液自动从气相口溢出，回流到被测容器而保持 h_1 不变。当液位在零位时，变送器负端已经受到 $h_1\rho_1 g$ 的压力，这个压力必须加以抵消。这称为负迁移。负迁移量为：

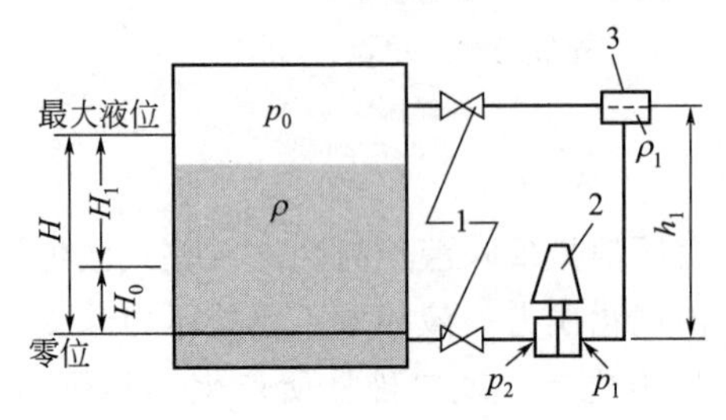

图 1-58　带有正负迁移的压差式液位计测量原理

1—切断阀；2—压差仪表；3—平衡容器

$$SR_1 = h_1\rho_1 g$$

当测量液位的起始点从 H_0 开始，变送器的正端有 $H_0\rho g$ 压力要加以抵消，这称为正迁移。正迁移量为：

$$SR_0 = H_0\rho g$$

这时变送器总迁移量为：

$$SR = SR_1 - SR_0 = h_1\rho_1 g - H_0\rho g$$

在有正负迁移的情况下仪表的量程为：

$$\Delta p = H_1\rho g \tag{1-75}$$

当被测介质有腐蚀性、易结晶时，可选用带有腐蚀膜片的双法兰式压差变送器，迁移量及仪表的量程的计算仍然可用上面公式，只是 ρ_1 为毛细管中所充的硅油的密度，h_1 为两个法兰中心高度之差。

3. 浮力式液位计

这类仪表是基于液体的浮力使浮子随着液位的变化上升或下降而测量液位。利用物体在液体中受浮力的原理来实现液位测量。仪表分为浮子式液位计和浮筒式液位计。浮子式液位计运作时，浮子随着液面的上下而升降；而浮筒式液位计，液位从零位到最高液位后，浮筒全部浸没在液体之中，浮力使浮筒有一较小的向上位移。浮力式液位计主要有浮子式液位计、浮筒式液位计和磁性翻板式液位计，下面简要介绍磁性翻板式液位计。

磁性翻板式液位计安装结构示意图见图 1-59，与容器相连的浮子室（用非导磁的不锈钢制成）内装带磁钢的浮子，翻板指示标尺贴着浮子室壁安装。当液位上升或下降时，浮子也随之升降，翻板标尺中的翻板，受到浮子内磁钢的吸引而翻转，翻转部分显示红色，未翻转部分显示绿色，液位是红绿分界之处数值。

磁性翻板式液位计除了配上指示标尺作为就地指示外，还可以配备报警开关和信号远传装置。前者作高低报警用，后者可将液位转换成 4～20mA 的直流信号送到接收仪表，并有隔爆和本安两种结构供选择。

4. 电容式液位计

电容式液位计由测量电极、前置放大单元及指示仪表组成。

式（1-76）～式(1-78)表示电极与被测容器之间所形成的等效电容的计算关系，C_0 为电极安装后空罐时的电容值［式（1-76)］，$C_0+\Delta C_L$ 为某液位时的电容值［式（1-77)］。只要测得由液位升高而增加的电容值 ΔC_L［式（1-78)］，就可测得罐中的液位。电容法液位测量如图 1-60 所示。

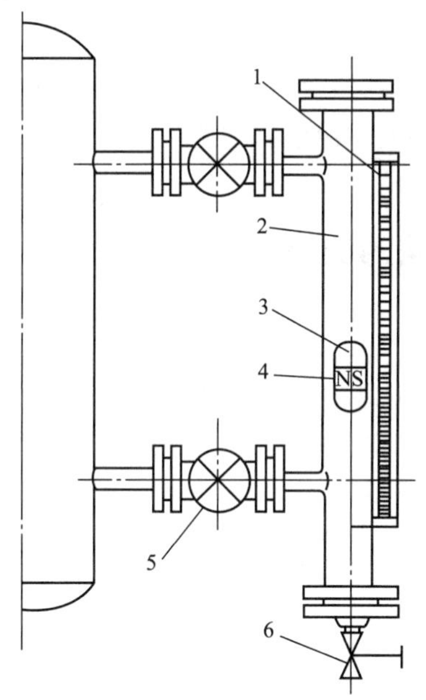

图 1-59　磁性翻板式液位计安装结构示意图

1—翻板标尺；2—浮子室；3—浮子；4—磁钢；5—切断阀；6—排污阀

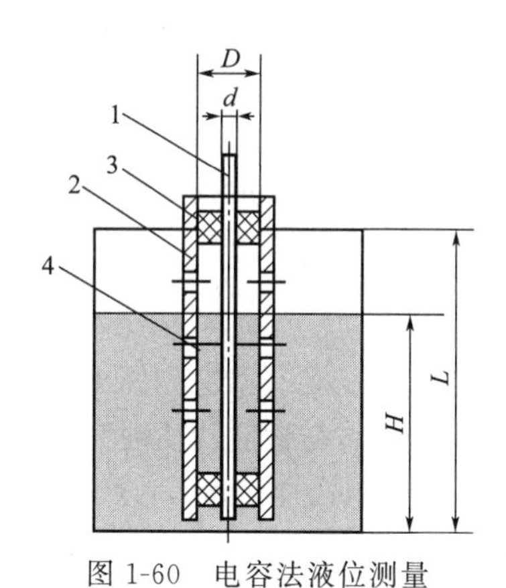

图 1-60　电容法液位测量

1—内电极；2—外电极；3—绝缘套；4—流通小孔

$$C_0=\frac{2\pi\varepsilon_0 L}{\ln(D/d)} \tag{1-76}$$

$$C_0+\Delta C_L=\frac{2\pi\varepsilon_0(L-H)}{\ln(D/d)}+\frac{2\pi\varepsilon H}{\ln(D/d)} \tag{1-77}$$

$$\Delta C_L=\frac{2\pi(\varepsilon-\varepsilon_0)H}{\ln(D/d)} \tag{1-78}$$

另外，报警回路可设定高低液位的报警值。调整电路调节仪表零位。

五、功率的测量

功率是指物体在单位时间内所做的功，即功率是描述做功快慢的物理量。功的数量一定，时间越短，功率值就越大。功率测量用于测量电气设备消耗的功率。

（1）单相功率　电网上用电器所消耗的功率等于用电器两端电压（U）和流过电流（J）以及它们之间相角（Φ）余弦值的乘积，即：

$$P=UI\cos\Phi \tag{1-79}$$

（2）三相功率　某些负载如三相异步电动机，需要三相电源，其功率测量方法有两种：一是用三相功率表直接测量三相功率；二是逐一测出每相功率，然后分别相加，得到总功率。

在要求不高时，如测量三相四线制对称负载三相功率时，可测量某相单相功率，再乘以3，算出总功率。

（3）功率信号的电测方法　指针式单相功率表、三相功率表可以很方便地测出用电器的功率，但该信号只能在仪表的刻度盘上显示，无法进行远程传输。利用功率信号转换器即可将功率信号转换成相应的4～20mA信号，进行显示和远传。在选用功率信号转换器时要注意选择合适的量程，应使其输出信号强度适中。

（4）泵轴功率的测量　在离心泵实验中，可采用电机天平直接测量轴功率，但该法不仅安装复杂，使用也较麻烦。所以，工程上通常采用功率信号转换器直接测量电机的功率，再乘上轴功率系数（系数的大小主要由电机和传动装置的效率决定）即可。

第四节　化工物性数据的测定

物料的物性是化工过程开发与设计中必不可少的基本数据，无论是反应、分离技术的选择，还是各类化工反应过程及设备的设计计算，都涉及物系的物性数据。

一、密度及其测量

密度是指在一定的温度和压力下，单位体积的物质（气态、液态、固态）质量。它是物质的一种属性，它与构成物质粒子的大小、聚集和排列方式以及粒子之间的相互作用力等有密切关系。其单位为kg/m^3。在公式中密度常用符号ρ来表示。与密度相关的量是相对密度，它是指物质的密度与某基准物质的密度的比值。当气体的相对密度不标注温度时，表示在测定温度下某物质密度与水在4℃时的密度之比。通常用符号d_4^t表示，上标表示物质的温度，下标表示水的温度为4℃。

密度的测量方法很多，常见的有如下几种。

（1）直接测量法　即通过直接称取一定体积的物质所具有的质量来计算密度。

（2）密度计法　是工业上常用的测量液体密度的方法。密度计有不同的精密度和测量范围，单支型的密度计常分为轻表（测量密度低于1kg/L）及重表（测量密度为1～2kg/L）；精密的常为若干支一套，每支的测量范围较窄，可根据被测液体密度的大小来选择。

（3）密度天平法　最常用的密度天平是韦氏天平。如图1-61所示，它有一个体积与质量都标准的测锤（或称浮码）。测量时，首先将测锤浸没在液体中，然后在天平横梁上的定位V形缺口挂上相应质量的砝码，使天平横梁保持平衡，从横梁上累加的读数即可得出液体的相对密度值。比重天平的测量精度高，数据可靠，对于挥发性较大的液体也能得到较准确的结果。但测量时被测液体的用量较大（达数百毫升），而且应用范围也受测锤的密度的限制。

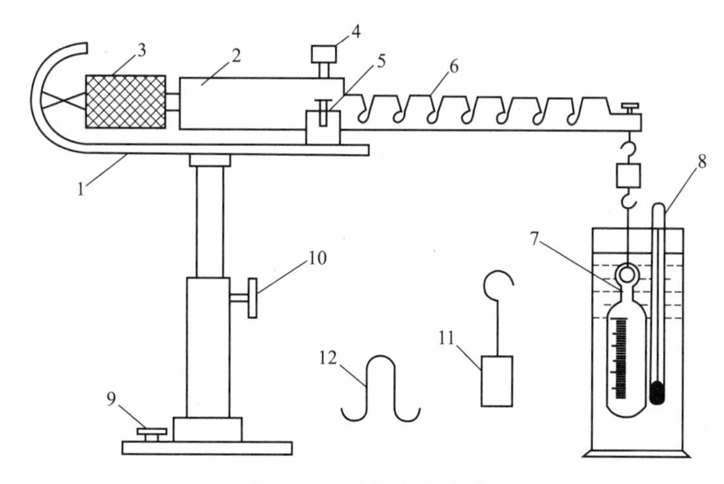

图 1-61 液体密度天平

1—托架；2—后横梁；3—平衡调节器；4—灵敏度调节器；5—刀座；6—刻度前横梁；7—测锤（浮码）；8—温度计；9—水平调节钮；10—紧固螺钉；11—等重砝码；12—骑码

（4）密度容器法 可测量液体、固体和气体物质的密度。所用的测量仪器有密度管和密度瓶。图 1-62 是其中的部分形式。

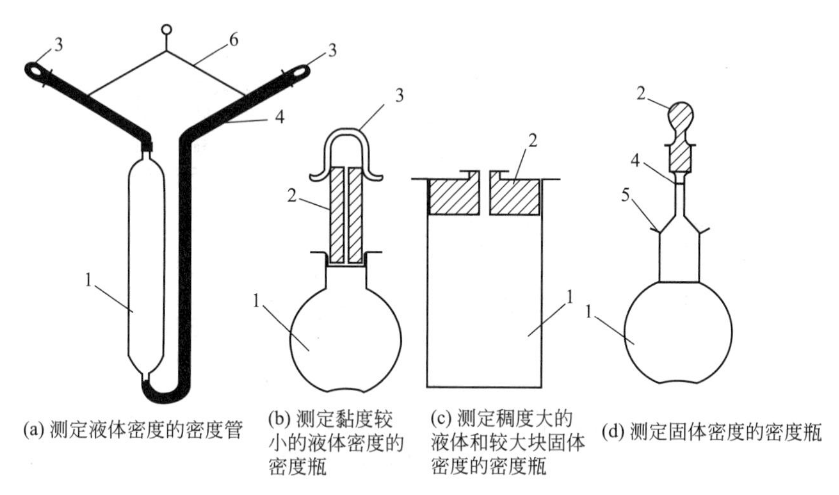

图 1-62 几种密度瓶（密度管）的构造

1—密度瓶（密度管）主体；2—磨口瓶塞［（b）、（c）附有毛细孔］；3—防蒸发盖；4—定容量刻度线；5—磨口；6—密度管悬丝

图 1-62 中，（a）为密度管，它是测定液体密度的专用仪器。（b）、（c）、（d）为密度瓶，其中（c）主要用于测定稠度大的液体和较大块固体的密度，（d）专用于测量固体的密度。

二、黏度及其测量

黏度（μ）为黏滞系数（或内摩擦系数）的习惯用名称，也称为动力黏度。它由流体内部的黏滞力产生，是流体的一种特性，它与流体的组成及温度有关。以前黏度的单位常以泊（P）或厘泊（cP）表示。现采用 SI 制，黏度的单位应表示为帕斯卡・秒（Pa・s），$1P=10^{-1}Pa \cdot s$。

常用的黏度测定方法有下面几种。

(1) 毛细管测量法　此法是实验室中常用的方法，其测量原理是根据哈根-泊肃叶(Hangen-Poiseuille) 方程 $\Delta p=\frac{32\mu Lu}{d^2}$ (其中，L 是液体流经管道的长度，Δp 是管道两端的压差，u 是流速，d 是管道的直径)，若将流速表示为 $u=\frac{V}{\frac{\pi}{4}d^2t}$，则哈根-泊肃叶方程可以改写为：

$$\mu=\frac{\Delta p\pi d^4}{12.8LV}t \tag{1-80}$$

式中，μ 为黏度，Pa·s；Δp 为毛细管两端的压差，Pa；d 为毛细管直径，m；t 为一定体积 V 的液体流经毛细管的时间，s；V 为 t 时间内流过毛细管的液体的体积；L 为毛细管的长度。可见，在 d、L 一定的条件下，只要测定 Δp 和 t 或 V 的关系，便可求得流体的黏度。

① 液体绝对黏度的测量　其测量装置见图 1-63。测量前，首先将毛细管前后容器之间的液压差调至 15～18cm H_2O。然后，测出一定的时间内流经毛细管的液体体积以及毛细管两端的压差。根据毛细管的 d 和 L 及测量得到的数据，可根据上式求得待测液体的黏度。

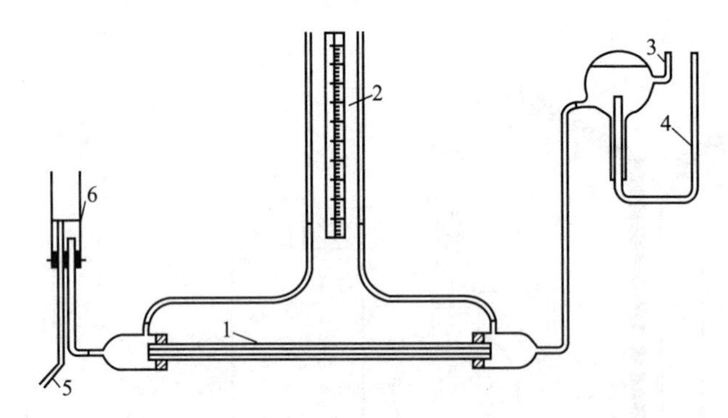

图 1-63　液体绝对黏度测量装置

1—保持水平的均匀毛细管；2—压差显示及读数；3—稳压瓶；4—空气出口；5—排液口；6—低压出口稳压管

② 液体相对黏度的测量　常用的相对黏度计有奥氏 (Ostwald) 黏度计和乌氏 (Ubbelode) 黏度计。毛细管黏度计如图 1-64 所示。

根据哈根-泊肃叶方程 $\Delta p=\frac{32\mu Lu}{d^2}$，如果 $\Delta p=L\rho g$，即：

$$\mu=\frac{\rho g\pi d^4}{12.8V}t \tag{1-81}$$

对于同一支毛细管 (d、V、$\frac{g\pi}{12.8}$为常数)，若两种液体在毛细管中的流动单纯受重力的影响，那么它们的黏度与流经毛细管的时间及密度关系如下：

$$\frac{\mu}{\mu_0}=\frac{\rho}{\rho_0}\times\frac{t}{t_0} \tag{1-82}$$

式中，μ_0、ρ_0 和 t_0 分别为已知参考液体的黏度、密度及流经毛细管的时间；μ、ρ 和 t

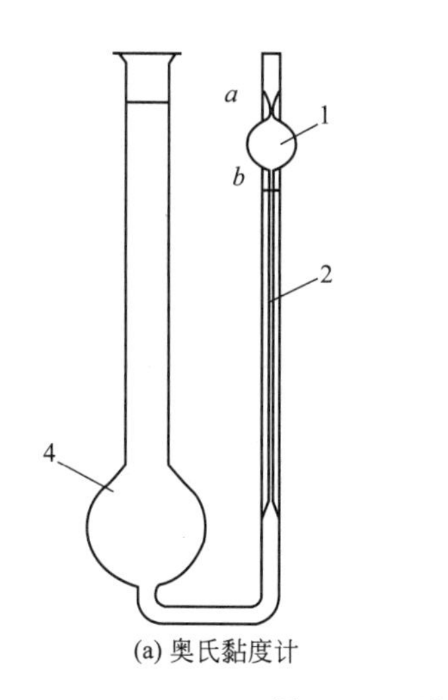

(a) 奥氏黏度计

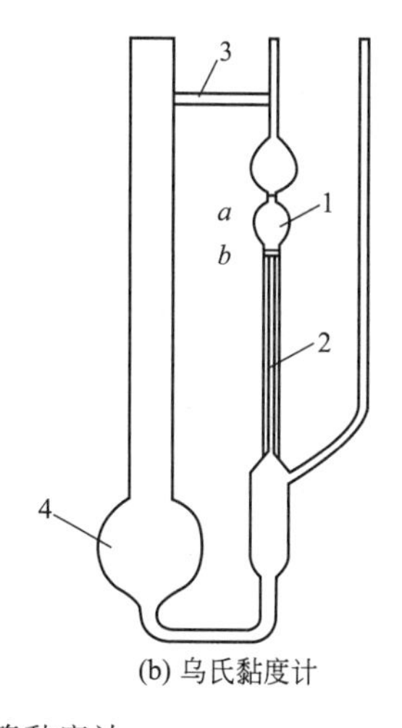

(b) 乌氏黏度计

图 1-64 毛细管黏度计

1—由刻度 a、b 确定的定容泡；2—毛细管；3—加固玻璃；4—储液球

分别为待测液体的各相应值。

因此，待测液体的黏度可根据相同条件下待测液体和参考液体流经毛细管的时间求出。通常用水或一些已知黏度的液体作为参考液体。

奥氏黏度计或乌氏黏度计结构简单，使用便捷，并配有不同型号。使用者可根据待测物质黏度的大小，选用合适的型号。此类黏度计的毛细管长度一般约为 30cm，流经毛细管的液体体积约为 10mL，毛细管直径因型号而不同，一般以液体流过毛细管的时间在 1～2min 之间为原则来选用黏度计型号。此外选择参考液体时，要尽量使参考液体和待测液体的黏度相近。由于温度对黏度的影响很大，使用奥氏黏度计、乌氏黏度计测量黏度时，黏度计必须置于恒温槽中恒温。

目前在实际生产和研究中也普遍用到一些自动毛细管黏度计，主要有三种类型：VMS 系列自动黏度计、PVS 系列自动毛细管黏度计和 Y-500 系列自动毛细管黏度计。

（2）旋转黏度计测量法　由于旋转黏度计比较精密，其制造通常比毛细管黏度计复杂，但它测量方便，数据可靠，对于性质随时间而变化的材料的连续测量来说，可以在不同的切变速率下对同种材料进行测量等，所以旋转黏度计广泛用于测量牛顿液体的绝对黏度、非牛顿液体的表观黏度及流变特性。

① 转筒黏度计　如图 1-65（a）所示，待测液体置于两个同心转筒之间。测量时，一个转筒旋转，另一个转筒静止，使环隙中的流体受到剪切，液体的黏度不同，剪切力的大小也不同，测量转筒的转速和转矩，可根据下式求出液体的黏度：

$$\mu=\frac{M}{2\pi h\omega}\left(\frac{1}{r^{2}}-\frac{1}{R^{2}}\right) \tag{1-83}$$

式中，M 是转筒的转矩；ω 是转筒的角速度；r 是内筒的半径；R 是外筒的半径；h 是液体浸没的高度。

② 锥板黏度计　如图 1-65（b）所示，适用于非牛顿流体特性的测定。其测量原理与转筒黏度计相同，基本公式为：

$$\mu=\frac{3\alpha M}{2\pi R^{3}\omega} \tag{1-84}$$

式中，α 是锥板的倾角；M 是转矩；ω 是角速度。

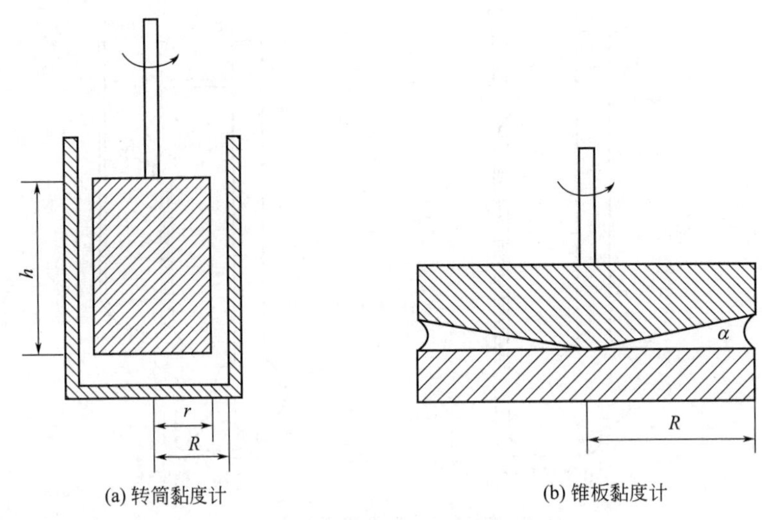

图 1-65　转筒黏度计与锥板黏度计原理

这两种黏度计的测量原理和仪器构造都很复杂，测量的技术难度也很大，但适用性比较强，既可用于测定牛顿流体的黏度，又可用于测量非牛顿流体的流变特性。

(3) 落体式黏度计测量法　物体在流体中下落，黏度越大的流体，物体在其中下落越慢，因此由下落速度可比较流体黏度的大小。

落体式黏度计适用于高黏度物体的测定，取样测量，精度较高；对于不透明液体，必须有检测球下落的特殊装置；为求黏度，还要测定试样的密度。滚动落球黏度计一般用于数千厘泊以下的黏度测定；可以测量不透明液体；适用于蒸发性液体的黏度测定；为了计算黏度，必须求试样的密度。圆柱落下黏度计可做 10^{-1}～10^{11}P 范围内的测定，精度为 1%～3%；也可测量不透明液体；有些需要测定试样密度而对浮力做修正。

落体式连续黏度计可做 10^{4}P 的黏度测定，精度为 2%～3%；可以连续测定在管中流动的流体黏度，并能做出指示和记录；必须用定量泵输送试样。

三、液-气表面张力及其测定

表面张力是液体表面相邻两部分间单位长度内的相互牵引力，是分子（或其他粒子）间作用力的一种表现。表面张力的单位为 N/m。

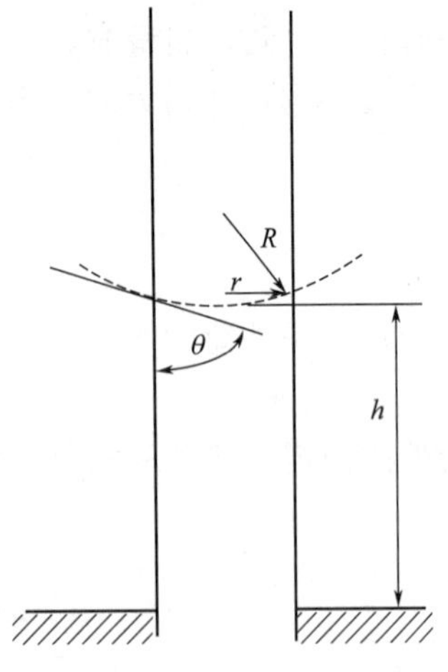

图 1-66　润湿情况示意图

表面张力是表征物质吸附、黏附、润湿、铺展等界面特性的重要参数。在化工生产过程中，物料的表面张力对流体分相、传质效率、流动阻力、产品质量及操作的稳定性有很大的影响。近年来，利用流体界面现象发展起来的新技术很多，如液膜分离、泡沫分离等。

液体表面张力的测量方法有很多种，主要分为静态法和动态法。典型的静态法有毛细管上升法、悬滴法等。动态法有最大气泡压力法（MBP）、滴重法、环法以及吊片法等。

(1) 毛细管上升法　如图 1-66 所示，将一根毛细管插入液体中，若液体润湿毛细管，则液体沿毛细管上升，升到一定高度后，毛细管内外液体会处于平衡。达到平衡时，毛细管内的曲面对液体所施加的向上的拉力与液体向下的力相等，处于平衡状态。向上的力为 $2\pi r\sigma\cos\theta$，向下的力为 $\pi r^2 h(\rho_1-\rho_g)g+V(\rho_1-\rho_g)g$，其中，$r$ 为毛细管半径，h 为毛细管内液体的高度，V 为弯月面部分液体体积，ρ_1、ρ_g 为液体密度和蒸气密度，σ 为液体的表面张力。

当毛细管内径小于 0.2mm 时，V 接近 0，蒸气密度也很小时，上式可简化为：

$$\sigma=\frac{1}{2}rh\rho_1 g \tag{1-85}$$

实验中测出液柱上升高度，即可求出表面张力。但问题是该法测定液柱高度时存在与管间的曲率，故需对公式进行修正，按图 1-66 所示高度的确定可用下式修正：

$$\sigma=\frac{1}{2}r\rho_1 g\left(h+\frac{1}{3}r\right) \tag{1-86}$$

适用于 $r<0.2$mm 的液柱。

$$\sigma=\frac{1}{2}rh\rho_1 g\left[1+\frac{1}{3}\left(\frac{r}{h}\right)-0.1288\left(\frac{r}{h}\right)^2+0.1312\left(\frac{r}{h}\right)^3\right] \tag{1-87}$$

适用于 $r<0.5$mm 的液柱。

毛细管上升法的优点是对纯液体测量作为基准时精度较高，缺点是毛细管表面存在刚性，容易产生吸附膜，不适用于润湿性较差的液体。测量时盛液体的容器直径必须大于 40mm，并要用水银准确标定毛细管直径。

（2）悬滴法　将一个玻璃管垂直放置，内部注入液体，在管的下端会形成液滴，测定该液滴尺寸，也可求出表面张力，如图 1-67 所示。用下式求出表面张力：

$$\sigma=\frac{\rho_1 g d_e^2}{H} \tag{1-88}$$

式中　ρ_1——液体密度；

d_e——悬垂液滴水平断面上的最大直径；

H——校正项，$\frac{1}{H}=f\left(\frac{d_s}{d_e}\right)$，$d_s$ 为在 d_e 距离上的水平断面直径。

测定 d_e、d_s 求出 H，代入上式即可求表面张力。该法可在密封容器内测定，样品使用量少，也可以测量高温高压数据，适用于测定高黏度液体，尤其适用于测定液-液表面张力。缺点是要采用摄影法，液滴必须有明显的形状，否则误差很大。另外还有液重法和滴容法，适用于测定高分子溶液和液-液表面张力。

（3）最大气泡压力法　如图 1-68 所示，若一支插入液体深度为 H 的毛细管末端形成气泡，由于凹液面的存在，所形成的气泡内外压力不相等，即产生曲液面的附加压力。此附加压力与表面张力成正比，与气泡的曲率半径成反比，其关系式为：

$$\Delta p=\frac{2\sigma}{R} \tag{1-89}$$

式中，Δp 为曲液面的附加压力；σ 为液体的表面张力；R 为气泡的曲率半径。因此要从插入液体的毛细管末端鼓出气泡，毛细管内部的压力就必须高于外部压力一个附加压力的数值才能实现，即：

$$p_{内}=p_{外}+H\rho_1 g+\frac{2\sigma}{R} \tag{1-90}$$

式中，ρ_1 为液体的密度。

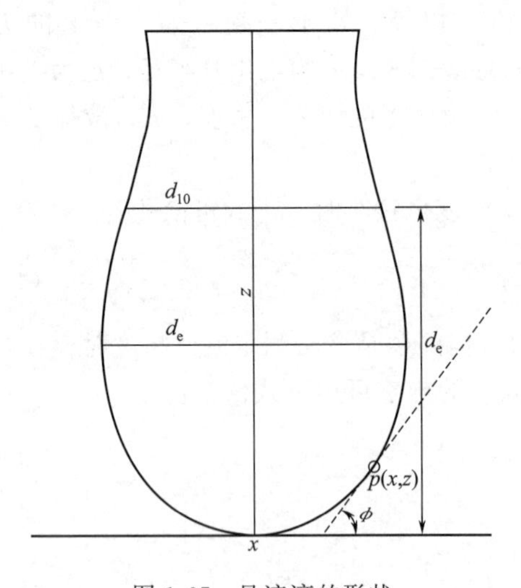

图 1-67　悬液滴的形状

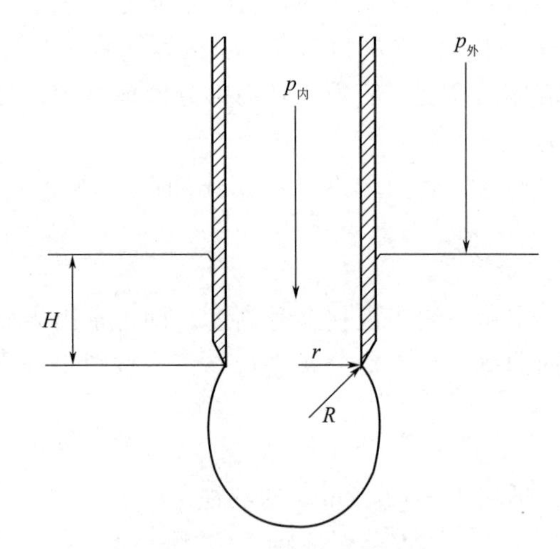

图 1-68　毛细管末端气泡

毛细管插入液体后逐渐增大毛细管内部的压力 $p_{内}$，此时毛细管内的曲（凹或凸）液面将由上向下移动，直至毛细管末端形成半球形气泡，然后继续长大，直至脱离毛细管逸出。在气泡形成过程中，毛细管内曲液面的曲率半径 R 的变化很复杂，要根据被测液体对毛细管壁是否润湿以及毛细管端口为刃形或平面形等而有所不同。不管液体对毛细管润湿与否，毛细管末端的气泡是半球形时，曲率半径为最小值。在液体润湿毛细管的情况时，半球形气泡的曲率半径等于毛细管的内径；在液体不润湿毛细管时，半球形气泡的曲率半径等于毛细管的外径。当气泡曲率半径为最小值时，附加压力达到最大值，可得：

$$\Delta p_{max}=\frac{2\sigma}{r} \tag{1-91}$$

此时：

$$p_{内}=p_{外}+H\rho_1 g+\frac{2\sigma}{r} \tag{1-92}$$

式（1-92）即为最大气泡压力法测液体表面张力的基本公式。

在最大气泡压力法中，$p_{内}$ 和 $p_{外}$ 的压力差值可由测量装置中的 U 形压力计直接测量得到：

$$p_{内}-p_{外}=h_{max}\rho_i g \tag{1-93}$$

式中，ρ_i 为 U 形压力计中液体的密度；h_{max} 为相应于 Δp_{max} 时的最大高度差。

$$\sigma=\frac{r}{2}(h_{max}\rho_i-H\rho_1)g \tag{1-94}$$

如果测量时毛细管刚好浸入液面，则 $H\rightarrow 0$，上式即为：

$$\sigma=\frac{r}{2}h_{max}\rho_i g=Kh_{max} \tag{1-95}$$

式中，K 为毛细管常数，可用已知表面张力的标准物质来求得。

最大气泡压力法测液体的表面张力的装置有减压式和加压式两种。对于水及水溶液、有机溶剂及其溶液，常用减压式装置；对于熔盐、金属或合金熔体、液态炉渣，一般采用加压式装置（图 1-69）。

应用最大气泡压力法时应注意以下方面。

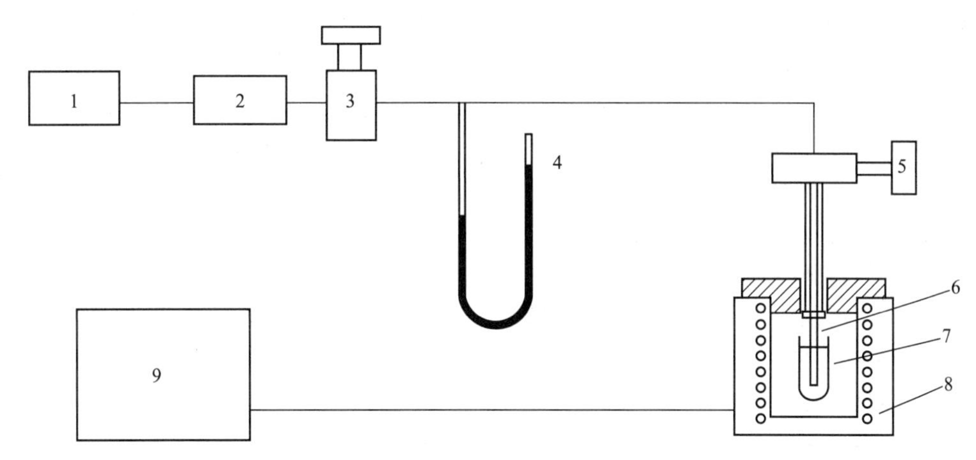

图 1-69 最大气泡压力法测量液体表面张力的装置示意图

1—稳压气源；2—气体净化与干燥；3—压力调节器；4—压力计；5—毛细管升降与插入深度测量系统；6—毛细管；7—待测液体；8—电炉；9—温度控制及测量系统

① 气氛 所用的气体应不与液体发生化学反应，也不溶解。对于常温下的表面张力测量，一般选用空气；对于高温下的表面张力测量，如金属熔体的表面张力，常用氮气。

② 温度 测量液体表面张力时，温度要保持恒定。对于高温表面张力测量，气体要先预热。

③ 压力计 测量 $\Delta p_{\max}$ 的关键设备是压力计，常用 U 形管压力计或倾斜式 U 形管压力计。压力计用液体的密度 ρ_i 应尽量小，以便提高测量精密度。压力计指示液的蒸气压也要尽可能小，而且不能与待测液体起反应或产生吸附。

④ 毛细管材料与半径 毛细管对液体要有足够的润湿性，不受液体或气体侵蚀；用于高温表面张力测量时还要能耐高温。毛细管半径大小要能保证 $h_{\max}$ 在 3～5cm 之间，以保证测量的准确性。常温下的一般液体表面张力较小，可用内径 0.2～0.3mm 的毛细管；用于高温熔体表面张力测量时，内径需用 1～2mm 的或大一些的毛细管。

⑤ 毛细管常数 K 的测量 标准物质的表面张力与待测液体的表面张力在相同温度下应接近。这样系统测量误差就会更小。

此外，在实验技术方面还要注意毛细管应当清洁；气泡产生速度不宜过快，一般每分钟产生一个至数个气泡。

四、熔点及其测定

熔点是物质固液两相在大气压下平衡共存的温度，在该温度下固体的分子（或离子、原子）获得足够的动能得以克服分子（或离子、原子）的结合力而液化。物质从开始熔化至完全熔化的温度范围称为熔点范围（又称为熔程）。固体物质的熔点不仅是该物质纯度的标志，同时也是物质的一项重要物性指标。

晶体化合物的固液两态在大气压力下呈平衡状态时的温度称为该化合物的熔点。纯粹的固体有机化合物一般都有固定的熔点，即在一定的压力下，固、液两态之间的转化对温度变化是非常敏锐的，自初熔至全熔（熔点范围称为熔程），温度不超过 0.5～1℃。如果该物质含有杂质，则其熔点往往较纯净物质低，且熔程较长。但是这也不是绝对的，应该注意部分共熔物也有非常窄的熔程。故测定熔点对于鉴定纯粹有机物和定性判断固体化合物的纯度具有很大的价值。

两种不同物质混合能使化合物的熔点降低，熔点范围增大，因此，可以利用熔点的测定判断化合物的纯度，也可以利用测定混合熔点作为判断一个未知物的根据。例如，一个未知化合物与已知化合物熔点相近，将两者混合均匀后，测其熔点，若熔点无降低现象，则未知化合物与已知化合物可能为同一化合物。

上述熔点的特征可以从物质的蒸气压与温度的曲线来理解，固体与液体物质的蒸气压均随温度的升高而增加（图 1-70）。曲线 SM 表示一种物质在固态时温度与蒸气压的关系；曲线 $L'L$ 表示该物质在液态时温度与蒸气压的关系。在交叉点 M 处，固液两态可同时并存，此时的温度即是该物质的熔点（T_M）。

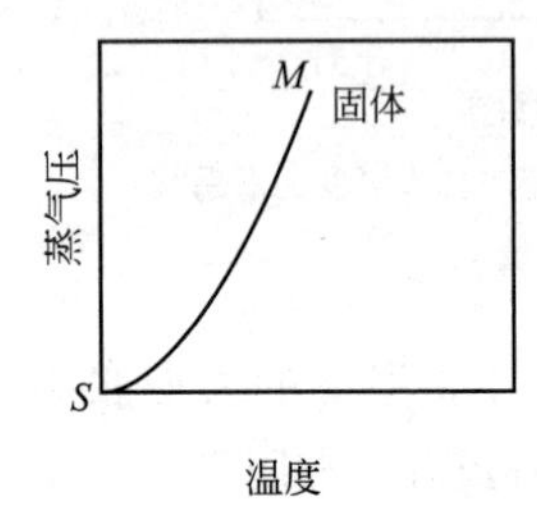

(a) 物质在固态时温度与蒸气压的关系

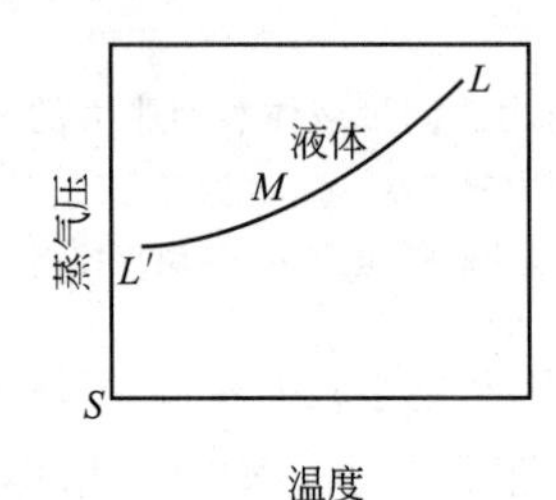

(b) 物质在液态时温度与蒸气压的关系

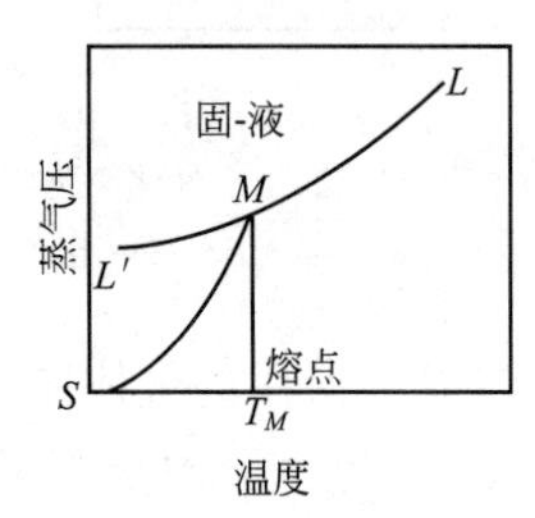

(c) 在交叉点M处，固液两态可同时并存

图 1-70　物质的蒸气压与温度的曲线

含有杂质后熔点降低，熔程增长，可以从物质的蒸气压与温度的曲线（图 1-71）来理解。L 代表液态蒸气压曲线，S 代表固态蒸气压曲线，两曲线的交点 M 表示固液两相并存。此时的温度 T_M 即为该物质的熔点。当温度高于 T_M 时，这时固相的蒸气压已比液相大，所有的固相全部转化为液相。若温度低于 T_M 时，则由液相转化为固相。故纯物质有固定和敏锐的熔点。当有杂质存在时，根据拉乌尔（Raoult）定律，在一定的压力和温度下，在溶剂中增加溶质的量，导致溶剂蒸气分压降低（$L'M_1$ 曲线），固液两相并存点为 M_1，因此该化合物的熔点 T_{M_1} 比纯粹者低。将两种物质以不同的比例混合，测其熔点，可得如图 1-72 所示曲线（曲线上的点为全熔点），曲线 AC 表示在纯物质 A 中逐渐加入 B，组分 A 熔点降低的情况；曲线 BC 表示在纯物质 B 中逐渐加入 A，组分 B 熔点降低的情况，两曲线的交叉点 C 为最低共熔点。这时的混合物能像纯粹物质一样在一定的温度时熔化。从图中可以看出，不同组成混合物的熔点常较各组分纯品的低，熔程范围大，所以在测定两种熔点相近似的物质是否相同时，可将两种样品等量混合，测定熔点。如无下降现象，则认为这两种物质是相同的；如有下降现象，则说明这两种物质是不相同的。

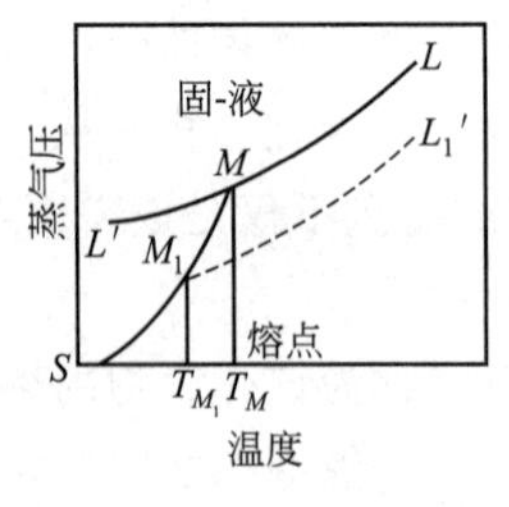

图 1-71　杂质的影响

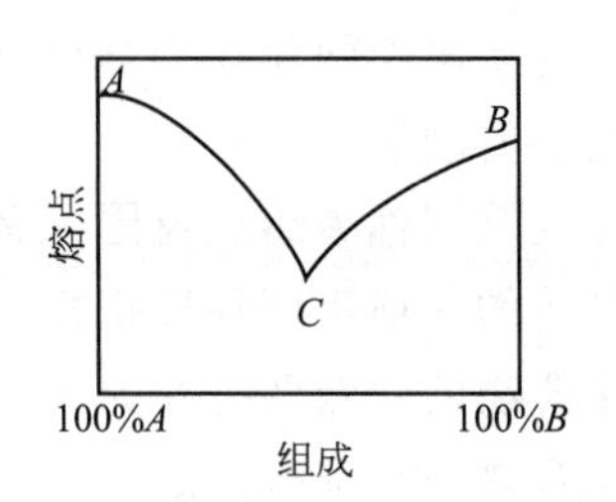

图 1-72　混合物的组成与熔点的关系

但要注意的是，如果在熔点测定过程中存在物质分解的现象，则宽熔点距并不一定表明样品不纯，所以在测定过程中还要注意观察物质是否有发黑或有气体释放的现象。另外，残留的重结晶用溶剂也会使物质的熔程变宽。

常用的测定熔点的方法有毛细管法、显微熔点测定仪法和数字熔点仪法。

1. 毛细管法

毛细管法是测定熔点最常用的基本方法。一般都采用热浴加热，优良的热浴应该装置简单、操作方便，特别是加热要均匀、升温速度要容易控制。在实验室中一般采用提勒管或双浴式热浴测定熔点，如图 1-73、图 1-74 所示。

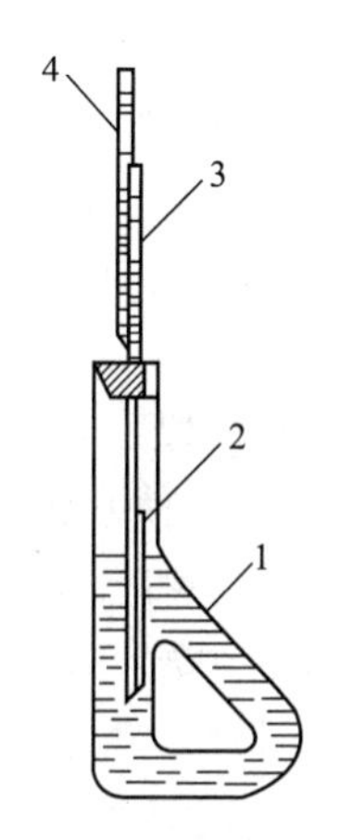

图 1-73　提勒管热浴

1—提勒管（b 形管）；2—毛细管；3—温度计；4—辅助温度计

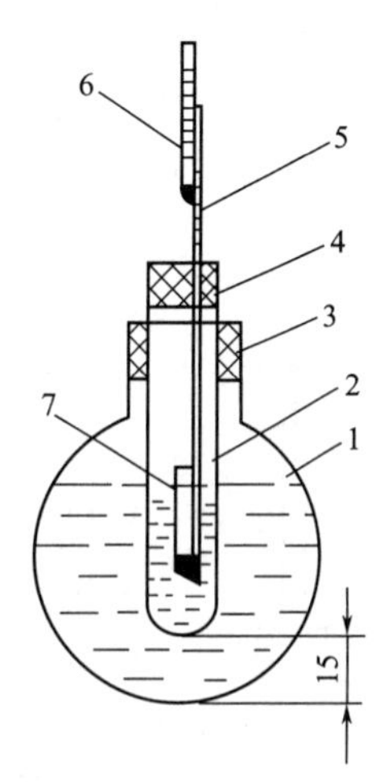

图 1-74　双浴式热浴

1—圆底烧瓶；2—试管；3,4—胶塞；5—温度计；6—辅助温度计；7—熔点管

提勒管的主管有利于载热体受热时在支管内产生对流循环，使得整个管内的载热体能保持相当均匀的温度分布。

双浴式热浴由于采用双载热体加热，具有加热均匀、容易控制加热速度的优点，是目前一般实验室测定熔点的装置。

选用载热体的沸点应高于试样的全熔温度，而且性能稳定、清澈透明。表 1-17 列出了常用的载热体。

表 1-17　常用的载热体

载热体	使用温度范围/℃	载热体	使用温度范围/℃
浓硫酸	<220	液体石蜡	<230
磷酸	<300	固体石蜡	270～280
7 份浓硫酸和 3 份硫酸钾混合	220～320	有机硅油	<350
6 份浓硫酸和 4 份硫酸钾混合	<365	熔融氧化锌	360～600
甘油	<230		

毛细管法测定熔点步骤如下。

（1）取已制备的毛细管若干根　对毛细管的要求是：内壁清洁，直径为 1～2mm，长度为 7～10cm，一端在煤气灯边缘转动加热，用小火使其自然封闭，要求封口处厚薄均匀。熔点管封端方法如图 1-75 所示。

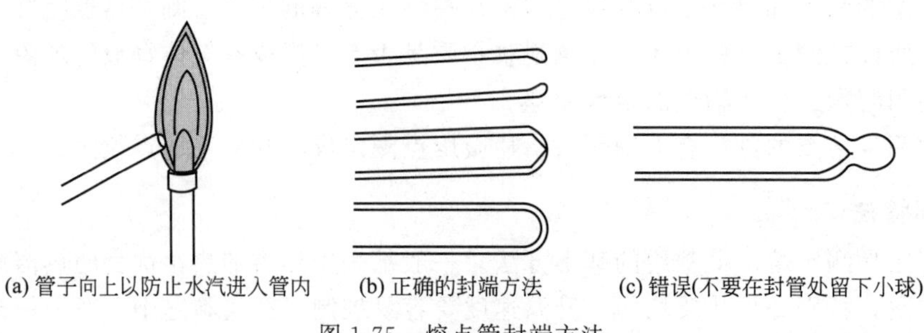

图 1-75 熔点管封端方法

(2) 样品的装入 放少许待测定熔点的样品于干净的表面皿上，用玻璃棒将它研成粉末，把毛细管开口的一端插入粉末中，再使熔点开口端向上在桌面上敲击，使粉末落入管底，如此重复数次，直至管内装有样品的高度为 2～3mm。或者将一根 50～60cm 的玻璃管垂直于玻璃皿背面上，将毛细管插入玻璃管内从顶端落下，使样品密实地装填在毛细管中（图 1-76）。沾于毛细管外的样品应拭去，以免沾污加热液体。

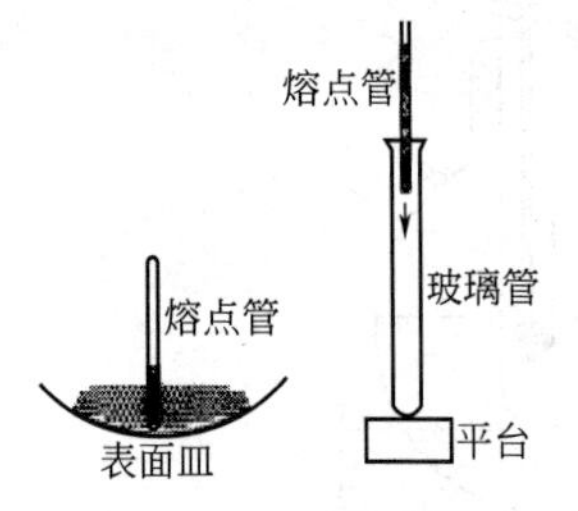

图 1-76 熔点测定装样品

(3) 测定方法 将熔点管固定在铁架上，管口配上有缺口（管内通大气）的单孔木塞，插入温度计，使水银球的位置在两支管中间，装入加热液体，把装好样品的毛细管用橡胶圈固定在温度计上，装样品的一端要位于水银球的中部，将温度计连同固定在上面的毛细管放入加热液中，温度计不要与器壁接触。以小火在熔点管的弯曲支管的底部徐徐加热。缓慢加热，一则保证有充分的时间让热由管外传至管内，以供给固体的熔化热，另一则因为观测者不能同时观察温度计所示温度与样品变化情况，以致尽量缩小测量误差。通常加热速度为 2～3℃/min，离熔点 10～20℃前为 1℃/min。记下毛细管内开始熔化至完全熔化的温度，即该化合物的熔点。为了顺利地测定熔点，可先做一次粗测，加热可以较快。知其大概的熔点范围后，另装一毛细管样品，做精密测定。开始时加热较快，当温度达距熔点十几摄氏度时，再调节火焰，很缓慢地加热至熔。在测定下一次熔点之前，都应使加热液冷却（至少要在熔点下 20℃）。毛细管中的样品测过一次熔点以后，结成大结晶，熔化时不易看清，或者发生过分解，故每次必须更新样品管。从热浴中取出的温度计不能立刻用冷水冲洗，应待稍冷后再用水洗，否则温度计会炸裂。

观察并记录样品在熔化前的一切变化——萎缩、液化、变色、分解、发黏、结块、润湿等。待粉柱开始塌落和润湿时移开灯焰，如被测定物质熔点较高时，则只要减小灯焰。在毛细管中出现第一滴液体时，为样品开始熔化，而最后的结晶消失时，为熔化完了。

2. 显微熔点测定仪法

显微熔点测定仪是一个带有电热载物台的显微镜，如图 1-77 所示。利用可变电阻，使电热装置的升温速度可随意调节。经校正的温度计插在侧面的孔内。测定熔点时，通过放大倍数的显微镜来观察。用这种仪器来测定熔

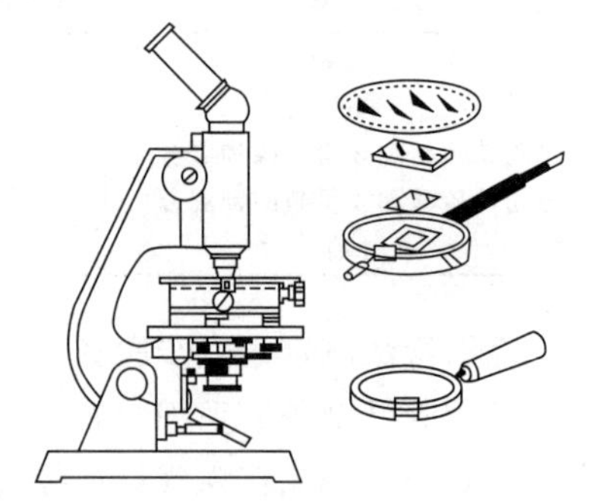

图 1-77 显微熔点测定仪

点具有下列优点：能直接观察结晶在熔化前与熔化后的一些变化；测定时，只需要几颗晶体就能测定，特别适用于微量分析；能看出晶体的升华、分解、脱水及由一种晶形转化为另一种晶形；能测出最低共熔点等。这种仪器也适用于“熔融分析”，即对物质加热、熔化、冷却、固化及其与参考试样共熔时所发生的现象进行观察，根据观察结果来鉴定有机物。

该仪器操作的方法很简便，取一片洁净而干燥的玻璃载片放在仪器的可移动的支持器上，将微量经过烘干、研细的样品放在载玻片上，并用另一载玻片覆盖住样品，调节支持器使样品对准加热台中心孔洞，再用圆玻璃盖罩住，调节镜头焦距，使样品清晰可见。通电加热，调节电位器（加热旋钮）控制升温速度，开始可快些，当温度低于样品熔点 10～15℃时，用微调旋钮控制升温速度不超过 1℃/min，仔细观察样品变化，当晶体棱角开始变圆时，表示开始熔化，结晶形状完全消失，变成液体时表明完全熔化。测毕熔点，停止加热，拿去圆玻璃盖，用镊子取出载玻片（载玻片测一次要换一片），把散热厚铝块放在加热板上加速冷却以备重测。要求如此重复测定 2～3 次。

3. 数字熔点仪法

数字熔点仪采用光电检测、数字温度显示等技术，具有初熔、终熔自动显示及熔化曲线自动记录等功能。仪器利用物质在结晶状态时反射光线而在熔融状态时透射光线的原理工作。因此，物质在熔化过程中随着温度的升高会产生透光度的跃变。当温度达到初熔点 T_a 时，初熔指示灯即闪亮，温度达到终点 T_b 时，终熔指示灯即闪亮，$T_a \sim T_b$ 为熔点范围。仪器采用《中国药典》规定的毛细管作为样品管，可进行微量和半微量测定。温度系统应用了线性校正的铂电阻作检测元件，并用集成化的电子线路实现快速“起始温度”设定及六个可供选择的线性升温、降温速度自动控制。初熔、终熔读数可自动存储，具有无须人监视的功能。

以 WRS-1 数字熔点仪为例，见图 1-78。该熔点仪采用光电检测、数字温度显示等技术，具有初熔、终熔自动显示，可与记录仪配合使用，具有熔化曲线自动记录等功能。

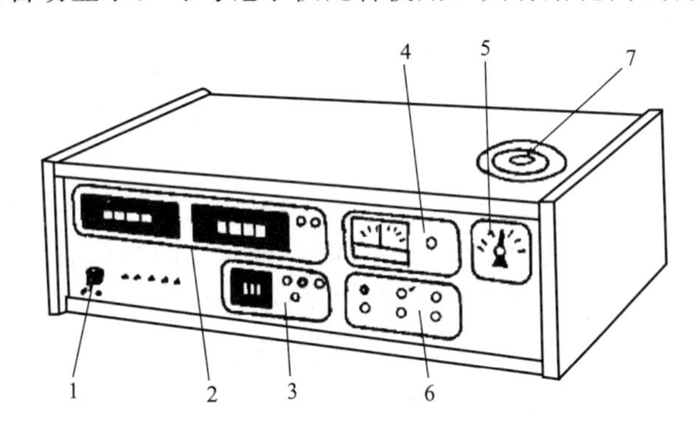

图 1-78 数字熔点仪

1—电源开关；2—温度显示单元；3—起始温度设定单元；4—调零单元；5—速度选择单元；6—线性升降温控制单元；7—毛细管插口

仪器操作方法简便，开启电源开关，稳定 20min，通过拨盘设定起始温度，再按起始温度按钮，输入此温度，此时预置灯亮，选择升温速度把波段开关旋至所需位置。当预置灯熄灭时，可插入装有样品的毛细管（装填方法同齐氏管法），此时初熔灯也熄灭，把电表调至零，按升温按钮，数分钟后，初熔灯先亮，然后出现全熔读数显示，欲知初熔读数可按初熔按钮。待记录好初熔、终熔温度后再按一下降温按钮，使降至室温，最后切断电源。

五、沸点的测定

沸点也是检验液体有机化合物纯度的标志。

液体温度升高时，它的蒸气压随之增大，当液体蒸气压等于外界大气压时，汽化不仅在液体表面，而且在整个液体内部发生，此时液体沸腾。液体在标准大气压下沸腾时的温度称为该物质的沸点。因为沸点随大气压的改变而发生变化，所以如果不是在标准大气压下进行沸点测定时，必须将所测得的沸点加以校正。

纯物质在一定压力下有恒定的沸点，其沸点范围（沸程）一般不超过1～2℃，若含有杂质则沸程增大。因此，根据沸点的测定可以鉴定有机化合物及其纯度。但应注意，有时几种化合物由于形成恒沸混合物，也会有固定的沸点。所以沸程小的物质，未必就是纯物质。例如，乙醇（95.6%）和水（4.4%）混合，形成沸点为78.2℃的恒沸混合物。

一般常用的沸点测定方法有以下几种。

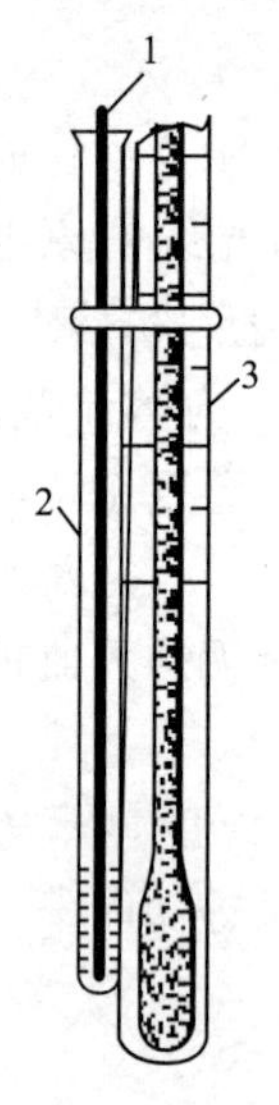

图1-79　毛细管法测定沸点

1—一端封闭的毛细管；2—一端封闭的玻璃管；3—温度计

（1）毛细管法（微量法）测沸点　毛细管法测定沸点在沸点管中进行，如图1-79所示。沸点管是由一支直径4～5mm、长70～80mm的一端封闭的玻璃管和一根直径1mm、长90～110mm的一端封闭的毛细管所组成的。取试样0.3～0.5mL注入玻璃管中，将毛细管倒置其内，其开口端向下。把沸点管缚于温度计上，置于热浴中，缓缓加热，直至从倒插的毛细管中冒出一股快而连续的气泡流时，即移去热源，气泡逸出速度因冷却而逐渐减慢，当气泡停止逸出而液体刚要进入毛细管时，表明毛细管内蒸气压等于外界大气压，此刻的温度即为试样的沸点。

测定时应注意，加热不可过快，否则液体迅速蒸发至干无法测定。但必须将试样加热至沸点以上再停止加热，若在沸点以下就移去热源，液体就会立即进入毛细管内，这是由于管内集积的蒸气压力小于大气压的缘故。

微量法的优点是很少量试样就能满足测定的要求。主要缺点是只有试样特别纯才能测得准确值。如果试样含少量易挥发杂质，则所得的沸点值偏低。

（2）常量法测沸点　常量法测沸点是液体有机试剂沸点测定的通用实验方法，适用于受热易分解、易氧化的液体有机试剂的沸点测定。沸点测定装置如图1-80所示。烧瓶中加入1/2的载热体，量取适量试样，注入试管中，其液面略低于烧瓶中载热体的液面。将烧瓶、试管、温度计以胶塞连接，温度计下端与试管中试样液面相距20mm。缓慢加热，当温度上升到某一定数值并在相当时间内保持不变，此温度即为沸点。

六、折射率及其测定

光线由一种透明介质进入另一种透明介质时，由于速度发生改变而发生折射现象，如图1-81所示。把光线在空气中的速度与在待测介质中的速度之比值，或光自空气通过待测介质时入射角的正弦与折射角的正弦之比值定义为折射率，用公式表示为：

$$n=\frac{v_1}{v_2}=\frac{\sin i}{\sin r} \tag{1-96}$$

式中 n——光在待测介质的折射率；

v_1——光在空气中的速度；

v_2——光在待测介质中的速度；

i——光的入射角；

r——光的折射角。

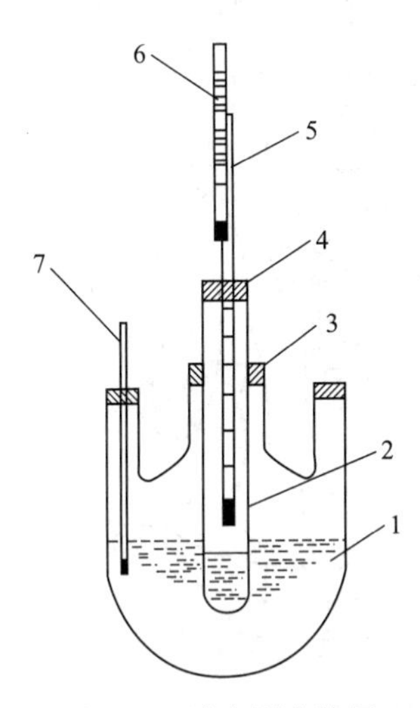

图 1-80 沸点测定装置

1—三口圆底烧瓶；2—试管；3，4—带孔胶塞；5—测量温度计；6—辅助温度计；7—温度计

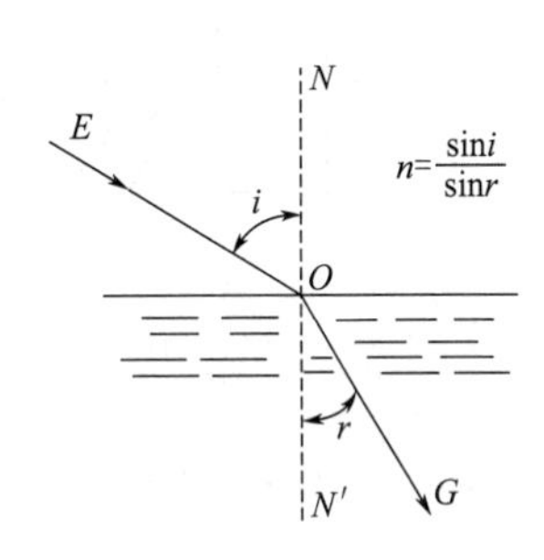

图 1-81 光的折射

某一特定介质的折射率随测定时的温度和入射光的波长不同而改变。随温度的升高，物质的折射率降低，这种降低情况随物质不同而异；折射率随入射光波长的不同而改变，波长越长，测得的折射率越小。所以，通常规定，以 20℃ 为标准温度，以黄色钠光（$\lambda=589.3\text{nm}$）为标准光源。折射率用符号 η_{D}^{20} 表示。例如，水的折射率 $\eta_{\mathrm{D}}^{20}=1.3330$，苯的折射率 $\eta_{\mathrm{D}}^{20}=1.5011$。在分析工作中，一般是测定在室温下为液体的物质或低熔点的固体物质的折射率。用阿贝折射仪测量，操作简便，在数分钟内即可测完。

（1）阿贝折射仪的工作原理 阿贝折射仪是根据临界折射现象设计的。将被测液置于折射率为 N 的测量棱镜的镜面上，光线由被测液射入棱镜时，入射角为 i，折射角为 r，根据折射定律有：

$$\frac{\sin i}{\sin r}=\frac{N}{n} \tag{1-97}$$

在阿贝折射仪中，入射角 $i=90°$，其折射角为临界折射角 r_{c}，代入上式得：

$$\frac{1}{\sin r_{\mathrm{c}}}=\frac{N}{n} \text{或} n=N\sin r_{\mathrm{c}} \tag{1-98}$$

棱镜的折射率 N 为已知值，则通过测量临界折射角 r_i，即可求出被测物质的折射率 n。

（2）阿贝折射仪的仪器构造 WZS-1 型阿贝折射仪（图 1-82），仪器的主要部件是由两块直角棱镜组成的棱镜组。下面一块是可以启闭的辅助棱镜 ABC，且 AC 为磨砂面。当两块棱镜相互压紧时，放入其间的液体被压成一层薄膜。入射光由辅助棱镜射入，当达到 AC 面上时，发生漫射，漫射光线透过液层而从各个方向进入主棱镜并产生折射，而其折射角都落在临界角 r_{c} 之内。由于大于临界角的光被反射，不可能进入主棱镜，所以在主棱镜上面望远镜的目镜视野中出现明暗两个区域。转动棱镜组转轮手轮，调节棱镜组的角度，直至视野里明暗分界线与十字线的交叉点重合为止，如图 1-83 所示。

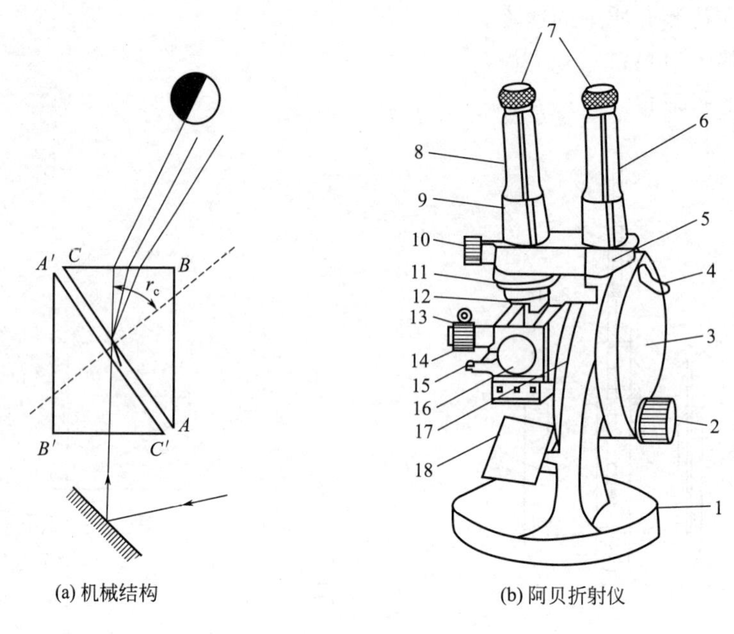

(a) 机械结构　(b) 阿贝折射仪

图 1-82　WZS-1 型阿贝折射仪

1—底座；2—棱镜组转轮手轮；3—刻度板外套；4—小反光镜；5—支架；6—读数镜筒；7—目镜；8—望远镜筒；9—示值调节螺钉；10—色散调整手轮；11—色散值度盘；12—棱镜开合旋钮；13—棱镜组；14—温度计座；15—恒温水出入口；16—光孔盖；17—主轴；18—反光镜

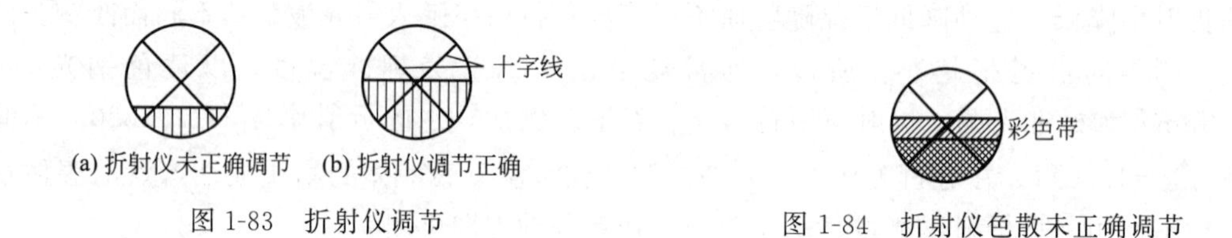

(a) 折射仪未正确调节　(b) 折射仪调节正确

图 1-83　折射仪调节

图 1-84　折射仪色散未正确调节

由于刻度盘与棱镜组是同轴的，因此与试样折射率相对应的临界角位置，通过刻度盘反映出来，刻度盘读数已将此角度换算为被测液体对应的折射率数值，由读数目镜中直接读出。

为了方便，阿贝折射仪的光源是日光。但在测量望远镜下面设计了一套消色散棱镜，旋转消色散手轮，消除色散，使明暗分界线清晰，所得数值即相当于使用钠光 D 线的折射率（图 1-84）。

阿贝折射仪的两棱镜嵌在保温套中并附有温度计（分度值为 0.1℃），测定时必须使用超级恒温槽通入恒温水，使温度变化的幅度<±0.1℃，最好恒温在 20℃时进行测定。

在阿贝折射仪的望远目镜的金属筒上，有一个供校准仪器用的示值调节螺钉，通常用纯水或标准玻璃校准。校正时将刻度值置于折射率的正确值上（如 $\eta_D^{20}=1.3330$），此时清晰的明暗分界线应与十字叉丝重合，若有偏差，可调节示值调节螺钉，直至明暗分界线恰好移至十字叉丝的交点上。

七、旋光度及其测定

光是一种电磁波，是横波，即振动方向与前进方向相垂直。自然光（日光、灯光等）的光波有各个方向的振动面，当它通过尼科尔棱镜时，透过棱镜的光线只限于在一个平面内振动，这种光称为偏振光，偏振光的振动平面称为偏振面。自然光和偏振光的对比如图 1-85 所示。

使自然光变成偏振光的装置称为偏振器。自然光通过偏振器时，产生偏振面与晶体光轴（偏振轴）相平行的偏振光。

当偏振光通过具有旋光活性的物质或溶液时，偏振面旋转了一定角度，即出现旋光现象，如图 1-86 所示。能使偏振光偏振面向右（顺时针方向）旋转称为右旋，以（+）号或 R 表示；能使偏振光偏振面向左（逆时针方向）旋转称为左旋，以（−）号或 L 表示。

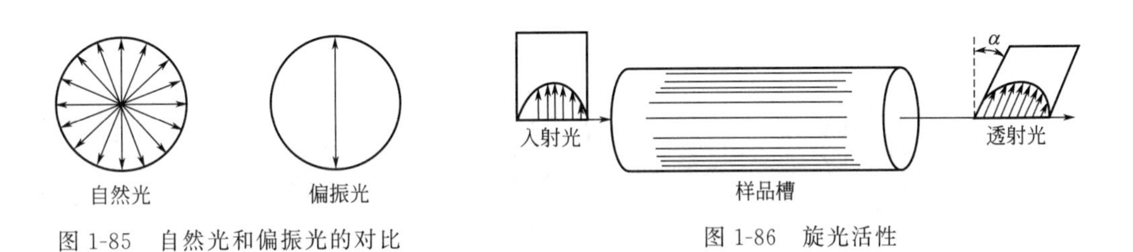

图 1-85 自然光和偏振光的对比

图 1-86 旋光活性

（1）旋光度和比旋光度 当偏振光通过旋光性物质的溶液时，偏振面所旋转的角度称为该物质的旋光度。旋光度的大小主要取决于旋光性物质的分子结构特征，亦与旋光性物质溶液的浓度、液层的厚度、入射偏振光的波长、测定时的温度等因素有关。同一旋光性物质，在不同的溶剂中，有不同的旋光度和旋光方向。

一般规定，以钠光线为光源（以 D 代表钠光源），在温度为 20℃时，偏振光透过 1dm（10cm）长、每毫升含 1g 旋光性物质的溶液时的旋光度，称为比旋光度，用符号［α］（s）表示，s 表示溶剂。比旋光度与上述各种因素的关系为：

纯液体的比旋光度 $$[\alpha]_D^{20}=\frac{\alpha}{l\rho}$$

溶液的比旋光度 $$[\alpha]_D^{20}=\frac{100\alpha}{lc}$$

式中 α——测得的旋光度，(°)；

ρ——液体在 20℃时的密度，g/mL；

c——100mL 溶液中含旋光活性物质的质量，g；

l——旋光管的长度（即液层厚度），dm；

20——测定时的温度，℃。

比旋光度可用来度量物质的旋光能力，是旋光性物质在一定条件下的物理特性常数。

（2）旋光仪的使用 旋光仪是由可以在同一轴转动的两个尼科尔棱镜组成的，当两个尼科尔棱镜正交时，作为检偏镜的尼科尔棱镜没有光通过，视场完全黑暗。当有旋光性物质的溶液置于两个尼科尔棱镜之间，由于旋光作用，视场变亮。于是旋转检偏镜再次找到全暗的视场，检偏镜旋转的角度，就是偏振光的偏振面被溶液所旋转的角度，即溶液的旋光度。以上旋光仪零点和试液旋光度的测量，都以视野呈现“全暗”为标准，但人的视觉要判定两个完全相同的“全暗”是不可能的。为提高测量的准确度，实际应用的旋光仪都采用所谓“半荫”原理。

半荫片是一个由石英和玻璃构成的圆形透明片，如图 1-87 所示，呈现三分视场。半荫片放在起偏镜后面，当偏振光通过半荫片时，由于石英的旋光性，把偏振光的振动面旋转成一定角度。因此，通过半荫片的偏振光就变成振动方向不同的两部分。这两部分偏振光到达检偏镜时，通过调节检偏镜的位置，可使三分视场呈现左、右最暗及中间稍亮的情况，如图 1-88（a）所示。若把检偏镜调节到使中间的偏振光不能通过，而左、右可以透过部分偏振光，在三分视场就应呈现中间最暗及左、右稍亮的情况，如图 1-88（b）所示。显然，调节检偏镜必然存在一种使偏振光同样程度通过半荫片的位置，即在三分视场中看到视场亮度均匀一致，左、中、右分界线消失的情况，如图 1-88（c）所示，此时作为旋光仪的零点。因此，利用半荫片，通过比较三分视场中间与左、右的明暗程度相同，作为测量的标准比判断整个视野“全暗”的情况要准确得多。

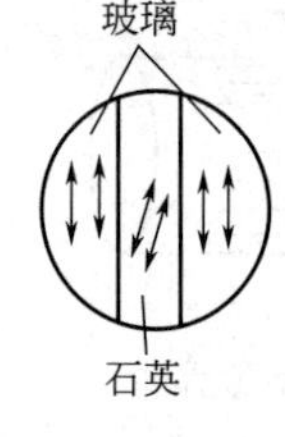

图 1-87　半荫片

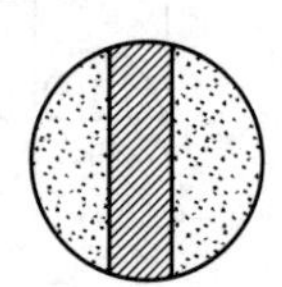

(a) 左、右最暗及中间稍亮

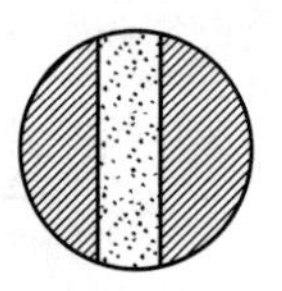

(b) 中间最暗及左、右稍亮

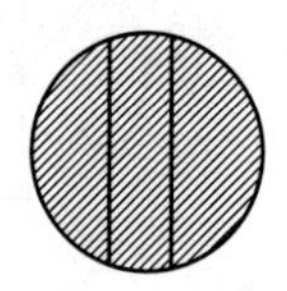

(c) 亮度均匀一致

图 1-88　半荫片的作用

国产 WXG-4 型旋光仪外形图如图 1-89 所示，其光路图如图 1-90 所示。

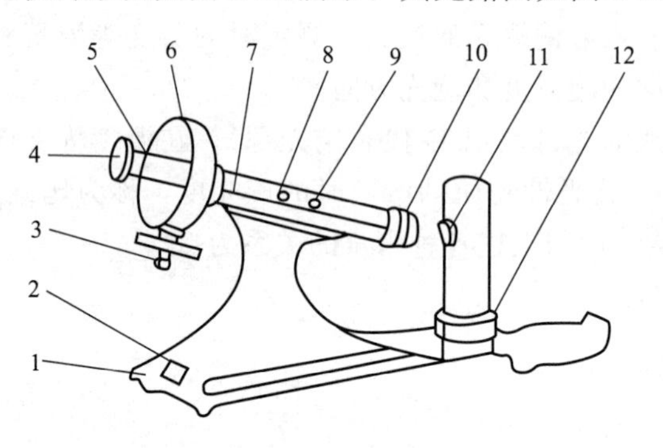

图 1-89　WXG-4 型旋光仪外观图

1—底座；2—电源开关；3—度盘转动手轮；4—放大镜座；5—视度调节螺旋；6—度盘游表；7—镜筒；8—镜筒盖；9—镜盖手柄；10—镜盖连接；11—灯罩；12—灯座

由钠光源 1 发出的黄色钠光，经聚光镜 2、滤色镜 3、起偏器 4 变为单色偏振光，再经半荫片 5 呈现三分视场。当通过装有旋光性物质溶液的旋光测定管 6 时，偏振光的偏振面旋转，光线经检偏器 7 及物镜、目镜组 8，通过聚焦手轮 9 可清晰看到三分视场。通过转动测量手轮 12 使三分视场明暗程度一致。此时就可从放大镜 10 读出读数度盘 11 和游标尺所示的旋光度。

旋光管的组成部件如图 1-91 所示。管身材料为玻璃，其长度除 1dm、2dm 等常用规格外，还有数种专用旋光管，可由测得的旋光度直接得出被测溶液的浓度。

旋光管的两端有中央开孔的螺旋盖，使用时先将盖玻璃片盖在管口，垫上橡胶圈，再旋上螺旋盖，由另一端装入试样，按上述方法旋上螺旋盖。在旋光管的一端附近有一鼓包，若

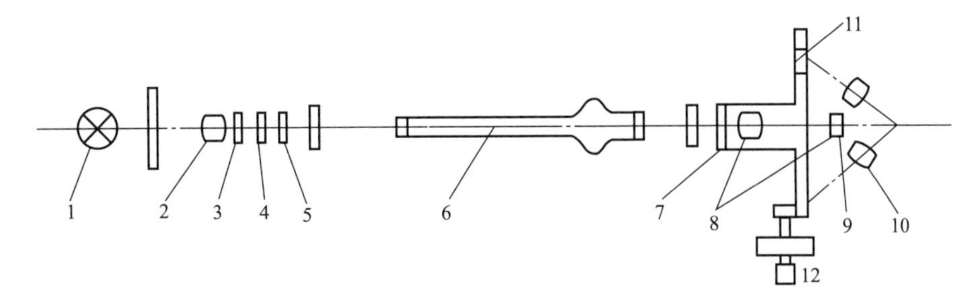

图 1-90 旋光仪光路图

1—钠光源；2—聚光镜；3—滤色镜；4—起偏器；5—半荫片；6—旋光测定管；7—检偏器；
8—物镜、目镜组；9—聚焦手轮；10—放大镜；11—读数度盘；12—测量手轮（与检偏器一起转动）

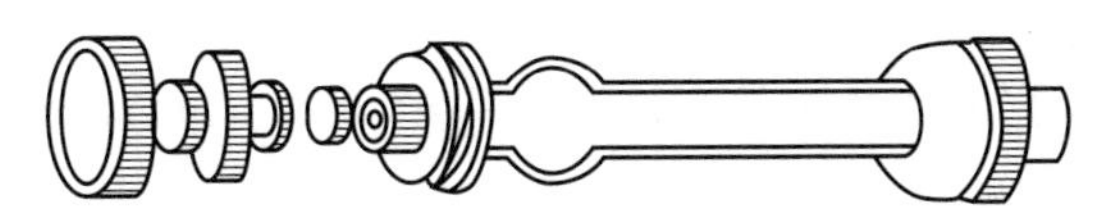

图 1-91 旋光管的组成部件

装入溶液后管的顶端有空气泡，应该将管向上倾斜并轻轻叩拍，把空气泡赶入鼓包内，否则光线通过空气泡会影响测定结果。

读数度盘包括刻度盘和游标尺，刻度盘与检偏镜同轴转动，检偏镜旋转角度可以在刻度盘上读出，刻度盘旁有游标尺，因此，读数可以准确至 0.05°。

旋光仪除了利用手动调节，通过目视测量的 WXG-4 型旋光仪外，还有利用光电倍增管检测的如 WZZ-1 型自动旋光仪。采用光电检测无主观误差，读数方便，精确度高，读准至 ±0.02°。

图 1-92 为 WZZ-1 型自动旋光计的工作原理。用 20W 钠光灯作光源，由小孔光栅和物镜组成一简单的点光源平行光束。平行光束通过起偏器产生偏振光，其振动平面为 OO [图 1-93（a）]，偏振光经过磁旋线圈时，其振动平面在交变磁场的作用下，产生以原来振动平面为中心的左右对称的摆动（磁旋光效应），摆幅为 β，频率为 50Hz [图 1-93（b）]。光线经过检偏器，投影到光电倍增管上，产生交变的光电信号。

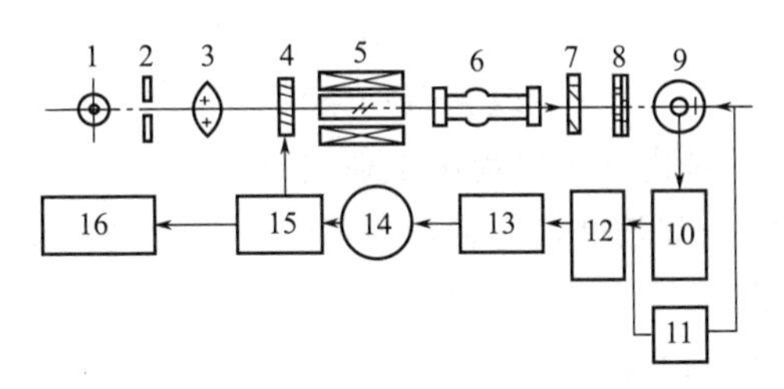

图 1-92 WZZ-1 型自动旋光计的工作原理

1—光源；2—小孔光栅；3—物镜；4—起偏器；5—磁旋线圈；6—观测管；7—滤光片；
8—检偏器；9—光电倍增管；10—前置放大器；11—自动高压；12—选频放大器；
13—功率放大器；14—伺服电机；15—蜗轮蜗杆；16—读数器

在光电自动旋光计的零点（此时 $\alpha=0°$时），把起偏器与检偏器的光轴调成互相垂直（即 $OO \perp PP$）。偏振光的振动平面因磁旋光效应产生 β 角摆动，故经过检偏器后，光波振幅不等于零，因而在光电倍增管上产生微弱的光电信号，此时的光电流是最小的 [图 1-93（b）]。

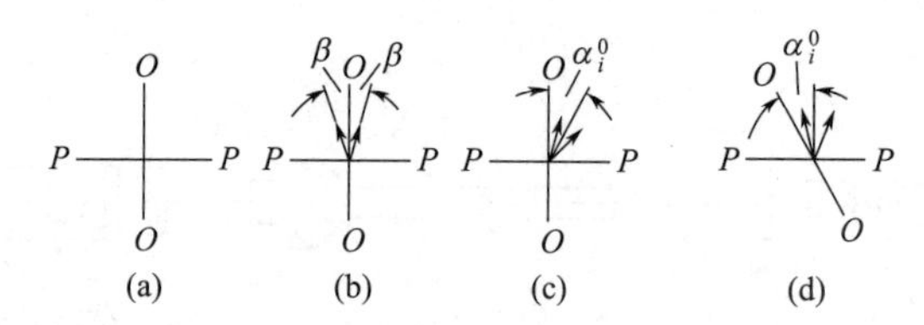

图 1-93　光电自动旋光器光的变化

把旋光性物质溶液（例如右旋 α_i^0）放入光路上，偏振光的偏振面顺时针旋转 α_i^0 与检偏器的光轴垂直，故经检偏器后的光波振幅较大，在光电倍增管上产生的光电信号也较强［图 1-93（c）］。光电信号经过前置放大器、选频、功率放大后，使工作频率为 50Hz 的伺服电机转动，伺服电机通过蜗轮蜗杆把起偏器反向（逆时针）转回 α_i^0，使光电流恢复到最小，也就是旋光计回复零点［图 1-93（d）］。起偏器旋转的角度（即旋光性物质的旋光度）在读数器中显示出来。示数盘上红色示值为左旋（－），黑色示值为右旋（＋）。

第五节　仪表自动化实训装置

一、仪表自动化实训装置简介

生产与生活的自动化是人类长久以来梦寐以求的目标，在 18 世纪自动控制系统在蒸汽机运行中得到成功应用以后，自动化技术时代开始了。随着工业技术的更新，特别是半导体技术、微电子技术、计算机技术和网络技术的发展，自动化仪表已经进入了计算机控制装置时代。在石油、化工、制药、热工、材料和轻工等行业领域中，以温度、流量、物位、压力和成分为主要被控变量的控制系统都称为“过程控制”系统。过程控制不仅在传统工业改造中起到了提高质量、节约原材料和能源、减少环境污染等十分重要的作用，而且已成为新建的规模大、结构复杂的工业生产过程中不可缺少的组成部分。随着计算机控制装置的发展，自动化控制手段越来越丰富。智能数字仪表控制系统、智能仪表加计算机组态软件控制系统、计算机 DDC 控制系统、PLC 控制系统、DCS 分布式集散控制系统、FCS 现场总线控制系统等的应用越来越广泛。在现代化工业生产中，过程控制技术为实现各种最优的技术经济指标、提高经济效益和劳动生产效率、改善劳动条件、保护生态环境等起到重要的作用。

YB2000D 仪表自动化实训装置根据我国工业自动化发展现状及相关专业教学特点，吸取了国外同类实验装置的特点和长处，与目前大型工业装置的自动化现场紧密联系，可与工业上广泛使用并处于领先的 AI 智能仪表加组态软件控制系统、DCS（分布式集散控制系统）配合使用，既能进行验证性、设计性实验，又能开展综合性实验。

二、系统主要特点

被调参数囊括了流量、压力、液位、温度四大热工参数。系统实现了对各种仪表的检测认识，包括从就地显示仪表到远传仪表、从一次仪表到二次仪表；具备工业四大参数仪表：液位、流量、温度、压力；同时在各控制参数中选用各种检测元件。

① 温度检测元件，包含 PT100、CU50 热电阻、热电偶等；

② 流量仪表，包含电磁流量计、孔板流量计、涡轮流量计等；

③ 液位仪表，包含磁翻板、差压变送器等；

④ 压力仪表，包含压力变送器、压力表等；

⑤ 执行机构，包含拖动类执行机构变频器，也包含工业上常用的电动调节阀和气动调节阀等综合性仪表实训装置。

一个被调参数可在不同的动力源、不同的执行器、不同的工艺线路下演变成多种调节回路，以利于讨论、比较各种调节方案的优劣。

某些检测信号、执行器在对象中存在相互干扰，它们同时输入和工作时需对原独立调节系统的被调参数进行重新整定，还可对复杂调节系统比较优劣。各种控制算法和调节规律在开放的组态实验软件平台上都可以实现。实验数据及图表可以永久存储，在MCGS组态软件中也可随时调用，以便实验者在实验结束后进行比较和分析。在整体实训装置中，设有温度故障排除功能、调节阀故障排除功能等。

该系统设计从工程化、参数化、现代化、开放性和培养综合性人才的原则出发，在实验对象中采用了工业现场常用的检测控制装置，仪表采用具有人工智能算法及通信接口的智能调节仪，上位机监控软件采用MCGS工控组态软件等。基型产品控制系统中既有上位监控机加智能仪表控制系统，又有无纸记录仪控制系统。对象系统预留有扩展信号接口，用于控制系统二次开发，进行DCS控制，FCS控制，PLC控制开发。扩展控制系统为DCS分布式集散控制系统，西门子S7300PLC加上位WINCC组态软件。

三、系统架构及主要组件

整体设备由储水槽5、反应器1、冷水槽2和热水槽3等组成。储水槽5的水由泵打入反应器1、冷水槽2、热水槽3，如图1-94所示。

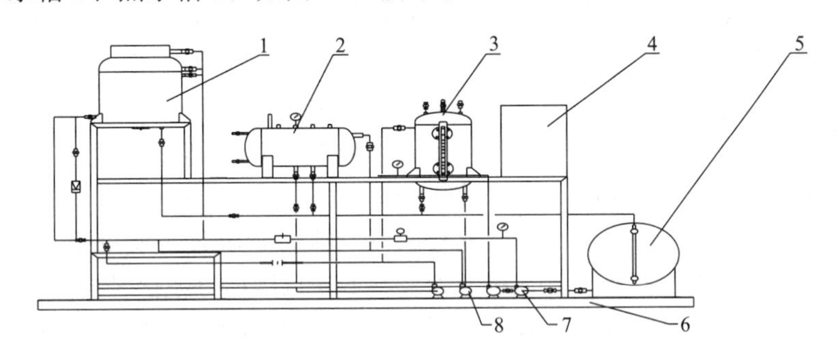

图1-94 整体设备示意图

1—反应器；2—冷水槽；3—热水槽；4—控制器；5—储水槽；6—进水阀；7—1号泵；8—热水泵

反应器1分为两层，内胆层和夹套层。内胆层的水由储水槽5经过磁力循环泵7打入；管路上装有两个流量计与一个调节阀，内胆层还安装有调节器，实现温度加热控制实验，出水直接入储水槽5；夹套层的进水根据温度的控制要求由冷水槽2或者热水槽3的水选择性打入夹套，夹套出水根据出水的温度高低选择流入冷水槽2或者是热水槽3，实现资源的重复利用和避免再加热的过程，采用大流量低温差控制，实现节能降耗的效用。

冷水槽2的水可以通过储水箱的水打入，也可以通过反应器1的夹套溢流进来；打出的水直接进反应器1的夹套，水流量可以调控。

热水槽3的水可以通过储水箱的水打入，也可以通过反应器1的溢流进来；打出的水直接进反应器1的夹套水流量可以调控。

设置故障区域，将工业现场常出现的故障，真实地仿真设置在故障区域内，达到培养学生发现故障的意识能力以及排除故障的动手能力。

1. 检测装置

YB2000D 实训对象的检测装置包括：压力液位传感器测量液位和压力，孔板流量计、涡轮流量计，分别用来检测其所在动力支路的水流量；PT100、CU50 热电阻、热电偶温度传感器分别用来检测各点温度。

2. 执行装置

(1) 电动调节阀　QSTP-16K 智能电动单座调节阀主要技术参数：

执行机构形式：智能型直行程执行机构。

输入信号：0～10mA/4～20mA DC/0～5V DC/1～5V DC。

输入阻抗：250Ω/500Ω。

输出信号：4～20mA DC。

输出最大负载：＜500Ω。

信号断电时的阀位：可任意设置为保持/全开/全关/0～100%间的任意值。

电源：220V±10%/50Hz。

(2) 单相可控硅移相调压模块　通过 4～20mA 电流控制信号控制单相 220V 交流电源在 0～220V 之间实现连续变化，从而调节电加热管的功率。

固体继电器（亦称固态继电器）英文名称为 solid state relay，简称 SSR。它是用半导体器件代替传统电接点作为切换装置的具有继电器特性的无触点开关器件，单相 SSR 为四端有源器件，其中两个输入控制端，两个输出端，输入输出间为光隔离，输入端加上直流或脉冲信号到一定电流值后，输出端就能从断态转变成通态，如图 1-95 所示。

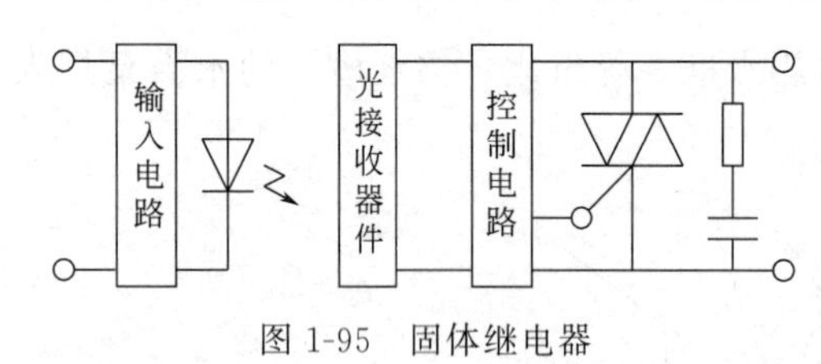

图 1-95　固体继电器

交流固体继电器（SSR）分过零型和随机型。过零型 SSR 用作“开关”切换，从“开关”切换功能而言即等同于普通的继电器或接触器。随机型 SSR 主要用于“调压”。随机型 SSR 的控制信号必须与电网同步，且通过其在 0°～180°范围内方波信号的变化实现调压，单一电压信号或模拟信号并不能使其调压，从“调压”功能的角度讲随机型 SSR 完全不同于普通的继电器或接触器。有一点必须强调，各类调压模块或固体继电器内部作为输出触点的器件均为可控硅，且都是依靠改变可控硅导通角来达到“调压”的目的，故输出的电压波形均为“缺角”的正弦波（不同于自耦调压器输出的完整正弦波），因此存在高次谐波，有一定噪声，电网有一定“污染”，如图 1-96 所示。

3. 变频器

各国使用的交流供电电源，无论是用于家庭还是用于工厂，其电压和频率为 200V/60Hz（50Hz）或 100V/60Hz（50Hz）等。通常，把电压和频率固定不变的交流电变换为电压或频率可变的交流电的装置称作“变频器”。为了产生可变的电压和频率，该设备首先要把电源的交流电变换为直流电（DC）。把直流电（DC）变换为交流电（AC）的装置，其科学术语为“inverter”（逆变器）。由于变频器设备中产生变化的电压或频率的主要装置叫

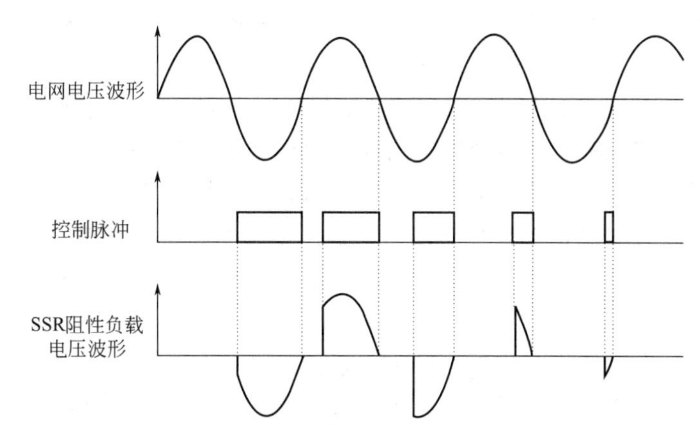

图 1-96 交流固体继电器输出波形图

“inverter”，故该产品本身就被命名为“inverter”，即变频器，变频器也可用于家电产品。使用变频器的家电产品中不仅有电机（例如空调等），还有荧光灯等产品。用于电机控制的变频器，既可以改变电压，又可以改变频率。但用于荧光灯的变频器主要用于调节电源供电的频率。汽车上使用的由电池（直流电）产生交流电的设备也以“inverter”的名称进行出售。变频器被广泛应用于各个领域。例如计算机电源的供电，在该项应用中，变频器用于抑制反向电压、频率的波动及电源的瞬间断电。

感应式交流电机（简称为电机）的旋转速度近似地取决于电机的极数和频率。由电机的工作原理决定电机的极数是固定不变的。由于该极数值不是一个连续的数值（为 2 的倍数，例如 2、4、6），所以不适合改变该值来调整电机的速度。另外，频率是电机供电电源的电信号，所以该值能够在电机的外面调节后再供给电机，这样电机的旋转速度就可以被自由控制。因此，以控制频率为目的的变频器，是作为电机调速设备的优选设备。$n=60f/p$，n 为同步速度，f 为电源频率，p 为电机极数，改变频率和电压是最优的电机控制方法。如果仅改变频率，电机将被烧坏。特别是当频率降低时，该问题就非常突出。为了防止电机烧毁事故的发生，变频器在改变频率的同时必须要同时改变电压。例如：为了使电机的旋转速度减半，变频器的输出频率必须从 60Hz 改变到 30Hz，这时变频器的输出电压就必须从 200V 改变到约 100V。

变频器型号为三菱 FR-S520S-0.4K-CHR，其参数设置如表 1-18 所示，变频器的具体使用参见《FR-S500 使用手册》。

表 1-18 FR-S520S-0.4K-CHR 型变频器参数设置表

名称	表示	设定范围	设定值
上限频率	P1	0～120Hz	60Hz
下限频率	P2	0～120Hz	25Hz
扩张功能显示选择	P30	0,1	1
频率设定电流增益	P39	1～120Hz	60Hz
RH 端子功能选择	P182		4
操作模式选择	P79	0～8	0

检测设备电源开关为整个对象的检测设备供电，包括用于液位检测的压力变送器，用于

温度检测的热电阻和温度变送器，用于流量检测的电磁流量计、涡轮流量计。

加热开关为可控硅调压模块供电，通过调压模块来调节加热管的加热功率。加热管在干烧状态（加热水箱无水）下工作是非常危险的，产生的热量无法及时传走最后会导致加热管爆裂。因此在加热水箱装有防干烧装置，当检测到加热水箱中液位高度过低时会自动切断调压模块的控制信号，这样加热管便会停止工作，同时电气控制柜面板上的报警指示灯点亮，只有当液位重新升高后加热管才会重新工作。加热水箱为有机玻璃制成，当温度高于 78℃时有机玻璃会软化，当温度高于 104℃时有机玻璃会熔化。此外，如果加热使水箱中热水温度过高也有可能发生液体飞溅烫伤事件，为防止此类事件发生，在对象装置上加装了防高温装置。在电气控制柜中安装了一块带数显功能的温度位式控制仪表，指示加热区的温度，当温度过高时，同样会自动停止加热管的工作。温控表中已将高温报警设置为 (65±2)℃。

变频器使用说明如下：

本装置中使用变频器时，主要有两种输出方式：一种是直接调面板旋钮输出频率，另一种是用外部输入控制信号改变变频器输出频率。两种输出方式具体接线方法如下：

1）变频器面板旋钮输出接线方法：SD 与 STF（或 STR）短接，当需要改变输出频率时，旋动面板上的旋钮，顺时针旋可增大输出频率，逆时针旋可减小输出频率。待旋至所需要的频率时，按变频器上白色的 SET 键，即可选定所需的输出频率。

2）变频器外部控制信号控制输出接线方法：SD 与 STF（或 STR）、RH 两端都短接，在控制信号输入端接入控制信号（正极、负极应对应，不能接错），打开变频器的电源开关即可输出。通过改变控制信号的大小来改变输出频率。

四、对 PC 工作站的要求

1. PC 硬件配置要求

Intel 或同类级别 1.0GHz 以上 CPU，512M 内存，20G 以上硬盘，10/100M 自适应网卡，主板预留 1 个 PCI 插槽。

2. PC 操作系统要求

Windows 2000 professional 操作系统、Windows XP professional 操作系统或 Windows 2003server 操作系统。

3. PC 端口要求

至少要有一个并口 RS232、以太网口 RJ45、USB 口。

第二章　实验室安全与环保

化学、化工实验室是高等学校培养化学、化工类专业人才，开展科学研究和提供社会服务的重要场所。学生在进行化学、化工类实验时，经常使用易燃、有毒和腐蚀性试剂。比如，乙醚、乙醇、丙酮和苯等溶剂易于燃烧；甲醇、硝基苯、有机磷化合物、有机锡化合物、氰化物等属有毒药品；氢气、乙炔、金属有机试剂和干燥用的苦味酸属易燃易爆气体或药品；氯磺酸、浓硫酸、浓硝酸、浓盐酸、烧碱及溴等属强腐蚀性药品。这些化学品如使用不慎，就可能会造成灼伤、火灾、中毒、爆炸等安全事故。此外，化学实验中常使用的玻璃仪器易碎、易裂，容易引发伤害。还有电气设备、特种设备等，如使用不当也易引起触电或爆炸等各种事故。同时，化学实验过程中所产生的“三废”如随意排放，势必会对实验室周边环境造成污染。

因此，我们必须始终将实验室安全放在首位，只有安全方能使实验室诸项工作得以顺利进行。所以学生进入实验室的第一堂课即为“安全教育课”。在开展化学、化工实验时，实验人员必须坚持“安全第一、预防为主、综合治理”的安全方针，树牢实验室安全意识，掌握必要的实验室安全知识，养成规范的安全实验习惯，确保实验安全开展，维护生命和财产安全。同时，还应增强环保意识，对实验室“三废”分类回收、正确处置，避免引起环境污染。为防范和减少实验室安全与环保意外事故的发生，及时、科学处置意外事故，必须严格执行实验室安全准入制度，并加强对各类实验人员的实验室安全教育培训工作。

第一节　实验室安全准入制度

为进一步提高实验人员的实验室安全意识，增强其安全防护能力，提高实验室管理水平，保障生命和财产安全，正常开展教学科研等工作，根据《教育部办公厅关于加强高校教学实验室安全工作的通知》要求，制定本制度。

第一条　适用范围

本制度适用于所有教学、科研实验室，以下全部简称“实验室”；适用于所有拟进入实验室开展实验活动的人员，包括校内师生和申请到学校实验室进行实验的校外人员。

第二条　准入要求

所有要进入实验室学习、工作的人员，必须首先通过实验室安全准入考试。

第三条　制度体系与责任落实

(1) 按照“统一标准、集中建库、分类教育、分散考试”的原则，建设并维护实验室安全在线学习与考试系统。

(2) 实验中心具体负责对相关人员开展实验室安全准入教育的宣传组织，负责核实拟进入实验室人员的准入资格，不允许未取得准入资格的人员进入实验室学习、工作。

第四条　教育内容

（1）国家与地方关于高校实验室安全与环境保护方面的政策法规以及学校的相关规章制度。

（2）实验室一般性安全、环境保护及废弃物处置常识。

（3）实验室急救知识与事故应急处理知识。

（4）专业实验室的专项安全与环境保护知识等。

第五条　教育方式

相关人员可通过实验室安全在线学习与考试系统的在线学习功能，或通过其他渠道，学习实验室安全知识。学习掌握实验室安全知识后，登录系统申请考试，或参加组织的安全准入考试。

各实验课程指导教师负责对任教班级学生进行实验室安全教育与培训，并将培训记录交实验中心存档。

第六条　准入资格的取得

按要求参加实验室安全教育的实验人员，在通过实验室安全准入考核后，自动获得准入资格。

第七条　准入资格的应用

教师获取准入资格后，方能进入实验室开展相关工作；学生获取准入资格后，方能进行实验课程选课；申请到校内进行实验的校外人员获取准入资格，并在申请单位备案后，可以进入实验室。

第二节　实验室安全一般规则

1.实验开始前，必须认真预习，理清实验思路，了解实验中使用的化学品的性质和有可能引起的危害及相应的注意事项。还应仔细检查仪器是否有破损，掌握正确安装仪器的要点，并弄清水、电、气的管线开关和标记，保持清醒头脑，避免违规操作。

2.实验中应仔细观察、认真思考、如实记录，并经常注意反应是否正常，有无碎裂和漏气的情况，及时排除各种事故隐患。

3.有可能发生危险的实验，应采用防护措施进行操作，如戴防护手套、眼镜、面罩等，有的实验应在通风橱内进行。

4.常压蒸馏、回流和反应，禁止用密闭体系操作，一定要保持与大气相连通。

5.易燃、易挥发的溶剂不得在敞口容器中加热，不得使用明火加热，加热的玻璃仪器外壁不得有水珠，也不能用厚壁玻璃仪器加热，以免破裂引发火灾。

6.各种药品需要妥善保管，不得随意遗弃和丢失。对于实验中的废气、废渣、废液，要按环保规定处理，不能随意排放。有机废液应集中收集处理，尽可能回收利用。树立环境保护意识和绿色化学理念。

7.严禁在实验室中吸烟、饮食。

8.正确使用温度计、玻璃棒和玻璃管，以免玻璃管、玻璃棒折断或破裂而划伤皮肤。

9.熟悉消防灭火器材的存放位置和正确使用方法。

10.实验结束后，要仔细关闭好水、电、气及实验室门窗，防止其他意外事故的发生。

第三节 实验室意外事故的预防、处理和急救

实验室意外事故的预防主要是要确保师生员工人身安全和避免学校财产损失，它包括防火、防爆炸、防中毒、防烫伤、防灼伤、防触电、防割伤、防辐射、防盗、防溢水等，更重要的是出现一些事故后，怎样处理和自我保护。

一、防火

火灾对实验室构成的威胁最为严重，最为直接。一场严重的火灾，将对实验室的人身、财产和资料造成毁灭性的打击。据统计，近年来理工院校实验室事故中，火灾、爆炸和灼伤等事故占44.7%。引起火灾要有三个因素：易燃物，助燃物，点火能源。

1. 实验室火灾的类型

实验室常见的火灾包括易燃易爆物品引起的火灾、电器设备引起的火灾和生活用品引起的火灾等。

(1) 易燃易爆物品引起的火灾。煤气、乙醇、汽油等燃料，氢气、氧气等气体，乙醚、二甲苯、丙酮、三硝基苯磺酸、松节油、苦味酸等液体，油脂、松香、硫黄、无机磷等固体，这些易燃易爆物品在一定条件下均能引起火灾和爆炸，必须妥善保管，正确使用。特别强调的是，漫不经心的举动，有可能造成无可挽回的后果。例如，随手把剩余的乙醚倒入乙醇的瓶中，又错把乙醚当作乙醇倒入酒精灯中，若不及时发现，就会引起火灾，甚至爆炸。

(2) 电器设备引起的火灾。由于保险丝失灵、仪器控制器失灵，而电器继续加热，达到周围物品的燃点则会引发火灾，操作人员和管理人员的疏忽也是引起火灾的主要原因。例如：处于热风挡的电吹风用完不关闭，而把其放在实验台上，就容易将实验台烤煳、烤焦，从而引发火灾。使用烘箱干燥玻璃仪器时，将木制试管架混入烘箱中或者在烘箱里隔板铺上纸，都会引发火灾。

(3) 生活用品引起的火灾。易引起火灾的最常见生活用品有火柴、打火机、香烟等，实验室内严禁吸烟，这是最起码的防范措施。

2. 火灾的预防

进入实验室工作，一定要清楚电源总开关、煤气总开关、水源总开关的位置，以及洗眼器、紧急喷淋装置、急救药箱的位置。有异常情况，应关闭相对应的总开关，及时做好相应的自我救护。

火灾的预防应注意以下几点：

(1) 不能用烧杯或敞口容器盛装易燃物，加热时，应根据实验要求及易燃物的特点选择热源，注意远离明火。

(2) 尽量防止或减少易燃气体外逸，倾倒时要熄灭火源，注意室内通风，及时排出室内的有机物蒸气。

(3) 易燃及易挥发物，应用专门容器进行分类收集、统一处置。不得随意丢弃，绝不可直接倒入下水道。

(4) 实验室不准存放大量易燃物。乙醚等易挥发品不能存放于普通冰箱（普通冰箱启动时有电火花出现，有可能引起火灾），而应使用防爆冰箱。

（5）对高压气体钢瓶要分类保管，直立固定，严禁将氯和氨，氢和氧，乙炔和氧混放在一个房间里，氧气瓶、可燃性气体钢瓶与明火距离 10m 以上。同时，应防止供气管道、阀门漏气。

3. 火灾的处理

实验室如果发生了火灾事故，应沉着、镇静、及时地采取措施，防止事故扩大。首先，立即熄灭附近所有火源，切断电源，停止通风，移开未着火的易燃物。然后，根据易燃物的性质和火势设法扑灭。

灭火方法基本上是围绕破坏形成燃烧的三个条件（可燃物，助燃物，点火能源）中任何一个来进行，主要分为隔离法、冷却法、窒息法、化学中断法等。实验室常用的灭火器材有石棉布、灭火毯和灭火器等。常用灭火器包括二氧化碳灭火器、四氯化碳灭火器和泡沫灭火器等。二氧化碳灭火器是实验室最常用的灭火器，灭火器内储放压缩的二氧化碳。使用时，一手提灭火器，一手应握在喷二氧化碳喇叭筒的把手上（不能用手握喇叭筒！以免冻伤），打开开关，二氧化碳即可喷出。这种灭火器灭火后的危害小，特别适用于油脂、电器及其他较贵重的仪器着火时灭火。四氯化碳灭火器和泡沫灭火器，虽然也都具有比较好的灭火性能，但由于存在一些问题，如四氯化碳在高温下能生成剧毒的光气，而且与金属钠接触会发生爆炸，泡沫灭火器喷出大量的硫酸氢钠、氢氧化铝，污染严重，给后处理带来麻烦，因此，除不得已时，最好不用这两种灭火器。不管用哪一种灭火器，都是从火的周围开始向中心扑灭。

水在大多数场合下不能用来扑灭有机物的着火。因为一般有机物都比水密度小，泼水后，火不但不熄，有机物反而漂浮在水面上继续燃烧，火随水流蔓延。

地面或桌面着火，如火势不大，可用淋湿的抹布来灭火；反应瓶内有机物着火，可用石棉板盖住瓶口，火即熄灭；身上着火时，切勿在实验室内乱跑，应就近卧倒，用石棉布等把着火部位包起来，或在地上滚动以熄灭火焰。

如果灭火器扑灭不了，赶快撤离，随手要将实验门关上，以免火势蔓延。不能见火就跑，本来用一块湿抹布就能把小火苗盖灭，可为之事不作为，那是要追究责任的。在火灾中，烈火不是最危险的敌人，浓烟和恐慌才是导致死亡的主要原因，如 2004 年 2 月 15 日吉林市中百商厦的火灾，死亡 54 人，4 人是跳楼摔死的，绝大多数均被浓烟窒息而死，70 多人受伤，14 人重伤，也是跳楼摔成重伤的。出现火灾时，一定要冷静，做出正确的判断。

二、防爆炸

实验时，仪器堵塞或装配不当，减压蒸馏使用不耐压的仪器，违章使用易爆物，反应过于猛烈而难以控制，都有可能引起爆炸。为了防止爆炸事故，应注意以下几点：

（1）常压操作时，切勿在封闭系统内进行加热或反应，在反应进行时，必须经常检查仪器装置的各部分有无堵塞现象。

（2）减压蒸馏时，不得使用机械强度不大的仪器（如锥形瓶、平底烧瓶、薄壁试管等）。必要时，要戴上防护面罩或防护眼镜。

（3）使用易燃易爆物（如氢气、乙炔和过氧化物）或遇水易燃烧爆炸的物质（如钠、钾等）时，应特别小心，严格遵守操作规程。

（4）反应过于猛烈时，要根据不同情况采取冷冻和控制加料速度等措施。

（5）必要时可设置防爆屏。

实验中还会经常使用高压储气钢瓶，如使用不当，也会导致爆炸，因此，实验人员应掌握高压储气钢瓶的有关常识和操作规程。

(1) 气体钢瓶的识别　氧气瓶为天蓝色；氢气瓶为深绿色；氮气瓶为黑色；纯氩气瓶为灰色；氦气瓶为棕色；压缩空气瓶为黑色；氨气瓶为黄色；二氧化碳气瓶为黑色。颜色相同的要看气体名称。

(2) 高压气瓶的安全使用　气瓶应专瓶专用，不能随意改装；气瓶应存放在阴凉、干燥、远离热源的地方，易燃气体气瓶与明火距离不小于 10m；氢气瓶最好隔离；气瓶搬运要轻要稳，放置要牢靠；各种气压表一般不得混用；氧气瓶严禁油污，注意手、扳手或衣服上的油污；气瓶内气体不可用尽，以防倒灌；开启气门时应站在气压表的一侧，不准将头或身体对准气瓶总阀，以防万一阀门或气压表冲出伤人。

三、防中毒

化学药品大多具有不同程度的毒性，毒物进入人体的途径主要有三种，即皮肤、消化道和呼吸道。因此，在实验中，要防止中毒，应切实做到以下几点：

(1) 绝对不允许口尝鉴定试剂和未知物。

(2) 不容许直接用鼻子嗅气味，应以手扇出少量气体。

(3) 使用和处理有毒或腐蚀性物质时，应在通风橱中进行，并戴上防护用具，尽可能避免有机物蒸气在实验室内扩散。

(4) 药品不要沾在皮肤上，尤其是极毒的药品。实验完毕后应立即洗手。称量任何药品都应使用工具，不得用手直接接触。

(5) 对沾染过有毒物质的仪器和用具，实验完毕后应立即采取适当方法处理以破坏或消除其毒性。

一般药品溅到手上，通常是用水和乙醇洗去。实验时若有中毒特征，应立即到空气新鲜的地方休息，最好平卧，出现其他较严重的症状，如斑点、头昏、呕吐、瞳孔放大时，应及时送往医院急救。

四、防烫伤、灼伤

皮肤接触了高温，如热的物体、火焰、蒸汽；或低温，如固体二氧化碳、液体氮；以及腐蚀性物质，如强酸、强碱、溴等，都会造成灼伤。因此，实验时，要避免皮肤与上述能引起灼伤的物质接触。预防灼伤应注意以下几点：

(1) 在实验室稀释浓硫酸时，不能将水往浓硫酸里倒，而应将酸缓缓倒入水中，不断搅拌均匀。

(2) 加热液体的试管口，不能对自己或别人，以免烫伤。

(3) 如被灼热的玻璃烫伤，应在患处涂以正红花油，然后抹一些烫伤软膏。

(4) 不要佩戴隐形眼镜，如眼睛被溅上药品（Na 除外），立即用洗眼器冲洗。冲洗后，如果眼睛未恢复正常，应马上送医院就医。

(5) 应经常检查橡胶或乳胶手套有无破损，特别是接触酸时。

(6) 取用有腐蚀性化学药品时，应戴上橡胶手套和防护眼镜。实验中发生酸或碱灼伤时，应立即用大量水冲洗，再根据不同的灼伤情况分别采取不同的处理措施。

① 酸灼伤：用1%碳酸氢钠溶液冲洗，再用水冲洗。

② 碱灼伤：用1%硼酸溶液冲洗，再用水冲洗。

③ 溴灼伤：应立即用2%硫代硫酸钠溶液洗至伤处呈白色，然后用甘油加以按摩。

④ 灼伤严重者要消毒灼伤面，并涂上软膏，送医院就医。

五、防触电

实验室常用电为50Hz/220V的交流电。人体通过1mA的电流，便有发麻或针刺的感觉，10mA以上人体肌肉会强烈收缩，25mA以上则呼吸困难，就有生命危险；直流电对人体也有类似的危险。

为防止触电，应做到以下几点：

(1) 按电学仪器安全用量来选择适当熔丝、盒匣开关和电源，需要接地的一定要接地。

(2) 修理或安装电器时，应先切断电源。

(3) 使用电器时，手要干燥。

(4) 电源裸露部分应有绝缘装置，电器外壳应接地线。

(5) 不能用试电笔去试高压电。

(6) 不应用双手同时触及电器，防止触时电流通过心脏。

(7) 一旦有人触电，应首先切断电源，然后抢救。

(8) 发生火灾时，也应先切断电源开关，再灭火。

六、防割伤

预防玻璃仪器割伤，要注意以下几点：

(1) 玻璃管（棒）切割后，断面应在火上烧熔以消除棱角。

(2) 注意仪器的配套，仪器口径不合不能勉强连接。

(3) 正确使用操作技术。装配仪器时用力不能过猛或装配不当，用力处远离连接部位。

如果不慎发生割伤事故，要及时处理，先将伤口处的玻璃碎片取出。若伤口不大，用蒸馏水洗净伤口，再涂上红药水，撒上止血粉用纱布包扎好。伤口较大或割破了主血管，则应用力按住主血管，防止大出血，及时送医院治疗。

七、防辐射

化学实验室的辐射，主要是指X射线，长期反复接受X射线照射，会导致疲倦、记忆力减退、头痛、白细胞降低等。防护的方法是避免身体各部位（尤其是头部）受到X射线直接照射，操作时需要屏蔽，屏蔽物常用铅、铅玻璃等，尽量减少照射时间。

八、防溢水

用完水后，一定要关闭水龙头。特别是发生停水时，一定不能忘记关闭水龙头，否则一旦来水，便会发生溢水事故。如果水漏到楼下，楼下的房顶和墙壁上会出现破损。如果水漏在电学仪器上，会造成仪器损坏。不能将有可能造成下水道堵塞的纸片等物品扔进水池中，要放入垃圾桶或专用回收容器中。如果发生自己不能解决的下水道堵塞，应及时报修。

九、防盗

离开实验室时，一定要关好门窗，短暂离开，也应关好门。实验室门窗如发生损坏，应及时报修。每个同学都要养成习惯，离开实验室，逐项检查，遇有生人一定要上前询问。在做危险实验时，必须要有两人以上。做实验很晚时，同学回宿舍要结伴同行，女同学必须要有男同学护送。

十、实验室常用急救用品

实验室应配备足够数量的急救药箱，常用的急救用品主要包括急救药品和急救工具两类。

(1) 急救药品　医用酒精、红药水、止血粉、龙胆紫、凡士林、玉树油或鞣酸油膏、烫伤膏、硼酸溶液（1%）、碳酸氢钠溶液（1%）、硫代硫酸钠溶液（2%）等。

(2) 急救工具　医用镊子、剪刀、纱布、药棉、绷带等。

实验室应保证所配备的急救药品数量充足，并定期检查，确保药品未过有效期。同时，急救药箱不能上锁，确保事故发生时能及时取用。

十一、汞的安全使用

汞是化学实验室的常用物质，毒性很大，且进入体内不易排出，形成积累性中毒。高汞盐（如 $HgCl_2$）0.1～0.3g 可致人死命，室温下汞的蒸气压为 0.0012mmHg（1mmHg＝133.322Pa），比安全浓度标准大 100 倍。

汞的安全使用操作规定如下：

(1) 汞不能直接暴露于空气中，其上应加水或其他液体覆盖。

(2) 任何剩余量的汞均不能倒入下水槽中。

(3) 储汞容器必须是结实的厚壁器皿，且器皿应放在瓷盘上。

(4) 装汞的容器应远离热源。

(5) 万一汞掉在地上、台面或水槽中，应尽可能用吸管将汞珠收集起来，再用能形成汞齐的金属片（Zn、Cu、Sn 等）在汞溅处多次扫过，最后用硫黄粉覆盖。

(6) 实验室要通风良好；手上有伤口，切勿接触汞。

第四节　实验室“三废”处理

一、实验室废弃物收集方法

(1) 分类收集法：按废弃物的类别性质和状态不同，分门别类收集。

(2) 按量收集法：根据实验过程中排出的废弃物的量的多少或浓度高低予以收集。

(3) 相似归类收集法：性质或处理方式、方法等相似的废弃物应收集在一起。

(4) 单独收集法：危险废弃物应予以单独收集处理。

二、实验室废弃物处理原则

(1) 在证明废弃物已相当稀少而又安全时，可以排放到大气或排水沟中。

(2) 尽量浓缩废液，使其体积变小，放在安全处隔离储存。

(3) 利用蒸馏、过滤、吸附等方法，将危险物分离，而只弃去安全部分。

(4) 无论液体或固体，凡能安全燃烧的则燃烧，但数量不宜太大，燃烧时切勿残留有害气体或烧余物。如不能焚烧，要选择安全场所填埋，不能裸露在地面上。

(5) 一般有毒气体可通过通风橱或通风管道，经空气稀释后排出，大量的有毒气体必须通过与氧充分燃烧或吸附处理后才能排放。

(6) 废液应根据其化学特性选择合适的容器和存放地点，通过密闭容器存放，不可混合储存，标明废物种类、储存时间，定期处理。

三、实验室"三废"处理方法

1. 废气的处理

所有产生废气的实验必须备有吸收或处理装置。如 NO_2、SO_2、Cl_2、H_2S、HF 等可用导管通入碱液中使其大部分吸收后排出；在反应、加热、蒸馏中，不能冷凝的气体，排入通风橱之前，要进行吸收或其他处理，以免污染空气。常用的吸收剂及处理方法如下：

(1) 氢氧化钠稀溶液：处理卤素、酸气（如 HCl、SO_2、H_2S、HCN 等）、甲醛、酰氯等。

(2) 稀酸（H_2SO_4 或 HCl）：处理氨气、胺类等。

(3) 浓硫酸：吸收有机物。

(4) 活性炭、分子筛等吸附剂：吸收气体、有机物气体。

(5) 水：吸收水溶性气体，如氯化氢、氨气等。为避免回吸，处理时用防止回吸的装置。

(6) 氢气、一氧化碳、甲烷：如果排出量大，应装上单向阀门，点火燃烧。但要注意，反应体系空气排净以后，再点火。最好事先用氮气将空气赶走再反应。

(7) 较重的不溶于水挥发物：导入水底，使下沉。吸收瓶吸入后再处理。

2. 废液的处理

实验室废液可以分别收集进行处理，下面介绍几种处理方法：

(1) 无机酸类：将废酸慢慢倒入过量的含碳酸钠或氢氧化钙的水溶液中或用废碱互相中和，中和后用大量水冲洗。

(2) 氢氧化钠、氨水：用 6mol/L 盐酸水溶液中和，用大量水冲洗。

(3) 含氰废液：加入氢氧化钠使 pH 值在 10 以上，加入过量的高锰酸钾（3%）溶液，使 CN^- 氧化分解。如含量高，可加入过量的次氯酸钙和氢氧化钠溶液。

(4) 普通简单的废液：如石油醚、乙酸乙酯、二氯甲烷等可直接倒入废液桶中，废液桶尽量不要密封，不能装太满（3/4 即可）。

(5) 有特殊刺激性气味的液体倒入另一个废液桶内立即封盖，统一处理。

实验室废液不同于工业废水，实验室废液的成分及数量稳定度低，种类繁多且浓度高。所以，实验室废液处理的危险性也相对增高。在进行有关处理时，应注意如下事项：

(1) 充分了解处理的方法　实验室废液的处理方法因其特性而异，任一废液如未能充分了解其处理方法，切勿尝试处理，否则极易发生意外。

(2) 注意皮肤吸收致毒的废液　大部分的实验室废液触及皮肤仅有轻微的不适，少部分腐蚀性废液会伤害皮肤，有一部分废液则会经皮肤吸收而致毒。会经皮肤吸收产生剧毒的废液，在搬运或处理时需要特别注意，不可接触皮肤。

（3）注意毒性气体的产生 实验室废液处理时，如操作不当会有毒性气体产生，最常见者列举如下：①氰类与酸混合会产生剧毒的氰酸。②漂白水与酸混合会产生剧毒性的氯气或偏次氯酸。③硫化物与酸混合会产生剧毒性的硫化物。

（4）注意爆炸性物质的产生 实验室废液处理时，应完全按照已知的处理方法进行处理，不可任意混杂其他废液，否则容易产生爆炸的危险。一些较易产生爆炸危害的混合物列举如下：①叠氮化钠与铅或铜的混合。②胺类与漂白水的混合。③硝酸银与酒精的混合。④次氯酸钙与酒精的混合。⑤丙酮在碱性溶液下与氯仿的混合。⑥硝酸与醋酸酐的混合。⑦氧化银、氨水、酒精三种废液的混合。其他一些极容易产生过氧化物的废液（如异丙醚），也应特别注意，因过氧化物极易因热、摩擦、冲击而爆炸，此类废液处理前应将其产生的过氧化物先行消除。

（5）其他应注意事项 如果实验室废液浓度高，处理时可能因大量放热而致发生意外。为了避免这种情形，在处理实验室废液时应把握下列原则：①少量多次进行处理，以防止大量反应。②处理剂倒入时应缓慢，以防止激烈反应。③充分搅拌，以防止局部反应。必要时于水溶性废液中加水稀释，以缓和反应速率以及降低温度上升的速率，如处理设备含有移设装置则更佳。

3. 固体废弃物的处理

1）沾附有有害物质的滤纸、包药纸、棉纸、废活性炭及塑料容器等东西，不要丢入垃圾箱内，要分类收集。

2）废弃不用的药品可交还仓库保存或用合适的方法处理掉。

3）废弃玻璃物品单独放入纸箱内；废弃注射器针头统一放入专用容器内，注射管放入垃圾箱内。

4）干燥剂和硅胶可用垃圾袋装好后放入带盖的垃圾桶内；其他废弃的固体药品包装好后集中放入纸箱内，放到液体废液集中放置点由专业回收公司处理（剧毒、易爆危险品要先预处理）。

第三章 化工原理实验

实验一 伯努利方程实验

一、实验目的

1.通过定性分析实验，提高对动水力学诸多水力现象的实验分析能力。

2.通过定量测量实验，进一步掌握有压管流中动水力学的能量转换特性，验证流体恒定总流的伯努利方程，掌握测压管水头线的实验测量技能与绘制方法。

3.通过设计性实验，训练理论分析与实验研究相结合的科研能力。

二、实验原理

1.伯努利方程

在实验管路中沿管内水流方向取 n 个过水断面，在恒定流动时，可以列出进口断面（1）至另一断面（i）的伯努利方程式（$i=2,3,\cdots,n$）

$$z_1+\frac{p_1}{\rho g}+\frac{\alpha_1 v_1^2}{2g}=z_i+\frac{p_i}{\rho g}+\frac{\alpha_i v_i^2}{2g}+h_{\mathrm{w}1-i} \tag{3-1}$$

取 $\alpha_1=\alpha_2=\alpha_n=\cdots=1$，选好基准面，从已设置的各断面的测压管中读出 $z+\frac{p}{\rho g}$值，测出通过管路的流量，即可计算出断面平均流速 v 及$\frac{\alpha v^2}{2g}$，从而可得到各断面的测压管水头和总水头。

2.过流断面性质

均匀流或渐变流断面流体动压强符合静压强的分布规律，即在同一断面上 $z+\frac{p}{\rho g}=C$，但在不同过流断面上的测压管水头不同，$z_1+\frac{p_1}{\rho g}\neq z_2+\frac{p_2}{\rho g}$；急变流断面上 $z+\frac{p}{\rho g}\neq C$。

三、实验装置

1.实验装置的应用

实验装置如图 3-1 所示。

（1）流量测量　使用量筒、秒表测定管路中水流量的大小，在出水管用量筒接水，秒表同时开始计时，一定时间计时结束，量取水量大小，计算水的体积流量。

（2）测流速——弯针管毕托管　弯针管毕托管用于测量管道内的点流速。为减小对流场的干扰，本装置中的弯针直径为 ϕ1.6mm/1.2mm（外径/内径）。实验表明只要开孔的切平面与来流方向垂直，弯针管毕托管的弯角从 90°～180°均不影响测流速精度，如图 3-2 所示。

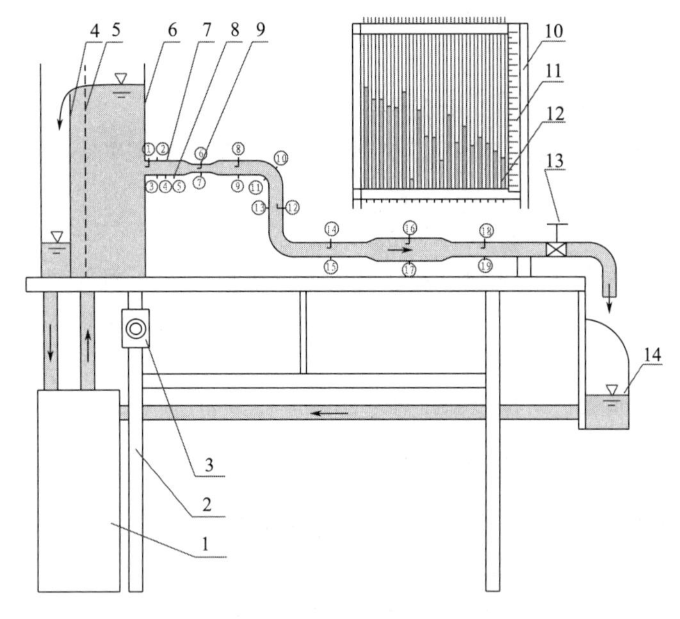

图 3-1 伯努利方程实验装置

1—自循环供水器；2—实验台；3—可控硅无级调速器；4—溢流板；5—稳水孔板；6—恒压水箱；7—实验管道；8—测点①～⑲；9—弯针管毕托管；10—测压计；11—滑动测量尺；12—测管；13—实验流量调节阀；14—回水漏斗

（3）本仪器测压点

1）毕托管测压点，图 3-1 中标号为①、⑥、⑧、⑫、⑭、⑯、⑱（后述加 * 表示），与测压计的测压管连接后，用以测量毕托管探头对准点的总水头值，近似替代所在断面的平均总水头值，可用于定性分析，但不能用于定量计算。

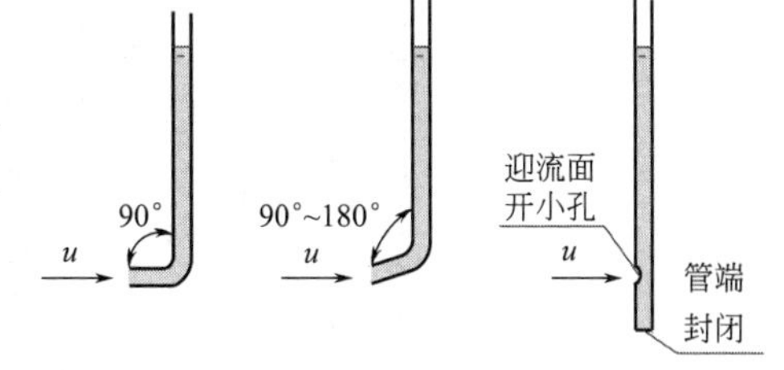

图 3-2 弯针管毕托管类型

2）普通测压点，图 3-1 中标号为②、③、④、⑤、⑦、⑨、⑩、⑪、⑬、⑮、⑰、⑲，与测压计的测压管连接后，用以测量相应测点的测压管水头值。

测点⑥ * 、⑦所在喉管段直径为 d_2，测点⑯ * 、⑰所在扩管段直径为 d_3，其余直径均为 d_1。

2. 基本操作方法

（1）测压管连通管排气　打开开关供水，使水箱充水，待水箱溢流，间歇性全开、全关管道出水阀 13 数次，直至连通管及实验管道中无气泡滞留即可。再检查调节阀关闭后所有测压管水面是否齐平，如不平则需查明故障原因（如连通管受阻、漏气或夹气泡等）并加以排除，直至调平。

（2）恒定流操作　全开调速器，此时恒压水箱 6 保持溢流，阀门 13 开度不变情况下，实验管道出流为恒定流。

（3）非恒定流操作　调速器开、关过程中，恒压水箱 6 无溢流情况下，实验管道出流为非恒定流。

（4）流量测量　实验流量用阀 13 调节，使用秒表和量筒记录并测定流量值。

四、实验步骤

1. 定性分析实验

1）验证同一静止液体的测压管水头线是根水平线。

阀门全关，稳定后，实验显示各测压管的液面连线是一根水平线。而这时的滑尺读数值就是水体在流动前所具有的总能头。

2）观察不同流速下，某一断面上水力要素变化规律。

以测点⑧*、⑨所在的断面为例，测管⑨的液面读数为该断面的测压管水头。测管⑧*连通毕托管，显示测点的总水头。实验表明，流速越大，水头损失越大，水流流到该断面时的总水头越小，断面上的势能亦越小。

3）验证均匀流断面上，动水压强按静水压强规律分布。

观察测点②和③，尽管位置高度不同，但其测压管的液面高度相同，表明 $z+\frac{p}{\rho g}=C$。

4）观察沿流程总能坡线的变化规律。加大开度，使接近最大流量，稳定后各测管水位如图 3-3 所示，图中 $A—A$ 为管轴线。纵观带毕托管的测点①*、⑥*、⑧*、⑫*、⑭*、⑯*、⑱*的测管水位（实验时可加入雷诺实验用的红色水，使这些管呈红色，图中以较深颜色表示测管），可见各测管的液面沿流程是逐渐降低而没有升高的，表明总能量沿流程只会减少，不会增加，能量损失是不可能逆转的。

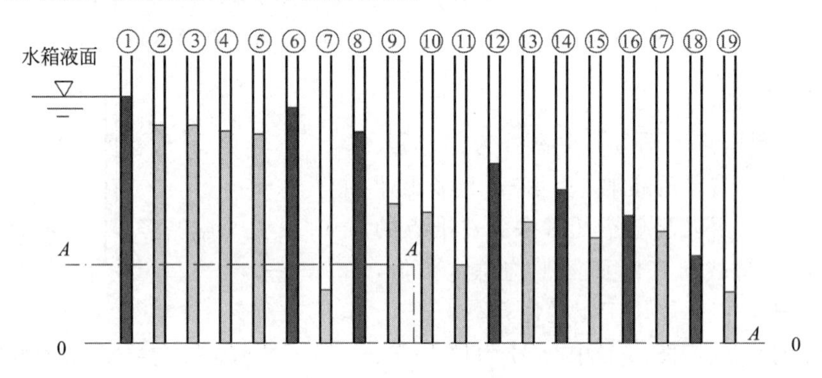

图 3-3　测压管水位示例

5）观察测压管水头线的变化规律。

总变化规律：纵观测压点②、④、⑤、⑦、⑨、⑬、⑮、⑰、⑲的测压管水位，可见沿流程有升也有降，表明测压管水头线沿流程可升也可降。

沿程水头损失：从②、④、⑤点可看出沿程水头损失的变化规律，等径管道上，距离相等，沿程损失相同。

势能与动能的转换：以测点⑤、⑦、⑨为例，测点所在流段上高程相等，管径先收缩后扩大，流速由小增大再减小。测管⑤到测管⑦的液位发生了陡降，表明水流从测点⑤断面流到测点⑦断面时有部分压力势能转化成了流速动能。而测管⑦到测管⑨测管水位回升了，这正和前面相反，说明有部分动能又转化成了压力势能。这就清楚验证了动能和势能之间是可以互相转化的，因而是可逆的。

位能和压能的转换：以测点⑨与⑮所在的两断面为例，由于二断面的流速水头相等，测点⑨的位能较大，压能（测管液位离管轴线的高度）很小，而测点⑮的位能很小，压能却比⑨点大，这就说明了水流从测点⑨断面流到测点⑮断面的过程中，部分位能转换成了压能。

6）利用测压管水头线判断管道沿程压力分布。

测压管水头线高于管轴线，表明该处管道处于正压下；测压管水头线低于管轴线，表明该处管道处于负压下，出现了真空。高压和真空状态都容易使管道破坏。实验显示，测点⑦的测管液面低于管轴线，说明该处管段承受负压（真空）；测压管⑨的液位高出管轴线，说明该处管段承受正压。

2.定量分析实验——伯努利方程验证与测压管水头线测量分析实验

实验方法与步骤：在恒定流条件下改变流量2次，其中一次阀门开度大到使⑲号测管液面接近可读数范围的最低点，待流量稳定后，测记各测压管液面读数，同时测记实验流量（毕托管测点供演示用，不必测记读数）。

3.设计性实验——改变水箱中的液位高度对喉管真空度影响的实验研究

为避免引水管道的局部负压，可采取的技术措施有：a.减小流量；b.增大喉管管径；c.降低相应管线的安装高程；d.改变水箱中的液位高度。

下面分析后两项。

对于措施c，以本实验装置为例（图3-4），可在水箱出口先接一下垂90°弯管，后接水平段，将喉管的高程降至基准高程0—0，使位能降低，压能增大，从而可能避免点⑦处的真空。该项措施常用于实际工程的管轴线设计中。

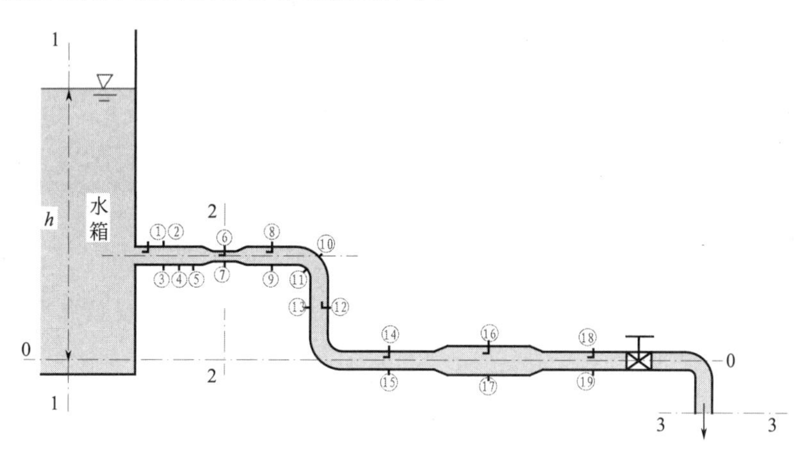

图3-4 实验管道系统图

对于措施d，不同供水系统调压效果是不同的，需做具体分析。可通过理论分析与实验研究相结合的方法，确定改变作用水头（如抬高或降低水箱的水位）对管中某断面压强的影响情况。

本设计性实验要求利用图3-1实验装置，设计改变水箱中的液位高度对喉管真空度影响的实验方案并进行自主实验。

理论分析与实验方法提示：

取基准面0—0，如图3-4所示，图中1—1、2—2、3—3分别为计算断面1、2、3，计算断面1的计算点选在液面位置，计算断面2、3的计算点选在管轴线上。水箱液面至基准面0—0的水深为h。改变水箱中的液位高度对喉管真空度影响的问题，实际上就是$z_2+\frac{p_2}{\rho g}$随h递增还是递减的问题，可由$\partial(z_2+\frac{p_2}{\rho g})/\partial h$加以判别。

列计算断面1、2的伯努利方程（取 $\alpha_2=\alpha_3=1$）有

$$h=z_2+\frac{p_2}{\rho g}+\frac{v_2^2}{2g}+h_{w1-2} \tag{3-2}$$

h_{w1-2} 可表示成 $$h_{w1-2}=\zeta_{c1.2}\frac{v_3^2}{2g}$$

式中，$\zeta_{c1.2}$ 是管段1－2总水头损失因数，当阀门开度不变时，在 h 的有限变化范围内，可设 $\zeta_{c1.2}$ 近似为常数。

又由连续性方程有

$$\frac{v_2^2}{2g}=\left(\frac{d_3}{d_2}\right)^4\frac{v_3^2}{2g}$$

故式（3-2）可变为

$$z_2+\frac{p_2}{\rho g}=h-\left[\left(\frac{d_3}{d_2}\right)^4+\zeta_{c1.2}\right]\frac{v_3^2}{2g} \tag{3-3}$$

式中 $v_3^2/2g$ 可由断面1、3伯努利方程求得，即

$$h=z_3+(1+\zeta_{c1.3})\frac{v_3^2}{2g} \tag{3-4}$$

$\zeta_{c1.3}$ 是全管道的总水头损失因数，当阀门开度不变时，在 h 的有限变化范围内，可设 $\zeta_{c1.3}$ 近似为常数。

由此得 $\frac{v_3^2}{2g}=\frac{h-z_3}{1+\zeta_{c1.3}}$，代入式（3-3）有

$$z_2+\frac{p_2}{\rho g}=h-\left[\left(\frac{d_3}{d_2}\right)^4+\zeta_{c1.2}\right]\left(\frac{h-z_3}{1+\zeta_{c1.3}}\right) \tag{3-5}$$

则 $$\frac{\partial(z_2+p_2/\rho g)}{\partial h}=1-\frac{(d_3/d_2)^4+\zeta_{c1.2}}{1+\zeta_{c1.3}} \tag{3-6}$$

若 $1-\frac{(d_3/d_2)^4+\zeta_{c1.2}}{1+\zeta_{c1.3}}>0$，则断面2上的 $z_2+\frac{p_2}{\rho g}$ 随 h 同步递增；反之，则递减。若接近于0，则断面2上的 $z_2+\frac{p_2}{\rho g}$ 随 h 变化不明显。

实验中，先测计常数 d_3/d_2、h 和 z_3 各值，然后针对本实验装置的恒定流情况，测得某一大流量下 $z_2+\frac{p_2}{\rho g}$、$v_2^2/2g$、$v_3^2/2g$ 等值，将各值代入式（3-3）、式（3-4），可得各管道阻力因数 $\zeta_{c1.2}$ 和 $\zeta_{c1.3}$。再将其代入式（3-6）得 $\frac{\partial(z_2+p_2/\rho g)}{\partial h}$，由此可得出改变水箱中的液位高度对喉管真空度影响的结论。

最后，利用变水头实验可证明该结论是否正确。

五、实验数据记录及处理

1. 有关信息及实验常数记录

实验装置编号：________。

均匀段 $d_1=$_____$\times10^{-2}$m，喉管段 $d_2=$_____$\times10^{-2}$m，扩管段 $d_3=$_____$\times10^{-2}$m；

水箱液面高程 $\nabla_0=$________$\times10^{-2}$m，上管道轴线高程 $\nabla_z=$________$\times10^{-2}$m。基准面选在标尺的零点上。

2.实验数据记录

记录实验数据于表 3-1、表 3-2。

表 3-1 管径记录表

测点编号	①*	② ③	④	⑤	⑥* ⑦	⑧* ⑨	⑩ ⑪	⑫* ⑬	⑭* ⑮	⑯* ⑰	⑱* ⑲
管径 $d/\times10^{-2}$m											
两点间距 $l/\times10^{-2}$m	4	4	6	6	4	13.5	6	10	29.5	16	16

表 3-2 测压管水头 $h_i\left(z_i+\frac{p_i}{\rho g}\right)$ 流量测记表 单位：$\times10^{-2}$m

实验次数	h_2	h_3	h_4	h_5	h_7	h_9	h_{10}	h_{11}	h_{13}	h_{15}	h_{17}	h_{19}	q_V /($\times10^{-6}$m^3/s)
1													
2													

3.实验数据处理

1）流速水头（表 3-3）

表 3-3 流速水头数据处理表

管径 d /$\times10^{-2}$m	$q_{V1}=V_1/t_1=$ $\times10^{-6}$m^3/s			$q_{V2}=V_2/t_2=$ $\times10^{-6}$m^3/s		
	$A/\times10^{-4}$m^2	$v/(\times10^{-2}$m/s)	$(v^2/2g)$ /$\times10^{-2}$m	$A/\times10^{-4}$m^2	$v/(\times10^{-2}$m/s)	$(v^2/2g)$ /$\times10^{-2}$m

2）总水头 H_i（$H_i=z_i+\frac{p_i}{\rho g}+\frac{\alpha v_i^2}{2g}$，$i$ 为测点编号，表 3-4）

表 3-4 总水头数据处理表 单位：$\times10^{-2}$m

实验编号	H_2	H_4	H_5	H_7	H_9	H_{13}	H_{15}	H_{17}	H_{19}	q_V /($\times10^{-6}$m^3/s)
1										
2										

4.数据处理要求

1）回答定性分析实验中的有关问题。

2）计算流速水头和总水头。

3）绘制上述成果中最大流量下的总水头线和测压管水头线（轴向尺寸参见图 3-5，总水头线和测压管水头线可以绘在图 3-5 上）。

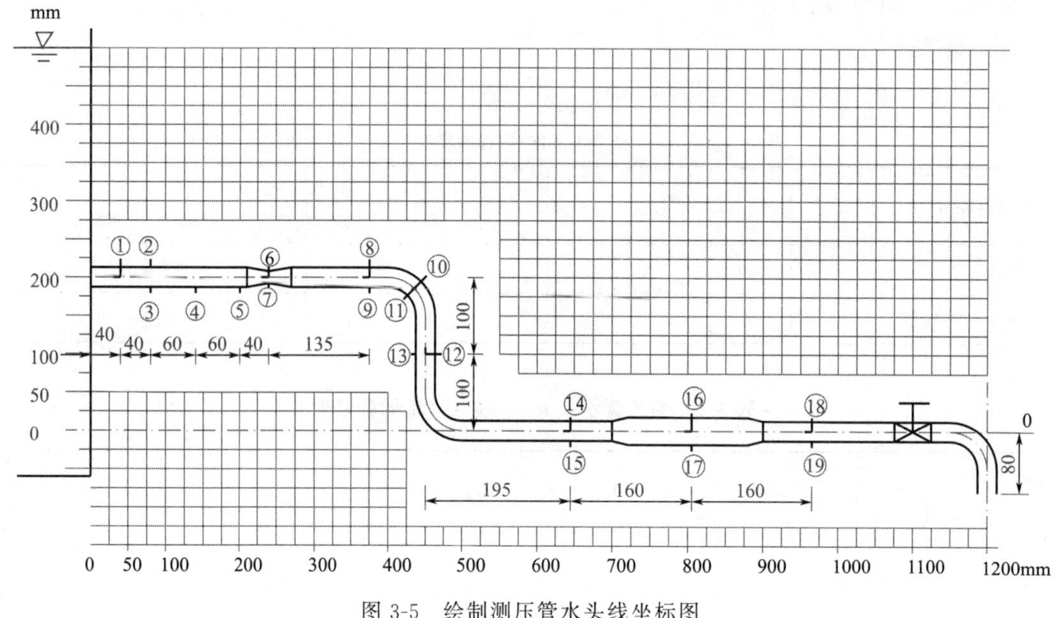

图 3-5　绘制测压管水头线坐标图

六、思考题

1. 测压管水头线和总水头线的变化趋势有何不同？为什么？

2. 阀门开大，使流量增加，测压管水头线有何变化？为什么？

3. 由毕托管测量的总水头线与按实测断面平均流速绘制的总水头线一般都有差异，试分析其原因。

4. 为什么急变流断面不能被选作能量方程的计算断面？

七、注意事项

1. 使用时勿碰撞设备，以免玻璃损坏。

2. 每次实验结束时，应从放水口将玻璃管内水放尽。水箱内严禁存水。

3. 实验前一定要将实验导管和测压管中的空气排除干净，否则会干扰实验现象和测量的准确性。排气操作：当溢流管有溢流时，关出口阀，完全开大进口阀（让水从各测压点流出）；然后开出口阀排主管气（可以关小，开大，反复进行，直到排完为止），再调节出口阀到合适位置；再关小进口阀到合适位置。

4. 每次流量调节后，应待流量稳定后再进行实验。

5. 读取测压管液面高度时，眼睛应与液面水平，读取凹液面下端的值。

实验二　雷诺实验

一、实验目的

1. 观察层流、湍流的流态及其转换过程。

2. 测定临界雷诺数，掌握圆管流态判别准则。

3. 观察湍流时壁面处的层流内层。

二、实验原理

1883 年，雷诺（Osborne Reynolds）采用类似于图 3-6 所示的实验装置，观察到液流中存在着层流和湍流两种流态：流速较小时，水流有条不紊地呈层状有序的直线运动，流层间没有质点混掺，这种流态称为层流；当流速增大时，流体质点做杂乱无章的无序直线运动，流层间质点混掺，这种流态称为湍流。

流体流态的主要决定因素为流体的密度和黏度、流体流动的速度以及设备的几何尺寸（在圆形导管中为导管直径）。

将以上因素整理归纳为一个无量纲数群，称为雷诺数 Re，即

$$Re=\frac{du\rho}{\mu} \tag{3-7}$$

式中 d——圆管内径，m；

u——流体流速，m/s；

ρ——流体密度，kg/m^3；

μ——流体黏度，Pa•s。

大量实验表明，当雷诺数小于某一下临界值时，流体流动形态恒为层流，当雷诺数大于某一上临界值时，流体流动形态恒为湍流，在上临界值与下临界值之间，则为不稳定的过渡区域。对于圆形导管，当流量由大逐渐变小，流态从湍流变为层流，对应一个下临界雷诺数 Re_c；当流量由零逐渐增大，流态从层流变为湍流，对应一个上临界雷诺数。上临界雷数受外界干扰，数值不稳定，而下临界雷诺数 Re_c 比较稳定，因此一般以下临界雷诺数作为判别流态的标准。雷诺经反复测试，得出圆管流动的下临界雷诺数 Re_c 为 2300。工程上，一般取 $Re_c=2000$。当 $Re<Re_c$ 时，管中液流为层流；反之为湍流。应当指出，层流与湍流之间并非突然地转变，而是两者之间相隔一个不稳定的过渡区域。因此，临界雷诺数测定值和流型的转变，在一定程度上受一些不稳定的其他因素的影响。

实验以一定温度的清水为流体，使流体稳定地流过一定直径的圆管。圆管的内径 d 为定值，流速 u 可通过转子流量计测定，流体水的密度 ρ 和黏度 μ 几乎仅为温度的函数，因此，只要测定水的温度与流量，便可按下式确定雷诺数：

$$Re=\frac{du\rho}{\mu}=\frac{1/4\pi ddu\rho}{1/4\pi d\mu}=\frac{4q\rho}{\pi d\mu} \tag{3-8}$$

针对本实验情况：

$$Re=51.0q\times\frac{1000}{3600}=14.2q \tag{3-9}$$

式中，q 为流体的体积流量，L/h。当流体的流速较小时，管内流动为层流，管中心的指示液呈一条稳定的细线通过全管，与周围的流体无质点混合；随着流速的增大，指示液开始波动，形成一条波浪细线；当流速继续增大，指示液将被打散，与管内流体混合。

三、实验装置

1. 实验装置

实验装置如图 3-6 所示。

2. 装置说明

供水流量由无级调速器调控，使恒压水箱 4 始终保持微溢流的程度，以提高进口前水体稳定度。本恒压水箱设有多道稳水隔板，可使稳水时间缩短到 3～5min。有色水经有色水水

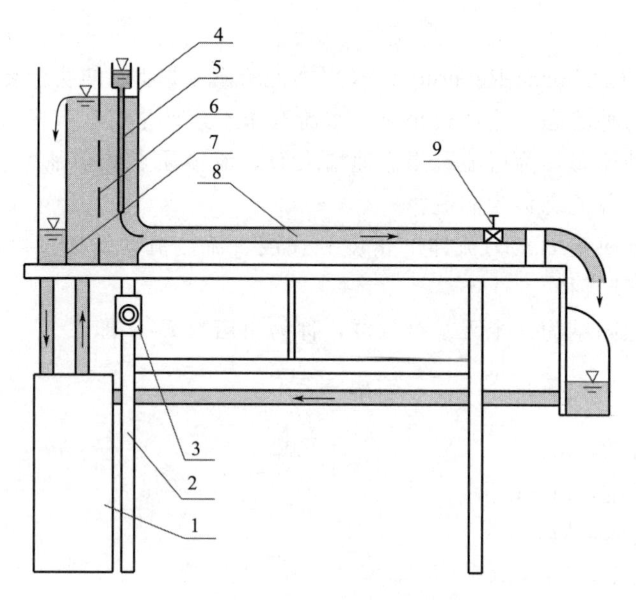

图 3-6　雷诺实验装置图

1—自循环供水器；2—实验台；3—可控硅无级调速器；4—恒压水箱；
5—有色水水管；6—稳水孔板；7—溢流板；8—实验管道；9—调节阀

管 5 注入实验管道 8，可据有色水散开与否判别流态。为防止自循环水污染，有色指示水采用自行消色的专用色水。实验流量由调节阀 9 调节。使用量筒、秒表测定管路中水流量的大小，在出水管用量筒接水，秒表同时开始计时，一定时间计时结束，量取水量，计算水的体积流量。水温由温度计测量显示。

四、实验步骤

1. 定性观察两种流态

启动水泵供水，使水箱溢流，经稳定后，微开流量调节阀，打开颜色水管道的阀门，注入颜色水，可以看到圆管中颜色水随水流流动形成一直线状，这时的流态即为层流。进一步开大流量调节阀，流量增大到一定程度时，可见管中颜色水发生混掺，直至消色。表明流体质点已经发生无序的杂乱运动，这时的流态即为湍流。

2. 测定下临界雷诺数

先调节管中流态呈湍流状，再逐步关小调节阀，每调节一次流量后，稳定一段时间并观察其形态，当颜色水开始形成一直线时，表明由湍流刚好转为层流，此时管流即为下临界流动状态。测定流量和水温，即可得出下临界雷诺数。注意，接近下临界流动状态时，流量应微调，调节过程中流量调节阀只可关小、不可开大。

3. 测定上临界雷诺数

先调节管中流态呈层流状，再逐步开大调节阀，每调节一次流量后，稳定一段时间并观察其形态，当颜色水开始散开混掺时，表明由层流刚好转为湍流，此时管流即为上临界流动状态。测定流量和水温，即可得出上临界雷诺数。注意，流量应微调，调节过程中流量调节阀只可开大、不可关小。

4. 分析设计实验

任何截面形状的管流或明渠流、任何牛顿流体流动的流态转变临界流速与运动黏度、水力半径有关。要求通过量纲分析确定其广义雷诺数。设计测量明渠广义下临界雷诺数的实验方案，并根据上述圆管实验的结果得出广义下临界雷诺数值。

五、实验数据记录及处理

1. 记录有关信息及实验常数

实验装置编号：________#；管径 $d=$________$\times10^{-2}$ m，水温 $t=$________℃；运动黏度 $\nu=\dfrac{0.01775\times10^{-4}}{1+0.0337t+0.000221t^2}=$______$\times10^{-4}$ m^2/s；计算常数 $K=$______$\times10^6$ s/m^3。

2. 实验数据记录及处理

见表 3-5。

表 3-5 雷诺实验数据记录及处理表

实验次序	颜色水线形状	水体积 V/cm^3	时间 t/s	流量 $q_v/(\times10^{-6}m^3/s)$	雷诺数 Re	阀门开度［增(↑)或减(↓)］	备注
1							
2							
3							
4							
5							
…							
实测下临界雷诺数(平均值)$\overline{Re}_c=$							

3. 数据处理要求

1）测定下临界雷诺数（测量 2～4 次，取平均值）。

2）测定上临界雷诺数（测量 1～2 次，分别记录）。

3）确定广义雷诺数表达式及其圆管流的广义下临界雷诺数实测数值。

六、思考题

1. 流态判据为何采用无量纲参数，而不采用临界流速？

2. 为何认为上临界雷诺数无实际意义，而采用下临界雷诺数作为层流与湍流的判据？实测下临界雷诺数为多少？

3. 雷诺实验得出的圆管流动下临界雷诺数为 2300，而目前有些教科书中介绍采用的下临界雷诺数是 2000，原因何在？

4. 试结合紊动机理实验的观察，分析由层流过渡到湍流的机理何在？

5. 分析层流和湍流在运动学特性和动力学特性方面各有何差异？

6. 为什么要研究流体的流动类型？它在化工过程中有什么意义？

七、注意事项

1. 实验过程中，应维持少量溢流（越少越好），应在调节流量调节阀后，相应调节可控硅调速器，改变水泵的供水流量。保证水箱内液面稳定，减小对实验结果的影响。操作时应轻巧缓慢，以免干扰流动过程的稳定性。实验有一定的滞后现象，要待稳定后，再测定实验数据。

2. 实验中不要推、压实验台，以防水体受到扰动。

3.长期不用时，应将水放净，并用湿软布轻轻擦拭玻璃箱，防止水垢等杂物粘在玻璃上；用布将上口盖住以免灰尘落入。

4.在冬季室内温度达到冰点时，水箱内严禁存水。

实验三　离心泵特性曲线测定实验

一、实验目的

1.了解离心泵结构与特性，学会离心泵的操作。

2.测定恒定转速条件下离心泵的有效扬程（H）、轴功率（N）以及总效率（η）与有效流量（Q）之间的曲线关系。

3.掌握离心泵流量调节的方法和涡轮流量传感器及智能流量积算仪的工作原理和使用方法。

4.学会功率表测量电机功率的方法。

5.学会压力表、真空表的工作原理和使用方法。

6.掌握离心泵的串、并联组合操作，测定两泵串联时有效扬程（H）与有效流量（Q）之间的曲线关系。

二、基本原理

离心泵的特性曲线是选择和使用离心泵的重要依据之一，其特性曲线是在恒定转速下扬程（H）、轴功率（N）及效率（η）与流量（Q）之间的关系曲线，它是流体在泵内流动规律的外部表现形式。由于泵内部流动情况复杂，不能用数学方法计算这一特性曲线，只能依靠实验测定。

1.流量（Q）的测定与计算

采用涡轮流量计测量流量，积算仪显示流量值 Q（m^3/h）。

2.扬程（H）测定与计算

在泵进、出口取截面列伯努利方程：

$$H=\frac{p_2-p_1}{\rho g}+z_2-z_1+\frac{u_2^2-u_1^2}{2g} \tag{3-10}$$

式中　p_1，p_2——泵进、出口的压强，Pa；

ρ——液体密度，kg/m^3；

u_1、u_2——泵进、出口的流速，m/s；

g——重力加速度，m/s^2。

由式（3-10）可知，只要直接读出真空表和压力表上的数值，就可以计算出泵的扬程。注意：上式中 p_1 应代入一个负的表压值。

本实验中，还采用Pt-100铂电阻温度传感器测温，负压传感器和压力传感器来测量泵进口、出口的负压和压强。

3.轴功率（N）的测量与计算

采用功率表测量电机功率 $N_{电机}$，用电机功率乘以电机效率即得泵的轴功率 N（W）。

$$N=N_{电机}\ \eta_{电机} \tag{3-11}$$

4.转速（n）的测定与计算

泵轴的转速由磁电传感器采集，数值式转速表直接读出，单位为r/min。

泵轴的转速作特性曲线时选恒定转速，一般为2900r/min。

5.效率（η）的计算

泵的效率（η）为泵的有效功率（N_e）与轴功率（N）的比值。有效功率（N_e）是流体单位时间内自泵得到的功，轴功率（N）是单位时间内泵从电机得到的功，两者差异反映了水力损失、容积损失和机械损失的大小。

泵的有效功率（N_e）可用下式计算：

$$N_e = H_e Q \rho g$$

故
$$\eta = \frac{N_e}{N} \times 100\% = \frac{HQ\rho g}{N} \times 100\% \tag{3-12}$$

三、实验装置

1.单泵特性曲线测定

离心泵特性曲线测定实验装置如图3-7所示，主要由水箱、泵、功率表、转速表、涡轮流量计、压力表，不同管径、材质的管子，以及各种阀门和管件等组成。

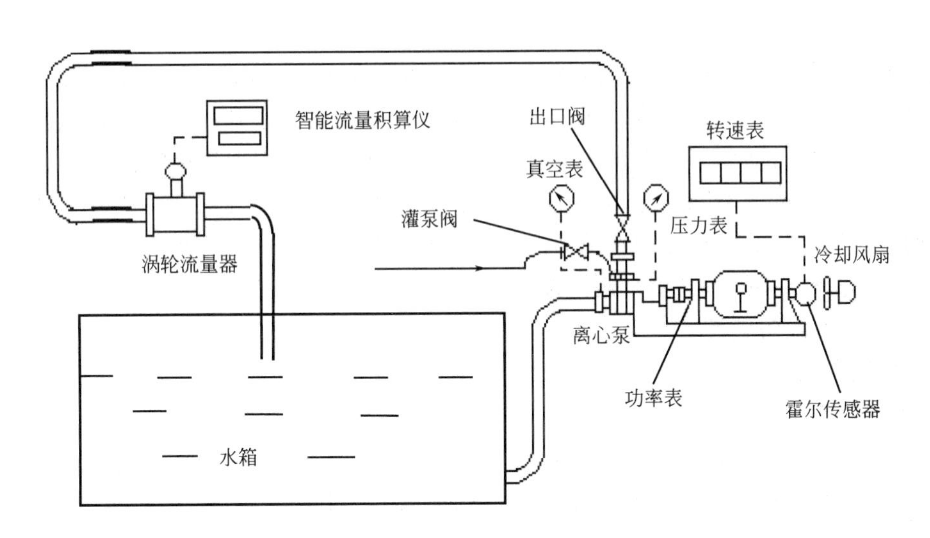

图3-7 离心泵性能曲线测定实验装置

2.双泵串并联特性曲线测定

离心泵组合特性曲线测定装置工艺控制流程图如图3-8所示。

四、实验步骤

1.单泵测定实验

1）仪表上电。打开总电源开关，打开仪表电源开关。

2）灌泵。关闭离心泵出口阀门，打开排气阀，打开离心泵灌水漏斗下的灌水阀，对水泵进行灌水；排水阀出水后关闭泵的灌水阀，再关闭排气阀。

3）启动离心泵。启动离心泵之前，注意检查所有阀门处于关闭状态。按下离心泵启动按钮，这时离心泵启动按钮绿灯亮。启动离心泵后把出水阀开到最大，注意开启泵进口端的真空表阀门及出口端压力表阀门，开始进行离心泵实验。

4）测定方法。调节出口闸阀开度，使阀门全开。待流量稳定后，记录流量、轴功率、电机转速、水温、真空表读数和出口压力表读数；关小阀门减小流量，重复以上操作，测得

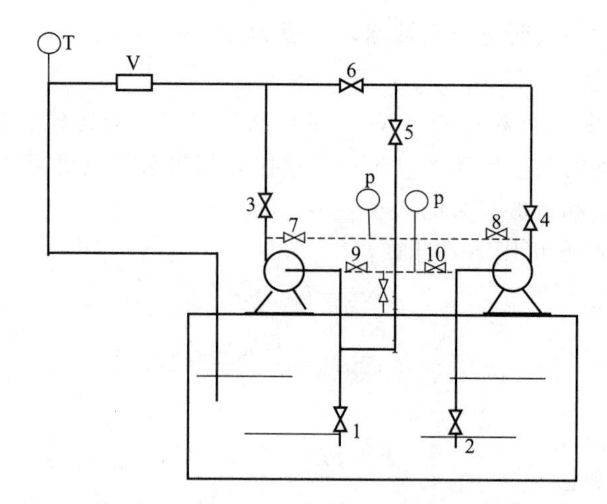

图 3-8 离心泵组合装置工艺控制流程图

1,2—泵 1、泵 2 底阀；3,4—泵 1、泵 2 出口流量调节阀；5,6—管路流量调节阀；

7,8—连接压力表阀门；9,10—连接真空表阀门

另一流量下对应的各个数据，直至流量为 0。一般在全量程范围内测量 15 个点左右。

流量调节方式：①手动调节，通过泵出口闸阀调节流量。②自动调节，通过图 3-7 所示仪控柜面板中流量自动调节仪表来调节电动调节阀的开度，以实现流量的自动控制。具体方法是在仪表面板上按上下键进行调节，由输出信号的增大或减小来控制调节阀开度的大小，以达到调节流量的目的（首先调到 100%，再调到 90%，依次递减到 20%）。

5）实验完毕，关闭水泵出口阀，按下仪表台上的水泵停止按钮，停止水泵的运转。

6）关闭所有设备电源。

2. 双泵组合实验

1）串联操作。

① 对泵 1、泵 2 灌泵。

② 启动离心泵之前，检查所有阀门处于关闭状态。启动泵 2，打开阀 2，打开阀 4（调至最大），打开阀 5。

③ 启动泵 1，打开阀 3，逐渐调大，观察流量，并测定记录数据（注意一定要关闭阀 1、6）。

④ 注意开启泵进口端的真空表阀门及出口端压力表阀门。

2）并联操作。

① 对泵 1、泵 2 灌泵。

② 启动离心泵之前，检查所有阀门处于关闭状态，同时启动泵 1、2，同时打开阀 1、2，打开阀 3、4，关闭阀 5，打开阀 6，同时调节阀 3、4，观察流量，并测定记录数据。

③ 注意开启泵进口端的真空表阀门及出口端压力表阀门。

3）测定两泵串、并联时有效扬程（H）与有效流量（Q）之间的关系曲线。

4）关闭所有设备电源。

五、实验数据记录及处理

1. 实验数据记录。

实验装置编号：________#；水温：________℃。

离心泵特性曲线测定实验数据记录表见表3-6。

表3-6 离心泵特性曲线测定实验数据记录表

实验次数	流量 /(m^3/h)	真空表读数 /MPa	压力表读数 /MPa	转速 /(r/min)	电机功率 /kW
1					
2					
3					
4					
…					

2. 实验数据处理。按表3-7进行实验数据处理。

表3-7 实验数据处理表

实验次数	流量 Q /(m^3/h)	扬程 H /m	轴功率 N /kW	效率 η /%
1				
2				
3				
4				
…				

3. 在同一张坐标纸上绘制一定转速下的 H-Q、N-Q、η-Q 曲线。

4. 分析实验结果，判断泵较为适宜的工作范围。

六、思考题

1. 离心泵在启动时为什么要关闭出口阀门？

2. 启动离心泵之前为什么要引水灌泵？如果灌泵后依然启动不起来，你认为可能的原因是什么？

3. 试分析气缚现象和汽蚀现象的区别。

4. 当改变流量调节阀开度时，压力表和真空表的读数按什么规律变化？

5. 为什么用泵的出口阀门调节流量？这种方法有什么优缺点？是否还有其他方法调节流量？

6. 泵启动后，出口阀门如果打不开，压力表读数是否会逐渐上升？为什么？

7. 正常工作的离心泵，在其进口管路上安装阀门是否合理？为什么？

8. 试分析，用清水泵输送密度为1200kg/m^3 的盐水（忽略密度的影响），在相同流量下泵的压力是否变化？轴功率是否变化？

七、注意事项

1. 每次实验前，均需对泵进行灌泵操作，以防止离心泵气缚。同时注意定期对泵进行保养，防止叶轮被固体颗粒损坏。

2. 泵运转过程中，勿触碰泵主轴部分，因其高速转动，可能会缠绕并伤害身体接触部位。

3. 实验过程中，每调节一个流量之后应待流量和压降等数据稳定以后方可记录。

4. 实验过程中，应从最大流量到最小流量按照先密后疏的原则来布点。

5. 实验装置长期放置不用时，应将管路系统和水箱内的水排放干净。

实验四　流体流动阻力测定实验

一、实验目的

1. 掌握流体流经直管和阀门时阻力损失的测定方法，通过实验了解流体流动中能量损失的变化规律。

2. 测定直管摩擦系数 λ 与雷诺数 Re 的关系，将所得的 λ-Re 方程与经验公式进行比较。

3. 测定流体流经阀门时的局部阻力系数 ξ。

4. 学会倒 U 形差压计、差压传感器、Pt-100 温度传感器、涡轮流量计和转子流量计的使用方法。

5. 观察组成管路的各种管件、阀门，并了解其作用。

二、实验原理

流体在管内流动时，由于黏性剪应力和涡流的存在，不可避免地要消耗一定的机械能，这种机械能的消耗包括流体流经直管的沿程阻力和因流体运动方向改变所引起的局部阻力。

1. 沿程阻力

流体在水平等径圆管中稳定流动时，阻力损失表现为压力降低。即

$$h_f=\frac{p_1-p_2}{\rho}=\frac{\Delta p}{\rho} \tag{3-13}$$

影响阻力损失的因素很多，尤其对湍流流体，目前尚不能完全用理论方法求解，必须通过实验研究其规律。为了减少实验工作量，使实验结果具有普遍意义，必须采用量纲分析方法将各变量组合成特征数关联式。根据量纲分析，影响阻力损失的因素有：

(1) 流体性质　密度 ρ、黏度 μ；

(2) 管路的几何尺寸　管径 d、管长 l、相对粗糙度 ε；

(3) 流动条件　流速 u。

可表示为：

$$\Delta p=f(d,l,\mu,\rho,u,\varepsilon) \tag{3-14}$$

组合成如下的无量纲式：

$$\frac{\Delta p}{\rho u^2}=\varphi\left(\frac{du\rho}{\mu},\frac{l}{d},\frac{\varepsilon}{d}\right) \tag{3-15}$$

$$\frac{\Delta p}{\rho}=\varphi\left(\frac{du\rho}{\mu},\frac{\varepsilon}{d}\right)\frac{l}{d}\times\frac{u^2}{2} \tag{3-16}$$

令 $\lambda=\varphi\left(\frac{du\rho}{\mu},\frac{\varepsilon}{d}\right)$，则式 (3-16) 变为：

$$h_f=\frac{\Delta p}{\rho}=\lambda\frac{l}{d}\times\frac{u^2}{2} \tag{3-17}$$

式中，λ 为摩擦系数。层流（滞流）时，$\lambda=64/Re$；湍流时 λ 是雷诺数 Re 和相对粗糙度 ε 的函数，须由实验确定。

2.局部阻力

局部阻力通常有两种表示方法，即当量长度法和阻力系数法。

(1) 当量长度法　流体流过某管件或阀门时，因局部阻力造成的损失，相当于流体流过与其具有相当管径长度的直管阻力损失，这个直管长度称为当量长度，用符号 l_e 表示。这样，就可以用直管阻力的公式来计算局部阻力损失，而且在管路计算时，可将管路中的直管长度与管件、阀门的当量长度合并在一起计算，如管路中直管长度为 l，各种局部阻力的当量长度之和为 $\sum l_e$，则流体在管路中流动时的总阻力损失 $\sum h_f$ 为

$$\sum h_f=\lambda \frac{l+\sum l_e}{d}\times\frac{u^2}{2} \tag{3-18}$$

(2) 阻力系数法　流体通过某一管件或阀门时的阻力损失用流体在管路中的动能系数来表示，这种计算局部阻力的方法，称为阻力系数法。

即

$$h'_f=\xi\frac{u^2}{2} \tag{3-19}$$

式中　ξ——局部阻力系数，无量纲；

u——在小截面管中流体的平均流速，m/s。

由于管件两侧距测压孔间的直管长度很短，引起的摩擦阻力与局部阻力相比，可以忽略不计。因此 h'_f 值可应用伯努利方程由差压计读数求取。

三、实验装置

实验装置如图 3-9 所示，主要由水箱、泵，不同管径、材质的管子，各种阀门和管件，转子流量计等组成。第一根为不锈钢光滑管，第二根为粗糙管，分别用于光滑管和粗糙管流体流动直管阻力的测定。第三根为不锈钢管，装有待测闸阀，用于局部阻力的测定。装置结构尺寸见表 3-8。

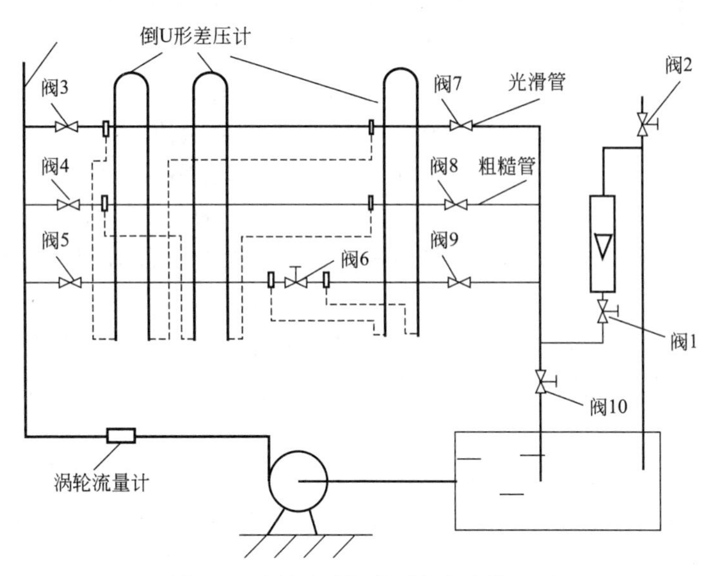

图 3-9　流体流动阻力测定实验装置图

本实验的介质为水，由离心泵供给，经实验装置后的水仍通向水槽，循环使用。

水流量采用装在测试装置尾部的转子流量计或使用涡轮流量计测量，直管段和闸阀的阻力分别用各自的倒 U 形差压计或差压传感器和数显表测得。

表 3-8 装置结构尺寸

名称	材质	管内径/mm	测试段长度/m
光滑管	不锈钢管	29	2.0
粗糙管	镀锌铁管	29	
局部阻力	不锈钢管	29	—

四、实验步骤

1.熟悉实验装置系统。

2.检查水箱，要求水位以比水箱上边低 5～8cm 为宜，必须保证管道出水口浸没在水中。

3.启动离心泵，尾端转子流量计阀 1 微开。

4.打开阀 3～阀 9，利用水流动排尽管道中的空气。

5.分别调节倒 U 形差压计（内充空气，待测液体液柱差表示了差压大小，一般用于测量液体小差压的场合。其结构如图 3-10 所示），具体使用方法如下：

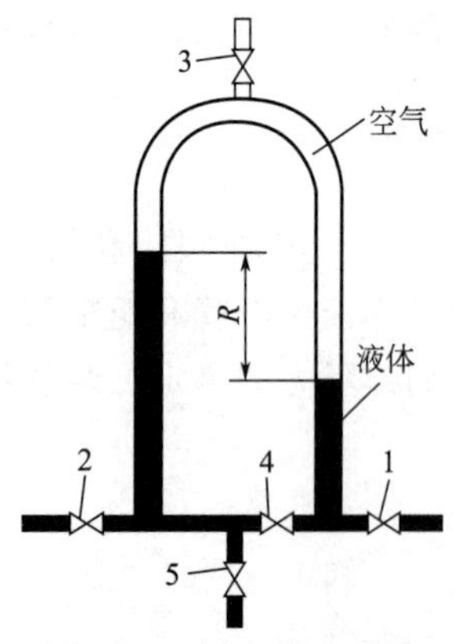

图 3-10 倒 U 形差压计
1—低压侧阀门；2—高压侧阀门；3—进气阀门；4—平衡阀门；5—出水活栓

① 排出系统和导压管内的气泡。方法为：关闭进气阀门 3 以及平衡阀门 4，打开高压侧阀门 2 和低压侧阀门 1 以及出水活栓 5，使高位水槽的水经过系统管路、导压管、高压侧阀门 2、倒 U 形管、低压侧阀门 1，排出系统。

② 玻璃管吸入空气。方法为：排空气泡后关闭阀 1 和阀 2，打开平衡阀 4、进气阀 3，使玻璃管内的水排净并充满空气。

③ 平衡水位。方法为：关闭阀 5、3，然后打开 1 和 2 两个阀门，让水进入玻璃管至平衡水位（此时系统中的出水阀门是关闭的，管路中的水在静止时 U 形管中水位是平衡的），最后关闭平衡阀 4，差压计即处于待用状态。

6.打开阀 3、阀 7，调节流量使转子流量计的流量示值（转子最大截面处对应的刻度值）分别为 1、1.5、2、2.5……（8～9 个点），测得每个流量下对应的光滑管的阻力。

注意：调节好流量后，须等一段时间，待水流稳定后才能读数。

7.流量达到 4 后，打开阀 10，关闭阀 1，采用涡轮流量计测量流量，用仪表柜上的流量积算仪读取流量，用差压传感器测量压差，用仪表读取压差值，直至流量达到最大（约 $16m^3/h$）。

8.关闭阀 3 和阀 7，打开阀 4、阀 8，实验步骤同 6、7，测粗糙管压差。

9.关闭阀 4 和阀 8，打开阀 5、阀 6 和阀 9，测得闸阀全开时的局部阻力。流量设定为 $2m^3/h$、$3m^3/h$、$4m^3/h$，测三个点对应的压差，以求得平均阻力系数。

10.实验结束后打开系统排水阀 2 和阀 10，排尽水，以防锈和冬天防冻。

五、实验数据记录及处理

1.将光滑管、粗糙管和闸阀所测实验数据分别记录于表 3-9～表 3-11，实验数据处理结果分别见表 3-12～表 3-14。

实验装置编号：________#；管长：________m；温度：________℃。

表 3-9 流体流动阻力测定实验数据记录表（光滑管）

实验序号	流量/(m^3/h)	光滑管压差(管径 D=0.029m)		R/cm
		左侧/cmH_2O	右侧/cmH_2O	
1				
2				
…				
10				

表 3-10 流体流动阻力测定实验数据记录表（粗糙管）

实验序号	流量/(m^3/h)	粗糙管压差(管径 D=0.029m)		R/cm
		左侧/cmH_2O	右侧/cmH_2O	
1				
2				
…				
10				

表 3-11 流体流动阻力测定实验数据记录表（闸阀）

实验序号	流量/(m^3/h)	闸阀压差(管径 D=0.029m)		R/cm
		左侧/cmH_2O	右侧/cmH_2O	
1				
2				
3				

表 3-12 流体流动阻力测定实验计算结果表（光滑管）

实验次数	流量/(m^3/h)	Re	λ	$\lambda'=\frac{0.3164}{Re^{0.25}}$	$\frac{\lambda-\lambda'}{\lvert\lambda'\rvert}$	Δp_f/Pa
1						
2						
…						
10						

表 3-13 流体流动阻力测定实验计算结果表（粗糙管）

序号	流量/(m^3/h)	Δp_f/Pa	λ	Re
1				
2				
…				
10				

表 3-14　流体流动阻力测定实验计算结果表（闸阀）

序号	流量/(m^3/h)	Δp_f/Pa	Re	ζ
1				
2				
3				

2. 根据光滑管实验结果，在双对数坐标纸上标绘出 λ-Re 曲线，并对照柏拉修斯方程，计算其误差。

3. 根据粗糙管实验结果，在双对数坐标纸上标绘出 λ-Re 曲线，对照化工原理教材上有关公式，即可确定该管的相对粗糙度和绝对粗糙度。

4. 根据局部阻力实验结果，求出闸阀全开时的平均 ζ 值。

5. 对实验结果进行分析讨论。

六、思考题

1. 在对装置做排气工作时，是否一定要关闭流程尾部的流量调节阀？为什么？

2. 在测量前为什么要将设备中的空气排尽？怎样才能迅速地排尽？如何检验测试系统内的空气已经被排除干净？

3. 以水作介质所测得的 λ-Re 关系能否适用于其他流体？如何应用？

4. 在不同设备（包括相对粗糙度相同而管径不同）、不同温度下测定的 λ-Re 数据能否关联在一条曲线上？为什么？

5. 如果测压口、孔边缘有毛刺或安装不垂直，对静压的测量有何影响？

6. 以水为工作流体所测得的 λ-Re 关系能否适用于其他种类的牛顿型流体？为什么？

七、注意事项

1. 开启、关闭管道上的各阀门及倒 U 形差压计上的阀门时，一定要缓慢开关，切忌用力过猛过大，防止测量仪表因突然因受压、减压而受损（如玻璃管断裂、阀门滑丝等）。

2. 实验前务必将系统内残留的气泡排除干净，否则会影响实验数据的测定。

3. 实验过程中，每调节一个流量之后，应待流量和直管压降等数据稳定后，方可记录数据。

4. 实验过程中，应从最大流量到最小流量按照先疏后密的原则来布点。

5. 实验装置长期放置不用时，尤其是冬季，应将管路系统和水箱内的水排放干净。

实验五　气-气列管换热实验

一、实验目的

1. 了解列管式换热器的结构及主要性能指标。

2. 测定列管式换热器的总传热系数。

3. 考察流体流速对总传热系数的影响。

4. 比较并流流动传热和逆流流动传热的差异。

二、基本原理

换热器是一种在工业生产中经常使用的换热设备。它由多个传热元件组成，如列管换热器即由许多管束组成。冷、热流体系通过固体壁面（传热元件）进行热量交换，称为间壁式换热。如图 3-11 所示，间壁式传热过程由热流体对固体壁面的对流传热，固体壁面的热传导和固体壁面对冷流体的对流传热所组成。由于传热元件的结构形式繁多，其构成的各种换热器的性能差异很大。因此，在选择和设计换热器前，必须对换热器的性能有充分了解，除了文献资料外，实验测定也是了解换热器性能的重要途径之一。传热系数 K 是度量一个换热器性能好坏的重要指标。

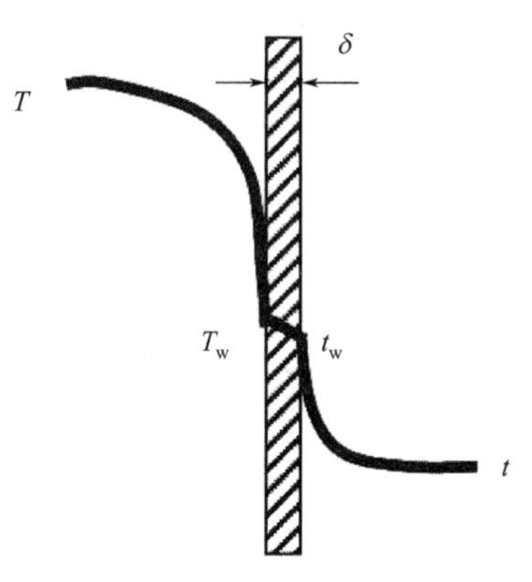

图 3-11 间壁式传热过程示意图

达到传热稳定时，有

$$Q=m_1C_{p1}(T_1-T_2)=m_2C_{p2}(t_2-t_1)=KA\Delta t_m \tag{3-20}$$

式中 Q——传热量，J/s；

m_1——热流体的质量流量，kg/s；

C_{p1}——热流体的比热容，J/(kg·℃)；

T_1——热流体的进口温度，℃；

T_2——热流体的出口温度，℃；

m_2——冷流体的质量流量，kg/s；

C_{p2}——冷流体的比热容，J/(kg·℃)；

t_1——冷流体的进口温度，℃；

t_2——冷流体的出口温度，℃；

K——以传热面积 A 为基准的总传热系数，W/(m^2·℃)；

Δt_m——冷热流体的对数平均温差，℃。

热、冷流体间的对数平均温差可由式（3-21）计算

$$\Delta t_m=\frac{\Delta T_2-\Delta T_1}{\ln\frac{\Delta T_2}{\Delta T_1}} \tag{3-21}$$

列管式换热器的换热面积可由式（3-22）算得

$$A=n\pi dL \tag{3-22}$$

式中，d 为列管直径（因本实验为冷热气体强制对流换热，故各列管本身的导热忽略，所以 d 取列管内径）；L 为列管长度；n 为列管根数。以上参数取决于列管的设计。

由此可得换热器的总传热系数

$$K=\frac{Q}{A\Delta t_m} \tag{3-23}$$

在本实验中，为了尽可能提高换热效率，采用热流体走管内、冷流体走管间形式，但是热流体热量仍会有部分损失，所以 Q 应以冷流体实际获得的热能测算，即

$$Q=\rho_2V_2C_{p2}(t_2-t_1) \tag{3-24}$$

其冷流体质量流量 m_2 已经转换为密度和体积可测算的量，其中 V_2 为冷流体的进口体

积流量，所以 ρ_2 也应取冷流体的进口密度，即需根据冷流体的进口温度查数据手册确定。

除查数据手册外，对于在 0～100℃之间，空气的各物性参数与温度的关系如下：

1）空气的密度与温度的关系。

$$\rho=10^{-5}t^2-4.5\times10^{-3}t+1.2916 \tag{3-25}$$

2）空气的比热容与温度的关系。

60℃以下，$C_p=1005\mathrm{J/(kg\cdot℃)}$；

70℃以上，$C_p=1009\mathrm{J/(kg\cdot℃)}$。

三、实验装置

实验装置如图 3-12 所示，设备主要技术参数见表 3-15。

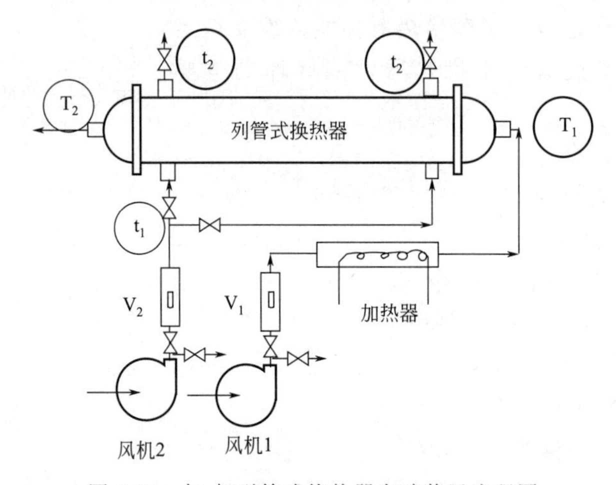

图 3-12 气-气列管式换热器实验装置流程图

表 3-15 设备主要技术参数

名称	符号	单位	备注
冷流体进口温度	t_1	℃	热流体走管内，冷流体走管间。列管规格为 ϕ25mm × 2mm，即内径 21mm，共 7 根列管，长 1m，则换热面积共 0.462m^2
冷流体出口温度	t_2	℃	
热流体进口温度	T_1	℃	
热流体出口温度	T_2	℃	
热风流量	V_1	m^3/h	
冷风流量	V_2	m^3/h	

本装置采用冷空气与热空气体系进行对流换热。热流体由风机 1 经流量计 V_1 计量后，进入加热管预热，温度测定后进入列管换热器管内，出口也经温度测定后直接排出。冷流体由风机 2 吸入经流量计 V_2 计量后，由温度计测定其进口温度，并由闸阀选择逆流或并流传热形式。图 3-12 冷风左侧进口阀打开即为逆着热风的流向，相应也应打开对角处的逆流出口阀，这就是逆流换热的流程；类似地，将冷风右侧进口阀打开即为并流热风的流向，打开对角的冷流体并流出口阀，这就是并流换热的流程。冷热流体的流量可由控制面板流量控制阀调节控制并读取数据。

四、实验步骤

1. 打开总电源开关、仪表开关，待各仪表自检显示正常后进行下一步操作。

2. 打开热流体风机的出口旁路，启动热流体风机，再调节旁路阀门到适合的实验流量。一般取热流体流量 60～80m^3/h，整个实验过程中保持恒定。

3. 开启加热开关，调节电压调节旋钮，使加热电压到某一恒定值。例如，在室温 20℃左右，热流体风量 70m^3/h，一般调加热电压 150V，经约 30min 后，热流体进口温度可恒定在 82℃左右。

待热流体在恒定流量下的进口温度相对不变后，可先打开冷流体风机的出口旁路，启动冷流体风机。

4. 若选择逆流换热过程，打开冷流体进出管路上对应逆流流程的两个阀门。然后以冷流体流量作为实验的主变量，调节控制面板的流量数据，从 10～40m^3/h 流量范围内，选取 5～6 个点作为工作点进行实验数据的测定。

5. 待某一流量下的热流体和逆流的冷流体换热的四个温度相对恒定后，可认为换热过程基本平衡，抄录冷热流体的流量和温度，即完成逆流换热下一组数据的测定。之后，改变一个冷流体的风量，再待换热平衡抄录又一组实验数据。

6. 同理，可进行冷热流体的并流换热实验。注意：热流体流量在整个实验过程中最好保持不变，冷流体每次的进口温度会随风机发热情况不同，但在一次换热过程中，必须待热流体进出口温度相对恒定后方可认为换热过程平衡。

7. 实验结束，应先关闭加热器，待各温度显示至室温左右，再关闭风机和其他电源。

五、实验数据记录及处理

1. 实验数据记录

1）并流操作（表 3-16）。

表 3-16 并流操作实验数据记录表

实验序号	T_1/℃	T_2/℃	t_1/℃	t_2/℃	冷流体流量 V/(m^3/h)
1					
2					
…					
6					

2）逆流操作（表 3-17）。

表 3-17 逆流操作实验数据记录表

实验序号	T_1/℃	T_2/℃	t_1/℃	t_2/℃	冷流体流量 V/(m^3/h)
1					
2					
…					
6					

2. 实验数据处理

1）并流操作（表 3-18）

表 3-18 并流操作实验数据处理表

实验序号	ρ/(kg/m³)	Q/(J/s)	Δt_m	K/[W/(m·℃)]
1				
2				
…				
6				

2）逆流操作（表 3-19）。

表 3-19 逆流操作实验数据处理表

实验序号	ρ/(kg/m³)	Q/(J/s)	Δt_m	K/[W/(m·℃)]
1				
2				
…				
6				

3）比较流量改变的条件下，对传热系数 K 的影响。

4）比较并流和逆流条件下，传热系数 K 的变化。

六、思考题

1. 在实验中有哪些因素影响实验的稳定性？
2. 影响传热系数 K 的因素有哪些？
3. 在传热系数测定中，冷流体的流量应维持在较小值，还是较大值？为什么？

七、注意事项

1. 实验开始前，先开风机再开加热电源；实验结束后，先关加热电源，等温度降到室温后，再关风机。
2. 改变流体温度、流量后要等待换热结束才能进行数据记录。

实验六 恒压过滤常数测定实验

一、实验目的

1. 熟悉板框压滤机的构造和操作方法。
2. 通过恒压过滤实验，验证过滤基本原理。
3. 学会测定过滤常数 K、q_e、τ_e 及压缩性指数 s 的方法。
4. 了解操作压力对过滤速率的影响。
5. 学会滤饼洗涤操作。

二、基本原理

过滤是以某种多孔物质作为介质来处理悬浮液的操作。在外力的作用下，悬浮液中的液体通过介质的孔道而固体颗粒被截流下来，从而实现固液分离，因此，过滤操作本质上是流体通过固体颗粒床层的流动，所不同的是这个固体颗粒层的厚度随着过滤过程的进行而不断增加，故在恒压过滤操作中，其过滤速度不断降低。

影响过滤速度的主要因素除压强差 Δp、滤饼厚度 L 外，还有滤饼和悬浮液的性质、悬浮液温度、过滤介质的阻力等，故难以用流体力学的方法处理。比较过滤过程与流体经过固定床的流动可知：过滤速度即流体通过固定床的表观速度 u。同时，流体在细小颗粒构成的滤饼空隙中的流动属于低雷诺数范围，因此，可利用流体通过固定床压降的简化模型，寻求滤液量与时间的关系，运用层流时泊肃叶公式不难推导出过滤速度计算式：

$$u=\frac{1}{K'}\times\frac{\varepsilon^3}{a^2(1-\varepsilon)^2}\times\frac{\Delta p}{\mu L} \tag{3-26}$$

式中 u——过滤速度，m/s；

K'——康采尼常数，层流时，$K'=5.0$；

ε——床层的空隙率，m^3/m^3；

a——颗粒的比表面积，m^2/m^3；

Δp——过滤的压强差，Pa；

μ——滤液的黏度，Pa•s；

L——床层厚度，m。

由此可导出过滤基本方程式为

$$\frac{dV}{d\tau}=\frac{A^2\Delta p^{1-s}}{\mu r' v(V+V_e)} \tag{3-27}$$

式中 V——滤液体积，m^3；

τ——过滤时间，s；

A——过滤面积，m^2；

s——滤饼压缩性指数，无量纲，一般情况下 $s=0\sim1$，对不可压缩滤饼，$s=0$；

r'——单位压差下的比阻，$r=r'\Delta p^s\ m^{-2}$；

v——滤饼体积与相应滤液体积之比，无量纲；

V_e——虚拟滤液体积，m^3。

恒压过滤时，令 $k=1/(\mu r' v)$，$K=2k\Delta p^{1-s}$，$q=V/A$，$q_e=V_e/A$，对式（3-27）积分可得

$$(q+q_e)^2=K(\tau+\tau_e) \tag{3-28}$$

式中 q——单位过滤面积的滤液体积，m^3/m^2；

q_e——单位过滤面积的虚拟滤液体积，m^3/m^2；

τ_e——虚拟过滤时间，s；

K——滤饼常数，由物料特性及过滤压差所决定，m^2/s。

K、q_e、τ_e 三者总称为过滤常数。利用恒压过滤方程进行计算时，必须首先知道 K、q_e、τ_e，它们只有通过实验才能确定。

对式（3-28）微分可得

$$\left.\begin{aligned}&2(q+q_e)dq=K\,d\tau\\&\frac{d\tau}{dq}=\frac{2}{K}q+\frac{2}{K}q_e\end{aligned}\right\} \tag{3-29}$$

该式表明，以$\frac{d\tau}{dq}$为纵坐标，以 q 为横坐标作图可得一直线，直线斜率为 $2/K$，截距为 $2q_e/K$。在实验测定中，为便于计算，可用$\frac{\Delta\tau}{\Delta q}$替代$\frac{d\tau}{dq}$，把式（3-29）改写成

$$\frac{\Delta\tau}{\Delta q}=\frac{2}{K}q+\frac{2}{K}q_e \tag{3-30}$$

在恒压条件下，用秒表和量筒分别测定一系列时间间隔 $\Delta\tau_i$（$i=1,2,3,\cdots$）及对应的滤液体积 ΔV_i（$i=1,2,3,\cdots$），也可采用计算机软件自动采集一系列时间间隔 $\Delta\tau_i$（$i=1,2,3,\cdots$）及对应的滤液体积 ΔV_i（$i=1,2,3,\cdots$），由此算出一系列 $\Delta\tau_i$、Δq_i、q_i，在直角坐标系中绘制$\frac{\Delta\tau}{\Delta q}$-$q$ 的函数关系，得一直线。由直线的斜率和截距便可求出 K 和 q_e，再根据 $\tau_e=q_e^2/K$，求出 τ_e。

改变实验所用的过滤压差 Δp，可测得不同的 K 值，由 K 的定义式 $K=2k\Delta p^{1-s}$ 两边取对数得

$$\lg K=(1-s)\lg(\Delta p)+\lg(2k) \tag{3-31}$$

在实验压差范围内，若 k 为常数，则 $\lg K$-$\lg(\Delta p)$ 的关系在直角坐标上应是一条直线，直线的斜率为 $1-s$，可得滤饼压缩性指数 s，由截距可得物料特性常数 k。

三、实验装置

本实验装置由空压机、配料槽、压力储槽、板框过滤机和压力定值调节阀等组成，如图 3-13 所示，可进行过滤和洗涤两项操作。在配料桶内配制一定浓度碳酸钙（或碳酸镁）悬浮液，用空气压缩机搅拌使其不致沉降，同时利用压缩空气的压力将料浆送入板框过滤机中过滤，滤液流入量筒或滤液量自动测量仪计量，碳酸钙颗粒截留在滤布上形成滤饼，过滤完成后，可用水洗涤滤饼。

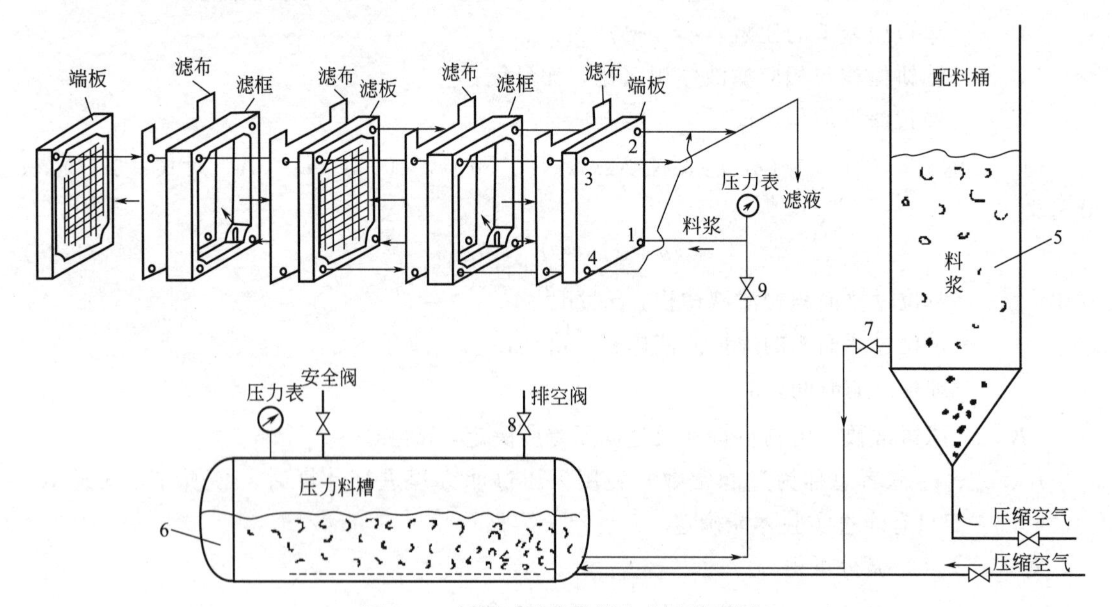

图 3-13　恒压过滤常数测定实验装置图

1～4—通道洗涤板；5—配料槽；6—压力储槽；7—料浆进口阀；8—放空阀；9—料浆进压滤机阀

板框过滤机的结构尺寸如下：框厚度 38mm，每个框过滤面积 $0.024m^2$，框数 2。

四、实验步骤

1. 恒压过滤常数测定

1）熟悉实验装置流程，检查阀门，使所有阀门都关闭，检查压力表（是否指零）。

2）配制含 $MgCO_3$ 8%左右（质量分数）的水悬浮液，其量占配料桶的 1/2～2/3，开启空气压缩机利用压缩空气搅拌均匀，以防止碳酸镁沉淀。

3）正确装好滤板、滤框及滤布。滤布使用前先用水浸湿，滤布要绷紧，不能起皱，要把孔对准滤板、滤框。用压紧装置压紧后待用（用丝杆压紧时，注意不要把手压伤，先慢慢转动手轮使板框合上，然后压紧，注意分工配合）。

4）打开放空阀 8，打开料浆进口阀 7，使料浆由配料桶流入压力料槽至 1/2～2/3 处，关闭阀 7。

5）打开阀将压缩空气通入压力料槽，将压力调节至 0.08～0.12MPa。

6）待压力恒定后，打开料浆进压滤机阀 9，开始进行过滤实验。应将滤液从汇集管刚流出的时刻作为开始时刻，每次 ΔV 取 800mL 左右，记录相应的过滤时间 $\Delta\tau$。要熟练掌握双秒表轮流读数的方法，量筒交替接液时不要流失滤液。待量筒内滤液静止后，读出 ΔV 值并记录 $\Delta\tau$ 值。测量 6～8 个读数即可停止实验，关闭料浆进压滤机阀 9。

7）打开放空阀 8 泄压后，开启压紧装置卸下过滤框内的滤饼并放回配料槽内，将滤液倒回配料桶内。将滤板、滤框及滤布清洗干净后，重新安装过滤机。

8）调节压力至 0.04～0.06MPa，重复上述操作做中等压力过滤实验。

9）调节压力至 0.06～0.08MPa，重复上述操作做高压力过滤实验。

10）实验完毕关闭阀 9，打开阀 7，将压力料槽剩余的悬浮液压回配料桶。

11）打开阀 8，卸除压力料槽内的压力。然后卸下滤饼，清洗滤布、滤框及滤板。

12）关闭空气压缩机电源，关闭仪表电源及总电源开关。

2. 滤饼洗涤

1）当以上过滤步骤 9）完成后，待过滤速度很慢，即滤饼满框，方可进行滤饼洗涤实验，此时将清水罐加水至 2/3 位置。

2）洗涤时，关闭通道 1，关闭通道 2、4，打开压缩机和清水罐相连的阀门，将压强表从通道 1 位置调到通道 2 位置；打开与通道 4 相连清水罐的阀门，从通道 3 接洗涤液。

3）若需要求洗涤速度和过滤最终速度的关系时，可通入洗涤水，并记下洗涤水量和时间。

五、实验数据记录及处理

1. 按表 3-20～表 3-22 记录并处理实验数据，并写出一组数据处理的计算过程示例。

2. 由恒压过滤实验数据求过滤常数 K、q_e、τ_e，比较几种压差下的 K、q_e、τ_e 值，讨论压差变化对以上参数值的影响。

3. 在直角坐标纸上绘制 $\lg K$-$\lg(\Delta p)$关系曲线，并求出滤饼压缩性指数 s 及物料特性常数 K。

4. 写出完整的过滤方程，弄清其中各个参数的符号及意义。

实验装置编号：________#；过滤面积：$0.048m^2$。

表 3-20　恒压过滤常数测定实验数据记录表

实验序号	压力 $p_1=0.04$MPa		压力 $p_2=0.06$MPa		压力 $p_3=0.08$MPa	
	滤液量/mL	时间/s	滤液量/mL	时间/s	滤液量/mL	时间/s
1						
2						
3						
4						
5						
6						
7						
8						

表 3-21　恒压过滤常数测定实验数据处理

序号	τ /s	$\Delta\tau$ /s	ΔV /mL	Δq /(m^3/m^2)	$\Delta\tau/\Delta q$ /[s/(m^3/m^2)]	K /(m^2/s)	q_e /(m^3/m^2)
1							
2							
3							
4							
5							
6							
…							

表 3-22　压缩性指数计算

序号	K	lg$K$	Δp/Pa	lg(Δp)	压缩性指数 s
1					
2					
3					

六、思考题

1. 通过实验你认为过滤的一维模型是否适用？

2. 当操作压强增加一倍，其 K 值是否也增加一倍？要得到同样的过滤液，其过滤时间是否缩短了一半？

3. 影响过滤速度的主要因素有哪些？

4. 滤浆浓度和操作压强对过滤常数 K 值有何影响？

5. 为什么过滤开始时，滤液常常有点浑浊，而过段时间后才变清？

七、注意事项

1. 滤饼、滤液要全部回收到配料桶，循环使用。

2. 板框过滤机的板、框排列顺序为：固定头—板—框—板—框—板—可动头。

3. 在夹紧滤布时，千万不要把手指压伤，先慢慢转动手轮使板框合上，然后压紧。

4. 实验过程中，必须确保压力恒定，且无明显漏液。否则，应该拆下过滤机，洗涤后重新安装，直至符合要求。

5. 收集的滤液必须使用量筒准确测量其体积。

实验七 筛板精馏塔的操作及全塔效率测定实验

一、实验目的

1. 了解筛板精馏塔及其附属设备的基本结构，掌握精馏过程的基本操作方法。

2. 学会判断系统达到稳定的方法，掌握测定塔顶、塔釜溶液浓度的实验方法。

3. 学习测定精馏塔全塔效率和单板效率的实验方法，研究回流比对精馏塔分离效率的影响。

二、实验原理

精馏是利用混合物中各组分挥发度的不同将混合物进行分离的方法。在精馏塔中，再沸器或塔釜产生的蒸气沿塔逐渐上升，来自塔顶冷凝器的回流液从塔顶逐渐下降，气液两相在塔内实现多次接触，进行传质、传热，轻组分上升，重组分下降，使混合液达到一定程度的分离。如果离开某一块塔板（或某一段填料）的气相和液相的组成达到平衡，则该板（或该段填料）称为一块理论板或一个理论级。然而，在实际操作的塔板上或某一段填料层中，由于气液两相接触时间有限，气液两相达不到平衡状态，即一块实际操作的塔板（或一段填料层）的分离效果常常达不到一块理论板或一个理论级的作用。要想达到一定的分离要求，实际操作额定塔板数总要比所需的理论塔板数多，或所需的填料层高度比理论上的高。

1. 全塔效率（E_T）

全塔效率又称总板效率，是指达到指定分离效果所需理论板数与实际板数的比值，即

$$E_T=\frac{N_T-1}{N_P} \tag{3-32}$$

式中 N_T——完成一定分离任务所需的理论塔板数，包括蒸馏釜；

N_P——完成一定分离任务所需的实际塔板数，本装置 $N_P=10$。

全塔效率简单地反映了整个塔内塔板的平均效率，说明了塔板结构、物性系数、操作状况对塔分离能力的影响。对于塔内所需理论塔板数 N_T，可由已知的双组分物系平衡关系，以及实验中测得的塔顶、塔釜出液的组成，回流比 R 和热状况 q 等，用图解法求得。

2. 单板效率（E_M）

单板效率又称莫弗里板效率，是指气相或液相经过一层实际塔板前后的组成变化值与经过一层理论板前后的组成变化值之比。

按气相组成变化表示的单板效率为

$$E_{MV}=\frac{y_n-y_{n+1}}{y_n^*-y_{n+1}} \tag{3-33}$$

按液相组成变化表示的单板效率为

$$E_{ML}=\frac{x_{n-1}-x_n}{x_{n-1}-x_n^*} \tag{3-34}$$

式中 y_n，y_{n+1}——离开第 n、$n+1$ 块塔板的气相组成，摩尔分数；

x_{n-1}，x_n——离开第 $n-1$、n 块塔板的液相组成，摩尔分数；

y_n^*——与 x_n 成平衡的气相组成，摩尔分数；

x_n^*——与 y_n 成平衡的液相组成，摩尔分数。

3. 图解法求理论塔板数（N_T）

图解法又称麦卡勒-蒂列（McCabe-Thiele）法，简称 M-T 法，其原理与逐板计算法完全相同，只是将逐板计算过程在 y-x 图上直观地表示出来。

精馏段的操作线方程为：

$$y_{n+1}=\frac{R}{R+1}x_n+\frac{x_D}{R+1} \tag{3-35}$$

式中 y_{n+1}——精馏段第 $n+1$ 块塔板上升的蒸气组成，摩尔分数；

x_n——精馏段第 n 块塔板下流的液体组成，摩尔分数；

x_D——塔顶溜出液的液体组成，摩尔分数；

R——泡点回流下的回流比。

提馏段的操作线方程为：

$$y_{m+1}=\frac{L'}{L'-W}x_m-\frac{Wx_W}{L'-W} \tag{3-36}$$

式中 y_{m+1}——提馏段第 $m+1$ 块塔板上升的蒸气组成，摩尔分数；

x_m——提馏段第 m 块塔板下流的液体组成，摩尔分数；

x_W——塔底釜液的液体组成，摩尔分数；

L'——提馏段内下流的液体量，kmol/s；

W——釜液流量，kmol/s。

加料线（q 线）方程可表示为

$$y=\frac{q}{q-1}x-\frac{x_F}{q-1} \tag{3-37}$$

$$q=1+\frac{c_{pF}(t_S-t_F)}{r_F} \tag{3-38}$$

式中 q——进料热状况参数；

r_F——进料液组成下的汽化潜热，kJ/kmol；

t_S——进料液的泡点温度，℃；

t_F——进料液温度，℃；

C_{pF}——进料液在平均温度（t_s-t_F）/2 下的比热容，kJ/(kmol·℃)；

x_F——进料液组成，摩尔分数。

回流比 R 的确定：

$$R=\frac{L}{D} \tag{3-39}$$

式中 L——回流液量，kmol/s；

D——馏出液量，kmol/s。

式（3-39）只适用于泡点下回流时的情况，而实际操作时为了保证上升气流能完全冷凝，冷却水量一般都比较大，回流液温度往往低于泡点温度，即冷液回流。

如图 3-14 所示，从全凝器出来的温度为 t_R、流量为 L 的液体回流进入塔顶第一块板，由于回流温度低于第一块塔板上的液相温度，离开第一块塔板的一部分上升蒸气将被冷凝成液体，这样，塔内的实际流量将大于塔外回流量。

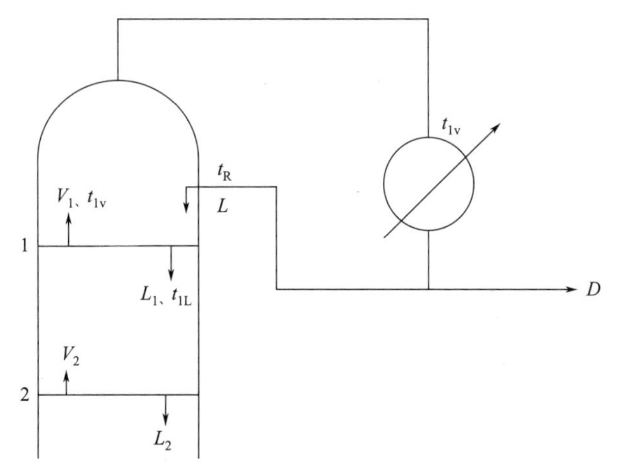

图 3-14 塔顶回流示意图

对第一块板做物料、热量衡算：

$$V_1+L_1=V_2+L \tag{3-40}$$

$$V_1I_{V1}+L_1I_{L1}=V_2I_{V2}+LI_L \tag{3-41}$$

对式（3-40）、式（3-41）整理、化简后，近似可得：

$$L_1\approx L\left[1+\frac{C_p(t_{1L}-t_R)}{r}\right] \tag{3-42}$$

即实际回流比

$$R_1=\frac{L_1}{D}=\frac{L\left[1+\frac{C_p(t_{1L}-t_R)}{r}\right]}{D} \tag{3-43}$$

式中 V_1,V_2——离开第 1、2 块板的气相摩尔流量，kmol/s；

L_1——塔内实际液流量，kmol/s；

I_{V1},I_{V2},I_{L1},I_L——对应 V_1、V_2、L_1、L 下的焓值，kJ/kmol；

R——回流液组成下的汽化潜热，kJ/kmol；

C_p——回流液在 t_{1L} 与 t_R 平均温度下的平均比热容，kJ/(kmol·℃)。

（1）全回流操作　在精馏全回流操作时，操作线在 y-x 图上为对角线，如图 3-15 所示，根据塔顶、塔釜的组成在操作线和平衡线间作梯级，即可得到理论塔板数。

（2）部分回流操作　部分回流操作时，如图 3-16，图解法的主要步骤为：

① 根据物系和操作压力在 y-x 图上作出相平衡曲线，并画出对角线作为辅助线；

② 在 x 轴上定出 $x=x_D$、x_F、x_W 三点，依次通过这三点作垂线分别交对角线于点 a、f、b；

③ 在 y 轴上定出 $y_C=x_D/(R+1)$ 的点 c，连接 a、c 作出精馏段操作线；

④ 由进料热状况求出 q 线的斜率 $q/(q-1)$，过点 f 作出 q 线交精馏段操作线于点 d；

⑤ 连接点 d、b 作出提馏段操作线；

⑥ 从点 a 开始在平衡线和精馏段操作线之间画阶梯，当梯级跨过点 d 时，就改在平衡线和提馏段操作线之间画阶梯，直至梯级跨过点 b 为止；

⑦ 所画的总阶梯数就是全塔所需的理论塔板数（包含再沸器），跨过点 d 的那块板就是

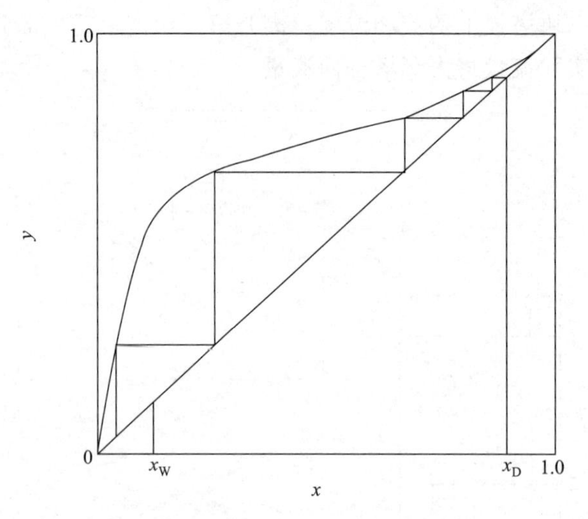

图 3-15　全回流时理论板数的确定

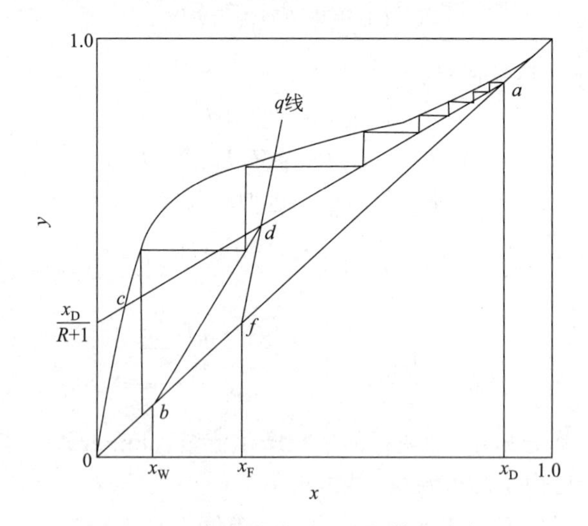

图 3-16　部分回流时理论板数的确定

加料板，其上的阶梯数为精馏段的理论塔板数。

三、实验装置

筛板精馏实验装置如图 3-17 所示。本实验装置的主体设备是筛板精馏塔，配套的有加料系统、回流系统、产品出料管路、残液出料管路、进料泵和一些测量、控制仪表。

筛板塔主要结构参数：塔内径 $D=68$mm，厚度 $\delta=2$mm，塔节 $\phi76$mm×4mm，塔板数 $N=10$，板间距 $H_T=100$mm。加料位置由下向上起数第 4 块和第 6 块板。降液管采用弓形，齿形堰，堰长 56mm，堰高 7.3mm，齿深 4.6mm，齿数 9。降液管底隙 4.5mm。筛孔直径 $d_0=1.5$mm，正三角形排列，孔间距 $t=5$mm，开孔数为 74。塔釜为内电加热式，加热功率 2.5kW，有效容积为 10L。塔顶冷凝器、塔釜换热器均为盘管式。单板取样在自下而上第 1 块和第 10 块，斜向上为液相取样口，水平管为气相取样口。

本实验所用料液为乙醇水溶液，釜内液体由电加热器产生蒸气逐板上升，经与各板上的液体传质后，进入盘管式换热器壳程，冷凝成液体后再从集液器流出，一部分作为回流液从塔顶流入塔内，另一部分作为产品馏出，进入产品储罐；残液经釜液转子流量计流入釜液储罐。

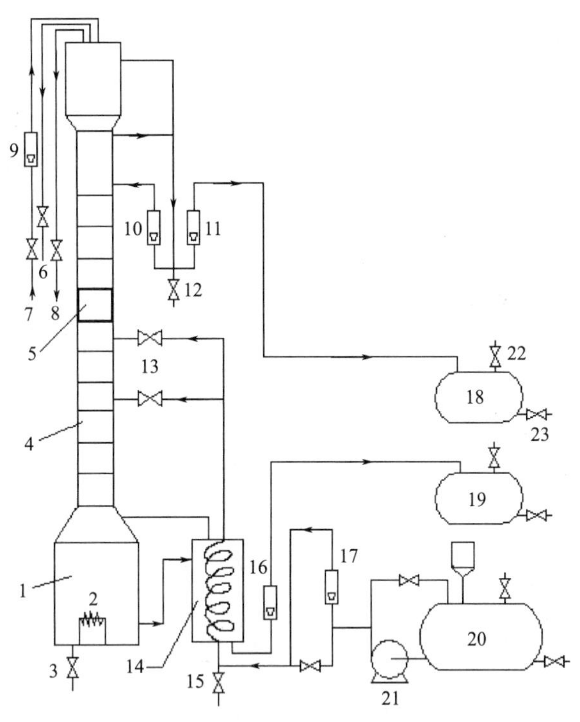

图 3-17 筛板塔精馏塔实验装置图

1—塔釜；2—电加热器；3—塔釜排液口；4—塔节；5—玻璃视镜；6—不凝性气体出口；7—冷却水进口；8—冷却水出口；9—冷却水流量计；10—塔顶回流流量计；11—塔顶出料液流量计；12—塔顶出料取样口；13—进料阀；14—换热器；15—进料液取样口；16—塔釜残液流量计；17—进料液流量计；18—产品罐；19—残液罐；20—原料罐；21—进料泵；22—排空阀；23—排液阀

四、实验步骤

1. 全回流

1）配制浓度 20%～30%（体积分数）的料液加入储罐中，打开进料管路上的阀门，由进料泵将料液打入塔釜，观察塔釜液位计高度，进料至釜容积的 2/3 处。进料时可以打开进料旁路的闸阀，加快进料速度。

2）关闭塔身进料管路上的阀门，启动电加热管电源，逐步增加加热电压，使塔釜温度缓慢上升（因塔中部玻璃部分较为脆弱，若加热过快玻璃极易碎裂，使整个精馏塔报废，故升温过程应尽可能缓慢）。

3）打开塔顶冷凝器的冷却水，调节合适冷凝量，并关闭塔顶出料管路，使整塔处于全回流状态。

4）当塔顶温度、回流量和塔釜温度稳定后，分别取塔顶产品和塔釜产品，使用酒精比重计测定其浓度 X_D 和 X_W。

2. 部分回流

1）在储料罐中配制一定浓度的乙醇水溶液（约 20%～30%）。

2）待塔全回流操作稳定后，打开进料阀，调节进料量至适当的流量。

3）控制塔顶回流和出料两转子流量计，调节回流比 R（R=1～4）。

4）待操作稳定后，观察塔板上传质状况，记下加热电压、塔顶温度等有关数据，整个操作中维持进料流量不变，分别在塔顶、塔釜和进料三处取样，用酒精比重计测定其浓度并记录下进塔原料液的温度。

3. 取样与分析

1）进料、塔顶、塔釜从各相应的取样阀放出，使用酒精比重计测定浓度。

2）测定单板效率时，塔板取样用注射器从所测定的塔板中缓缓抽出，取1mL左右注入事先洗净烘干的样品瓶中，并给该瓶标号以免出错，各个样品尽可能同时取样，将样品进行色谱分析。

五、实验数据记录及处理

1. 将塔顶、塔釜温度和组成，以及各流量计读数等原始数据记于表3-23。

表3-23 实验数据记录及处理

<table>
<tr><td colspan="3">实际塔板数 N_P</td><td colspan="3">实验物系：</td></tr>
<tr><td rowspan="2">项目</td><td colspan="2">全回流：$R=\infty$</td><td colspan="3">部分回流：$R=$______ 进料量：______ L/h
进料温度：______℃ 泡点温度：______℃</td></tr>
<tr><td>塔顶组成</td><td>塔釜组成</td><td>塔顶组成</td><td>塔釜组成</td><td>进料组成</td></tr>
<tr><td>酒精比重计读数 $V/\%$</td><td></td><td></td><td></td><td></td><td></td></tr>
<tr><td>摩尔分数 x</td><td></td><td></td><td></td><td></td><td></td></tr>
<tr><td>理论塔板数 N_T</td><td></td><td></td><td></td><td></td><td></td></tr>
<tr><td>全塔效率 $E_T/\%$</td><td></td><td></td><td></td><td></td><td></td></tr>
</table>

气相色谱数据记录：

$x_n=$________；$x_{n-1}=$________；$x_{n+1}=$________。

2. 全回流和部分回流分别用图解法计算理论塔板数。

3. 计算全塔效率和单板效率。

4. 分析并讨论实验过程中观察到的现象。

六、思考题

1. 测定全回流和部分回流总板效率与单板效率时各需测几个参数？取样位置在何处？

2. 全回流时测得板式塔上第 n、$n-1$ 层液相组成后，如何求得 x_n^*；部分回流时，又如何求 x_n^*？

3. 在全回流时，测得板式塔上第 n、$n-1$ 层液相组成后，能否求出第 n 层塔板上的以气相组成变化表示的单板效率？

4. 查取进料液的汽化潜热时定性温度取何值？

5. 若测得单板效率超过100%，应如何解释？

6. 塔板效率受哪些因素影响？

7. 在部分回流时，如何根据全回流的数据，选择一个合适的回流比和进料口位置？

8. 如何判断塔的操作已达到稳定？影响精馏塔操作稳定的因素有哪些？

9. 板式塔有哪些不正常操作现象？对本实验装置，如何处理液泛或塔板漏液现象？

10. 进料量对理论塔板数有无影响？为什么？

11. 试分析实验成功或失败的原因，提出改进意见。

七、注意事项

1. 本实验所用物系为易燃物，在实验过程中应特别注意安全，避免洒落发生危险。

2. 塔顶放空阀一定要打开，否则容易因塔内压力过大导致危险。

3. 开车时先开冷凝水，后对塔釜进行加热；停车时则相反。

4. 料液一定要加到设定液位 2/3 处方可打开加热管电源，否则塔釜液位过低会使电加热丝露出干烧致坏。

5. 本实验设备加热功率由仪表自动调节，注意控制加热升温要缓慢，以免发生暴沸（过冷沸腾）使釜液从塔顶冲出。若出现此现象应立即断电，重新操作。升温和正常操作过程中釜的电功率不能过大。

6. 如果实验中塔板温度有明显偏差，是由于所测定的温度不是气相温度，而是气液混合的温度。

7. 取样必须在操作稳定时进行，最好能做到同时取样。取样量要能保证酒精比重计的浮起。

8. 操作中要使进料、出料量基本平衡，调节釜底残液出料量，维持釜内液面不变。

9. 为便于对全回流和部分回流的实验结果（塔顶产品质量）进行比较，应尽量使两组实验的加热电压及所用料液浓度相同或相近。连续进行实验时，应将前一次实验时留存在塔釜、塔顶、塔底产品接收器内的料液倒回原料液储罐中循环使用。

实验八 填料精馏塔的操作及等板高度测定实验

一、实验目的

1. 了解填料精馏塔及其附属设备的基本结构，掌握精馏过程的基本操作方法。

2. 学会判断系统达到稳定的方法，掌握测定塔顶、塔釜溶液浓度的实验方法。

3. 掌握保持其他条件不变下调节回流比的方法，研究回流比对精馏塔分离效率的影响。

4. 掌握用图解法求取理论板数的方法，并计算等板高度（HETP）。

二、基本原理

填料塔属连续接触式传质设备，填料精馏塔与板式精馏塔的不同之处在于塔内气液相浓度前者呈连续变化，后者呈逐级变化。等板高度是衡量填料精馏塔分离效果的一个关键参数，等板高度越小，填料层的传质分离效果就越好。

1. 等板高度

等板高度（HETP）是指与一层理论塔板的传质作用相当的填料层高度。它的大小，不仅取决于填料的类型、材质与尺寸，而且受系统物性、操作条件及塔设备尺寸的影响。对于双组分体系，根据其物料关系 x_n，通过实验测得塔顶组成 x_D、塔釜组成 x_W、进料组成 x_F 及进料热状况 q、回流比 R 和填料层高度 Z 等有关参数，用图解法求得其理论板数 N_T 后，即可用下式确定：

$$\mathrm{HETP}=Z/N_T \tag{3-44}$$

式中 Z——填料层高度，m；

N_T——全回流或部分回流时的理论板数。

2. 维持稳定连续精馏操作过程的条件

1）根据进料量及其组成、产品的分离要求，严格维持塔内的物料平衡。

① 总物料平衡。在精馏塔操作时，物料的总进料量应恒等于总出料量，即

$$F=D+W \tag{3-45}$$

式中，F 为进料量；D 为馏出液量；W 为釜液流量。当物料不平衡时，若 $F>D+W$，塔釜液面上升，会发生淹塔；相反，若 $F<D+W$，会引起塔釜干料，最终导致破坏精馏塔的正常操作。

② 各组分的物料平衡。在满足总物料平衡的条件下，应同时满足下式：

$$Fx_{Fi}=Dx_{Di}+Wx_{Wi} \tag{3-46}$$

由上两式可以看出，当进料量 F、进料组成 x_{Fi} 以及产品的分离要求 x_{Di}、x_{Wi} 一定的情况下，应保持馏出液和釜液的采出率为：

$$\frac{D}{F}=\frac{x_F-X_W}{x_D-X_W} \tag{3-47}$$

$$\frac{W}{F}=1-\frac{D}{F} \tag{3-48}$$

若塔顶采出率取得过大，即使精馏塔有足够的分离能力，塔顶仍不能获得规定的合格产物。

2）精馏塔的分离能力。在填料高度一定的情况下，正常的精馏操作过程要有足够的回流比，才能保证一定的分离效果，获得合格的产品，所以要根据设计的回流比严格控制回流量。则：

$$L=RD \tag{3-49}$$

式中，L 为回流液量；R 为回流比；D 为馏出液量。

3）精馏塔操作时，应有正常的气液负荷量，避免发生不正常的操作状况：

① 严重的液沫夹带现象。

② 严重的漏液现象。

③ 溢流液泛。

3. 产品不合格的原因及调节方法

1）物料不平衡引起产品不合格。

① 轻组分的采出量大于衡算关系：$Dx_D \geqslant Fx_F-Wx_W$，即塔顶馏出液采出过多，使馏出液组成下降，其操作现象为塔顶温度逐渐升高，而塔釜温度不变。

处理方法：加大进料量，减小馏出液量。

② 或相反：$Dx_D \leqslant Fx_F-Wx_W$。另外，进料组成的变化也会引起产品不合格。如 x_F 降低，则塔的分离能力不够，塔釜温度升高。

处理方法：加大回流比。

2）操作条件变化。如进料量变化，即引起物料不平衡而导致产品不合格。

进料温度变化，影响塔内气液流量变化，使传质效果恶化，结果会使产品不合格。

回流比的变化及塔釜加热量的变化，同样如上述结果。

4. 灵敏板温度

灵敏板温度是指一个正常操作的精馏塔当受到某一外界因素的干扰（如 R、x_F、F、采出率等发生波动时），全塔各板上的组成发生变化，全塔的温度分布也发生相应的变化，其中有一些板的温度对外界干扰因素的反应最灵敏，故称它们为灵敏板。灵敏板温度的变化可

预示塔内的不正常现象的发生，可及时采取措施进行纠正。

本实验在全回流状态下测定塔顶产品轻组分含量 x_D 和塔底产品轻组分含量 x_W，用图解法求出填料塔在全回流状态下的理论板数 N_T，或在部分回流下测定进料中轻组分含量 x_F、进料温度 T_F、塔顶产品中轻组分含量 x_D、回流比 R 及塔底产品轻组分含量 x_W，用图解法就可求出部分回流时的理论板数 N_T。把 Z 和两种状态下的 N_T 代入式（3-44），即可算出全回流和部分回流状态下的 HETP。

三、实验装置与流程

实验装置如图 3-18 所示。主体设备是填料精馏塔，配套的有加料系统、回流系统、产品出料管路、残液出料管路、进料泵和一些测量、控制仪表。

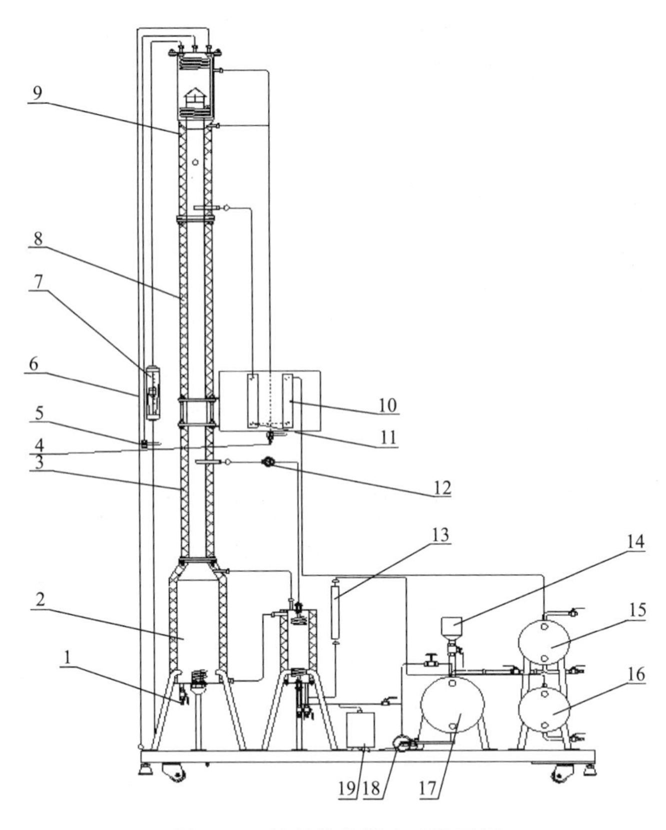

图 3-18 填料精馏塔实验装置图

1—塔釜排液口；2—塔釜；3—提馏段塔节；4—产品取样口；5—惰性气体排空口；6—冷凝水出水管路；7—冷凝水流量计；8—精馏段塔节；9—塔顶冷凝器；10—塔顶出料流量计；11—回流液流量计；12—进料阀；13—塔釜出料流量计；14—原料加料口；15—产品储液槽；16—残液储液槽；17—原料储液槽；18—进料泵；19—计量泵

填料精馏塔主要结构参数：塔内径 $D=68\text{mm}$，塔内填料层总高 $Z=2\text{m}$（乱堆），填料为 θ 环。进料位置距填料层顶面 1.2m 处。塔釜为内电加热式，加热功率 2.5kW，有效容积为 9.8L。塔顶冷凝器为盘管式换热器。

本实验料液为乙醇溶液，由进料泵打入塔内，釜内液体由电加热器加热汽化，经填料层内填料完成传质传热过程，进入盘管式换热器管程，壳层的冷却水全部冷凝成液体，再从集液器流出，一部分作为回流液从塔顶流入塔内，另一部分作为产品馏出，进入产品储罐；残液经釜液转子流量计流入釜液储罐。

四、实验步骤

1. 全回流

1）在料液罐中配制浓度20%～30%（乙醇体积分数）的料液，由进料泵打入塔釜中，至釜容积的2/3处，料液浓度以塔运行后取样口酒精比重计测定为准。

2）检查各阀门位置处于关闭状态，开冷却水水源，打开冷却水进出口阀门，通过水进口处转子流量计调节，使水流量稳定。启动控制面板上的仪表电源，启动塔釜电加热器电源，使塔釜温度缓慢上升，至窥视节内有液体回流（可观察到窥视节中有液体下流），塔顶放空阀中也有液滴落下。

3）取样分析。当全回流出现并稳定20min后，此时塔顶温度、塔釜温度及各测温点的温度不再发生变化，全回流处于稳定状态，从取样口取塔顶产品样分析乙醇含量 x_D，从取样口取塔釜产品分析乙醇含量 x_W。乙醇含量可采用酒精比重计或气相色谱仪来测定。

2. 部分回流

1）在储料罐中配制一定浓度的乙醇水溶液（20%～30%）。

2）待塔全回流操作稳定时，打开进料阀，开启进料泵电源，调节进料量至适当的流量。

3）手动调节回流比 R（$R=1\sim4$）。

4）当塔顶、塔内温度读数稳定后即可取样。

3. 实验结束

停止加料并将加热电压调为零，塔顶冷凝器水阀暂不要关，待塔内温度降至室温后关水阀。

五、实验数据记录及处理

1. 将塔顶、塔底温度和组成，以及各流量计读数等原始数据列于表3-24。

表3-24　实验数据记录及处理

实际填料高度/m			实验物系：		
项目	全回流：$R=\infty$		部分回流：$R=$______　进料量：______L/h 进料温度：______℃　泡点温度：______℃		
	塔顶组成	塔釜组成	塔顶组成	塔釜组成	进料组成
体积分数 v/%					
摩尔分数 n					
理论塔板数 N_T					
等板高度 HETP/m					

2. 按全回流和部分回流分别用图解法计算理论板数。

3. 计算等板高度（HETP）。

4. 分析并讨论实验过程中观察到的现象。

六、思考题

1. 欲知全回流与部分回流时的等板高度，各需测取哪几个参数？取样位置应在何处？

2. 填料塔的等板高度受哪些因素影响？

3. 如何判断塔的操作已达到稳定？影响精馏塔操作稳定的因素有哪些？

4.进料量对理论塔板数有无影响？为什么？

5.试分析实验成功或失败的原因，提出改进意见。

七、注意事项

1.本实验所用物系为易燃物，在实验过程中应特别注意安全，避免洒落发生危险。

2.开车时先开冷凝水，后对塔釜进行加热；停车时则相反。

3.塔顶放空阀一定要打开，否则容易因塔内压力过大导致危险。

4.料液一定要加到设定液位 2/3 处方可打开加热管电源，否则塔釜液位过低会使电加热丝露出干烧致坏。

5.随时注意观察釜内压强、灵敏板温度变化，以及玻璃塔节内板上气液接触状态；并适当调节加热负荷、回流量、加料量、釜液排出量等参数，使塔内达到正常、稳定的连续精馏操作。

6.取样必须在操作稳定时进行，最好能做到同时取样。取样量要能保证酒精比重计的浮起。

7.操作中要使进料、出料量基本平衡，调节釜底残液出料量，维持釜内液面不变。

实验九 填料塔流体力学特性及吸收传质系数测定实验

一、实验目的

1.了解填料塔吸收装置的基本结构、流程及操作。

2.了解填料吸收塔流体力学性能。

3.掌握吸收塔传质系数的测定方法。

4.了解气体空塔速度和液体喷淋密度对吸收总传质系数的影响。

二、实验原理

气体吸收是典型的传质过程之一。气体吸收过程是利用气体中各组分在同一种液体（溶剂）中溶解度的差异性而实现组分分离的过程。能溶解于溶剂的组分为吸收质或溶质 A，不溶解的组分为惰性组分或载体 B，吸收时采用的溶剂为吸收剂 S。

由于 CO_2 气体无味、无毒、廉价，因此气体吸收实验常选择 CO_2 作为溶质组分。本实验采用水吸收空气中的 CO_2 组分。

1.填料塔流体力学性能的测定

气体在填料层内的流动一般处于湍流状态。在干填料层内，气体通过填料层的压降与流速（或风量）的关系成正比。

当气液两相逆流流动时，液膜占去了一部分气体流动的空间。在相同的气体流量下，填料空隙间的实际气速有所增加，压降也有所增加。同理，在气体流量相同的情况下，液体流量越大，液膜越厚，填料空间越小，压降也越大。因此，当气液两相逆流流动时，气体通过填料层的压降要比干填料层大。

当气液两相逆流流动，低气速操作时，膜厚随气速变化不大，液膜增厚所造成的附加压降并不显著。此时压降曲线基本与干填料层的压降曲线平行。当气速提高到一定值时，由于液膜增厚对压降影响显著，此时压降曲线开始变陡，这些点称为载点。不难看出，载点的位置不是十分明确的，但它提示人们，自载点开始，气液两相流动的交互影响已不容忽视。在实验中可以根据一些明显的现象判断出载点。如当某一喷淋密度情况下，从小到大改变风量，当风量调大并很快稳定，说明还没有到载点。当将风量调大后，其逐渐下降，说明此时塔内液膜已开始变厚，此时为载点。

自载点以后，气液两相的交互作用越来越强，当气液流量达到一定值时，两相的交互作用恶性发展，将出现液泛现象，在压降曲线上压降急剧升高，此点称为泛点。在实验中，当超过载点后，达到稳定的风量时间变长。当风量增加到一定值时，塔内液量急剧增多，压降升高，甚至从塔底排液处逸出气体。

对本实验装置，为避免由于液泛导致测压管线进水，更为防止取样管线进水，对色谱仪造成损坏，因此，只要一看到塔内明显出现液泛（一般在最上面的填料表面先出现液泛，液泛开始时，上面填料层开始积聚液体），应即刻调小风量。

本装置固定水量不变，测出不同风量下的压降。

1）风量的测定。用转子流量计，可直接读数 q_0（m^3/h），然后通过温度和压力校正计算出实际 q 即可。

$$q=q_0\sqrt{\frac{\rho_0}{\rho_1}} \tag{3-50}$$

$$\rho_1=\rho_0\frac{p_0+p_1}{p_0}\times\frac{273+t_0}{273+t_1} \tag{3-51}$$

$\rho_0=1.205\text{kg/m}^3$，$p_0=101325\text{Pa}$，$t_0=20℃$。其中，$p_1$ 和 t_1 根据实验测得。

2）全塔压差的读取。用U形管可直接读取 p_2，单位为Pa。

2.传质系数的测定

本实验采用清水吸收空气中的 CO_2 组分。一般将配制的原料气中的 CO_2 浓度控制在10%以内，所以吸收的计算方法可按低浓度来处理。又因 CO_2 在水中的溶解度很小，所以此体系 CO_2 气体的吸收过程属于液膜控制过程。因此，本实验主要测定 K_xa 和 H_{OL}。

传质系数 K_xa 的测定计算公式：

填料层高度 Z 为

$$Z=\int_0^Z dz=\frac{L}{K_xa}\int_{x_2}^{x_1}\frac{dx}{x^*-x}=H_{OL}N_{OL} \tag{3-52}$$

式中 L——液体通过塔截面的摩尔流量，$\text{kmol/(m}^2\cdot\text{s)}$；

K_xa——ΔX 为推动力的液相总传质系数，$\text{kmol/(m}^3\cdot\text{s)}$；

H_{OL}——传质单元高度，m；

N_{OL}——传质单元数，无量纲。

令吸收因数

$$A=L/(mG) \tag{3-53}$$

$$N_{OL}=\frac{1}{1-A}\ln\left[(1-A)\frac{y_1-mx_2}{y_1-mx_1}+A\right] \tag{3-54}$$

3.测定方法

空气流量和液体流量的测定：采用转子流量计测得空气和水的流量，并根据实验条件（温度和压力）和有关公式换算成空气和液体的摩尔流量。

塔顶和塔底气相组成测定：利用气相色谱仪测定塔顶和塔底气相组成 y_1 和 y_2。

本实验的平衡关系可写成

$$y=mx \tag{3-55}$$

式中 m——相平衡常数，$m=E/p$；

E——亨利系数，$E=f(t)$，根据液相温度测定值可查；

p——总压，Pa。

对清水而言，$x_2=0$，由全塔物料衡算

$$G(y_1-y_2)=L(x_1-x_2) \tag{3-56}$$

可得 x_1。

三、实验装置

1. 装置流程

本实验装置流程如图 3-19 所示。

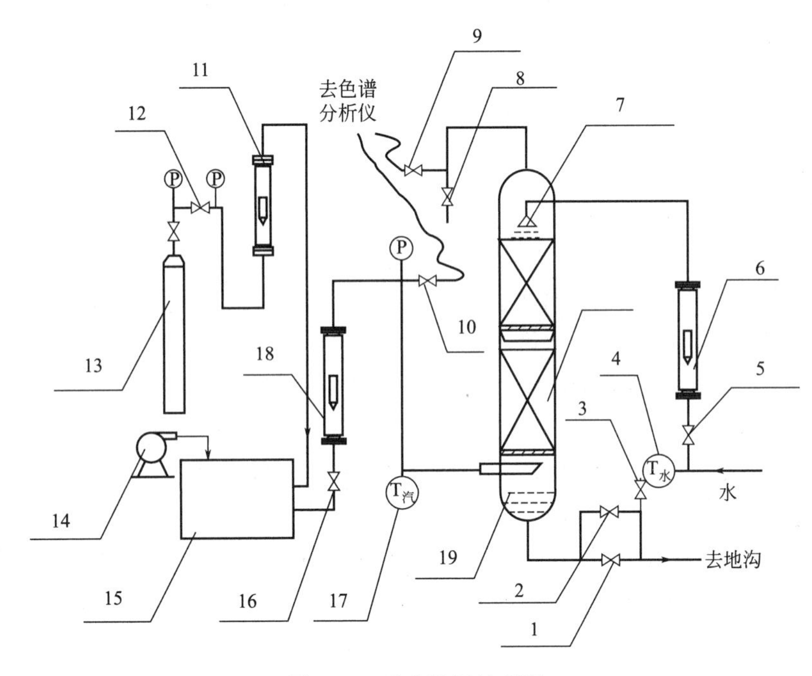

图 3-19 吸收装置流程图

1,2—球阀；3—排气阀；4—液体温度计；5—液体调节阀；6—液体流量计；7—液体喷淋器；8—塔顶出气阀；9—塔顶气体取样阀；10—塔底气体取样阀；11—溶质气体流量计；12—钢瓶减压阀；13—钢瓶；14—风机；15—混合稳压罐；16—气体调节阀；17—气体温度计；18—混合气流量计；19—液封

液体经转子流量计后送入填料塔塔顶再经喷淋头喷淋在填料顶层。由风机输送来的空气和由钢瓶输送来的二氧化碳气体混合后，一起进入气体混合稳压罐，然后经转子流量计计量后进入塔底，与水在塔内进行逆流接触，进行质量和热量的交换，由塔顶出来的尾气放空，由于本实验为低浓度气体的吸收，所以热量交换可略，整个实验过程可看成是等温吸收过程。

2. 主要设备

1）吸收塔。高效填料塔，塔径 100mm，塔内装有金属丝网板波纹规整填料，填料层总高度 2000mm。塔顶有液体初始分布器，塔中部有液体再分布器，塔底部有栅板式填料支承装置。填料塔底部有液封装置，以避免气体泄漏。

2）填料规格和特性。金属丝网板波纹填料：型号 JWB-700Y，填料尺寸 ϕ100mm×50mm，比表面积 700m^2/m^3。

3）流量计。各流量计规格如表3-25。

表3-25 吸收塔流量计规格表

介质	项目			
	最大流量	最小刻度	标定介质	标定条件
空气	$4m^3/h$	$0.4m^3/h$	空气	20℃，1.0133×10^5Pa
CO_2	400L/h	40L/h	空气	20℃，1.0133×10^5Pa
水	1000L/h	100L/h	水	20℃，1.0133×10^5Pa

4）旋涡气泵：XGB-1011C型，风量0～$90m^3/h$，风压14kPa。

5）二氧化碳钢瓶。

6）气相色谱仪（定制）。

7）色谱工作站：浙江智达NE2000。

四、实验步骤

1.填料塔流体力学性能测定

实验前阀16为全开，其他阀均为全关闭状态。

1）开总电源，打开仪表电源开关。

2）开自来水阀1，使流量调到约400L/h。

3）启动风机，开启阀8（或适当关小阀16），调节风量分别为$2m^3/h$、$3m^3/h$、$4m^3/h$、$5m^3/h$、$6m^3/h$、$7m^3/h$、$8m^3/h$、$9m^3/h$、$10m^3/h$，共9组不同流量。风量每次调节至稳定后，分别记录不同风量q_0下的全塔压差p_2（特别说明：经过计算和比较，因为风温和风压变化不大，对风量影响不大，因此做流体力学性能实验时，往往直接读出风量和全塔压差即可）。

4）分别将水量稳定在300L/h、200L/h、0L/h，重复步骤3）。一定注意，在水量大于200L/h后，最大风量达不到$10m^3/h$时，就出现液泛现象，应及时调小风量。

5）全开阀16，关闭阀5，停风机，使设备复原。

2.传质系数测定

1）熟悉实验流程并掌握气相色谱仪及其配套仪器的结构、原理、使用方法及其注意事项。

2）打开仪表电源开关及风机电源开关。

3）开启泵、塔进液体总阀，让水进入填料塔润湿填料，使液体的流量达到200L/h左右。

4）塔底液封控制：仔细调节阀2的开度，使塔底液位缓慢地在一段区间内变化，以免塔底液封过高溢满或过低而泄气。

5）打开CO_2钢瓶总阀，并缓慢调节钢瓶的减压阀（注意减压阀的开关方向与普通阀门的开关方向相反，顺时针为开，逆时针为关），使其压力稳定在0.2MPa左右。

6）调节空气流量阀至$1.5m^3/h$，并调节转子流量计，使缓和期流量稳定在40～400L/h。

7）调节尾气放空阀的开度，直至塔中压力稳定在实验值。

8）待塔操作稳定后，读取各流量计的读数及通过温度数显表、压力表读取各温度、压力，通过六通阀在线进样，利用气相色谱仪分析出塔顶、塔底气相组成。

9）改变水流量值，重复步骤6）～8）。

10）实验完毕，关闭CO_2钢瓶总阀，再关闭风机电源开关，关闭仪表电源开关，清理实验仪器和实验场地。

五、实验数据记录及处理

1. 将实验数据记于表 3-26、表 3-27。
2. 列出实验结果与计算示例。
3. 在双对数坐标上绘出不同水量下的流体力学性能，找出规律和载液点。
4. 计算不同条件下的填料吸收塔的液相体积总传质系数（表 3-28）。

实验装置编号：________ #；操作压力：________ kPa。

表 3-26 流体力学数据测定记录

水量=0		水量=200L/h		水量=300L/h		水量=400L/h	
转子流量计风量/(m^3/h)	U 形管全塔压差 p_2/Pa	转子流量计风量/(m^3/h)	U 形管全塔压差 p_2/Pa	转子流量计风量/(m^3/h)	U 形管全塔压差 p_2/Pa	转子流量计风量/(m^3/h)	U 形管全塔压差 p_2/Pa
2		2		2		2	
3		3		3		3	
4		4		4		4	
5		5		5		5	
6		6		6		6	
7		7		7		7	
8		8		8		液泛区	
9		9		液泛区			
10							

水温：________℃；空气流量：________ m^3/h；气温：________℃；

气压：________ MPa；CO_2 流量：________ L/h；空气进口组成：________。

表 3-27 吸收实验数据列表

序号	V_1(气量)/(m^3/h)	V_2(液体量)/(L/h)	塔底(质量分数)/%	塔顶(质量分数)/%	T_1(气温)/℃	T_2(液温)/℃
1						
2						
3						
4						

表 3-28 吸收实验数据计算结果

序号	N_{OL}	$K_x a$/[kmol/(m^3·h)]
1		
2		
3		
4		

六、思考题

1. 本实验中，为什么塔底要有液封？液封高度如何计算？

2. 测定 $K_{x}a$ 有什么工程意义？

3. 根据实验数据分析用水吸收二氧化碳的过程是气膜控制还是液膜控制？为什么？

4. 液泛的特征是什么？本装置的液泛现象是从塔顶部开始还是从塔底部开始？如何确定液泛气速？

5. 试分析空塔气速和喷淋密度这两个因素对吸收系数的影响。在本实验中，哪个因素是主要的？为什么？

6. 要提高吸收液的浓度有什么办法（不改变进气浓度）？同时会带来什么问题？

七、注意事项

1. 固定好操作点后，应随时注意调整以保持各量不变。

2. 在填料塔操作条件改变后，需要有较长的稳定时间，一定要等到稳定以后方能读取有关数据。

3. 在操作时，一定要注意液泛的发生，若测压管线进水应拔掉管插头放出水，检验测压管线内是否有水。特别注意，进样管内不得有水，否则可能损坏进样泵和色谱仪。

4. 若长时间不做实验，开阀 3、4 放净塔下部水封和水槽中的水，以免冬天结冰损坏设备。

实验十　洞道式干燥器的操作及干燥速率曲线测定实验

一、实验目的

1. 熟悉洞道式干燥器的结构及操作方法。

2. 掌握物料含水量、干燥曲线和干燥速率曲线的测定方法。

3. 通过实验加深对物料临界含水量 X_{c} 概念及其影响因素的理解。

4. 了解恒速干燥阶段物料与空气之间对流传热系数的测定方法。

二、实验原理

当湿物料与干燥介质接触时，物料表面的水分开始汽化，并向周围介质传递。根据介质传递特点，干燥过程可分为两个阶段。

第一阶段为恒速干燥阶段。干燥过程开始时，由于整个物料湿含量较大，其物料内部水分能迅速到达物料表面，此时干燥速率由物料表面水分的汽化速率所控制，故此阶段称为表面汽化控制阶段。这个阶段中，干燥介质传给物料的热量全部用于水分的汽化，物料表面温度维持恒定（等于热空气湿球温度），物料表面的水蒸气分压也维持恒定，干燥速率恒定不变，故称为恒速干燥阶段。

第二阶段为降速干燥阶段。当物料干燥其水分达到临界湿含量后，便进入降速干燥阶段。此时物料中所含水分较少，水分自物料内部向表面传递的速率低于物料表面水分的汽化速率，干燥速率由水分在物料内部的传递速率所控制，称为内部迁移控制阶段。随着物料湿含量逐渐减小，物料内部水分的迁移速率逐渐降低，干燥速率不断下降，故称为降速干燥阶段。

恒速段干燥速率和临界含水量是干燥过程研究和干燥器设计的重要数据。恒速段干燥速率和临界含水量的影响因素主要有固体物料的种类和性质，固体物料层的厚度或颗粒大小，空气的温度、湿度和流速，以及空气与固体物料之间的相对运动方式等。

本实验在恒定干燥条件下对毛毡进行干燥，测绘干燥曲线和干燥速率曲线，目的是掌握恒速段干燥速率和临界含水量的测定方法及其影响因素。

1. 干燥速率测定

$$U=\frac{dW'}{Sd\tau}\approx\frac{\Delta W'}{S\Delta\tau} \tag{3-57}$$

式中 U——干燥速率，kg/(m²·h)；

S——干燥面积（实验室现场测量），m²；

$\Delta\tau$——时间间隔，h；

$\Delta W'$——$\Delta\tau$ 时间间隔内干燥汽化的水分量，kg。

2. 物料干基含水量

$$X=\frac{G'-G'_c}{G'_c} \tag{3-58}$$

式中 X——物料干基含水量，kg水/kg绝干料；

G'——固体湿物料的量，kg；

G'_c——绝干料量，kg。

3. 恒速干燥阶段对流传热系数的测定

$$U_c=\frac{dW'}{Sd\tau}=\frac{dQ'}{r_{t_w}Sd\tau}=\frac{\alpha(t-t_w)}{r_{t_w}} \tag{3-59}$$

$$\alpha=\frac{U_c r_{t_w}}{t-t_w} \tag{3-60}$$

式中 α——恒速干燥阶段物料表面与空气之间的对流传热系数，W/(m²·℃)；

U_c——恒速干燥阶段的干燥速率，kg/(m²·s)；

t_w——干燥器内空气的湿球温度，℃；

t——干燥器内空气的干球温度，℃；

r_{t_w}——t_w 下水的汽化热，J/kg。

4. 干燥器内空气实际体积流量的计算

由节流式流量计的流量公式和理想气体的状态方程可推导出：

$$V_t=V_{t_0}\frac{273+t}{273+t_0} \tag{3-61}$$

式中 V_t——干燥器内空气实际流量，m³/s；

t_0——流量计处空气的温度，℃；

V_{t_0}——常压下 t_0 时空气的流量，m³/s；

t——干燥器内空气的温度，℃。

$$V_{t_0}=C_0A_0\sqrt{\frac{2\Delta p}{\rho}} \tag{3-62}$$

$$A_0=\frac{\pi}{4}d_0^2 \tag{3-63}$$

式中 C_0——流量计流量系数，$C_0=0.65$；

d_0——节流孔开孔直径，$d_0=0.035\text{m}$，m；

A_0——节流孔开孔面积，m^2；

Δp——节流孔上下游两侧压力差，Pa；

ρ——孔板流量计处 t_0 时空气的密度，kg/m^3。

三、实验装置

空气用风机送入电加热器，经加热的空气流入干燥室，加热干燥室中的湿毛毡后，经排出管道排入大气中。随着干燥过程的进行，物料失去的水分量由称重传感器和智能数显仪表记录下来。实验装置如图 3-20 所示。

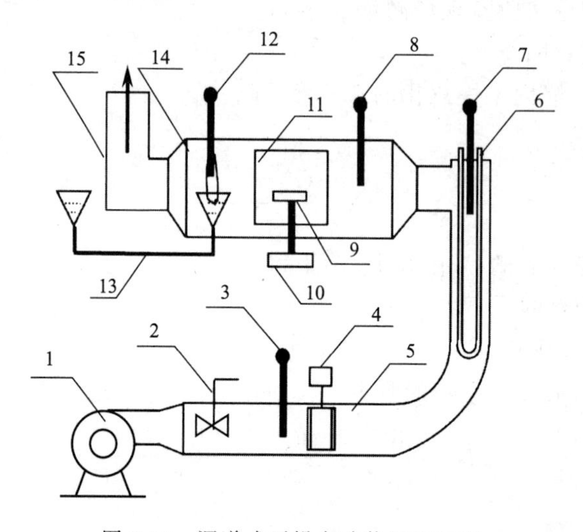

图 3-20 洞道式干燥实验装置流程图

1—风机；2—蝶阀；3—冷风温度计；4—涡轮流量计；5—管道；6—加热器；7—温控传感器；8—干球温度计；9—湿毛毡；10—称重传感器；11—玻璃视镜门；12—湿球温度计；13—盛水漏斗；14—干燥厢；15—出气口

主要设备及仪器如下。

离心风机：150FLJ；电加热器：2kW；干燥室：180mm×180mm×1250mm；干燥物料：湿毛毡；称重传感器：YB601 型电子天平；孔板流量计：LWGY-50。

四、实验步骤

1. 湿球温度计制作：将湿纱布裹在湿球温度计的感温球泡上，从背后向盛水漏斗加水，加至水面与漏斗口下沿平齐。

2. 打开仪控柜电源开关，启动风机，加热器通电加热，干燥室温度（干球温度）要求恒定在 60～70℃。

3. 将毛毡加入一定量的水并使其润湿均匀，注意水量不能过多或过少。

4. 当干燥室温度恒定时，将湿毛毡十分小心地放置于称重传感器上。注意不能用力下压，称重传感器的负荷仅为 200g，超重时称重传感器会被损坏。

5. 记录时间和脱水量，每分钟记录一次数据；每 5min 记录一次干球温度和湿球温度。

6. 待毛毡恒重时，即为实验终了时，停止加热。

7. 十分小心地取下毛毡，放入烘箱，于 105℃烘 10～20min，称重得绝干质量，量干燥面积。

8. 关闭风机，切断总电源，清扫实验现场。

五、实验数据记录及处理

1. 实验数据记录。将实验数据记录于表3-29。

实验装置编号：________#；干燥面积：________ m^2；

绝干质量：________ g；加水质量：________ g。

表3-29 干燥速率曲线测定实验数据记录表

实验时间 t/min	失水量 W/g	实验时间 t/min	失水量 W/g
2		32	
4		34	
6		36	
8		38	
10		40	
12		42	
14		44	
16		46	
18		48	
20		50	
22		52	
24		54	
26		56	
28		58	
30		60	

2. 实验结果分析处理

按表3-30处理实验数据，并写出一组数据处理的计算过程示例。

表3-30 干燥速率曲线测定实验数据处理表

空气孔板流量计读数 R：________ kPa；流量计处的空气温度 t_0：________℃；干球温度 t：________℃

湿球温度 t_w：________℃；框架质量 G_D：________ g；绝干物料量 G_c：________ g

干燥面积 S：________ m^2；洞道截面积：________ m^2

序号	累计时间 τ/min	总质量 G_T/g	干基含水量 X/(kg/kg)	平均含水量 X_{AV}/(kg/kg)	干燥速率 U/[$\times 10^4$kg/(s·m^2)]
1					
2					
3					
4					
5					
…					

1）按表 3-29 记录实验数据，并按表 3-30 处理数据，写出一组数据处理的计算过程示例。

2）以时间为横坐标，失水量为纵坐标，绘制干燥失水曲线。

3）从图中读出临界湿含量 X^* = ________水/kg 绝干物料。

4）计算出恒速干燥阶段物料与空气之间的对流传热系数。

六、思考题

1. 在 70～80℃的空气流中干燥，经过相当长的时间，能否得到绝对干料？

2. 测定干燥速率曲线的意义何在？

3. 如果 t 和 t_w 不变，增加风速，干燥速率如何变化？

4. 其他条件不变，湿物料最初的含水量大小对其干燥速率曲线有何影响？为什么？

5. 湿物料的平衡水分 X^* 数值大小受哪些因素的影响？

七、注意事项

1. 质量传感器的量程为 0～200g，精度比较高，所以干燥物料务必轻拿轻放，以免损坏或降低质量传感器的灵敏度。

2. 当干燥器内有空气流过时才能开启加热装置，以避免干烧损坏加热器。

3. 干燥物料要保证充分浸湿但不能有水滴滴下，否则将影响实验数据的准确性。

4. 实验进行中不要改变智能仪表的设置。

第四章 化工过程控制实验

实验一 1#水泵出口（涡轮）流量调节实验

一、实验目的

1. 熟悉单回路反馈控制系统的组成和工作原理。

2. 分析 P、PI 和 PID 调节时的过程图形曲线。

3. 定性研究 P、PI 和 PID 调节器的参数对系统性能的影响。

二、实验原理

图 4-1 为一阶单回路 PID（涡轮）流量控制系统流程图。控制的目的是使流量等于给定值，流量控制一般调节变化较快。

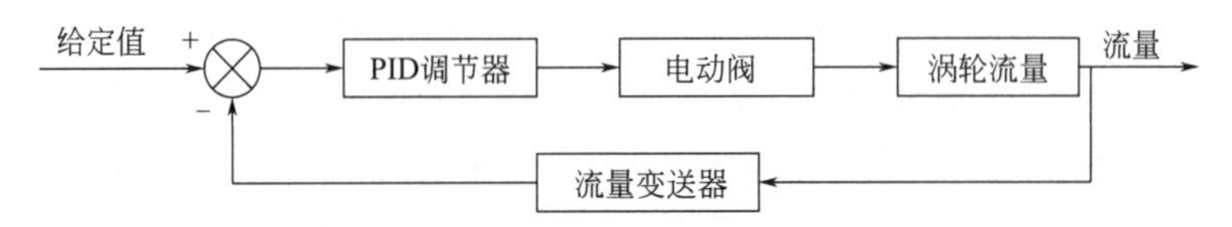

图 4-1　单回路 PID（涡轮）流量控制系统流程图

单回路调节系统一般指在一个调节对象上用一个调节器来保持一个参数的恒定，而调节器只接受一个测量信号，其输出也只控制一个执行机构。本系统所要保持的恒定参数是流量的给定值，即控制的任务是控制涡轮流量等于给定值所要求的流量。根据控制框图，这是一个闭环反馈单回路流量控制，采用工业 PLC 控制。当调节方案确定之后，接下来就是整定调节器的参数，一个单回路系统设计安装就绪之后，控制质量的好坏与控制器参数选择有着很大的关系。合适的控制参数，可以带来满意的控制效果。反之，控制器参数选择得不合适，则会使控制质量变坏，达不到预期效果。因此，当一个单回路系统组成好以后，如何整定好控制器参数是一个很重要的实际问题。

一般言之，用比例（P）调节器的系统是一个有差系统，比例度 δ 的大小不仅会影响到余差的大小，而且也与系统的动态性能密切相关。比例积分（PI）调节器，由于积分的作用，不仅能实现系统无余差，而且只要参数 δ、T_i（时间常数）调节合理，也能使系统具有良好的动态性能。比例积分微分（PID）调节器是在 PI 调节器的基础上再引入微分 D 的作用，从而使系统无余差存在，又能改善系统的动态性能（快速性、稳定性等）。在单位阶跃作用下，P、PI、PID 调节系统的阶跃响应分别如图 4-2 中的曲线①、②、③所示。

三、实验装置

YB2000D 型过程控制实验装置。

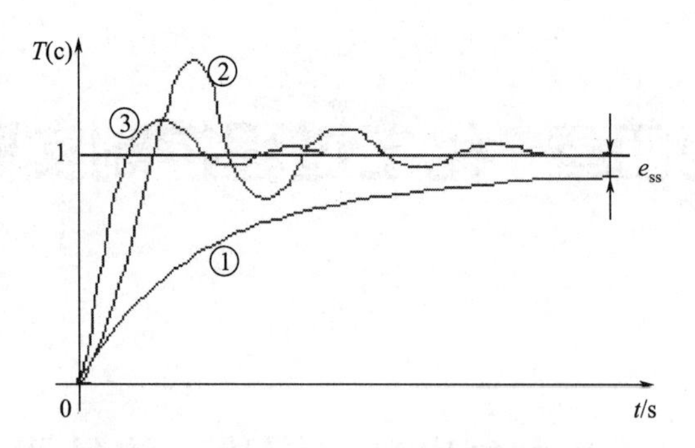

图 4-2　P、PI 和 PID 调节的阶跃响应曲线

T(c)—单位阶跃响应；e_{ss}—稳态误差

配置：C3000 过程控制器、实验连接线。

四、实验步骤

本实验以 1＃泵出口的涡轮流量为检测对象。

1. 打开储水箱进水阀，关闭储水箱出水阀，将储水箱灌至 25cm 位置。打开储水箱到 1＃泵的出水阀，打开反应釜的出水阀到最大位置。

2. 将信号面板的通道 1 送至 C3000 过程控制器面板通道 1，将信号面板的通道 2 送至 C3000 过程控制器面板通道 2，将信号面板的通道 3 送至 C3000 过程控制器面板通道 3，将信号面板的通道 5 送至 C3000 过程控制器面板通道 4，将信号面板的通道 6 送至 C3000 过程控制器面板通道 5，将信号面板的通道 7 送至 C3000 过程控制器面板通道 6，将信号面板的通道 8 送至 C3000 过程控制器面板通道 7，将信号面板的通道 9 送至 C3000 过程控制器面板通道 8，将信号面板的通道 13 送至 C3000 过程控制器面板通道 12，将信号面板的通道 14 送至 C3000 过程控制器面板通道 13。

仪表回路的组态：点击 menu—进入组态—控制回路—PID 控制。

回路 PID01 的设置，设定值设为 none；测量值 PV 设为 AI06，其余默认即可。

3. 打开实验对象电源开关，设备对象上打开现场仪表和 1＃水泵开关，控制台上打开仪表开关。

4. 再进入调节画面，将调节仪设为手动。比例度 δ、积分时间 T_i、微分时间 T_d 可分别设置。在许多控制系统中，只需要一种或两种回路控制类型。例如只需要比例回路或者比例积分回路。通过设置常量参数，可先选中想要的回路控制类型。如果不想要积分回路，可以把积分时间 T_i 设为无穷大（32768）。如果不想要微分回路，可以把微分时间 T_d 设为零。如果不想要比例回路，但需要积分或积分微分回路，可以把增益设为 100%。首先设定一个初始阀门开度，如 40%；切换至监控画面，观察流量变化，当液位趋于平衡时，再进行下一个步骤。

5. 比例（P）调节。

① 设定给定值，将积分时间 T_i 设为无穷大（32768），把微分时间 T_d 设为零，调整 δ。待流量平衡后点击状态切换按钮，将控制器投入运行。

② 待系统稳定后，对系统加扰动信号（在纯比例的基础上加扰动，一般可通过改变设定值实现）。记录曲线在经过几次波动稳定下来后，系统有稳态误差，并记录余差大小。

③ 减小 δ 重复步骤②，观察过渡过程曲线，并记录余差大小。

④ 增大 δ 重复步骤②，观察过渡过程曲线，并记录余差大小。

⑤ 选择合适的 δ，可以得到较满意的过渡过程曲线。改变设定值（如设定值由 50%变为 60%），同样可以得到一条过渡过程曲线。

6. 比例积分（PI）调节。

① 在比例调节实验的基础上，加入积分作用，观察被控制量是否能回到设定值，以验证 PI 控制下，系统对阶跃扰动无余差存在。设定给定值，把微分时间 T_d 设为零，调整 δ、T_i。待液位平衡后点击状态切换按钮，将控制器投入运行。

② 固定比例 δ 值（中等大小），改变 PI 调节器的积分时间常数值 T_i，然后观察加阶跃扰动后被调量的输出波形，并记录不同 T_i 值时的超调量 σ_p。

积分时间常数 T_i	大	中	小
超调量 σ_p			

③ 固定 T_i 于某一中间值，然后改变 δ 的大小，观察加扰动后被调量输出的动态波形，据此列表记录不同 δ 下的超调量 σ_p。

比例 δ	大	中	小
超调量 σ_p			

④ 选择合适的 δ 和 T_i 值，使系统对阶跃输入扰动的输出响应为一条较满意的过渡过程曲线。此曲线可通过改变设定值（如设定值由 50%变为 60%）来获得。

7. 比例积分微分（PID）调节。

① 在 PI 调节器控制实验的基础上，再引入适量的微分作用，然后加上与前面实验幅值完全相等的扰动，记录系统被控制量响应的动态曲线，并与 PI 控制下的曲线相比较，由此可看到微分对系统性能的影响。设定给定值，调整 δ、T_i、T_d。待被控量平衡后点击状态切换按钮，将控制器投入运行。

② 在历史曲线中选择一条较满意的过渡过程曲线进行记录。

五、实验数据处理

画出流量控制系统的实验控制方框图。

六、思考题

1. 从理论上分析调节器参数（δ、T_i）的变化对控制过程产生什么影响？

2. 流量控制与液位控制及温度控制相比有什么特点？

七、注意事项

每当做完一次实验后，必须待系统稳定后再做另一次实验。

实验二　冷水泵出口（孔板）流量调节实验

一、实验目的

1. 熟悉单回路反馈控制系统的组成和工作原理。

2. 分析 P、PI 和 PID 调节时的过程图形曲线。

3.定性研究P、PI和PID调节器的参数对系统性能的影响。

二、实验装置

YB2000D型过程控制实验装置

配置：C3000过程控制器、实验连接线。

三、实验原理

图4-3为一阶单回路PID（孔板）流量控制的流程图。这也是一个单回路控制系统，控制的目的是使流量等于给定值。流量控制一般调节变化较快。

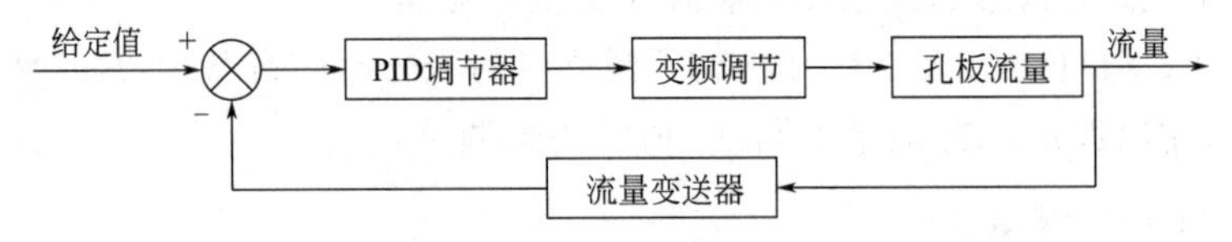

图4-3　一阶单回路PID（孔板）流量控制系统流程图

单回路调节系统一般指在一个调节对象上用一个调节器来保持一个参数的恒定，而调节器只接收一个测量信号，其输出也只控制一个执行机构。本系统所要保持的恒定参数是流量的给定值，即控制的任务是控制孔板流量等于给定值所要求的流量。根据控制框图，这是一个闭环反馈单回路流量控制，采用工业PLC控制。当调节方案确定之后，接下来就是整定调节器的参数，一个单回路系统设计安装就绪之后，控制质量的好坏与控制器参数选择有着很大的关系。合适的控制参数，可以带来满意的控制效果。反之，控制器参数选择得不合适，则会使控制质量变坏，达不到预期效果。因此，当一个单回路系统组成好以后，如何整定好控制器参数是一个很重要的实际问题。

在单位阶跃作用下，P、PI、PID调节系统的阶跃响应分别如图4-2中的曲线①、②、③所示。

四、实验步骤

本实验以冷水泵出口的孔板流量为检测对象。

1.打开储水箱进水阀，关闭储水箱出水阀，将储水箱灌至25cm位置。打开储水罐到2#泵的出水阀，打开反应釜的出水阀到最大位置，打开冷水槽到冷水泵的出水阀，关闭冷水槽的排水阀。保证热水槽的液位在20cm以上。

2.将信号面板的通道1送至C3000过程控制器面板通道1，将信号面板的通道2送至C3000过程控制器面板通道2，将信号面板的通道3送至C3000过程控制器面板通道3，将信号面板的通道5送至C3000过程控制器面板通道4，将信号面板的通道6送至C3000过程控制器面板通道5，将信号面板的通道7送至C3000过程控制器面板通道6，将信号面板的通道8送至C3000过程控制器面板通道7，将信号面板的通道9送至C3000过程控制器面板通道8，将信号面板的通道12送至C3000过程控制器面板通道12，将信号面板的通道14送至C3000过程控制器面板通道13。

仪表回路的组态：点击menu—进入组态—控制回路—PID控制。

回路PID01的设置，给定方式设为内给定；测量值PV设为AI08，其余默认即可。

3.打开实验对象电源开关，设备对象上打开现场仪表、2#泵开关、冷水泵开关，然后打开变频器手自动开关到自动位置；控制台上打开仪表开关。

4.进入调节画面，将调节仪设为手动。比例度δ、积分时间T_i、微分时间T_d可分别设置。在许多控制系统中，只需要一种或两种回路控制类型。例如只需要比例回路或者比例积分回路。通过设置常量参数，可先选中想要的回路控制类型。如果不想要积分回路，可以把积分时间 T_i 设为无穷大（32768）。如果不想要微分回路，可以把微分时间 T_d 置为零。如果不想要比例回路，但需要积分或积分微分回路，可以把增益设为100%。首先设定一个初始阀门开度，如40%；切换至监控画面，观察流量变化，当液位趋于平衡时，再进行下一个步骤。

5. 比例（P）调节。

① 设定给定值，将积分时间 T_i 设为无穷大（32768），把微分时间 T_d 置为零，调整 δ。待液位平衡后点击状态切换按钮，将控制器投入运行。

② 待系统稳定后，对系统加扰动信号（在纯比例的基础上加扰动，一般可通过改变设定值实现）。记录曲线在经过几次波动稳定下来后，系统有稳态误差，并记录余差大小。

③ 减小 δ 重复步骤②，观察过渡过程曲线，并记录余差大小。

④ 增大 δ 重复步骤②，观察过渡过程曲线，并记录余差大小。

⑤ 选择合适的P，可以得到较满意的过渡过程曲线。改变设定值（如设定值由50%变为60%），同样可以得到一条过渡过程曲线。

6. 比例积分（PI）调节。

① 在比例调节实验的基础上，加入积分作用，观察被控制量是否能回到设定值，以验证PI控制下，系统对阶跃扰动无余差存在。设定给定值，把微分时间 T_d 置为零，调整 δ、T_i。待液位平衡后点击状态切换按钮，将控制器投入运行。

② 固定比例 δ 值（中等大小），改变PI调节器的积分时间常数值 T_i，然后观察加阶跃扰动后被调量的输出波形，并记录不同 T_i 值时的超调量 σ_p。

积分时间常数 T_i	大	中	小
超调量 σ_p			

③ 固定 T_i 于某一中间值，然后改变 δ 的大小，观察加扰动后被调量输出的动态波形，据此列表记录不同 δ 值下的超调量 σ_p。

比例P	大	中	小
超调量 σ_p			

④ 选择合适的 δ 和 T_i 值，使系统对阶跃输入扰动的输出响应为一条较满意的过渡过程曲线。此曲线可通过改变设定值（如设定值由50%变为60%）来获得。

7. 比例积分微分（PID）调节。

① 在PI调节器控制实验的基础上，再引入适量的微分作用，然后加上与前面实验幅值完全相等的扰动，记录系统被控制量响应的动态曲线，并与PI控制下的曲线相比较，由此可看到微分对系统性能的影响。设定给定值，调整 δ、T_i、T_d。待被控量平衡后点击状态切换按钮，将控制器投入运行。

② 在历史曲线中选择一条较满意的过渡过程曲线进行记录。

五、实验数据处理

1. 用接好线路的单回路系统进行投运练习，并叙述无扰动切换的方法。

2. 用临界比例度法整定调节器的参数，写出三种调节器的余差和超调量。

3. 作出P调节器控制时，不同 δ 值下的阶跃响应曲线。

4.作出 PI 调节器控制时，不同 δ 和 T_i 值时的阶跃响应曲线。

5.画出 PID 控制时的阶跃响应曲线，并分析微分 D 的作用。

6.比较 P、PI 和 PID 三种调节器对系统无差度和动态性能的影响。

六、思考题

1.为什么要强调无扰动切换?

2.试定性地分析三种调节器的参数 δ，(δ、T_i)，(δ、T_i、T_d) 的变化对控制过程各产生什么影响?

七、注意事项

1.每当做完一次实验后，必须待系统稳定后再做另一次实验。

2.设定值不可过大，以免溢出。

实验三　冷水槽液位调节实验

一、实验目的

1.熟悉单回路液位控制系统的组成和工作原理。

2.定性研究 P、PI 和 PID 调节器的参数对液位控制系统性能的影响。

二、实验装置

YB2000D 型过程控制实验装置。

配置：C3000 过程控制器、实验连接线。

三、实验原理

图 4-4 为一阶单回路 PID 液位控制系统流程图。这也是一个单回路控制系统，控制的目的是使液位等于给定值。

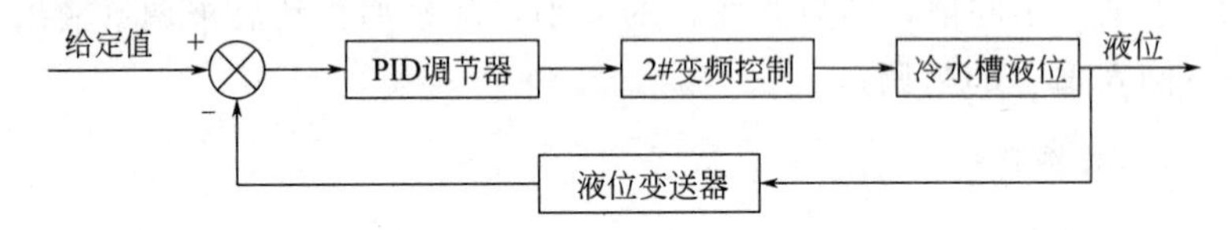

图 4-4　一阶单回路 PID 液位控制系统流程图

单回路调节系统一般指在一个调节对象上用一个调节器来保持一个参数的恒定，而调节器只接收一个测量信号，其输出也只控制一个执行机构。本系统所要保持的恒定参数是液位的给定值，即控制的任务是控制液位等于给定值所要求的液位。根据控制框图，这是一个闭环反馈单回路液位控制，采用工业 PLC 控制。当调节方案确定之后，接下来就是整定调节器的参数，一个单回路系统设计安装就绪之后，控制质量的好坏与控制器参数选择有着很大的关系。合适的控制参数，可以带来满意的控制效果。反之，控制器参数选择得不合适，则会使控制质量变坏，达不到预期效果。因此，当一个单回路系统组成好以后，如何整定好控制器参数是一个很重要的实际问题。

在单位阶跃作用下，P、PI、PID 调节系统的阶跃响应分别如图 4-2 中的曲线①、②、③所示。

四、实验步骤

本实验以冷水槽液位为控制对象。

1. 打开储水箱进水阀，关闭其他手阀，将储水箱灌至 25cm 位置。打开储水箱到 2# 水泵再到冷水槽的管道上的阀门，冷水槽的排水阀打开到一定程度。

将信号面板的通道 1 送至 C3000 过程控制器面板通道 1，将信号面板的通道 2 送至 C3000 过程控制器面板通道 2，将信号面板的通道 3 送至 C3000 过程控制器面板通道 3，将信号面板的通道 5 送至 C3000 过程控制器面板通道 4，将信号面板的通道 6 送至 C3000 过程控制器面板通道 5，将信号面板的通道 7 送至 C3000 过程控制器面板通道 6，将信号面板的通道 8 送至 C3000 过程控制器面板通道 7，将信号面板的通道 9 送至 C3000 过程控制器面板通道 8，将信号面板的通道 14 送至 C3000 过程控制器面板通道 12。

仪表回路的组态：点击 menu—进入组态—控制回路—PID 控制。

回路 PID01 的设置，给定方式设为内给定；测量值 PV 设为 AI04，其余默认即可。

2. 打开控制台及实验对象电源开关，打开对象的现场仪表、2# 泵开关和变频器手自动开关。

3. 进入调节画面，将调节仪设为手动。首先设定一个初始阀门开度，如 40%；切换至监控画面，观察液位变化，当液位趋于平衡时，再进行下一个步骤。

4. 设定给定值，调整 P、I、D 各参数。待液位平衡后点击状态切换按钮，将控制器投入运行。

5. 在历史曲线中选择一条较满意的过渡过程曲线进行记录。

五、实验数据处理

画出液位控制系统的实验控制方框图。

六、思考题

1. 从理论上分析调节器参数（δ、T_i）的变化对控制过程产生什么影响？

2. 液位控制与流量控制及温度控制相比有什么特点？

七、注意事项

每当做完一次实验后，必须待系统稳定后再做另一次实验。

实验四　冷水（孔板）和热水（电磁）流量环比值调节实验

一、实验目的

1. 了解两种流量计的结构及其使用方法。

2. 了解比值控制在工业上的应用。

二、实验装置

YB2000D 型过程控制实验装置。

配置：C3000 过程控制器、实验连接线。

三、实验原理

在各种生产过程中，需要使两种物料的流量保持严格的比例关系是常见的，例如，在锅炉的燃烧系统中，要保持燃料和空气量的一定比例，以保证燃烧的经济性。而且往往其中一个流量随外界负荷需要而变，另一个流量则应由调节器控制，使之成比例地改变，保证二者之比值不变。否则，如果比例严重失调，就可能造成生产事故，或发生危险。又如，以重油为原料生产合成氨时，在造气工段应该保持一定的氧气和重油比例，在合成工段则应保持氢和氮的比值一定。这些比值调节的目的是使生产能在最佳的工况下进行。图 4-5 为比值流量控制系统流程图。

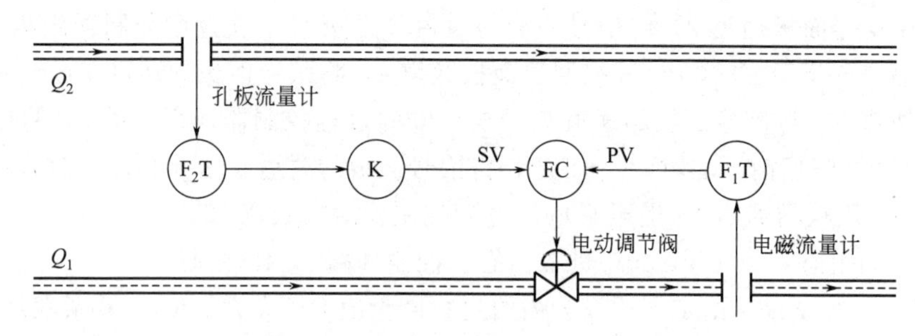

图 4-5　比值流量控制系统流程图

四、实验步骤

本实验以电磁流量为控制对象，保持孔板流量成一定比值关系。

1. 打开储水箱进水阀，关闭其他手阀，将储水箱灌至 25cm。打开 2＃泵到热水槽和冷水槽管道上的球阀，关闭热水槽和冷水槽的出水阀和排水阀。打开冷水槽到冷水泵到气动调节阀再到反应釜管道上的球阀，关闭气动调节阀的盘路阀。打开热水槽到热水泵再到反应釜管道上的阀门。打开反应釜的出水阀。

C3000 组态：

① 虚拟通道的设置：点击 menu—进入组态—运算通道—模拟运算—启动通道 1（VA01）。

② VA01 的设置：移动光标到表达式，设置为 AI08 * CONF01，量程设为 0～100。

③ 仪表回路的组态：点击 menu—进入组态—控制回路—PID 控制。

回路 PID02 的设置，给定设为 NONE；测量值 PV 设为 AI08，其余默认。

回路 PID01 的设置，设定值 SV 设为 VA01；测量值 PV 设为 AI07，其余默认。

④ 常数设置：点击 menu—进入组态—常数设置—浮点型，并将 CONF01 设置为 2，按 ESC 退出到菜单界面，选择启动组态，确定，退出。最后将回路 1 和回路 2 均投运于自动状态下，在监控画面进入回路 1 的调整画面设为 R（即选择数据来源为远端）。

2. 将信号面板的通道 1 送至 C3000 过程控制器面板通道 1，将信号面板的通道 2 送至 C3000 过程控制器面板通道 2，将信号面板的通道 3 送至 C3000 过程控制器面板通道 3，将信号面板的通道 5 送至 C3000 过程控制器面板通道 4，将信号面板的通道 6 送至 C3000 过程控制器面板通道 5，将信号面板的通道 7 送至 C3000 过程控制器面板通道 6，将信号面板的通道 8 送至 C3000 过程控制器面板通道 7，将信号面板的通道 9 送至 C3000 过程控制器面板通道 8，将信号面板的通道 15 送至 C3000 过程控制器面板通道 12，将信号面板的通道 12 送至 C3000 过程控制器面板通道 13，将信号面板的通道 14 送至 C3000 过程控制器面板通道 14。

3. 打开控制台及实验对象电源开关，现场仪表、2＃水泵、热水泵、冷水泵和变频器手自动开关。

4. 进入调节画面，将调节仪设为手动。首先设定一个初始阀门开度，如 40%；切换至监控画面，观察流量变化，当流量趋于平衡时，再进行下一个步骤。

5. 设定给定值，调整比例系数 K 及 P、I、D 各参数。待流量平衡后点击状态切换按钮，将控制器投入运行。

6. 在历史曲线中选择一条较满意的过渡过程曲线进行记录。

五、实验数据处理

1. 画出比值控制系统的方框图。

2. 分析出比值器控制时，不同 KC（比例系数，主要起调节作用）值时的阶跃响应曲线。

六、思考题

比值器在实验中起什么作用?

七、注意事项

每当做完一次实验后，必须待系统稳定后再做另一次实验。

第五章 化学工程专业实验

实验一 CO_2 临界状态观测及 p-V-T 关系测定

一、实验目的

1. 了解临界状态的观测方法，增加对临界状态的感性认识。
2. 加深对工质热力状态——凝结、汽化、饱和等概念的理解。
3. 学会气体 p-V-T 关系的测定方法，掌握实验测定实际气体状态变化规律的技巧。
4. 学会活塞式压力计、超级恒温水浴等仪器设备的使用方法。

二、实验原理

对简单可压缩热力系统，当工质处于平衡状态时，其状态参数 p、V、T 之间有：

$$F(p,V,T)=0 \quad 或 \quad p=f(V,T) \tag{5-1}$$

本实验就是根据式 (5-1)，利用定温方法来测定 CO_2 的 p 与 V 之间的关系，从而进一步确定 CO_2 的 p-V-T 关系。

三、装置与流程

二氧化碳 p-V-T 曲线测定实验装置由压力台、超级恒温水浴和实验台本体及其防护罩三大部分组成，如图 5-1 所示。

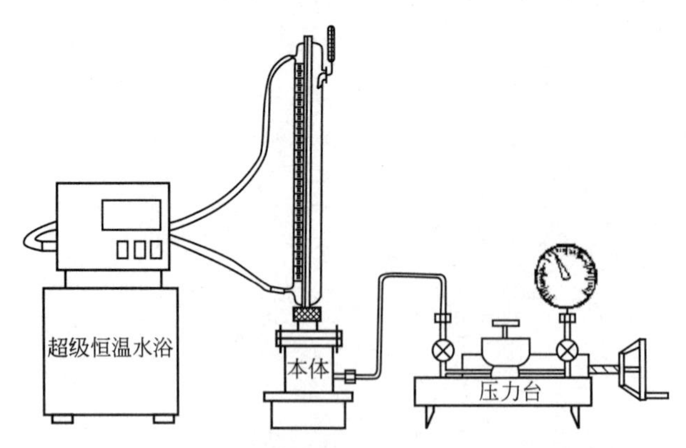

图 5-1 二氧化碳 p-V-T 曲线测定实验装置

实验台本体如图 5-2 所示。实验时应注意确保 $p \leqslant 7.8$MPa，否则承压玻璃管有破裂危险；实验温度 $t \leqslant 40$℃。

实验中，由压力台送来的压力油进入高压容器和玻璃杯上半部，使水银进入预先装了 CO_2 气体的承压玻璃管，CO_2 被压缩，其压力和容积通过压力台上的活塞杆的进、退来调

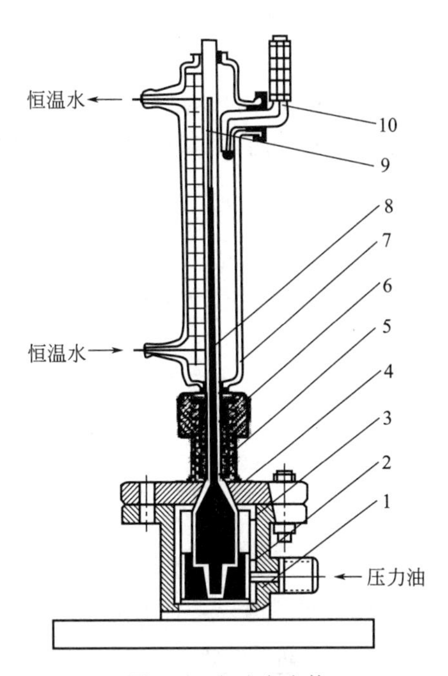

图 5-2 实验台本体

1—高压容器；2—玻璃杯；3—压力油；4—水银；5—密封填料；6—填料压盖；
7—恒温水套；8—承压玻璃管；9—CO_2 空间；10—温度计

节。温度由超级恒温水浴水套的水温调节，水套里恒温水由超级恒温水浴供给。

实验工质二氧化碳的压力由装在压力台上的压力表读出。温度由插在恒温水套中的温度计读出。比容首先由承压玻璃管内二氧化碳的高度来测量，而后再根据承压玻璃管内径均匀、截面不变等条件换算得出。

四、实验步骤

1. 按图 5-1 装好实验设备，并开启实验台本体上的白光灯。

2. 超级恒温水浴准备。

① 将蒸馏水注入超级恒温水浴内，水面不能低于面板 30mm。

② 调节温控装置，使恒温水浴内水温达到工作温度。

3. 加压前的准备。

因为压力台的油缸容量比主容器容量小，需要多次从油杯里抽油，再向主容器充油，才能在压力表上显示压力读数。压力台抽油、充油的操作过程非常重要，若操作失误，不但加不上压力，还会损坏实验设备。所以，务必认真掌握，其步骤如下。

① 关压力表及其进入本体油路的两个阀门，开启压力台上油杯的进油阀。

② 摇退压力台上的活塞螺杆，直至螺杆全部退出。这时，压力台油缸中抽满了油。

③ 先关闭油杯阀门，然后开启压力表和进入本体油路的两个阀门。

④ 摇进活塞螺杆，使本体充油。如此反复，直至压力表上有压力读数为止。

⑤ 再次检查油杯阀门是否关好，压力表及本体油路阀是否开启。均已调定后，即可进行实验。

4. 测定承压玻璃管内 CO_2 的质面比常数 K 值。

由于充进承压玻璃管内的 CO_2 质量不便测量，而玻璃管内径或截面积 A 又不易测准，因而实验中采用间接办法来确定CO_2的比容（假定CO_2的比容V与其高度是线性关系）。具体方法如下。

① 已知CO_2液体在25℃、7.8MPa时的比容$V=0.00124m^3/kg$。

② 实际测定实验台在25℃、7.8MPa时的CO_2液柱高度Δh_0（单位为m）。注意玻璃水套上刻度的标记方法。

③ 因为：

$$V_{25℃、7.8MPa}=\frac{\Delta h_0 A}{m}=0.00124m^3/kg$$

式中 Δh_0——CO_2液柱高度，m；

m——CO_2的质量，kg；

A——玻璃管内截面积，m^2。

所以：

$$K\equiv\frac{m}{A}=\frac{\Delta h_0}{0.00124}\ kg/m^2$$

K即为玻璃管内CO_2的质面比常数。所以，任意温度、压力下CO_2的比容为：

$$V=\frac{\Delta h}{m/A}=\frac{\Delta h}{K}=\frac{h-h_0}{K} \tag{5-2}$$

式中 h——任意温度、压力下水银柱高度；

h_0——承压玻璃管内径顶端刻度（酌情扣除尖部长度）。

5. 测定低于临界温度$t=20℃$或25℃时的等温线。

① 将超级恒温水浴调定在$t=20℃$或25℃，并保持恒温。

② 压力从4.41MPa开始，当玻璃管内水银升起来后，摇进活塞螺杆应尽量慢。

③ 按照适当的压力间隔取h值，直至压力$p=7.8MPa$（读h时，压力间隔一般应取为0.3MPa）。

④ 注意加压后CO_2的变化，特别是注意液化、汽化等现象。注意观察和测试CO_2最初液化和完全液化时的压力和水银柱高度。将测得的实验数据及观察到的现象一并填入表5-1。

6. 测定临界等温线和临界参数（文献值$T_c=304.25K$，$p_c=7.376MPa$，$V_c=0.942m^3/kmol$），并观察临界现象。

① 测出临界等温线，并在该曲线拐点处找出临界压力p_c和临界比容V_c，填入表5-1。

② 观察临界现象。

a. 整体相变现象。由于在临界点时，汽化潜热等于零，饱和汽相线和饱和液相线交于一点，所以这时气液的相互转变不是像临界温度以下时那样逐渐积累，需要一定的时间，表现为渐变过程，而这时当压力稍有变化时，气、液是以突变的形式相互转化（严格来讲，应是接近临界情况下）。

b. 气、液两相模糊不清现象。处于临界点的CO_2不能区分为气态、液态。如果说它是气体，那么这个气体是接近液态的气体；如果说它是液体，那么这个液体又是接近气态的液体。下面，就来用实验证明这个结论。因为这时是处于临界温度下，如果按等温线过程来进行，使CO_2压缩或膨胀，那么管内是什么也看不到的。现在，按绝热过程来进行。首先在压力等于7.64MPa附近突然降压，CO_2状态点由等温线沿绝热线降到液区，管内CO_2出现了明显的液面。这就是说，如果这时管内的 CO_2 是气体的话，那么这种气体离液相区很近，可以说是接近液态的气体；当在膨胀之后突然压缩 CO_2 时，这个液面又立即消失了。这就告诉我们，这时，CO_2 液体离气相区也是非常近的，可以说是接近气态的液体。此时的 CO_2 既接近气态又接近液态，所以能处于临界点附近。可以这样说：临界状态究竟如何，就是饱和气、液分不清。这就是临界点附近，饱和气、液模糊不清的现象。

c. 临界乳光现象。保持临界温度不变，摇进活塞杆使压力升至 7.4MPa 附近处，然后突然摇退活塞杆（注意勿使实验本体晃动）降压，在此瞬间玻璃管内将出现圆锥形的乳白色的闪光现象，这就是临界乳光现象，这是由于 CO_2 分子受重力场作用沿高度分布不均匀和光的散射所造成的。可以反复几次观察这一现象。

7. 测定高于临界温度 $t=40℃$ 时的等温线。将数据填入原始记录表 5-2。

五、实验记录

表 5-1　CO_2 等温线实验原始记录

室温：________　大气压：________　质面比常数 K：________

序号	$t=25℃$				$t=31.1℃$（临界）				$t=40℃$			
	p /MPa	Δh /m	V /(m^3/kg)	现象	p /MPa	Δh /m	V /(m^3/kg)	现象	p /MPa	Δh /m	V /(m^3/kg)	现象
1												
2												
3												
4												
5												
6												
7												
8												
9												
进行等温线实验所需时间												
	min				min				min			

表 5-2　临界比容 V_c　　单位：m^3/kg

标准值	实验值	$V_c=RT_c/p_c$	$V_c=3RT/8p_c$
0.00216			

六、数据处理

1. 按表 5-1 的数据，如图 5-3 在 p-V 坐标系中画出三条等温线。

2. 将实验测得的等温线与图 5-3 所示的标准等温线进行比较，并分析它们之间的差异及原因。

3. 将实验测得的饱和压力的对应值与下式给出的值相比较：

$$\lg p_s = 7.76331 - \frac{1566.08}{T + 97.87} \quad (273 \sim 304\text{K 下适用}) \tag{5-3}$$

4. 将实验测定的 V_c 与理论计算值一并填入表 5-2，并分析它们之间的差异及原因。

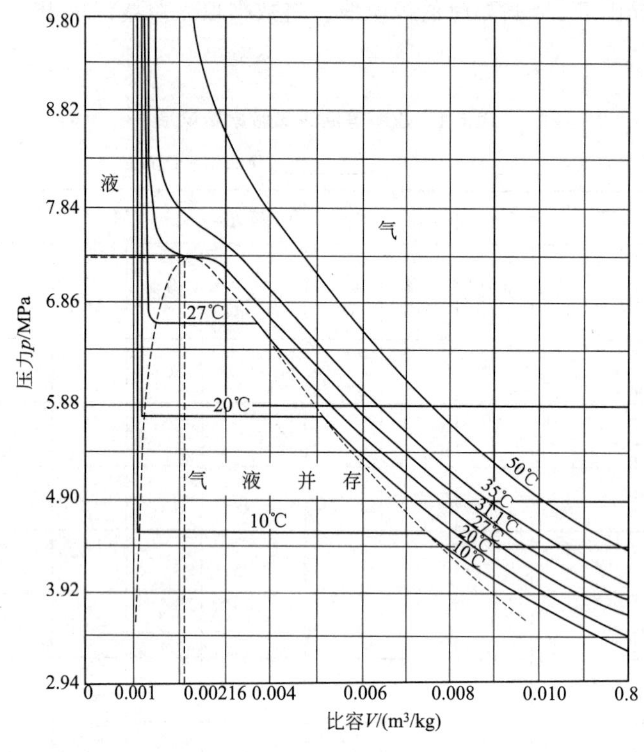

图 5-3 标准曲线

七、思考题

1. 质面比常数 K 值对实验结果有何影响？为什么？

2. 分析本实验的误差来源，如何使误差尽量减少？

3. 为什么测等温线时要求“当玻璃管内水银升起来后，摇进活塞螺杆应尽量慢”？

实验二 二元体系气液平衡数据测定

一、实验目的

1. 了解二元体系气液相平衡数据的测定方法，掌握改进的 Rose 平衡釜的使用方法，测定大气压力下乙醇 (1)-环已烷 (2) 体系 T、P、x_i、y_i 数据。

2. 确定液相组分的活度系数与组成关系式中的参数，推算体系恒沸点，计算出不同液相组成下两个组分的活度系数，并进行热力学一致性检验。

3. 掌握恒温浴使用方法和用阿贝折光仪分析组成的方法。

二、实验原理

气液平衡数据实验测定是在一定温度、压力下，在已建立气液相平衡的体系中，分别取出气相和液相样品，测定其浓度。本实验采用的是广泛使用的循环法，平衡装置利用改进的Rose釜。所测定的体系为乙醇（1)-环己烷（2)，样品分析采用折光法。

气液平衡数据包括 T、P、x_i、y_i。对部分理想体系达到气液平衡时，有以下关系式：

$$y_i P = \gamma_i x_i P_i^s \tag{5-4}$$

将实验测得的 T、P、x_i、y_i 数据代入上式，计算出实测的 x_i 与 γ_i 数据，利用 x_i 与 γ_i 关系式（van Laar方程或Wilson方程等）关联，确定方程中参数。根据所得的参数可计算不同浓度下的气液平衡数据、推算共沸点及进行热力学一致性检验。

三、仪器与试剂

1. 仪器

二元系统气液平衡数据测定实验装置、阿贝折光仪、超级恒温浴等。

二元系统气液平衡数据测定实验装置如图5-4所示，其主体为改进的Rose平衡釜——气液双循环式平衡釜（图5-5)。

根据环己烷（2）溶液在30℃下的折射率，得到一系列 x_1-n_D 数据。

改进的Rose平衡釜气液分离部分配有50～100℃精密温度计或热电偶（配XMT-3000数显仪）测量平衡温度，沸腾器的蛇形玻璃管内插有300W电热丝，加热混合液，其加热量由可调变压器控制。

2. 试剂

无水乙醇（分析纯)、环己烷（分析纯)。

四、实验步骤

1. 制作乙醇（1)-环己烷（2）溶液折射率与组成关系工作曲线（可由教师预先准备)。

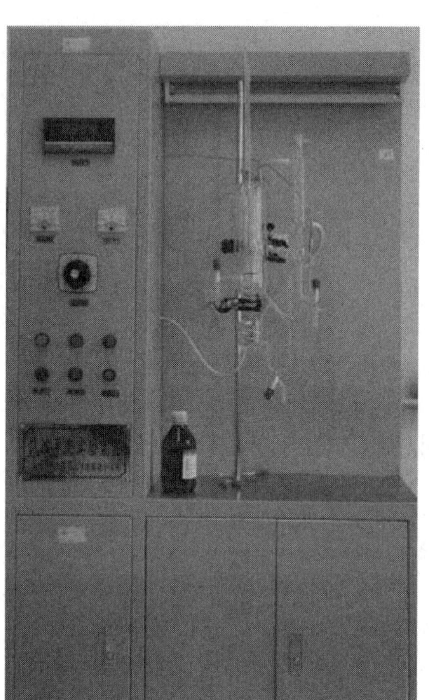

图5-4 二元系统气液平衡数据测定实验装置

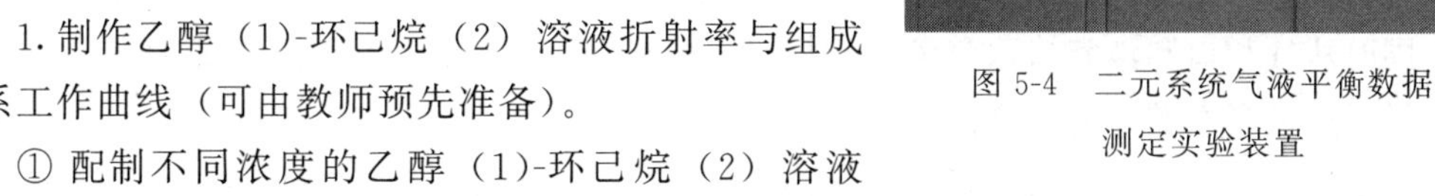

① 配制不同浓度的乙醇（1)-环己烷（2）溶液（摩尔分数 x_1 分别为0.1、0.2、0.3、0.4、0.5、0.6、0.7、0.8、0.9)。

② 测量不同浓度的乙醇（1)-环己烷（2）溶液在30℃下的折射率，得到一系列 x_1-n_D 数据。

③ 将 x_1-n_D 数据关联回归，得到如下方程：

$$x_1 = -0.74744 + \frac{[0.0014705 + 0.10261 \times (1.4213 - n_D)]^{0.5}}{0.051305} \tag{5-5}$$

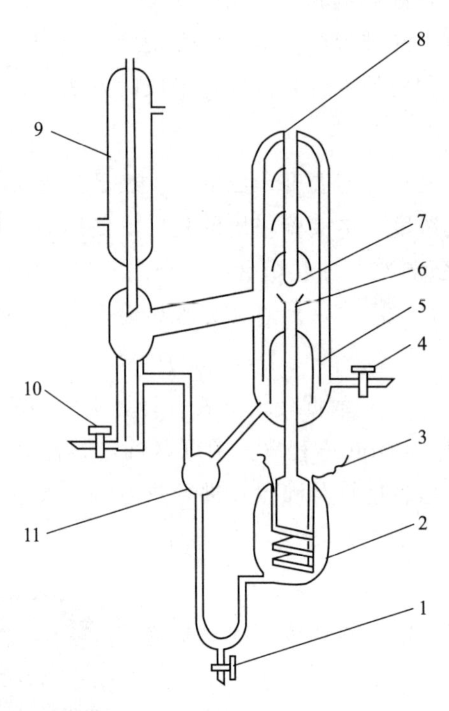

图 5-5　改进的 Rose 釜结构

1—排液口；2—沸腾器；3—内加热器；4—液相取样口；5—气室；6—气液提升管；7—气液分离器；8—温度计套管；9—气相冷凝管；10—气相取样口；11—混合器

2. 开恒温浴-折光仪系统，调节水温到（30.0±0.1)℃（折光仪的原理及使用方法见附录）。

3. 接通平衡釜冷凝器冷却水，关闭平衡釜下部考克。向釜中加入乙醇-环己烷溶液（加到釜的刻度线，液相口能取到样品）。

4. 接通电源，调节加热电压，注意釜内状态。当釜内液体沸腾，并稳定以后，调节加热电压使冷凝管末端流下的冷凝液在 80 滴/min 左右。

5. 当沸腾温度稳定，冷凝液流量稳定（80 滴/min 左右），并保持 30min 以后，认为气液平衡已经建立。此时沸腾温度为气液平衡温度。由于测定时平衡釜直接通大气，平衡压力为实验时的大气压。用福廷式水银压力计读取大气压（见附录）。

6. 同时从气相口和液相口取气液两相样品，取样前应先放掉少量残留在取样考克中的试剂，取样后要盖紧瓶盖，防止样品挥发。

7. 测量样品的折射率，每个样品测量两次，每次读数两次，四个数据的平均偏差应小于 0.0002，按四个数据的平均值计算气相或液相样品的组成。

8. 改变釜中溶液组成（添加纯乙醇或纯环己烷），重复步骤 4～8，进行第二组数据测定。

五、实验数据记录及处理

1. 实验数据记录

(1) 平衡釜操作记录　改进的 Rose 釜操作记录见表 5-3。

表 5-3 改进的 Rose 釜操作记录

日期：________ 室温：________ 大气压：________

实验序号	投料量/mL	时间/min	加热电压/V	平衡釜温度/℃	环境温度/℃	露茎高度/mm	冷凝液滴速/(滴/min)	现象
1	混合液							
2	补加							

（2）折射率测定及平衡数据计算结果　折射率 n_D 测定结果和气液相平衡组成计算结果见表 5-4。

表 5-4 折射率 n_D 测定结果和气液相平衡组成计算结果

测量温度：30.0℃

实验序号	液相样品折射率 n_D					气相样品折射率 n_D					平衡组成	
	1	2	3	4	平均	1	2	3	4	平均	液相	气相
1												
2												

2.实验数据处理

① 平衡温度和平衡压力的校正。

② 由所测的折射率计算平衡液相和气相的组成，并与文献数据相比较，计算平衡温度实验值与文献值的偏差和气相组成实验值与文献值的偏差。

③ 计算活度系数 γ_1、γ_2。运用部分理想体系气液平衡关系式可得到：

$$\gamma_1=\frac{y_1P}{x_1P_1^s} \text{和} \ \gamma_2=\frac{y_2P}{x_2P_2^s}$$

式中，P_1^s 和 P_2^s 由 Antoine 方程计算，其形式为：

$$\lg P_1^s=8.1120-\frac{1592.864}{T+226.184} \tag{5-6}$$

$$\lg P_2^s=6.85146-\frac{1206.470}{T+223.136} \tag{5-7}$$

P_1^s 和 P_2^s 的单位为 mmHg，T 的单位为℃。

④ 由得到的活度系数 γ_1 和 γ_2 计算 van Laar 方程或 Wilson 方程中参数。van Laar 方程参数如下：

$$A_{12}=\ln\gamma_1\left(1+\frac{x_2\ln\gamma_2}{x_1\ln\gamma_1}\right)^2 \tag{5-8}$$

$$A_{21}=\ln\gamma_2\left(1+\frac{x_1\ln\gamma_1}{x_2\ln\gamma_2}\right)^2 \tag{5-9}$$

⑤ 用 van Laar 方程或 Wilson 方程计算一系列的 x_1-γ_1，γ_2 数据，计算 $\ln\gamma_1-x_1$、$\ln\gamma_2-x_1$ 和 $\ln\frac{\gamma_1}{\gamma_2}-x_1$ 数据，绘出 $\ln\frac{\gamma_1}{\gamma_2}-x_1$ 曲线，用 Gibbs-Duhem 方程对所得数据进行热力学一致性检验。其中 van Laar 方程形式如下：

$$\ln\gamma_1=\frac{A_{12}}{\left(1+\frac{A_{12}x_1}{A_{21}x_2}\right)^2},\ \ln\gamma_2=\frac{A_{21}}{\left(1+\frac{A_{21}x_2}{A_{12}x_1}\right)^2}\ \text{（选做）} \tag{5-10}$$

⑥ 计算 0.1013MPa 压力下的恒沸数据或 35℃下的恒沸数据，并与文献值相比较（选做）。

3. 计算示例

某次实验数据记录列于表 5-5 和表 5-6。

表 5-5　改进的 Rose 釜操作记录

实验日期：__________　室温：25℃　大气压：758.2mmHg

实验序号	投料量/mL	时间/min	加热电压/V	平衡釜温度/℃		环境温度/℃	露茎高度/mm	冷凝液滴速/(滴/min)	现象
				热电偶	水银温度计				
1	混合液 180	500	60	20		25		0	开始加热
		525	60	40		26		0	沸腾
		535	58	59.2	59.10	30	0.8	40	有回流
		543	58	65.0	64.92	31	6.6	78	回流
		555	58	65.0	64.94	31	6.6	81	回流稳定
		590	56	65.1	64.95	31	6.6	79	回流稳定
		592							取样

表 5-6　折射率测定及平衡数据计算结果

测量温度：30.0℃

序号	液相样品折射率 n_D					气相样品折射率 n_D					平衡组成	
	1	2	3	4	平均	1	2	3	4	平均	液相	气相
1	1.3835	1.3835	1.3836	1.3835	1.3835	1.3972	1.3971	1.3972	1.3973	1.3972	0.6781	0.4797

1）温度及压力的校正。

① 露茎校正：

$$\Delta T_{露茎}=kn(T-T_{环})=0.00016\times6.6\times(64.95-31.0)=0.036(℃) \tag{5-11}$$

$$T_{真实}=T+\Delta T_{露茎}=64.95+0.04=64.99(℃) \tag{5-12}$$

② 压力校正，将测量的平衡压力 758.2mmHg 下的平衡温度折算到平衡压力为 760mmHg 的平衡温度：

$$温度校正值\ \Delta T=\frac{T_{真实}+273.15}{10}\times\frac{760-P_0}{760}=0.08℃ \tag{5-13}$$

$$T(760\text{mmHg 平衡温度})=64.99+0.08=65.07(℃) \tag{5-14}$$

2）查得 $x_1=0.6781$ 时，$y_1=0.4750$，$T=65.25℃$。

实验值与文献值偏差：

$$|\Delta y_1|=0.4797-0.4750=0.0047 \tag{5-15}$$

$$|\Delta T|=65.25-65.07=0.19 \tag{5-16}$$

3）计算实验条件下的活度系数 γ_1、γ_2。

$$\gamma_1=\frac{0.4797}{0.6781}\times\frac{760}{439.37}=1.2237$$

$$\gamma_2=\frac{0.5203}{0.3219}\times\frac{760}{462.57}=2.6556 \tag{5-17}$$

4）计算 van Laar 方程中参数。

$$A_{12}=\ln\gamma_1\left(1+\frac{x_2\ln\gamma_2}{x_1\ln\gamma_1}\right)^2=2.19412$$

$$A_{21}=\ln\gamma_2\left(1+\frac{x_1\ln\gamma_1}{x_2\ln\gamma_2}\right)^2=2.01215 \tag{5-18}$$

5）用 van Laar 方程计算 x-γ 数据，列于表 5-7。

表 5-7 用 van Laar 方程计算 x-γ 数据结果

x_1	0.05	0.1	0.2	0.3	0.4	0.5	0.6	0.7	0.8	0.9	0.95
$\ln\gamma_1$	1.9624	1.7455	1.3548	1.0192	0.7357	0.5021	0.3159	0.1747	0.0763	0.0188	0.0047
$\ln\gamma_2$	0.0059	0.0235	0.0923	0.2041	0.3565	0.5475	0.7749	1.0369	1.3316	1.6572	1.8311
$\ln(\gamma_1/\gamma_2)$	1.9565	1.7220	1.2625	0.8150	0.3792	−0.0454	−0.4590	−0.8620	−1.255	−1.6384	−1.826

经计算得到 $D<J$，符合热力学一致性。

6）估算 $P=760\text{mmHg}$ 下恒沸点温度和恒沸组成。

可列出以下联立方程组：

$$\ln\frac{P}{P_1^s}=\frac{A_{12}}{\left(1+\frac{A_{12}x_1}{A_{21}x_2}\right)^2} \tag{5-19}$$

$$\ln\frac{P}{P_2^s}=\frac{A_{21}}{\left(1+\frac{A_{21}x_2}{A_{12}x_1}\right)^2} \tag{5-20}$$

$$\lg P_1^s=8.1120-\frac{1592.864}{T+226.184} \tag{5-21}$$

$$\lg P_2^s=6.85146-\frac{1206.470}{T+223.136} \tag{5-22}$$

$$x_1+x_2=1 \tag{5-23}$$

代入相关数据，经试差计算得，恒沸点温度 $T=65.0℃$，恒沸组成 $x_1=0.477$，与附录文献数据基本符合。

4. 实验结果讨论

1）给出 $P=760\text{mmHg}$ 下平衡温度 T、乙醇液相组成 x_1 和相应的气相组成 y_1 数据，与文献数据相比较，分析数据精确度。

2）实验测量误差及引起误差的原因。

3）对实验装置及其操作提出改进建议。

4）对热力学一致性检验和恒沸数据推算结果进行评议。

六、思考题

1. 实验中如何确定气液两相达到平衡？

2. 影响气液平衡数据测定精确度的因素有哪些？

3. 试举出气液平衡数据应用的例子。

七、注意事项

1. 平衡釜开始加热时电压不宜过大，以防物料冲出。

2. 平衡时间应足够。气液相取样瓶在取样前要检查是否干燥，装样后要保持密封，因为乙醇和环己烷都较易挥发。

3. 测量折射率时，应注意使液体铺满毛玻璃板，并防止挥发。取样分析前应注意检查滴管、取样瓶和折光仪毛玻璃板是否干燥。

实验三　三组分液液平衡数据测定

一、实验目的

1. 深入理解液液平衡的有关概念；熟悉液液相平衡关系在三角形相图上的表示方法。

2. 了解液液平衡数据的测定方法。

3. 测绘环己烷-水-乙醇三组分体系的相图。

二、实验原理

1. 等边三角形相图

设以等边三角形的三个顶点分别代表纯组分 A、B 和 C，如图 5-6(a) 所示。则 AB 边代表 A+B 两组分体系，BC 边代表 B+C 两组分体系，CA 边代表 C+A 两组分体系，而三角形内部任意一点表示 A+B+C 三组分体系。

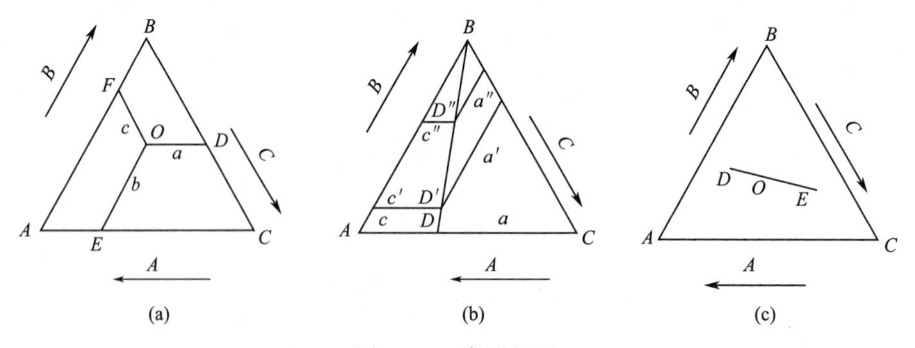

图 5-6　三角形相图

将三角形的每一边分为 100 等分，通过三角形内任何一点 O 引平行于各边的直线，分别与边 BC 相交于点 D，令 $a=\overline{OD}$；与边 CA 相交于点 E，令 $b=\overline{OE}$；与边 AB 相交于点 F，令 $c=\overline{OF}$。根据几何原理，$a+b+c=\overline{AB}=\overline{BC}=\overline{CA}=100\%$，因此 O 点的组成可由 a、b、c 来表示，即 O 点所代表的三个组分的百分组成为：$A\%=a$，$B\%=b$，$C\%=c$。

三角形相图还有下列两个特点。

(1) 如图 5-6(b) 所示，通过任一顶点 B 向其对边引直线 BD，则 BD 线上的点所代表的组成中，A、C 两个组分含量的比值保持不变。即

$$\frac{a}{c}=\frac{a'}{c'}=\frac{a''}{c''}=\frac{A\%}{C\%}=\text{常数} \tag{5-24}$$

(2) 如图 5-6(c) 所示，如果有两个三组分体系 D 和 E，将其混合之后其组成必位于 D、E 两点之间的连线上，例如为 O。根据杠杆规则：

$$\frac{m_{\mathrm{D}}}{m_{\mathrm{E}}}=\frac{\overline{OE}}{\overline{OD}} \tag{5-25}$$

2.液液相平衡关系的测定方法

在环己烷-水-乙醇三组分体系中，环己烷和水是不互溶的，而乙醇和环己烷及乙醇和水都是互溶的，在环己烷-水体系中加入乙醇则可使环己烷与水互溶。由于乙醇在环己烷层及水层中非等量分配，因此代表两层浓度的 a、b 点的连线并不一定和底边平行（图 5-7）。设加入乙醇后体系总组成为 c，平衡共存的两相称为共轭溶液，其组成由通过 c 的连线的 a、b 两点表示。图中曲线以下区域为两相共存，其余部分为一相。

(1) 液液分层曲线绘制。现有一个环己烷-水的两组分体系，其组成为 K，于其中逐渐加入乙醇，则体系总组成沿 KB 变化（环己烷-水比例保持不变），在曲线以下区域内则存在互不相混溶的两共轭相，将溶液振荡时则出现浑浊状态。继续滴加乙醇直到曲线上的 d 点，溶液振荡后出现澄清状态，体系由两相区进入单相区。继续滴加乙醇直到曲线上的 e 点后，改向体系中滴加水，液体总组成将沿 eC 变化（乙醇-环己烷比例保持不变），直到曲线上的 f 点，则由单相区进入两相区，液体开始由清澈变浑浊。继续加水至 g 点（仍为两相）。如于此体系中再改滴乙醇，至 h 点则由两相区进入单相区，液体由浑变清。如此反复进行，可获得 d、f、h、j 等位于曲线上的点，将它们连接即得单相区与两相区分界的曲线。

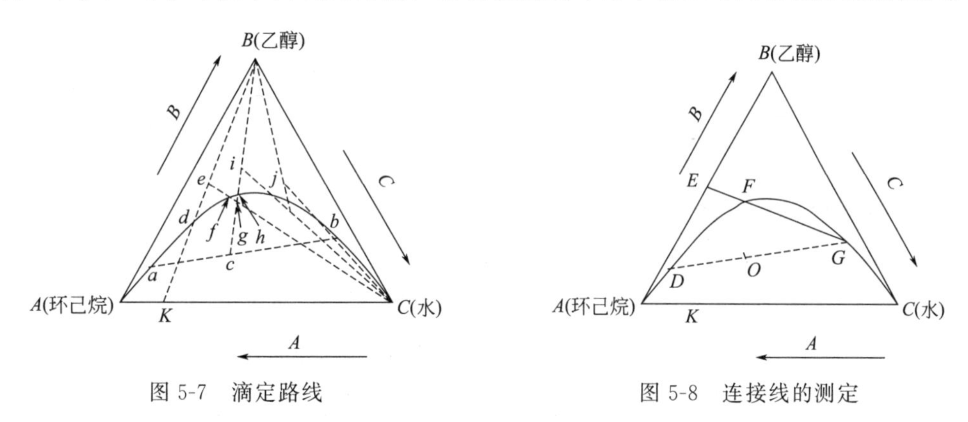

图 5-7 滴定路线　　　　图 5-8 连接线的测定

(2) 连接线绘制。

① 浊点法。如图 5-8 所示，设体系总组成点为 O。静置后其将分为共轭的两相：D（环己烷相）、G（水相）。若能将 G 点确定，则 D 易求，从而可作出一条连接线 DG。

取分层后的水相，称其质量 W_{G}。将组成为 E 的环己烷-乙醇混合液，滴加到组成为 G、质量为 W_{G} 的该水相溶液中。先假定 G 已定，则体系总组成点将沿直线 GE 从 G 向 E 移动，当移至 F 点时，液体由浊变清（由两相变为单相），称此时水相溶液质量 W_{F}。根据杠杆规

则，环己烷-乙醇混合物质量 $W_E=W_F-W_G$ 与水相 G 的质量 W_G 之比符合下列关系：

$$\frac{W_E}{W_G}=\frac{GF}{FE} \tag{5-26}$$

实验中，E 点位置已知，W_G、W_E 用称重法得到。过 E 作液液分层曲线的割线，反复实验，使其符合上式，则可定 G 点，连 GO 并延长使与液液分层曲线再次相交可得 D 点。

② 平衡釜法。用液-液平衡釜测定。此法可同时得到液液平衡线和平衡两液相组成点连线——连接线。

三、仪器与试剂

1. 仪器

平衡釜、恒温浴、电磁搅拌器、色谱仪、针筒、取样瓶、酸式滴定管、移液管等。

2. 试剂

环己烷（分析纯）、乙醇（分析纯）等。

四、实验步骤

1. 浊点法测定液液分层曲线

用移液管取环己烷 2mL 放入干的 250mL 锥形瓶中，另用刻度移液管加水 0.1mL，然后用滴定管滴加乙醇，至溶液恰由浊变清时，记下所加乙醇的体积（mL）。于此液中再加乙醇 0.5mL，用水滴定至溶液刚由清返浊，记下所用水的体积（mL）。按照实验数据记录表 5-8 所规定数据继续入水，然后用乙醇滴定，如此反复进行实验。滴定时必须充分振荡。

2. 浊点法测定结线

在干的分液漏斗中加入环己烷 3mL、水 3mL 及乙醇 2mL，充分摇动后静置分层。放出下层（水层）1mL 于已称量的 50mL 锥形瓶中，称其质量，然后逐滴加入 50%环己烷-乙醇混合物，不断摇动，至由浊变清，再称其质量。

3. 平衡釜法测定液液分层曲线及结线

向液液平衡釜中加入水 10mL、环己烷 10mL、乙醇 10mL（加前称重），调节恒温浴，将水温调整到 25℃（如室温较高，可调整到 30℃）。将恒温水通入平衡釜夹套。搅拌 20min（中间将下部放样口死角中液体放出，倒回平衡釜），静置 20min，取上层和下层样用色谱仪分析。补加乙醇 5mL 重复上述步骤，如时间许可，再补加乙醇 5mL 测第三组平衡数据。

五、实验数据记录及处理

1. 实验数据记录

将浊点法、平衡釜法测定结果分别记录在表 5-8 和表 5-9 中。

表 5-8 浊点法测定结果（液液分层曲线）

室温：________ 大气压：________

编号	体积/mL					质量/g				质量分数/%			终点记录
	环己烷	水		乙醇		环己烷	水	乙醇	合计	环己烷	水	乙醇	
		每次加	合计	每次加	合计								
1	2	0.1											清
2	2			0.5									浊
3	2	0.2											清

续表

编号	体积/mL					质量/g				质量分数/%			终点记录
	环己烷	水		乙醇		环己烷	水	乙醇	合计	环己烷	水	乙醇	
		每次加	合计	每次加	合计								
4	2			0.9									浊
5	2	0.6											清
6	2			1.5									浊
7	2	1.5											清
8	2			3.5									浊
9	2	4.5											清
10	2			7.5									浊

表 5-9 平衡釜法测定结果

序号	加料量/g			总组成/%			上层组成/%			下层组成/%		
	环己烷	水	乙醇	环己烷	水	乙醇	环己烷	水	乙醇	环己烷	水	乙醇
1												
2												
3												
4												
5												
6												
7												
8												
9												

2.实验数据处理

1）将终点时溶液中各成分的体积，根据其密度换算成质量，求出各终点质量百分组成，所得结果绘于三角坐标纸上。将各点连成平滑曲线，并用虚线将曲线外延到三角形两个顶点（因水与环己烷在室温下可以看成是完全不互溶的）。也可用直角三角形坐标绘图。

2）将表 5-9 实验数据标入上述三角坐标中。终点应在平衡线上，各组三个实验点（水相、环己烷相组成和体系总组成）应在一条直线上。

六、思考题

1.用相律说明，温度、压力恒定时，单相区自由度是多少？

2.用水或乙醇滴定至清浊变化以后，为什么还要加入过剩量？过剩量的多少对结果有何影响？

3.从测量的精密度来看，体系的百分组成能用几位有效数字表示？

4. 如果滴定过程中有一次清浊变化的读数不准，是否需要立即倒掉溶液重新做实验？

七、注意事项

1. 滴定管要干燥而洁净。放水和乙醇时要快而准，但不能快到连续滴下。酸式滴定管易漏，试剂不宜久存管中。

2. 锥形瓶要干净，振荡后内壁不能挂液珠。

3. 用水（或乙醇）滴定如超过终点，则可滴几滴乙醇（或水）恢复。记下实际各溶液用量，在做最后几点时（环己烷含量较少）终点是逐渐变化，需滴至出现明显浑浊，才停止滴加。

八、附录

密度数据见表 5-10，溶解度数据见表 5-11。

表 5-10　密度数据

温度/℃	密度/(g/cm^3)		
	水	乙醇	环己烷
10	0.9997	0.7979	0.787
20	0.9882	0.7859	0.779
30	0.9957	0.7810	0.770

表 5-11　25℃乙醇-环己烷-水三元体系液液平衡溶解度数据

序号	质量分数/%		
	乙醇	环己烷	水
1	41.06	0.08	58.86
2	43.24	0.54	56.22
3	50.38	0.81	48.81
4	53.85	1.36	44.79
5	61.63	3.09	35.28
6	66.99	6.98	26.03
7	68.47	8.84	22.69
8	69.31	13.88	16.81
9	67.89	20.38	11.73
10	65.41	25.98	8.31
11	61.59	30.63	7.78
12	48.17	47.54	4.29
13	33.14	64.79	2.07
14	16.70	82.41	0.89

实验四　液液传质系数的测定

一、实验目的

1. 掌握用刘易斯池测定液液传质系数的实验方法。

2. 测定乙酸在水与乙酸乙酯中的传质系数。

3. 探讨流动情况、物系性质对液液界面传质的影响机理。

二、实验原理

实际萃取设备效率的高低，以及怎样才能提高其效率，是人们十分关心的问题。为了解决这些问题，必须研究影响传质速率的因素和规律，以及探讨传质过程的机理。

近几十年来，人们虽已对两相接触界面的动力学状态、物质通过界面的传递机理和相界面对传递过程的阻力等问题进行了研究，但由于液液间传质过程的复杂性，许多问题还没有得到令人满意的解答，有些工程问题不得不借助于实验的方法或凭经验进行处理。

工业设备中，常将一种液相以滴状分散于另一种液相中进行萃取。但当流体流经填料、筛板等内部构件时，会引起两相高度分散和强烈湍动，传质过程和分子扩散变得复杂，再加上液滴的凝聚与分散、流体的轴向返混等问题，影响传质速率的主要因素，如两相实际接触面积、传质推动力都难以确定。因此，在实验研究中，常将过程进行分解，采用理想化和模拟的方法进行处理。1954 年刘易斯（Lewis）提出用一个恒定界面的容器，研究液液传质的方法，它能在给定界面面积的情况下，分别控制两相的搅拌强度，以造成一个相内全混、界面无返混的理想流动状况，因而不仅明显地改善了设备内流体力学条件及相际接触状况，而且不存在因液滴的形成与凝聚而造成端效应的麻烦。本实验即采用改进型的刘易斯池（图 5-9）进行实验。由于刘易斯池具有恒定界面的特点，当实验在给定搅拌速度及恒定的温度下，测定两相浓度随时间的变化关系，就可借助物料衡算及速率方程获得传质系数。

$$-\frac{V_w}{A}\times\frac{dC_w}{dt}=K_w(C_w-C_w^*) \tag{5-27}$$

$$\frac{V_o}{A}\times\frac{dC_o}{dt}=K_o(C_o^*-C_o) \tag{5-28}$$

若溶质在两相的平衡分配系数 m 可近似地取为常数，则：

$$C_w^*=\frac{C_o}{m},\ C_o^*=mC_w \tag{5-29}$$

式（5-27）、式（5-28）中的 $\frac{dC}{dt}$ 值可将实验数据进行曲线拟合，然后求导数取得。

若将实验系统达平衡时的水相浓度 C_w^e 和有机相浓度 C_o^e 替换式（5-27）、式（5-28）中的 C_w^* 和 C_o^*，则对上两式积分可推出下面的积分式：

$$K_w=\frac{V_w}{At}\int_{C_w(0)}^{C_w(t)}\frac{dC_w}{C_w^e-C_w}=\frac{V_w}{At}\ln\frac{C_w^e-C_w(t)}{C_w^e-C_w(0)} \tag{5-30}$$

$$K_o=\frac{V_o}{At}\int_{C_o(0)}^{C_o(t)}\frac{dC_o}{C_o^e-C_o}=\frac{V_o}{At}\ln\frac{C_o^e-C_o(t)}{C_o^e-C_o(0)} \tag{5-31}$$

以 $\ln\frac{C^e-C(t)}{C^e-C(0)}$ 对 t 作图，从斜率也可获得传质系数。

求得传质系数后，就可讨论流动情况、物系性质等对传质速率的影响。由于液液相际的传质远比气液相际的传质复杂，若用双膜模型处理液液相的传质，可假定：界面是静止不动的，在相界面上没有传质阻力，而且两相呈平衡状态；紧靠界面两侧是两层滞流液膜；传质阻力是由界面两侧的两层阻力叠加而成；溶质靠分子扩散进行传递。但结果常出现较大的偏差，这是由于实际上相界面往往是不平静的，除了主流体中的旋涡分量时常会冲到界面上外，有时还因为流体流动的不稳定，界面本身也会产生骚动而使传质速率增加好多倍。另外，微量的表面活性物质的存在又可使传质速率减小。关于产生界面现象和界面不稳定的原因有关文献已有报道。

1. 界面张力梯度导致的不稳定性

在相界面上由于浓度的不完全均匀，因此界面张力也有差异。这样，界面附近的流体就开始从张力低的区域向张力较高的区域运动，正是界面附近界面张力的随机变化导致相界面上出现强烈的旋涡现象。这种现象称为 Marangoni 效应。根据物系的性质和操作条件的不同，又可分为规则型界面运动和不规则型界面运动。前者是与静止的液体性质有关，又称为 Marangoni 不稳定性。后者与液体的流动或强制对流有关，又称为瞬时骚动。

2. 密度梯度引起的不稳定性

除了界面张力会导致流体的不稳定性外，一定条件下密度梯度的存在，界面处的流体在重力场的作用下也会产生不稳定，即所谓的 Taylar 不稳定。这种现象对界面张力导致的界面对流有很大的影响。稳定的密度梯度会把界面对流限制在界面附近的区域。而不稳定的密度梯度会产生离开界面的旋涡，并且使它渗入到主体相中去。

3. 表面活性剂的作用

表面活性剂是降低液体界面张力的物质，只要很低的浓度，它就会积聚在相界面上，使界面张力下降，造成物系的界面张力与溶质浓度的关系比较小，或者几乎没有什么关系，这样就可抑制界面不稳定性的发展，制止界面湍动。另外，表面活性剂在界面处形成吸附层时，有时会产生附加的传质阻力，减小了传质系数。

三、仪器与试剂

1. 仪器

电子天平（0.1mg）、刘易斯池、量筒、针筒、短针头、锥形烧杯、分析取样瓶、碱式滴定管等。

实验所用的刘易斯池，如图 5-9 所示。它是由一段内径为 0.1m、高为 0.12m、壁厚为 8×10^{-3}m 的玻璃圆筒构成的。池内体积约为 900mL，用一块聚四氟乙烯制成的界面环（环上每个小孔的面积为 3.8cm^2），把池隔成大致等体积的两隔室。每隔室的中间部位装有互相独立的六叶搅拌桨，在搅拌桨的四周各装设六叶垂直挡板，其作用在于防止在较高的搅拌强度下造成界面的扰动。两搅拌桨由一个直流伺服电机通过皮带轮驱动。一个光电传感器监测着搅拌桨的转速，并装有可控硅调速装置，可方便地调整转速。两液相的加料经高位槽注入池内，取样通过上法兰的取样口进行。另设恒温夹套，以调节和控制池内两相的温度，为防止取样后实际传质界面发生变化，在池的下端配有一个升降台，以随时调节液液界面处于界面环中线处。

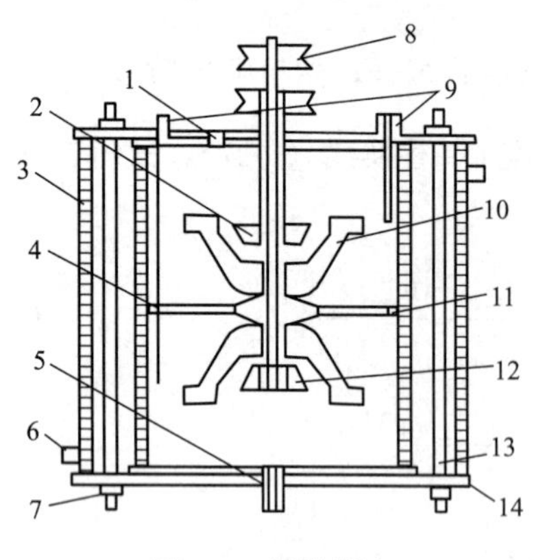

图 5-9　刘易斯池

1—进料口；2—上搅拌桨；3—夹套；4—玻璃筒；5—出料口；6—恒温水接口；7—衬垫；8—皮带轮；9—取样口；10—垂直挡板；11—界面杯；12—下搅拌桨；13—拉杆；14—法兰

实验装置如图 5-10 所示。

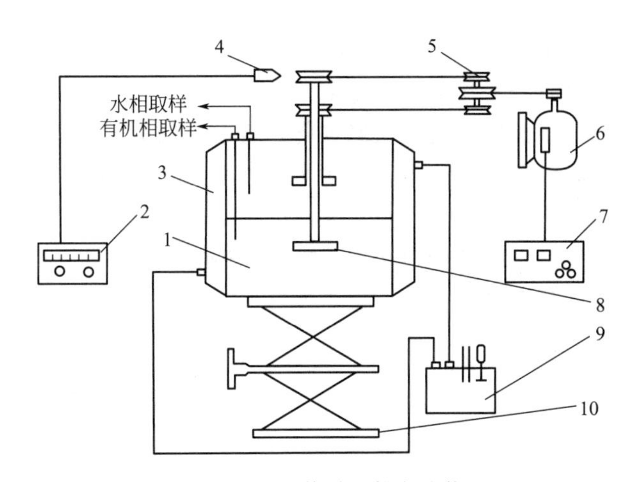

图 5-10 液液传质系数实验装置

1—刘易斯池；2—测速仪；3—恒温夹套；4—光电传感器；5—传动装置；6—直流电机；7—调速器；8—搅拌桨；9—恒温槽；10—升降台

2. 试剂

乙酸乙酯（分析纯）、乙酸（分析纯）、氢氧化钠、酚酞指示剂等。

四、实验步骤

本实验所用的物系为水-乙酸-乙酸乙酯。有关该系统的物理性质和平衡浓度列于表 5-12、表 5-13。

表 5-12 物理性质

物系	μ/Pa·s	σ/(N/m)	ρ/(kg/m^3)	D/(m^2/s)
水	100.42×10^{-5}	72.67	997.1	1.346×10^{-9}
乙酸	130.0×10^{-5}	23.90	1049	
乙酸乙酯	48.0×10^{-5}	24.18	901	3.69×10^{-9}

表 5-13 25℃乙酸在水相与酯相中的平衡浓度（质量分数）

酯相浓度/%	0.0	2.50	5.77	7.63	10.17	14.26	17.73
水相浓度/%	0.0	2.90	6.12	7.95	10.13	13.82	17.25

1. 装置在安装前，先用丙酮清洗池内各个部位，以防表面活性剂污染系统。

2. 将恒温槽温度调整到实验所需的温度。

3. 加料时，不要将两相的位置颠倒，即较重的一相先加入，然后调节界面环中心线的位置与液面重合，再加入第二相。第二相加入时应避免产生界面骚动。

4. 启动搅拌桨约 30min，使两相互相饱和，然后由高位槽加入一定量的乙酸。因溶质传递是从不平衡到平衡的过程，所以当溶质加完后就应开始计时。

5. 溶质加入前，应预先调节好实验所需的转速，以保证整个过程处于同一流动条件下。

6. 各相浓度按一定的时间间隔同时取样分析。开始应 3～5min 取样一次，以后可逐渐地延长时间间隔，当取了 8～10 个点的实验数据以后，实验结束，停止搅拌，放出池中液体，洗净待用。

7. 实验中各相浓度，可用 NaOH 标准溶液分析滴定乙酸含量。

以乙酸为溶质，由一相向另一相传递的萃取实验可进行以下内容。

① 测定各相浓度随时间的变化关系，求取传质系数。

② 改变搅拌强度，测定传质系数，关联搅拌速度与传质系数的关系。

③ 进行系统污染前后传质系数的测定，并对污染前后实验数据进行比较，解释系统污染对传质的影响。

④ 改变传质方向，探讨界面湍动对传质系数的影响程度。

⑤ 改变相应的实验参数或条件，重复以上②～④的实验步骤。

五、实验数据记录及处理

1. 实验数据记录

实验原始数据记录见表5-14。

表 5-14 酯相和水相的原始数据记录

气压：________ kPa　　室温：________ ℃　　$V_{乙酸乙酯}$：________ mL

C_{NaOH}：________ mol/L　　转速：________ r/min　　$V_{乙酸}$：________ mL

序号	时间 t/min	酯相		水相	
		质量/g	标定体积/mL	质量/g	标定体积/mL
1					
2					
3					
4					
5					
6					
7					
8					
9					
10					

2. 实验数据处理

1）将实验结果列于表5-15，并标绘 C_o、C_w对 t 的关系图。

表 5-15 酯相和水相数群对数计算值

序号	时间 t/min	酯相			水相		
		C_o /%	C_o^e /%	$\ln\frac{C_o^e-C_o(t)}{C_o^e-C_o(0)}$	C_w /%	C_w^e /%	$\ln\frac{C_w^e-C_w(t)}{C_w^e-C_w(0)}$
1							
2							
3							
4							

续表

序号	时间 t/min	酯相			水相		
		C_o /%	C_o^e /%	$\ln\frac{C_o^e-C_o(t)}{C_o^e-C_o(0)}$	C_w /%	C_w^e /%	$\ln\frac{C_w^e-C_w(t)}{C_w^e-C_w(0)}$
5							
6							
7							
8							
9							
10							

2）根据实验测定的数据，计算传质系数 K_w、K_o。

3）将传质系数 K_w 或 K_o 对 t 作图。

六、思考题

1. 讨论测定液液传质系数的意义。

2. 讨论搅拌速度与传质系数的关系。

3. 分析实验误差的来源。

实验五　连续均相反应器停留时间分布的测定

一、实验目的

1. 通过实验了解利用电导率测定停留时间分布的基本原理和实验方法。

2. 掌握停留时间分布的统计特征值的计算及数据处理方法，通过脉冲示踪法测定实验反应器的停留时间分布密度函数 $E(t)$ 和停留时间分布函数 $F(t)$，求出其数学特征——数学期望和方差，并和轴向扩散模型关联，求出模型参数轴向 Pe。

3. 学会用理想反应器串联模型来描述实验系统的流动特性。

4. 了解计算机系统数据采集的方法。

二、实验原理

反应器内流体速度分布不均匀，或某些流体微元运动方向与主体流动方向相反，使反应器内流体流动产生不同程度的返混。在反应器设计、放大和操作时，往往需要知道反应器中返混程度的大小。停留时间分布能定量描述返混程度的大小，而且能够直接测定。因此停留时间分布测定技术在化学反应工程领域中有一定的地位。

停留时间分布可用分布函数 $F(t)$ 和分布密度 $E(t)$ 来表示，二者的关系为：

$$F(t)=\int_0^t E(t)\mathrm{d}t \tag{5-32}$$

$$E(t)=\frac{\mathrm{d}F(t)}{\mathrm{d}t} \tag{5-33}$$

测定停留时间分布最常用的方法是阶跃示踪法和脉冲示踪法。

阶跃示踪法为：

$$F(t)=\frac{C(t)}{C_0} \tag{5-34}$$

脉冲示踪法为：

$$E(t)=\frac{U}{Q_{入}}C(t) \tag{5-35}$$

式中　$C(t)$——示踪剂的出口浓度；

C_0——示踪剂的入口浓度；

U——流体的流量；

$Q_{入}$——示踪剂的注入量。

由此可见，若采用阶跃示踪法，则测定出口示踪物浓度变化，即可得到 $F(t)$ 函数；而采用脉冲示踪法，则测定出口示踪物浓度变化，就可得到 $E(t)$ 函数。

本实验停留时间分布测定所采用的主要是示踪响应法。它的原理是：在反应器入口用电磁阀控制的方式加入一定量的示踪剂 KCl，通过电导率仪测量反应器出口处水溶液电导率的变化，间接描述反应器流体的停留时间。常用的示踪剂加入方式有脉冲输入、阶跃输入和周期输入等。本实验选用脉冲输入法。

脉冲输入法是在较短的时间内（0.1～1.0s），向设备内一次注入一定量的示踪剂，同时开始计时并不断分析出口示踪物料的浓度 $C(t)$ 随时间的变化。由概率论知识，概率分布密度 $E(t)$ 就是系统的停留时间分布密度函数。因此，$E(t)\mathrm{d}t$ 就代表了流体粒子在反应器内停留时间介于 t～$\mathrm{d}t$ 间的概率。

用停留时间分布密度函数 $E(t)$ 和停留时间分布函数 $F(t)$ 来描述系统的停留时间，给出了很好的统计分布规律。但是为了比较不同停留时间分布之间的差异，还需引进两个统计特征，即数学期望和方差。

数学期望对停留时间分布而言就是平均停留时间 $\bar{t}$，即

$$\bar{t}=\frac{\int_0^{\infty}tE(t)\mathrm{d}t}{\int_0^{\infty}E(t)\mathrm{d}t}=\int_0^{\infty}tE(t)\mathrm{d}t \tag{5-36}$$

方差是和理想反应器模型关系密切的参数。它的定义是：

$$\sigma_t^2=\int_0^{\infty}t^2E(t)\mathrm{d}t-\overline{t^2} \tag{5-37}$$

对活塞流反应器 $\sigma_t^2=0$，而对全混流反应器 $\sigma_t^2=\overline{t^2}$。

$$N=\frac{\overline{t^2}}{\sigma_t^2} \tag{5-38}$$

当 N 为整数时，代表该非理想流动反应器可用 N 个等体积的全混流反应器的串联来建立模型。当 N 为非整数时，可以用四舍五入的方法近似处理，也可以用不等体积的全混流反应器串联模型。

三、装置流程及试剂

1. 装置和流程

有机玻璃搅拌釜（1000mL），电动搅拌器，电导率仪，转子流量计（DN 10mm，L=10～100L/h），电磁阀（PN 0.8MPa，220V），压力表（量程 0～1.6MPa，精度 1.5 级），数据采集与 A/D 转换系统，计算机，打印机等。

本实验采用脉冲示踪法分别测定釜式反应器、三釜串联反应器、管式带循环反应器的停留时间分布，测定是在不存在化学反应的情况下进行的。实验装置流程如图 5-11 所示。

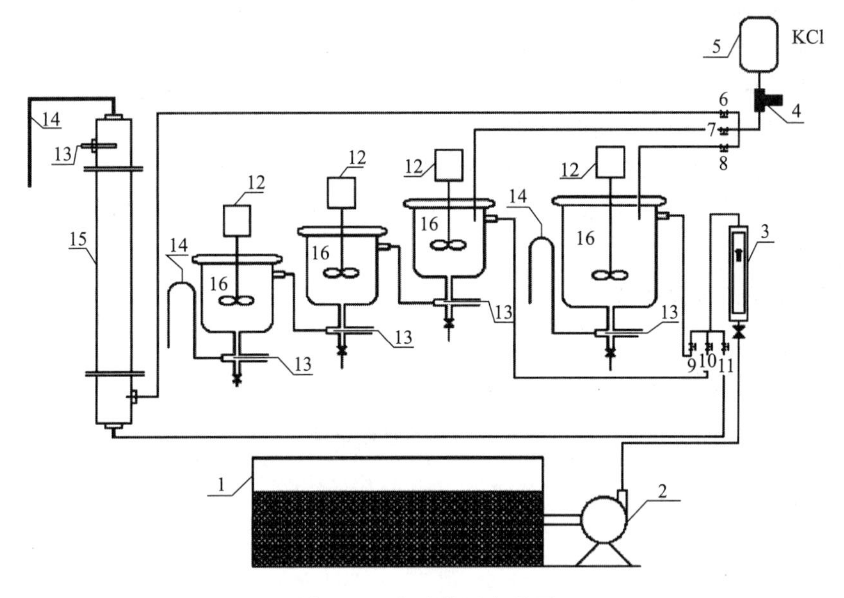

图 5-11　实验装置流程图

1—水箱；2—水泵；3—转子流量计；4—电磁阀；5—KCl 罐；6～11—截止阀；
12—搅拌电机；13—电导电极；14—溢流口；15—管式反应器；16—釜式反应器

反应器为有机玻璃制成的搅拌釜。其有效容积为 1000mL。搅拌方式为叶轮搅拌。流程中配有四个这样的搅拌釜。示踪剂是通过一个电磁阀瞬时注入反应器。示踪剂 KCl 在不同时刻浓度 $C(t)$ 的检测通过电导率仪完成。

电导率仪的传感为铂电极，当含有 KCl 的水溶液通过安装在釜内液相出口处铂电极时，电导率仪将浓度 $C(t)$ 转化为毫伏级的直流电压信号，该信号经放大器与 A/D 转化卡处理后，由模拟信号转换为数字信号。该代表浓度 $C(t)$ 的数字信号在计算机内用预先输入的程序进行数据处理并计算出每釜平均停留时间和方差以及 N 后，由打印机输出，见图 5-12。

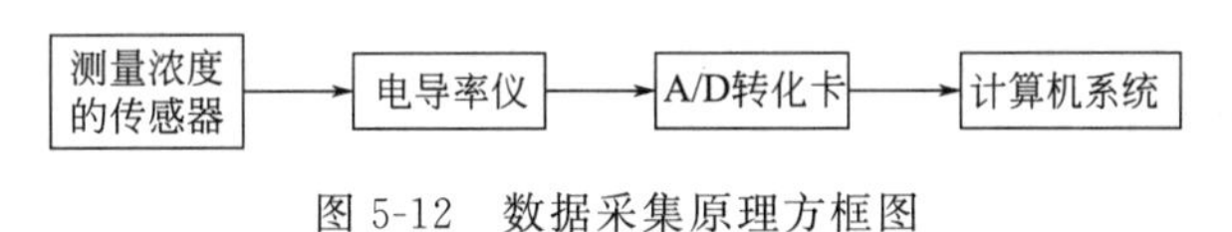

图 5-12　数据采集原理方框图

2. 试剂

KCl 饱和溶液等。

四、实验步骤

1. 打开系统电源，使电导率仪预热 0.5h。

2. 打开自来水阀门向储水槽进水，开动水泵，调节转子流量计的流量，待各釜内充满水后将流量调至 30L/h，打开各釜放空阀，排净反应器内残留的空气。

3. 将预先配制好的饱和 KCl 溶液加入示踪剂瓶内，注意将瓶口小孔与大气连通。实验过程中，根据实验项目（单釜或三釜）将指针阀转向对应的实验釜。

4. 观察各釜的电导率值，并逐个调零和满量程，各釜所测定值应基本相同。

5. 启动计算机数据采集系统，使其处于正常工作状态。

6.键入实验条件：将进水流量输入计算机内，可供实验报告生成。

7.在同一个水流量条件下，分别进行2个搅拌转速的数据采集；也可以在相同转速下改变液体流量，依次完成所有条件下的数据采集。

8.选择进样时间为0.1～1.0s，按“开始”键自动进行数据采集，每次采集时间约需35～40min，当计算机上显示的示踪剂出口浓度在2min之内察觉不到变化时，即认为终点已到，按“停止”键结束，并立即按“保存数据”键存储数据。

9.打开“历史记录”选择相应的保存文件进行数据处理，实验结果可保存或打印。

10.结束实验：先关闭自来水阀门，再依次关闭水泵和搅拌器、电导率仪、总电源，关闭计算机，将仪器复原。

五、实验数据记录及处理

1.实验数据记录

实验数据记录于表5-16。

表5-16　实验参数记录

实验序号	t/s	$C(t)$	$E(t)$	$tE(t)$	$t^2E(t)$
1					
2					
3					
4					
5					
6					
…					

2.实验数据处理

根据实验结果，可以得到单釜与三釜的停留时间分布曲线，这里的物理量电导率κ(S/m)对应了示踪剂浓度的变化；走纸的长度方向对应了测定的时间，可以由记录仪走纸速度换算出来。

(1) 计算公式

① 停留时间分布函数

$$F(t)=\sum_{0}^{t}C(t)/\sum_{0}^{\infty}C(t) \tag{5-39}$$

② 停留时间分布密度

$$E(t)=C(t)/\Delta t\sum_{0}^{\infty}C(t) \tag{5-40}$$

式中，Δt 为取样时间间隔，每次取 Δt 相等。

③ 平均停留时间

$$\bar{t}=\tau=\sum_{0}^{\infty}tC(t)/\sum_{0}^{\infty}C(t) \tag{5-41}$$

④ 方差

$$\sigma_t^2=\sum_{0}^{\infty}t^2C(t)/\sum_{0}^{\infty}C(t)-\tau^2;\sigma^2=\frac{\sigma_t^2}{\tau^2} \tag{5-42}$$

⑤ 轴向扩散模型的 Pe

闭式返混较大时 $$\sigma^2=\frac{2}{Pe}-2\left(\frac{2}{Pe}\right)^2(1-e^{-Pe}) \tag{5-43}$$

闭式返混较小时 $$\sigma^2=\frac{2}{Pe} \tag{5-44}$$

用离散化方法，在曲线上相同时间间隔取点，一般可取 20 个数据点左右，再由式 (5-36)、式 (5-37) 分别计算出各自的 $\bar{t}$ 和 σ_t^2，以及无量纲方差 $\sigma_\theta^2=\frac{\sigma_t^2}{\bar{t}^2}$。通过多釜串联模型，利用式 (5-38) 求出相应的模型参数 N，随后根据 N 的数值大小，就可确定单釜和三釜系统的两种返混程度大小。

若采用计算机数据采集与分析处理系统，则可直接由电导率仪输出信号至计算机，由计算机负责数据采集与分析，在显示器上画出停留时间分布动态曲线图，并在实验结束后自动计算平均停留时间、方差和模型参数。停留时间分布曲线图与相应数据均可方便地保存或打印输出，减少了手工计算的工作量。

(2) 实验结果校核

① 示踪剂物料衡算。实验结果应符合示踪剂物料平衡，即注入反应器的示踪剂量应等于流出反应器的示踪剂量：

$$Q_{入}=Q_{出} \quad 或 \quad V_{入}C_{入}=U\Delta t\sum C$$

式中 $V_{入}$——示踪剂注入体积；

$C_{入}$——注入 KCl 溶液的浓度；

U——流体的流量；

Δt——取样时间间隔，每次取 Δt 相等。

② 平均停留时间检验。实验结果也应满足：

$$\tau=\frac{V}{U}=\sum_0^\infty tC(t)/\sum_0^\infty C(t) \tag{5-45}$$

六、思考题

1. 示踪剂的注入方法有几种？为什么脉冲示踪法应在瞬间注入示踪剂？

2. 为什么要在流量 V、转速 n 稳定一段时间后才能开始实验？

3. 如何测定氯化钾溶液浓度与电导率之间的关系？

4. 如果反应器的个数是 3，模型参数 N 代表全混流反应器的个数，那么 N 就应该是 3，若不是，为什么？

5. 全混流反应器具有什么特征？如何利用实验方法判断搅拌釜是否达到全混流反应器的模型要求？如果尚未达到，如何调整实验条件使其接近这一理想模型？

6. 测定釜中停留时间的意义何在？

实验六 鼓泡反应器中气泡比表面积及气含率的测定

一、实验目的

1. 掌握静压法测定气含率的原理与方法。

2. 掌握气液鼓泡反应器的操作方法。

3.了解气液比表面积的确定方法。

二、实验原理

1.气含率

气含率是表征气液鼓泡反应器流体力学特性的基本参数之一。它直接影响反应器内气液接触面积，从而影响传质速率与宏观反应速率，是气液鼓泡反应器的重要设计参数。测定气含率的方法很多，静压法是较精确的一种，基本原理由反应器内伯努利方程而来，可测定各段平均气含率，也可测定某一水平位置的局部气含率。根据伯努利方程有：

$$\varepsilon_G = 1 + \frac{g_c}{\rho_L g} \times \frac{dp}{dH} \tag{5-46}$$

采用U形压差计测量时，两测压点平均气含率为：

$$\varepsilon_G = \frac{\Delta h}{H} \tag{5-47}$$

当气液鼓泡反应器空塔气速改变时，气含率 ε_G 会相应变化，一般有如下关系：

$$\varepsilon_G \propto u_G^n \tag{5-48}$$

n 取决于流动状况。对安静鼓泡流，n 值在0.7～1.2之间；在湍动鼓泡流或过渡流区，u_G 影响较小，n 在0.4～0.7范围内。假设：

$$\varepsilon_G = k u_G^n \tag{5-49}$$

则

$$\lg\varepsilon_G = \lg k + n \lg u_G \tag{5-50}$$

根据不同气速下的气含率数据，以 $\lg\varepsilon_G$ 对 $n\lg u_G$ 作图，或用最小二乘法进行数据拟合，即可得到关系式中参数 k 和 n 值。

2.气泡比表面积

气泡比表面积是单位体积液体的相界面积，也称为气液接触面积、比相界面积，也是气液鼓泡反应器很重要的参数之一。许多学者进行了这方面的研究工作，如光透法、光反射法、照相技术、化学吸收法和探针技术等，每一种测试技术都存在着一定的局限性。

气泡比表面积 a 可由平均气泡直径 d_{us} 与相应的气含率 ε_G 计算：

$$a = \frac{6\varepsilon_G}{d_{us}} \tag{5-51}$$

Gestrich对其他学者发现的 a 与其他物理量的计算关系进行整理比较，得到了计算 a 值的公式：

$$a = 2600\left(\frac{H_0}{D}\right)^{0.3} K^{0.003} \varepsilon_G \tag{5-52}$$

其中液体模数为：

$$K = \frac{\rho_L \sigma_L}{g \mu_L}$$

方程的适用范围是：

$$u_G \leqslant 0.60\text{m/s},\ 2.2 \leqslant \frac{H_0}{D} \leqslant 24,\ 5.7 \times 10^5 \leqslant K < 10^{11}$$

因此，在固定气速 u_G 下，测定反应器的气含率 ε_G 数据，就可以间接得到气液比表面积 a。Gestrich经大量数据比较后确认式（5-52）的计算偏差在±15%之内。

三、实验装置

实验装置如图 5-13 所示。

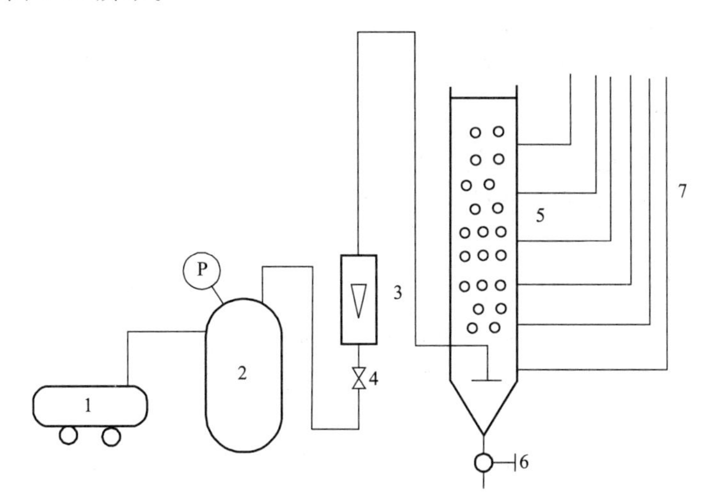

图 5-13 鼓泡反应器气泡比表面积及气含率测定实验装置

1—空压机；2—缓冲罐（在空压机上）；3—流量计；4—调节阀；
5—反应器；6—放料口；7—压差计

反应器为一个有机玻璃塔，塔径为 100mm，塔高为 140mm，塔下方有一个气体分布器。气体分布器是以聚丙烯为材料，在其上均匀打孔，孔径为 5mm。塔的下方有一个法兰，用于拆装分布器。塔的右侧有玻璃测压管，可测出塔不同高度的压差。空气压缩机为气源，以转子流量计调节空气流速。

实验通过调节转子流量计调节气体的流量，测定玻璃压差计的压差，获得在不同气体流速下鼓泡反应器中的气含率。实验设备紧凑，实验现象直观，用简单的操作研究复杂的过程。实验以水为体系，既经济又环保。

仪表屏钢制，长×宽×高为 1000mm×600mm×1800mm，下方装有四个轮子，可以方便转变方向。流量计、鼓泡反应器、测压管等均固定在此仪表屏上。

1）空气压缩机。排气量约 0.2m^3/min，排气压力为 1.0MPa，功率为 2kW，电压为 380V。

2）流量计。型号为 G10-15，流量为 0.3～3m^3/h。

3）鼓泡反应器。有机玻璃制，高约 1400mm，内径为 100mm，下方接有聚丙烯空气分布器，右侧接有测压管。

4）测压管。玻璃制，一端与鼓泡反应器相连，另一端与大气相通，靠下方有一段 U 形管，阻止气泡进入测压管。

四、实验步骤

1. 将清水从鼓泡反应器的上方加入反应器中，至一定刻度；关闭稳压阀，开启空气压缩机。

2. 检查 U 形压力计中液位在一个水平面上，防止有气泡存在；若有气泡，可用洗耳球压去空气。测定从鼓泡反应器下方法兰至反应器中液面的高度，测定相邻测压管间的垂直距离。

3. 打开稳压阀，控制稳压阀输出压力约 0.2MPa，并逐渐调节流量计，开始鼓泡。

4. 观察床层气液两相流动状态。

5. 稳定后记录各点 U 形压力计刻度值。

6. 改变气体流量，重复上述操作（可做 5～8 个条件）。

7. 关闭气源，将反应器内清水放尽。

五、实验数据记录及处理

选取 8～10 个不同气体流量的实验点，记录下每组实验点的气速、各测压点读数，并计算每两点间的气含率，从而求出全塔平均气含率。

1. 实验数据记录

不同气速对应的压差计读数见表 5-17，气含率及气泡比表面积的计算见表 5-18。

表 5-17 不同气速对应的压差计读数

气体流量/(m^3/h)	压差计读数/cm	
	H_1	H_2

表 5-18 气含率及气泡比表面积的计算

u_G	$\lg u_G$	Δh/m	ε_G	$\lg\varepsilon_G$	A/(m^2/m^3)	$\lg a$

2. 实验数据处理

(1) 气含率的计算

① 计算同一气速下鼓泡塔相邻测压点的气含率，由式 (5-47) 计算。

② 计算此气速下的平均气含率。

③ 计算不同气速的气含率及平均气含率。

④ 关联参数。

由 $\varepsilon_G = ku_G^n$ 得：

$$\lg\varepsilon_G = \lg k + n\lg u_G$$

根据不同气速下的气含率数据，以 $\lg\varepsilon_G$ 对 $\lg u_G$ 作图，或用最小二乘法进行数据拟合，即可得到关系式中参数 k 和 n 值。

注意：转子流量计测得的是流量，计算时应将流量转化成流速。

(2) 气泡比表面积的计算，按式 (5-52) 进行。

计算不同气速 u_G 下的气泡比表面积 a，并在双对数坐标纸上绘出 a 和 u_G 的关系曲线。

3. 实验结果讨论

(1) 分析气液鼓泡反应器内流动状态的变化。

(2) 根据实验结果讨论 ε_G 与 u_G 的关系，并分析实验误差。

(3) 根据计算结果分析气泡比表面积与 u_G 的关系。

六、思考题

1. 气含率与哪些因素有关?

2. 气液鼓泡反应器内流动区域是如何区分的?

实验七　超滤微滤膜分离实验

一、实验目的

1. 了解膜的结构和影响膜分离效果的因素，包括膜材质、压力和流量等。

2. 了解膜分离的主要工艺参数，掌握膜组件性能的表征方法。

二、实验原理

膜分离是以对组分具有选择性透过功能的膜为分离介质，通过在膜两侧施加（或存在）一种或多种推动力，使原料中的某组分选择性地优先透过膜，从而达到混合物的分离，并实现产物的提取、浓缩、纯化等目的的一种新型分离过程。其推动力可以为压力差（也称跨膜压差）、浓度差、电位差、温度差等。膜分离过程有多种，不同的过程所采用的膜及施加的推动力不同，通常称进料液流侧为膜上游、透过液流侧为膜下游。

微滤（MF）、超滤（UF）、纳滤（NF）与反渗透（RO）都是以压力差为推动力的膜分离过程，当膜两侧施加一定的压差时，可使一部分溶剂及小于膜孔径的组分透过膜，而微粒、大分子、盐等被膜截留下来，从而达到分离的目的。

四个过程的主要区别在于被分离物粒子或分子的大小和所采用膜的结构与性能。微滤膜的孔径范围为 0.05～10μm，所施加的压力差为 0.015～0.2MPa；超滤分离的组分是大分子或直径不大于 0.1μm 的微粒，其压差范围约为 0.1～0.5MPa；反渗透常被用于截留溶液中的盐或其他小分子物质，所施加的压差与溶液中溶质的分子量及浓度有关，通常的压差在

2MPa 左右，也有高达 10MPa 的；介于反渗透与超滤之间的为纳滤过程，膜的脱盐率及操作压力通常比反渗透低，一般用于分离溶液中分子量为几百至几千的物质。

1. 微滤与超滤

微滤过程中，被膜所截留的通常是颗粒性杂质，可将沉积在膜表面上的颗粒层视为滤饼层，则其实质与常规过滤过程近似。本实验中，以含颗粒的混浊液或悬浮液，经压差推动通过微滤膜组件，改变不同的料液流量，观察透过液侧清液情况。

对于超滤，筛分理论被广泛用来分析其分离机理。该理论认为，膜表面具有无数个微孔，这些实际存在的不同孔径的孔眼像筛子一样，截留住分子直径大于孔径的溶质和颗粒，从而达到分离的目的。应当指出的是，在有些情况下，孔径大小是物料分离的决定因素。但对另一些情况，膜材料表面的化学特性却起到了决定性的截留作用。如有些膜的孔径既比溶剂分子大，又比溶质分子大，本不应具有截留功能，但令人意外的是，它却仍具有明显的分离效果。由此可见，膜的孔径大小和膜表面的化学性质将分别起着不同的截留作用。

2. 膜性能的表征

一般而言，膜组件的性能可用截留率（R）、透过液通量（J）和溶质浓缩倍数（N）来表示。

$$R=\frac{C_0-C_P}{C_0}\times 100\% \tag{5-53}$$

式中 R——截流率，%；

C_0——原料液的浓度，kmol/m^3；

C_P——透过液的浓度，kmol/m^3。

对于不同溶质成分，在膜的正常工作压力和工作温度下，截留率不尽相同，因此这也是工业上选择膜组件的基本参数之一。

$$J=\frac{V_P}{ST} \tag{5-54}$$

式中 J——透过液通量，L/(m^2·h)；

V_P——透过液的体积，L；

S——膜面积，m^2；

T——分离时间，h。

其中，$Q=\frac{V_P}{T}$，即透过液的体积流量，在把透过液作为产品侧的某些膜分离过程中（如污水净化、海水淡化等），该值用来表征膜组件的工作能力。一般膜组件出厂，均有纯水通量这个参数，即用日常自来水（显然钙离子、镁离子等成为溶质成分）通过膜组件而得出的透过液通量。

$$N=\frac{C_R}{C_P} \tag{5-55}$$

式中 N——溶质浓缩倍数；

C_R——浓缩液的浓度，kmol/m^3；

C_P——透过液的浓度，kmol/m^3。

N 比较了浓缩液和透过液的分离程度，在某些以获取浓缩液为产品的膜分离过程中

（如大分子提纯、生物酶浓缩等），是重要的表征参数。

三、实验装置

本实验装置如图 5-14 所示。实验使用科研用膜，透过液通量和最大工作压力均低于工业现场实际使用情况，实验中不可将膜组件在超压状态下工作。主要工艺参数见表 5-19。

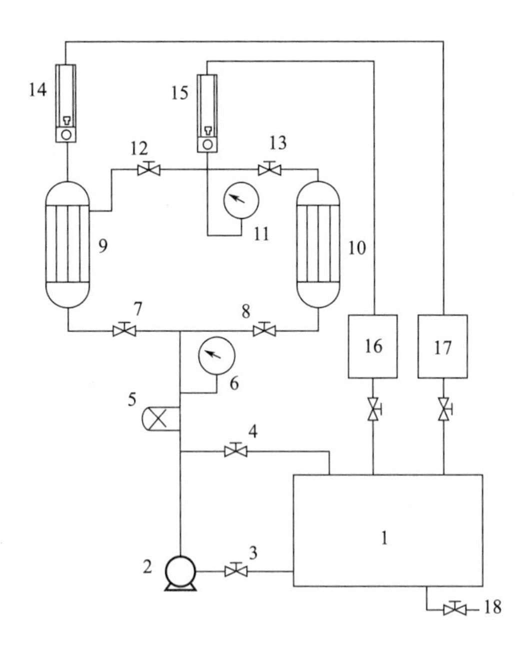

图 5-14 膜分离流程示意图

1—料液灌；2—磁力泵；3—泵进口阀；4—泵回流阀；5—预过滤器；6—滤前压力表；7—超滤进口阀；8—微滤进口阀；9—超滤膜；10—微滤膜；11—滤后压力表；12—超滤清液出口阀；13—微滤滤液出口阀；14—浓液流量计；15—清液流量计；16—清液罐；17—浓液罐；18—排水阀

表 5-19 膜分离装置主要工艺参数

膜组件	膜材料	膜面积/m^2	最大工作压力/MPa
微滤(MF)	聚丙烯混纤	0.5	0.15
超滤(UF)	聚砜聚丙烯	0.1	0.15

对于微滤过程，可选用 1%左右浓度的碳酸钙溶液，或 100 目左右的双飞粉配成 2%左右的悬浮液，作为实验采用的料液。透过液用烧杯接取，观察它随料液浓度或流量变化，透过液侧清澈程度变化。

本装置中的超滤孔径可分离分子量 5 万级别的大分子，医药科研上常用于截留大分子蛋白质或生物酶。作为演示实验，可选用分子量为 6.7 万～6.8 万的牛血清白蛋白配成 0.02%的水溶液作为料液，浓度分析采用紫外分光光度计，即分别取各样品在紫外分光光度计下 280nm 处吸光度值，然后比较相对数值即可（也可事先作出浓度-吸光度标准曲线供查值）。该物料泡沫较多，分析时取底下液体即可。

四、实验步骤

1. 微滤

在原料液储槽中加满料液后，打开低压料液泵回流阀和低压料液泵出口阀，打开微滤料液进口阀和微滤清液出口阀，则整个微滤单元回路已畅通。

在控制柜中打开低压料液泵开关，可观察到微滤、超滤进口压力表显示读数，通过低压料液泵回流阀和低压料液泵出口阀，控制料液通入流量从而保证膜组件在正常压力下工作。改变浓液液转子流量计流量，可观察到清液浓度变化。

2. 超滤

在原料液储槽中加满料液后，打开低压料液泵回流阀和低压料液泵出口阀，打开超滤料液进口阀、超滤清液出口阀和浓液出口阀，则整个超滤单元回路已畅通。

在控制柜中打开低压料液泵开关，可观察到微滤、超滤进口压力表显示读数，通过低压料液泵回流阀和低压料液泵出口阀，控制料液通入流量从而保证膜组件在正常压力下工作。通过浓液转子流量计，改变浓液流量，可观察到对应压力表读数改变，并在流量稳定时取样分析。

五、实验数据记录与处理

1. 实验数据记录

实验条件和实验数据记录见表 5-20。

表 5-20　实验数据记录表

压力（表压）________MPa；温度________℃

实验序号	起止时间	浓度/(mg/L)			流量/(L/h)	
		原料液	浓缩液	透过液	浓缩液	透过液

2. 实验数据处理

截流率

$$R=\frac{原料液初始浓度-透过液浓度}{原料液初始浓度}\times 100\%$$

透过液通量

$$J=\frac{渗透液体积}{实验时间\times 膜面积}$$

浓缩倍数

$$N=\frac{浓缩液中分离组分浓度}{原料液中分离组分浓度}$$

六、思考题

1. 请说明超滤膜分离的机理。
2. 超滤组件长期不用时，为何要加保护液？
3. 在实验中，如果操作压力过高会有什么结果？
4. 提高料液的温度对膜通量有什么影响？

七、注意事项

1. 每个单元分离过程前，均应用清水彻底清洗该段回路，方可进行料液实验。清水清洗管路可仍旧按实验单元回路，对于微滤组件则可拆开膜外壳，直接清洗滤芯，对于另一个膜组件则不可打开，否则膜组件和管路重新连接后可能造成漏水情况发生。

2.整个单元操作结束后，先用清水洗完管路，之后在储槽中配制0.5%～1%浓度的甲醛溶液，经磁力泵逐个将保护液打入各膜组件中，使膜组件浸泡在保护液中。

以超滤膜加保护液为例，操作如下：

打开磁力泵出口阀和泵回流阀，控制保护液进入膜组件压力也在膜正常工作压力下；打开超滤进口阀，则超滤膜浸泡在保护液中；打开清液回流阀、清液出口阀，并调节清液流量计开度，可观察到保护液通过清液排空软管溢流回保护液储槽中；调节浓液流量计开度，可观察到保护液通过浓液排空软管溢流回保护液储槽中。

3.对于长期使用的膜组件，其吸附杂质较多，或者浓差极化明显，则膜分离性能显著下降。对于预过滤和微滤组件，采取更换新内芯的手段；对于超滤、纳滤和反渗透组件，一般先采取反清洗手段，即将低浓度的料液溶液逆向进入膜组件，同时关闭浓液出口阀，使料液反向通过膜内芯而从物料进口侧出液，在这个过程中，料液可溶解部分溶质而减少膜的吸附。若反清洗后膜组件仍无法恢复分离性能（如基本的截留率显著下降），则表面膜组件使用寿命已到尽头，需更换新内芯。

4.膜组件工作性能与维护要求如下。

本装置中的所有膜组件均为科研用膜（工业上膜组件的使用寿命因分离物系不同而受影响），为使其能较长时间保持正常分离性能，请注意其正常工作压力、工作温度，并选取合适浓度的物料，并做好保养工作。

1）系统要求 最高工作温度：50℃。

正常工作温度：5～45℃。

2）膜组件性能 预滤组件：滤芯材料为聚丙烯混纤，孔径5μm。

3）维修与保养

① 实验前请仔细阅读“实验指导书”和系统流程，特别要注意各种膜组件的正常工作压力与温度。

② 新装置首次使用前，先用清水进料10～20min，洗去膜组件内的保护剂（为一些表面活性剂或高分子物质，膜组件孔径定型用）。

③ 实验原料液必须经过5μm微孔膜预过滤（即本实验装置中的预过滤器），防止硬颗粒混入而划破膜组件。

④ 使用不同料液实验时，必须对膜组件及相关管路进行彻底清洗。

⑤ 暂时不使用时，须保持膜组件湿润状态（因为膜组件干燥后，又失去了定型的保护剂，孔径可能发生变化，从而影响分离性能），可通过膜组件进出口阀门，将一定量清水或消毒液封在膜组件内。

⑥ 较长时间不用时，要防止系统生菌，可以加入少量防腐剂，例如甲醛、双氧水等（浓度均不高于0.5%）。在下次使用前，则必须将这些保护液冲洗干净，才能进行料液实验。

实验八 纳滤反渗透膜分离实验

一、实验目的

1.了解膜的结构和影响膜分离效果的因素，包括膜材质、压力和流量等。

2. 了解膜分离的主要工艺参数，掌握膜组件性能的表征方法。

二、实验原理

1. 纳滤和反渗透机理

对于纳滤，筛分理论被广泛用来分析其分离机理。该理论认为，膜表面具有无数个微孔，这些实际存在的不同孔径的孔眼像筛子一样，截留住分子直径大于孔径的溶质和颗粒，从而达到分离的目的。应当指出的是，在有些情况下，孔径大小是物料分离的决定因素。但对另一些情况，膜材料表面的化学特性却起到了决定性的截留作用。如有些膜的孔径既比溶剂分子大，又比溶质分子大，本不应具有截留功能，但令人意外的是，它却仍具有明显的分离效果。由此可见，膜的孔径大小和膜表面的化学性质将分别起着不同的截留作用。

反渗透是一种依靠外界压力使溶剂从高浓度侧向低浓度侧渗透的膜分离过程，其基本机理为 Sourirajan 在 Gibbs 吸附方程基础上提出的优先吸附-毛细孔流动机理，而后又按此机理发展为定量的表面力-孔流动模型。

2. 膜性能的表征

同实验七。

三、实验装置

本实验装置如图 5-15 所示。实验使用科研用膜，透过液通量和最大工作压力均低于工业现场实际使用情况，实验中不可将膜组件在超压状态下工作。主要工艺参数如表 5-21。

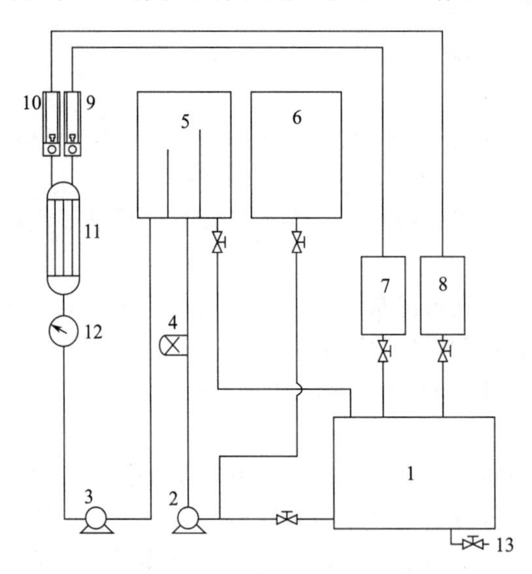

图 5-15　膜分离流程示意图

1—料液罐；2—低压泵；3—高压泵；4—预过滤器；5—预过滤液罐；6—配液罐；7—清液罐；8—浓液罐；9—清液流量计；10—浓液流量计；11—膜组件；12—压力表；13—排水阀

表 5-21　膜分离装置主要工艺参数

膜组件	膜材料	膜面积/m^2	最大工作压力/MPa
纳滤(NF)	芳香聚酰胺	0.4	0.7
反渗透(RO)	芳香聚酰胺	0.4	0.7

反渗透可分离分子量为100级别的离子，学生实验常取0.5%浓度的硫酸钠水溶液为料液，浓度分析采用电导率仪，即分别取各样品测取电导率值，然后比较相对数值即可（也可根据实验前作的浓度-电导率值标准曲线获取浓度值）。

四、实验步骤

1.用清水清洗管路，通电检测高低压泵，温度、压力仪表是否正常工作。

2.在配料槽中配制实验所需料液，打开低压泵，料液经预过滤器进入预过滤液槽。

3.低压预过滤5～10min后，开启高压泵，分别将清液、浓液转子流量计打到一定的开度，实验过程中可分别取样。

4.实验结束，可在配料槽中配制消毒液（常用1%甲醛，根据物料特性）打入各膜芯中。

5.对于不同膜分离过程实验，可安装不同膜组件实现。

五、实验数据记录与处理

1.实验数据记录

实验条件和实验数据记录于表5-22。

表5-22 实验数据记录表

压力（表压）________MPa；温度________℃

实验条件		电导率/(mS/cm)			浓度/(g/cm^3)		
室温	压力	原料液	透过液	浓缩液	C_0	C_P	C_R

2.实验数据处理

计算截流率（R）、透过液通量（J）和浓缩倍数（N），计算方法同实验七。

六、思考题

1.请说明反渗透分离的机理。

2.在实验中，如果操作压力过高会有什么结果?

3.提高料液的温度对膜通量有什么影响?

七、注意事项

1.每个单元分离过程前，均应用清水彻底清洗该段回路，方可进行料液实验。清水清洗管路可仍旧按实验单元回路，对于微滤组件则可拆开膜外壳，直接清洗滤芯，对于另一个膜组件则不可打开，否则膜组件和管路重新连接后可能造成漏水情况发生。

2.整个单元操作结束后，先用清水洗完管路，之后在储槽中配制0.5%～1%浓度的甲醛溶液，用水泵逐个将保护液打入各膜组件中，使膜组件浸泡在保护液中。

以反渗透膜加保护液为例，说明该步操作如下：

打开高压泵，控制保护液进入膜组件，压力也在膜正常工作下；打开反渗透料液进口阀，则料液侧浸泡在保护液中；打开清液回流阀、反渗透清液出口阀，并打开清液排空阀，若清液侧也浸泡在保护液中，可观察到保护液通过清液排空软管溢流回保护液储槽中；打开浓液回流阀、反渗透浓液出口阀，并打开浓液排空阀，若浓液侧也浸泡在保护液中，则可观察到保护液通过浓液排空软管溢流回保护液储槽中。

3.对于长期使用的膜组件，其吸附杂质较多，或者浓差极化明显，则膜分离性能显著下降。对于预过滤和微滤组件，采取更换新内芯的手段；对于超滤、纳滤和反渗透组件，一般先采取反清洗手段，即将低浓度的料液溶液逆向进入膜组件，同时关闭浓液出口阀，使料液反向通过膜内芯而从物料进口侧出液，在这个过程中，料液可溶解部分溶质而减少膜的吸附。若反清洗后膜组件仍无法恢复分离性能（如基本的截留率显著下降），则表面膜组件使用寿命已到尽头，需更换新内芯。

4.膜组件工作性能与维护要求如下。

本装置中的所有膜组件均为科研用膜（工业上膜组件的使用寿命因分离物系不同而受影响），为使其能较长时间保持正常分离性能，请注意其正常工作压力、工作温度，并选取合适浓度的物料，并做好保养工作。

(1) 系统要求　最高工作温度：50℃。正常工作温度：5～45℃。正常工作压力：反渗透进口压力 0.6MPa。最大工作压力：反渗透进口压力 0.7MPa。

(2) 膜组件性能

① 预滤组件。

滤芯材料为聚丙烯混纤，孔径 5μm。

② 纳滤组件。

膜材料：芳香聚酰胺。

膜组件形式：卷式。

有效膜面积：$0.4m^2$。

纯水通量（0.6MPa，25℃）：6～8L/h。

脱盐率：Na_2SO_4，＞50%。

原料液溶质浓度：＜2%。

③ 反渗透组件。

膜材料：芳香聚酰胺。

膜组件形式：卷式。

有效膜面积：$0.4m^2$。

纯水通量（0.6MPa，25℃）：2.5～25L/h。

脱盐率：Na_2SO_4，＞95%。

原料液溶质浓度：＜1%。

(3) 维修与保养

① 实验前请仔细阅读“实验指导书”和系统流程，特别要注意各种膜组件的正常工作压力与温度。

② 新装置首次使用前，先用清水进料 10～20min，洗去膜组件内的保护剂（为一些表面活性剂或高分子物质，膜组件孔径定型用）。

③ 实验原料液必须经过 5μm 微孔膜预过滤（即本实验装置中的预过滤器），防止硬颗粒混入而划破膜组件。

④ 使用不同料液实验时，必须对膜组件及相关管路进行彻底清洗。

⑤ 暂时不使用时，须保持膜组件湿润状态（因为膜组件干燥后，失去了定型的保护剂，孔径可能发生变化，从而影响分离性能），可通过膜组件进出口阀门，将一定量清水或消毒

液封在膜组件内。

⑥ 较长时间不用时，要防止系统生菌，可以加入少量防腐剂，例如甲醛、双氧水等（浓度均不高于0.5%）。在下次使用前，则必须将这些保护液冲洗干净，才能进行料液实验。

实验九 乙苯脱氢制备苯乙烯

一、实验目的

1.了解以乙苯为原料，氧化铁系为催化剂，在固定床单管反应器中制备苯乙烯的过程。

2.学会稳定工艺操作条件的方法。

3.掌握乙苯脱氢制苯乙烯的转化率、选择性、收率与反应温度的关系；找出最适宜的反应温度区域。

4.学会使用温度控制和流量控制的一般仪表、仪器。

5.了解气相色谱仪及使用方法。

二、实验原理

本实验是以乙苯为原料，氧化铁系为催化剂，在固定床单管反应器中制备苯乙烯的过程，其主副反应分别为：

主反应

$$C_6H_5-CH_2-CH_3 \longrightarrow C_6H_5-CH=CH_2 + H_2 \quad 117.8kJ/mol$$

副反应：

$$C_6H_5-C_2H_5 \longrightarrow C_6H_6 + C_2H_4 \quad 105kJ/mol$$

$$C_6H_5-C_2H_5 + H_2 \longrightarrow C_6H_6 + C_2H_6 \quad -31.5kJ/mol$$

$$C_6H_5-C_2H_5 + H_2 \longrightarrow C_6H_5-CH_3 + CH_4 \quad -54.4kJ/mol$$

在水蒸气存在的条件下，还可能发生下列反应：

$$C_6H_5-C_2H_5 + 2H_2O \longrightarrow C_6H_5-CH_3 + CO_2 + 3H_2$$

此外，还有芳香烃脱氢缩合及苯乙烯聚合生成焦油和焦等。这些连串副反应的发生不仅使反应的选择性下降，而且极易使催化剂表面结焦进而活性下降。

1.温度的影响

乙苯脱氢反应为吸热反应 $\Delta H^{\ominus}>0$，从平衡常数与温度的关系式 $\left(\frac{\partial \ln K_p}{\partial T}\right)_p=\frac{\Delta H^{\ominus}}{RT^2}$ 可知，提高温度可增大平衡常数，从而提高脱氢反应的平衡转化率。但是温度过高副反应增加，使苯乙烯选择性下降，能耗增大，设备材质要求增加，故应控制适宜的反应温度。本实验的反应温度为540～600℃。

2. 压力的影响

乙苯脱氢为体积增加的反应，从平衡常数与压力的关系式 $K_p = K_n \left(\frac{p_{总}}{\sum n_i}\right)^{\Delta\gamma}$ 可知，当 $\Delta\gamma > 0$ 时，降低总压总可使 K_n 增大，从而增加了反应的平衡转化率，故降低压力有利于平衡向脱氢方向移动。本实验加水蒸气的目的是降低乙苯的分压，以提高乙苯的平衡转化率。较适宜的水蒸气用量为水：乙苯=1.5：1（体积比）或 8：1（摩尔比）。

3. 空速的影响

乙苯脱氢反应系统中有平行副反应和连串副反应，随着接触时间的增加，副反应也增加，苯乙烯的选择性可能下降，故需采用较高的空速，以提高选择性。适宜的空速与催化剂的活性及反应温度有关，本实验乙苯的液空速以 $0.6h^{-1}$ 为宜。

4. 催化剂

本实验采用 GS-08 催化剂，以 Fe、K 为主要活性组分，添加少量的ⅠA、ⅡA、ⅠB 族以及稀土氧化物为助剂。

三、实验装置流程及试剂

1. 实验装置流程

乙苯脱氢制苯乙烯实验装置及流程见图 5-16。

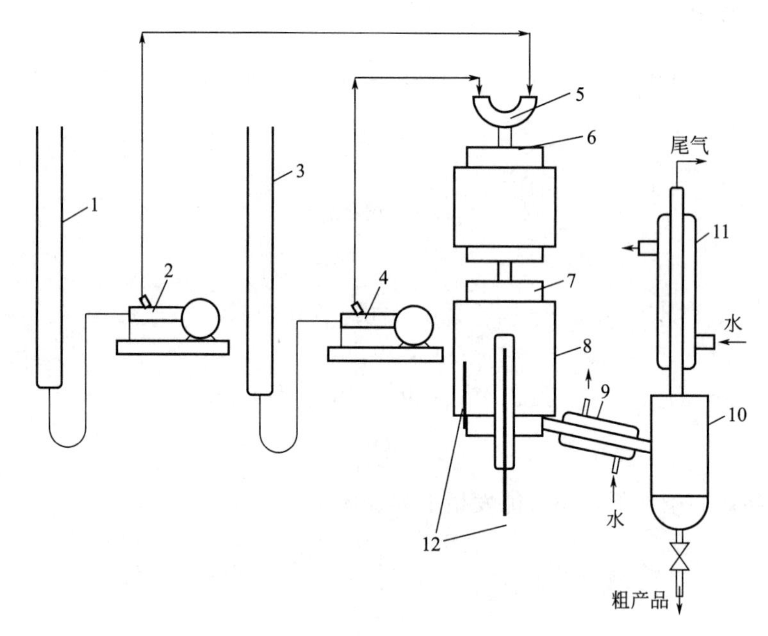

图 5-16　乙苯脱氢制苯乙烯工艺实验流程

1—乙苯计量管；2,4—加料泵；3—水计量管；5—混合器；6—汽化器；7—反应器；8—电热夹套；9,11—冷凝器；10—分离器；12—热电偶

2. 仪器

电子天平、气相色谱仪、秒表、量筒、烧杯、分液漏斗、色谱取样管等。

3. 试剂

乙苯、氮气、GS-08 催化剂等。

四、实验步骤

1.实验任务

测定不同温度下乙苯脱氢反应的转化率、苯乙烯的选择性和收率，考察温度对乙苯脱氢反应转化率、苯乙烯选择性和收率的影响。

2.主要控制指标

1）汽化温度控制在300℃左右。

2）反应器前温度控制在500℃。

3）脱氢反应温度为540℃、560℃、580℃、600℃。

4）水∶乙苯=1.5∶1（体积比）。

5）控制乙苯加料速率为0.5mL/min，蒸馏水进料速率为0.75mL/min。

3.操作步骤

1）了解并熟悉实验装置及流程，搞清物料走向及加料、出料方法。

2）仪表通电，待各仪表初始化完成后，在各仪表上设定控制温度。汽化室温度控制值设定为300℃，反应器前温度控制值为实验温度（540℃、560℃、580℃、600℃），反应器温度控制值为实验温度（540℃、560℃、580℃、600℃）。

3）系统通氮气：接通电源，系统通氮气，调节氮气流量为20L/h。

4）汽化器升温，冷却器通冷却水：打开汽化室加热开关，汽化器逐步升温，并打开冷却器的冷却水。

5）开反应器前加热和反应器加热：当汽化器温度达到200℃后，打开反应器前加热开关和反应器加热开关。

6）开始通蒸馏水并继续通氮气：当反应器温度达400℃时，开始加入蒸馏水，控制流量为0.75mL/min，氮气流量为18L/h。

7）停止通氮气加反应原料乙苯：当反应器内温度升至540℃左右并稳定后，停止通氮气，开始加入乙苯，流量控制为0.5mL/min。

8）记下乙苯加料管内起始体积，并将集液罐内的料液放空。

9）物料在反应器内反应50min左右，停止乙苯进料，改通氮气，流量为18L/h，并继续通蒸馏水，保持汽化室和反应器内的温度。

10）记录此时乙苯体积，算出原料加入反应器的体积。

11）将粗产品从集液罐内放入量筒内静置分层。

12）分层完全后，用分液漏斗分去水层，称出烃层液体质量。

13）取少量烃层液体样品，用气相色谱分析组成，并计算各组分的含量。

14）改变反应器控制温度为560℃，继续升温，当反应器温度升至560℃左右并稳定后，再次加乙苯入反应器反应，重复步骤7)～13）中的相关操作，测得560℃下的有关实验数据。

15）重复步骤14)，测得580℃、600℃下的有关实验数据。

16）反应结束后，停止加乙苯。反应温度维持在500℃左右，继续通水蒸气，进行催化剂的清焦再生，约0.5h后停止通水，停止各反应器加热，通 N_2，清除反应器内的 H_2，并使实验装置降温。实验装置降温到300℃以下时，可切断电源，切断冷却水，停止通 N_2，整理好实验现场，离开实验室。

17）对实验结果进行分析，分别将转化率、选择性及收率对反应温度作出曲线，找出最适宜的反应温度区域，并对所得实验结果进行讨论，包括：曲线图趋势的合理性、误差分析、实验成败原因分析等。

五、实验数据记录及处理

1. 实验数据记录

实验原始数据记录于表 5-23。

表 5-23 实验原始数据记录表

反应时间/min	温度/℃		原料/mL				烃层液质量/g
	汽化器	反应器	乙苯		水		
			始	终	始	终	

粗产品分析结果见表 5-24。

乙苯密度：0.867g/cm^3。

表 5-24 粗产品分析结果表

反应温度/℃	烃层液体总质量/g	烃层液体成分分析				乙苯耗量 RF/g
		苯乙烯		乙苯		
		含量/%	质量/g	含量/%	质量/g	

2. 实验数据处理

实验结果汇总见表 5-25。

表 5-25 实验结果汇总表

编号	1	2	3	4	5	6	7	8
反应温度/℃								
乙苯原料加入体积/mL								
乙苯原料加入量 FF/g								
乙苯原料消耗量 RF/g								
乙苯转化率/%								
苯乙烯选择性/%								
苯乙烯收率/%								

乙苯的转化率：
$$\alpha=\frac{\mathrm{RF}}{\mathrm{FF}}\times 100\%$$

苯乙烯的选择性：
$$S=\frac{P/M_1}{\mathrm{RF}/M_0}\times 100\%$$

苯乙烯的收率：
$$Y=\alpha S\times 100\%$$

式中 α——原料乙苯的转化率，%；

S——目的产物苯乙烯的选择性，%；

Y——目的产物苯乙烯的收率，%；

RF——原料乙苯的消耗量，g；

FF——原料乙苯加入量，g；

P——生成目的产物苯乙烯的量，g；

M_0—— 乙苯的分子量，g/mol；

M_1——苯乙烯的分子量，g/mol。

六、思考题

1. 乙苯脱氢生成苯乙烯反应吸热还是放热？如何判断？如果是吸热反应，则反应温度为多少？

2. 对本反应而言，是体积增大还是减小？加压有利还是减压有利？本实验采用什么方法？为什么加入水蒸气可以降低烃分压？

3. 在本实验中你认为有哪几种液体产物生成？有哪几种气体产物生成？如何分析？

七、工程案例

工程上的乙苯脱氢生产苯乙烯工艺流程

苯乙烯是重要的基本有机化工原料，广泛用于生产塑料、树脂和合成橡胶。乙苯脱氢制苯乙烯是目前工业上生产苯乙烯的主要工艺路线。该路线包括苯与乙烯在催化剂作用下经烷基化反应生产乙苯，反应产物经提纯后进一步在脱氢催化剂作用下反应生产苯乙烯，反应产物经提纯得到合格的苯乙烯产品。乙苯生产苯乙烯工业装置和脱氢工段流程图分别如

图 5-17 和图 5-18 所示。原料乙苯和回收乙苯混合后用泵连续送入乙苯蒸发器 1，经乙苯加热器 2，在混合器 3 中与过热蒸汽混合达到反应温度，然后进入脱氢反应器 4 中进行脱氢反应。脱氢后的反应气体含有大量的热能。在废热锅炉 5 中回收热量后被冷却的反应气体再进入水冷凝器 6 冷凝，未冷凝的气体再经盐水冷凝器 7 进一步冷凝，两个冷凝器冷凝下来的液体进入油水分离器 9 沉降分离出油相和水相，油相送入储槽 10 中并加入一定量的阻聚剂，然后送精馏工段提纯，水相送入汽提塔回收有机物。冷凝器未冷凝的气体经气液分离器 8 后不凝气体引出作燃料用。

图 5-17　大庆石化年产 10 万吨乙苯脱氢装置

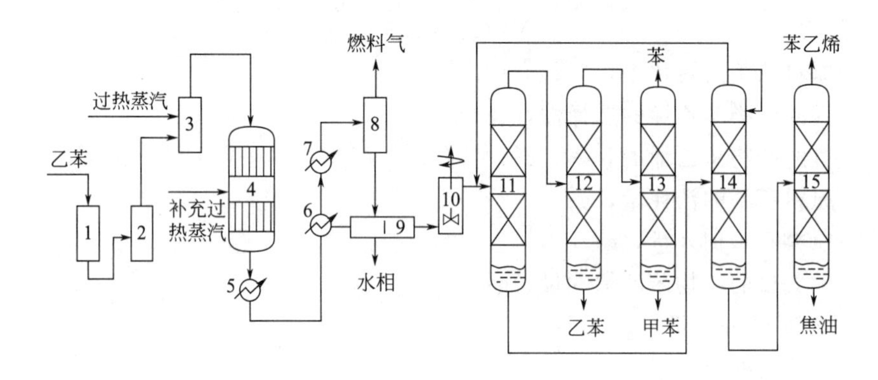

图 5-18　乙苯脱氢工段流程

1—乙苯蒸发器；2—乙苯加热器；3—混合器；4—脱氢反应器；5—废热锅炉；6—水冷凝器；7—盐水冷凝器；8—气液分离器；9—油水分离器；10—阻聚剂添加槽；11—乙苯蒸出塔；12—苯-甲苯回收塔；13—苯-甲苯分离塔；14—苯乙烯粗馏塔；15—苯乙烯精馏塔

粗苯乙烯（油相）首先送入乙苯蒸出塔 11，塔顶蒸出乙苯、苯、甲苯经冷凝器冷凝后，一部分回流，其余送入苯-甲苯回收塔 12，将乙苯与苯、甲苯分离。回收塔釜得到乙苯送脱氢工段，塔顶得到苯、甲苯经冷凝后部分回流，其余再送入苯-甲苯分离塔 13。苯-甲苯分离塔顶可得到苯，塔釜可得甲苯。乙苯蒸出塔釜液主要含苯乙烯及少量乙苯和焦油等，将其送入苯乙烯粗馏塔 14，将乙苯与苯乙烯、焦油分离，塔顶得到含少量苯乙烯的乙苯，可与粗乙苯一起作为乙苯蒸出塔进料。塔釜液则送入苯乙烯精馏塔 15，塔顶可得到纯度达 99%（摩尔分数）以上的苯乙烯，塔釜为含苯乙烯 40%（摩尔分数）左右的焦油残渣，进入蒸发釜中可进一步回收苯乙烯返回精馏塔。

在以上的案例中，气液分离器 8 是一个闪蒸分离器。它的作用是将乙苯脱氢产物中的 H_2、CH_4、C_2H_4、C_2H_6、CO、CO_2 等气体与苯、甲苯、乙苯、苯乙烯、水等液体组分分离开。

实验十 一氧化碳中低温变换实验

一、实验目的

1. 进一步理解多相催化反应有关知识，初步接触工艺设计思想。
2. 掌握气固相催化反应动力学实验研究方法及催化剂活性的评价方法。
3. 获得两种催化剂上变换反应的速率常数 k_T 与活化能 E。

二、实验原理

一氧化碳的变换反应为

$$CO + H_2O \rightleftharpoons CO_2 + H_2$$

反应必须在催化剂存在的条件下进行。中温变换采用铁基催化剂，反应温度为 350～500℃，低温变换采用铜基催化剂，反应温度为 220～320℃。

设反应前气体混合物中各组分干基摩尔分数为 $y^0_{CO,d}$、$y^0_{N_2,d}$；初始汽气比为 R_0；反应后气体混合物中各组分干基摩尔分数为 $y_{CO,d}$、$y_{CO_2,d}$、$y_{H_2,d}$、$y_{N_2,d}$，一氧化碳的变换率为

$$\alpha = \frac{y^0_{CO,d} - y_{CO,d}}{y^0_{CO,d}(1 + y_{CO,d})} = \frac{y_{CO_2,d} - y^0_{CO_2,d}}{y^0_{CO,d}(1 - y_{CO_2,d})} \tag{5-56}$$

根据研究，铁基催化剂上一氧化碳中温变换反应本征动力学方程可表示为

$$r_1 = -\frac{dN_{CO}}{dW} = \frac{dN_{CO_2}}{dW} = k_{T_1} p_{CO} p_{CO_2}^{-0.5}\left(1 - \frac{p_{CO_2} p_{H_2}}{K_p p_{CO} p_{H_2O}}\right) = k_{T_1} f_1(p_i) \tag{5-57}$$

铜基催化剂上一氧化碳低温变换反应本征动力学方程可表示为

$$r_2 = -\frac{dN_{CO}}{dW} = \frac{dN_{CO_2}}{dW} = k_{T_2} p_{CO} p_{H_2O}^{0.2} p_{CO_2}^{-0.5} p_{H_2}^{-0.2}\left(1 - \frac{p_{CO_2} p_{H_2}}{K_p p_{CO} p_{H_2O}}\right) = k_{T_2} f_2(p_i) \tag{5-58}$$

$$K_p = \exp\left[2.3026 \times \left(\frac{2185}{T} - \frac{0.1102}{2.3026}\ln T + 0.6218 \times 10^{-3} T - 1.0604 \times 10^{-7} T^2 - 2.218\right)\right] \tag{5-59}$$

在恒温下，由积分反应器的实验数据，可按下式计算反应速率常数 k_{T_i}：

$$k_{T_i} = \frac{V_{0,i} y^0_{CO}}{22.4W}\int_0^{\alpha_{i出}} \frac{d\alpha_i}{f_i(p_i)} \tag{5-60}$$

采用图解法或编制程序计算，就可由式（5-60）得某一温度下的反应速率常数值。测得多个温度的反应速率常数值，根据阿累尼乌斯方程 $k_T = k_0 e^{-\frac{E}{RT}}$ 即可求得指前因子 k_0 和活化能 E。

由于中变以后引出部分气体分析，故低变气体的流量需重新计量，低变气体的入口组成需由中变气体经物料衡算得到，即等于中变气体的出口组成：

$$y_{1H_2O} = y^0_{H_2O} - y^0_{CO}\alpha_1 \tag{5-61}$$

$$y_{1CO}=y_{CO}^{0}(1-\alpha_1) \tag{5-62}$$

$$y_{1CO_2}=y_{CO_2}^{0}+y_{CO}^{0}\alpha_1 \tag{5-63}$$

$$y_{1H_2}=y_{H_2}^{0}+y_{CO}^{0}\alpha_1 \tag{5-64}$$

$$V_2=V_1-V_{分}=V_0-V_{分} \tag{5-65}$$

$$V_{分}=V_{分,d}(1+R_1)=V_{分,d}\frac{1}{1-(y_{H_2O}^{0}-y_{CO}^{0}\alpha_1)} \tag{5-66}$$

转子流量计计量的 $V_{分,d}$，需进行分子量换算，从而需求出中变出口各组分干基摩尔分数 $y_{1i,d}$：

$$y_{1CO,d}=\frac{y_{CO,d}^{0}(1-\alpha_1)}{1+y_{CO,d}^{0}\alpha_1} \tag{5-67}$$

$$y_{1CO_2,d}=\frac{y_{CO_2,d}^{0}+y_{CO,d}^{0}\alpha_1}{1+y_{CO,d}^{0}\alpha_1} \tag{5-68}$$

$$y_{1H_2,d}=\frac{y_{H_2,d}^{0}+y_{CO,d}^{0}\alpha_1}{1+y_{CO,d}^{0}\alpha_1} \tag{5-69}$$

$$y_{1N_2,d}=\frac{y_{N_2,d}^{0}}{1+y_{CO,d}^{0}\alpha_1} \tag{5-70}$$

同中变计算方法，可得到低变反应速率常数及活化能。

三、装置与流程

一氧化碳中低温变换实验装置如图 5-19 所示。实验流程如下：

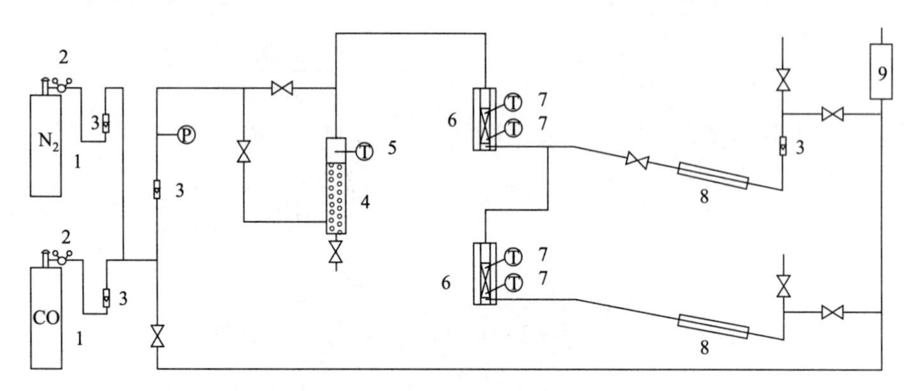

图 5-19　一氧化碳中低温变换实验装置流程示意图

1—钢瓶；2—减压阀；3—流量计；4—饱和器；5—铂电阻；6—反应器；7—热电偶；8—分离器；9—气相色谱仪

实验用原料气 N_2、CO 取自钢瓶，两种气体分别经过减压阀稳压，经过各自流量计计量后，汇成一股经总流量计计量，进入水饱和器，定量加入水汽，再由保温管进入中变反应器。反应后的少量气体引出冷却、分离水分后，进行计量、分析，大量气体再送入低变反应器，反应后的气体冷却分离水分，经分析后排放。

四、实验步骤

1. 实验条件

1）流量：控制 CO、N_2 流量分别为 2～4L/h 左右，总流量为 6～8L/h，中变出口分流量为 2～4L/h 左右。

2）饱和器温度控制在 72.8～90.0℃。

3）催化剂床层温度：反应器内中变催化床温度先后控制在 360℃、390℃、420℃，低变催化床温度先后控制在 220℃、240℃、260℃。

2. 开车及实验步骤

1）检查系统是否处于正常状态。

2）开启氮气钢瓶，置换系统约 5min。

3）接通电源，缓慢升高反应器温度。

4）中、低变床层温度升至 150℃时，开启水饱和器加热，水饱和器温度恒定在实验温度下。

5）调节中、低变反应器温度到实验条件后，通入 CO，稳定 20min 左右，随后进行分析，记录实验条件和分析数据。

3. 停车步骤

1）关闭 CO 钢瓶，关闭反应器加热。

2）稍后关闭水饱和器加热电源。

3）待反应床温低于 200℃，关闭冷却水，关闭氮气钢瓶，关闭各仪表电源及总电源。

五、实验数据记录及处理

1. 实验数据记录

将实验数据记录于表 5-26。

表 5-26 实验数据记录表

实验日期：________ 装置号：________ 室温：________ 大气压：________

序号	反应器温度/℃		流量/(L/h)				饱和器温度/℃	系统静压/kPa	CO_2 分析值/%	
	中变	低变	N_2	CO	总	分			中变	低变
1										
2										
3										

2. 实验数据处理

1）理清计算思路，列出主要公式，得到实验结果。

2）计算不同温度下的反应速率常数，从而计算出频率因子与活化能。

3）根据实验结果，浅谈中-低变串联反应工艺条件。

4）分析本实验结果，讨论本实验方法。

六、思考题

1. 氮气在实验中的作用是什么？

2. 饱和器的作用和原理是什么？

3. 实验系统中的气体如何净化？净化的作用有哪些？

4. 在进行本征动力学测定时，应用哪些原则选择实验条件？

5. 如何判断内、外扩散的消除？

6. 如何确证床层的等温条件？

7. 试分析本实验中的误差来源与影响程度。

七、注意事项

1. 由于实验过程有水蒸气加入，为避免水汽在反应器内冷凝使催化剂结块，必须在反应床温升至150℃以后才能启用水饱和器，而停车时，在床温降到150℃以前关闭饱和器。

2. 催化剂在无水条件下，原料气会将它过度还原而失活，故在原料气通入系统前要先加入水蒸气。停车时，必须先切断原料气，后切断水蒸气。

第六章 精细化工专业实验

实验一 酸性橙Ⅱ的合成

一、实验目的

1.掌握重氮化反应、偶合（偶联）反应的基本原理。

2.掌握偶氮染料酸性橙Ⅱ的合成机理、方法。

二、实验原理

1.重氮化

伯芳胺在低温及强酸（主要是盐酸或硫酸）水溶液中，与亚硝酸（亚硝酸钠＋盐酸）作用生成重氮盐的反应称为重氮化反应。

氨基磺酸芳胺（如对氨基苯磺酸）呈分子内盐形式，难溶于水，一般先制成钠盐溶液，再进行反式重氮化反应，即先把亚硝酸钠加入芳胺盐（如对氨基苯磺酸）的溶液中混合，再将此溶液加入酸中进行反式重氮化（顺式重氮化方法，一般是将亚硝酸钠溶液加入芳胺的酸液中）。

$$2HO_3S-C_6H_4-NH_2 + Na_2CO_3 \longrightarrow 2NaO_3S-C_6H_4-NH_2 + H_2CO_3$$

$$NaO_3S-C_6H_4-NH_2 + 2HCl + NaNO_2 \longrightarrow {}^{-}O_3S-C_6H_4-N^{+}{=}N + 2NaCl + 2H_2O$$

影响重氮化反应速率的因素很多，如芳胺的碱性、反应温度、无机酸浓度、加料方式等，主要影响因素是芳胺的碱性和反应温度，一般来说，芳胺的碱性越强，反应温度越高，重氮化反应速率越大。但温度过高会影响到重氮盐的稳定性（不同的重氮盐的稳定性不同，取代基为磺酸基、卤基和硝基的重氮盐的稳定性较好）。因此不同的芳胺需要在不同的温度和酸度条件下进行重氮化反应。

在重氮化反应时，酸的用量要过量，一般用量在2.5～3.0mol之间，其中1mol是用来和亚硝酸钠作用产生亚硝酸，1mol是用来和产物结合，多下来的酸是使溶液保持一定的酸度，以避免生成的重氮盐与未起反应的芳胺发生偶合反应。亚硝酸不能过量，因为它的存在会加速重氮盐本身的分解。当反应混合物使淀粉-碘化钾试纸呈蓝色时即为反应终点。过量的亚硝酸可以加入尿素来除去。

2.偶合反应

重氮盐与酚或芳胺作用，此处重氮正离子为弱亲电试剂，对苯环上进行亲电取代反应，由偶氮基将两个分子偶联起来，生成有色的偶氮化合物，这个反应称为偶合反应或偶联反应。偶合反应是制备偶氮染料（如酸性橙Ⅱ、甲基橙、对位红、刚果红等）的基本反应。

重氮盐与β-萘酚偶合时，反应在1位上进行，若1位被占据，则不发生反应。β-萘酚在反应前必须先溶解于氢氧化钠溶液中，再调节酸度在8～10下与重氮盐发生偶合反应。

$$C_{10}H_7OH + NaOH \longrightarrow C_{10}H_7ONa + H_2O$$

$$^{-}O_3S-C_6H_4-N^{+}\equiv N + C_{10}H_7ONa \longrightarrow NaO_3S-C_6H_4-N=N-C_{10}H_6OH \text{（橙色）}$$

三、仪器与试剂

1. 仪器

电子天平（0.1g）、电动搅拌器、循环水真空泵、烧杯、抽滤瓶、布氏漏斗等。

2. 试剂

对氨基苯磺酸、无水碳酸钠、亚硝酸钠、盐酸、乙萘酚（β-萘酚）、氢氧化钠、氯化钠、pH试纸、淀粉-碘化钾试纸等。

四、实验步骤

1. 重氮化

（1）在150mL烧杯中，加入55mL水、8.7g对氨基苯磺酸、5.7g无水碳酸钠，加热使其全部溶解，冷却至室温，再将3.5g亚硝酸钠加入8mL水中，搅拌均匀，配成无色透明溶液，备用。

（2）在250mL烧杯中，加入40mL水，边搅拌边慢慢匀速加入16mL 30%的盐酸，用冰水浴冷却，温度控制在10～15℃，将步骤（1）中的混合液于10～15min内均匀加入酸中（维持温度基本不变），加完后在此温度下继续搅拌30min，得白色悬浮状重氮盐液。

淀粉-碘化钾试纸呈蓝色即为终点，过量的亚硝酸钠可加少量尿素来除去。

2. 偶合

在400mL烧杯中加入60mL水、7.3g乙萘酚，开动搅拌，加入30%的氢氧化钠6mL，稍稍加热使其全部溶解，然后冷却至8℃，加氯化钠2g，快速加入重氮盐全量的1/2，此时pH值应在8～10之间，再加氯化钠3g，然后余下的重氮盐控制在10min内均匀加入（加入过程中应不断搅拌，控制温度不变），并随时用碱液调pH值在8左右，加完重氮盐后继续搅拌30min，用30%的HCl调节pH值为7，静置直至染料完全析出，过滤，滤饼烘干，即得橙红色粉末，称重，计算产率。

五、实验数据记录及处理

1. 实验数据记录（含实验现象及实际产量）

2. 计算产率

六、思考题

1. 对氨基苯磺酸属于何类芳胺？应该怎样进行重氮化？

2. 重氮化反应中酸的用量为何要过量？

3. 重氮化反应的终点如何来控制？为何淀粉-碘化钾试纸遇过量的亚硝酸钠会呈蓝色？

4. 偶合反应在何条件下进行？偶合反应中为何要加入氯化钠？

实验二 酸性橙Ⅱ的染色

一、实验目的

1. 了解染色的机理。

2. 掌握强酸性染料的染色方法，检验学生在实验一中合成的染料。

二、实验原理

在酸的促进下，酸性染料与蛋白质纤维通过生成盐键使染料上染。

三、仪器与试剂

1. 仪器

电子天平（0.1g）、电炉、烧杯、容量瓶、移液管等。

2. 试剂

染料（酸性橙Ⅱ）、无水硫酸钠、碳酸钠、硫酸、十二烷基硫酸钠等。

四、实验步骤

1. 羊毛的预处理

在100mL烧杯中，加入2g十二烷基硫酸钠、0.2g无水硫酸钠和1g碳酸钠，加入50mL水，在40～50℃温度下溶解后，加入羊毛织物2g，处理20min，然后取出羊毛织物用水充分洗涤，备用。

2. 染浴的配制

称1g染料放入100mL烧杯中，加入少量蒸馏水，调成浆状，加入沸腾水50mL并搅拌，使之全部溶解（必要时可以加热溶解），移入100mL容量瓶中，烧杯用蒸馏水洗涤两次，洗后液一并倒入容量瓶，冷却至室温后用冷蒸馏水稀释至刻度，得1%的染料溶液。吸取上述溶液60mL，加入2%的硫酸钠10mL、10%的硫酸7mL，加蒸馏水至100mL，即得染浴。

3. 染色

染浴加热到40～50℃，将羊毛入浴，于30min内均匀升温至沸腾，继续沸染45min。染色过程中不断搅拌，以使上色均匀，并维持浴比不变。如果染料尚未吸尽，可酌情补加1%的硫酸数毫升，再沸染20～30min，然后冷却至室温，取出洗涤，晾干即可。

五、实验数据记录及处理

记录实验现象。

六、思考题

1. 染色过程中酸的作用是什么？

2. 为何要煮沸染色？

3. 硫酸钠在染浴中起什么作用？

实验三 洗发香波的配制

一、实验目的

1. 了解洗发香波的组成。

2. 通过实验掌握膏体和液体香波的配制方法。

3. 掌握测定香波发泡能力的简易方法。

二、实验原理

洗发香波是清洁人的头发并使头发保持美观和使人感觉舒适的化妆品，因此洗净力是必要的，但不可过多地去除头发上自然的皮脂，即它既是去污剂，又是能使头发有光泽、美观及易梳理的化妆品。在洗发过程中不但去油污、去头屑，不损伤头发、不刺激头皮、不脱脂，而且洗后头发光亮、美观、柔软、易梳理。

在配方设计时，除应遵循上述原则外，还应注意选择表面活性剂，并考虑其配伍性良好。主要原料要求：能提供泡沫和去污作用的表面活性剂，其中以阴离子型表面活性剂为主；能增进去污力和促进泡沫稳定性，改善头发梳理性的辅助表面活性剂，其中包括阴离子型、非离子型、两性离子型表面活性剂；赋予香波特殊效果的各种添加剂，去头屑药物、固色剂、稀释剂、螯合剂、增溶剂、营养剂、防腐剂、色素和香精等。

洗发香波按剂型分为五大类：液体、胶体、乳液、膏状和粉状。阳离子型、非离子型和两性离子型表面活性剂都可以作为香波中的活性成分。

烷基（芳基）磺酸盐去污力较强，碱性也较强，易伤头发和过多地去除皮脂使得毛发损伤，手感也不好；烷基醇硫酸盐显中性，洗净力也强，泡沫丰富，洗后手感好，是香波中常用的活性成分之一。两性离子型表面活性剂或非离子型表面活性剂也常与阴离子型表面活性剂合用，降低刺激性。

三、仪器与试剂

1. 仪器

电子天平（0.1g）、烧杯、玻璃棒等。

2. 试剂

膏体剂型香波的配方见表 6-1。

表 6-1　膏体剂型香波的配方

化学试剂名称	配方一/g	配方二/g	化学试剂名称	配方一/g	配方二/g
硬脂酸	8	6	30%氢氧化钾水溶液	5	0.8
羊毛脂	适量	适量	羧甲基纤维素	0.5	0.5
甘油	8	8	去离子水	63	62.7
十二烷醇硫酸钠	10	8	香精	适量	适量
小苏打	5	5	防腐剂苯甲酸钠	1.0	1.0
十二烷醇苯磺酸钠		10	色素	适量	适量

四、实验步骤

1. 膏体剂型香波配制方法

将油相原料和水相原料分别加热到 80℃，使之成为液体，再将油相在搅拌下慢慢加到水相中进行混合和乳化，在 60℃以下加入香精、防腐剂及色素，55℃停止搅拌，趁热出料，冷却至室温（注意勿使两相分层）。

2. 发泡力测定方法

取配制好的香波 1g 放入小烧杯中，加入 100mL 水，搅拌溶解后，放入温水浴中加热至所需温度。将 20mL 溶液倒入 100mL 量筒中。用手捂住量筒口，上下用力振动几次，静置后观察泡沫高度。分别测量 30℃、50℃及 70℃下香波溶液的泡沫高度。

五、实验数据记录及处理

1. 实验数据记录（含实验现象及实际产量）

2. 计算产率

六、思考题

1. 做实验前请考虑一下哪些原料属于油相？哪些原料属于水相？

2. 十二烷基苯磺酸盐与十二烷基硫酸盐的去污力有何异同？

3. 洗涤剂的发泡力大是否意味着其去污力就强？

实验四　杀菌剂“代森锌”的合成

一、实验目的

1. 掌握“代森锌”盐类的性质、合成机理及方法。

2. 掌握抽滤操作。

二、实验原理

代森锌，全名亚乙基双二硫代氨基甲酸锌，分子式为 $C_4H_6N_2S_4Zn$，分子量为 276.78。纯品为白色粉末，原药为黄色或灰白色粉末，含量在 90% 以上，有臭鸡蛋气味，熔点前分解，闪点为 138～143℃，难溶于水，不溶于大多数有机溶剂，但能溶于吡啶，对光、热、湿气不稳定，容易分解，放出二硫化碳，遇碱性物质或铜、汞等物质均易分解，放出二硫化碳而减效，挥发性小。它是一种非内吸性、广谱保护性杀菌剂，一种叶面喷洒使用的保护性杀菌剂，对植物安全，可防治麦类、蔬菜、瓜果、棉花、烟草、花生、药材、花卉等植物上发生的多种病害，对柑橘锈病、茶叶螨也有防治效果。

代森锌的制备是在强碱性条件下由乙二胺与二硫化碳低温加成后生成二硫代氨基甲酸钠盐（又名代森钠，此盐溶于水），然后用氯化锌或硫酸锌盐置换钠盐而成，代森锌微溶于水，利用此性质把它从溶液中分离出来，其反应式如下：

$$\begin{array}{l} CH_2-NH_2 \\ | \\ CH_2-NH_2 \end{array} + 2CS_2 + 2NaOH \longrightarrow \begin{array}{l} CH_2-NH-C(=S)-SNa \\ | \\ CH_2-NH-C(=S)-SNa \end{array}$$

$$\begin{array}{l} CH_2-NH-C(=S)-SNa \\ | \\ CH_2-NH-C(=S)-SNa \end{array} + ZnCl_2 \longrightarrow \begin{array}{l} CH_2-NH-C(=S)-S \diagdown \\ | \qquad\qquad\qquad\quad Zn \\ CH_2-NH-C(=S)-S \diagup \end{array} + 2NaCl$$

三、仪器与试剂

1. 仪器

电子天平（0.1g）、电动搅拌器、循环水真空泵、三口烧瓶、烧杯、量筒、回流冷凝管、滴液漏斗、温度计、抽滤瓶、布氏漏斗等。

2.试剂

乙二胺、二硫化碳、氢氧化钠、氯化锌、盐酸等。

四、实验步骤

1.代森钠的合成

在250mL三口烧瓶上安装电动搅拌器、回流冷凝管和滴液漏斗，在三口烧瓶中加入6mL乙二胺和20mL水，在搅拌下慢慢滴加10mL二硫化碳，控制反应温度在30℃左右，加完二硫化碳后，再滴加20%的氢氧化钠溶液约30mL，滴加氢氧化钠溶液时要不断检测反应液的pH值，控制在9～10，控制反应温度不变，加完后再搅拌20min，反应到达终点，此时反应产物（代森钠）溶于水中无油珠。

2.代森锌的合成

用浓盐酸调pH值至6，缓缓加入10%的氯化锌溶液22mL（注意该溶液应如何配制），控制反应温度不超过50℃，加完后再搅拌10min，即生成悬浮液，抽滤，滤饼用水洗至中性，抽干，即得代森锌，观察颜色，称重，计算产率。

五、实验数据记录及处理

1.实验数据记录（含实验现象及实际产量）

2.计算产率

六、思考题

1.反应开始为何温度不能高？如何控制？

2.如何确定代森钠合成反应的终点？为什么？

3.在使用代森锌来杀菌时常用什么剂型？为什么？

实验五　香料乙酸异戊酯的合成

一、实验目的

1.了解香料的基本知识。

2.了解磺酸型阳离子交换树脂的特性及作用。

3.掌握恒沸蒸馏制备乙酸异戊酯的方法。

二、实验原理

乙酸异戊酯是无色透明液体，常称香蕉油，具有水果香气。它是香蕉、苹果等果实的芳香成分，也存在于酒等饮料和酱油等调味品中。在香精调配中，在许多水果型特别是梨香型香精中，大量使用乙酸异戊酯。乙酸异戊酯的分子式为$C_7H_{14}O_2$，分子量为130.19，沸点为142℃，d_4^{20}为0.8670，n_D^{20}为1.4000。它更大量的应用是在涂料、皮革等工业中作为溶剂使用。

酯类化合物的合成条件和方法，因羧酸和醇的结构而异。在工业生产中，多数在催化剂的作用下通过酯化反应来完成。常用的催化剂是无机强酸、有机磺酸或强酸性阳离子交换树脂，亦可用其他固态或液态的酸性催化剂。由于酯化反应为可逆反应，当原料与产物的沸点适当时，可简便地用恒沸蒸馏法除去反应生成的水，使平衡右移以提高收率。本实验以732# 树脂作催化剂，用恒沸蒸馏法和回流分水装置除水。

732# 树脂是强酸性苯乙烯系阳离子交换树脂，是以苯乙烯和二乙烯苯共聚珠体制得的具有磺酸基的高分子化合物，属于磺酸型阳离子交换树脂。在有机合成反应中，用作水解酯化反应中的酸性催化剂等。市售的“钠型”树脂（732# 树脂）经酸液浸泡、洗涤、烘干后形成含—SO_3H 基团的“氢型”树脂，“氢型”树脂能催化酯化反应是通过磺酸基团提供质子及聚合物洞穴结构帮助醇、酸酯化脱水，与常用的催化剂——硫酸相比，应用该树脂催化剂可使酯化反应收率高，操作方便、迅速，减少腐蚀与污染。

本实验通过催化剂与脱水装置（分水器）共同使用使产率比老工艺（硫酸催化法）有很大提高，其反应原理如下：

$$CH_3COOH + \underset{\displaystyle CH_3}{CH_3\overset{|}{C}HCH_2CH_2OH} \xrightleftharpoons{\text{催化剂}} CH_3\overset{\displaystyle O}{\overset{\|}{C}}OCH_2CH_2CH(CH_3)_2 + H_2O$$

三、仪器与试剂

1. 仪器

电子天平（0.1g）、电炉、阿贝折光仪、圆底烧瓶、分液漏斗、锥形瓶、回流冷凝管、直形冷凝管、尾接管、分水器、温度计等。

2. 试剂

异戊醇、冰醋酸、732# 树脂、无水碳酸钠、无水氯化钙、氯化钠、无水硫酸镁、沸石等。

四、实验步骤

1. 酯化

在干燥的圆底烧瓶中，加入 22mL 异戊醇、17mL 冰醋酸和 3g 处理过的 732# 树脂，放入数粒小沸石。装上回流冷凝管，加热回流 20min，然后稍冷，改装成带分水器的回流装置，分水器中事先放入分水器中可存体积的水，控制回流速度不宜快，当脱出近 4mL 水后，反应结束。反应时间约需 2h。从反应液中滤出树脂后，将反应液转移至分液漏斗中，用 15～20mL 水洗涤，再用 10%的碳酸钠溶液洗至弱碱性。然后用等体积的饱和氯化钙溶液洗涤，用饱和食盐水洗至中性。有机层倒入干燥的锥形瓶中，加无水硫酸镁干燥。

2. 蒸馏

将干燥过的有机层滤入圆底烧瓶中，加数粒小沸石后，进行常压蒸馏，收集 138～142℃的馏分，得到无色透明的液体乙酸异戊酯 16～20g，测折射率，称重，回收产品，计算产率（产率为 61%～77%）。

五、实验数据记录及处理

1. 实验数据记录（含实验现象及实际产量）

2. 计算产率

六、思考题

1. 酯化反应通过什么原理使反应完全？

2. 使用饱和食盐水洗涤的目的是什么？

3. 与硫酸作催化剂相比，树脂催化有哪些优缺点？

实验六　固体酒精的制备

一、实验目的

掌握固体酒精的配制原理和实验方法。

二、实验原理

硬脂酸钠受热软化，冷却后又重新固化，将液态酒精与硬脂酸钠搅拌共热，冷却后硬脂酸钠将酒精包含其中，成为块状产品。

在配方中加入虫胶、石蜡作为黏结剂，可得到质地更加结实的固体酒精。同时可以助燃，使其燃烧得更加持久，并释放更多的热量。

三、仪器与试剂

1.仪器

电炉、水浴锅、回流冷凝管、烧瓶、温度计、秒表、研钵、烧杯、玻璃模具（可用展开缸替代）等。

2.试剂

工业酒精（酒精含量≥95%）、硬脂酸、虫胶片（工业级）、固体石蜡、氢氧化钠、沸石等。

四、实验步骤

1.方法一

1）称取 0.8g 氢氧化钠，迅速研碎成小颗粒，加入 250mL 烧瓶中，再加入 1g 虫胶片、80mL 酒精和数粒小沸石，装置回流冷凝管，水浴加热回流至固体全部溶解为止。

2）在 100mL 烧杯中加入 5g 硬脂酸和 20mL 酒精，在水浴上温热则硬脂酸全部溶解，然后从冷凝管上端将烧杯中的物料加入含有氢氧化钠、虫胶片和酒精的三口烧瓶中，摇动使其混合均匀，回流不同时间后移去水浴，反应混合物自然冷却，待降温到 50℃时倒入模具中，加盖以避免酒精挥发，冷却至室温后完全固化，从模具中取出即得到成品。

2.方法二

1）向 250mL 三口烧瓶中加入 9g 硬脂酸、2g 石蜡、50mL 酒精和数粒小沸石，装置回流冷凝管，摇匀，在水浴上加热约 60℃并保温至固体全部溶解为止。

2）将 1.5g 氢氧化钠和 13.5g 水加入 100mL 烧杯中，搅拌溶解后再加入 25mL 酒精，搅匀。

3）将碱液加进含硬脂酸、石蜡、酒精的三口烧瓶中，在水浴上加热回流 15min 使反应完全，移去水浴，待物料稍冷而停止回流时，趁热倒入模具，冷却后取出成品。

五、实验数据记录及处理

记录实验现象。

六、思考题

1.虫胶片、石蜡的作用是什么？

2.固体酒精的配制原理是什么？

实验七　乙酰水杨酸（阿司匹林）的合成

一、实验目的

1.了解乙酰水杨酸（阿斯匹林）的制备原理和方法。

2.进一步掌握重结晶、熔点测定、抽滤等基本操作。

3.了解乙酰水杨酸的应用价值。

二、实验原理

乙酰水杨酸即阿斯匹林（aspirin），是19世纪末成功合成的，作为一个有效的解热止痛、治疗感冒的药物，至今仍广泛使用，有关报道表明，人们正在发现它的某些新功能。水杨酸可以止痛，常用于治疗风湿病和关节炎。它是一种具有双官能团的化合物，其结构中的羧基和羟基可以发生酯化，而且还可以形成分子内氢键，阻碍酰化和酯化反应的发生。

阿司匹林是由水杨酸（邻羟基苯甲酸）与乙酸酐进行酯化反应而得的。水杨酸可由水杨酸甲酯即冬青油（由冬青树提取而得）水解制得。本实验就是用邻羟基苯甲酸（水杨酸）与乙酸酐反应制备乙酰水杨酸。反应式为：

$$\text{(邻-HOC}_6\text{H}_4\text{COOH)} + (CH_3CO)_2O \xrightarrow{\text{浓}H_2SO_4} \text{(邻-}CH_3COOC_6H_4COOH) + CH_3COOH$$

副反应为：

$$2\,\text{(邻-HOC}_6\text{H}_4\text{COOH)} \xrightarrow{\triangle} \text{(邻-HOC}_6\text{H}_4\text{)–C(=O)–O–(邻-C}_6\text{H}_4\text{COOH)} + H_2O$$

$$\text{(邻-}CH_3COOC_6H_4COOH) + \text{(邻-HOC}_6\text{H}_4\text{COOH)} \xrightarrow{\triangle} \text{(邻-}CH_3COOC_6H_4\text{)–C(=O)–O–(邻-C}_6\text{H}_4\text{COOH)}$$

三、仪器与试剂

1.仪器

电子天平（0.1g）、循环水真空泵、傅里叶变换红外光谱仪、圆底烧瓶、回流装置、抽滤瓶、布氏漏斗、量筒等。

2.试剂

水杨酸、乙酸酐、浓硫酸、乙酸乙酯、沸石等。

四、实验步骤

1.制备

在50mL圆底烧瓶中，加入干燥的水杨酸7.0g（0.050mol）和新蒸的乙酸酐10mL（0.100mol），再加10滴浓硫酸作催化剂，充分摇动。水浴加热，水杨酸全部溶解，保持瓶内温度在70℃左右，维持20min，并经常摇动。稍冷后，在不断搅拌下倒入100mL冷水中，并用冰水浴冷却15min，抽滤，冰水洗涤，得乙酰水杨酸粗产品。水杨酸的制备实验流程如图6-1所示。

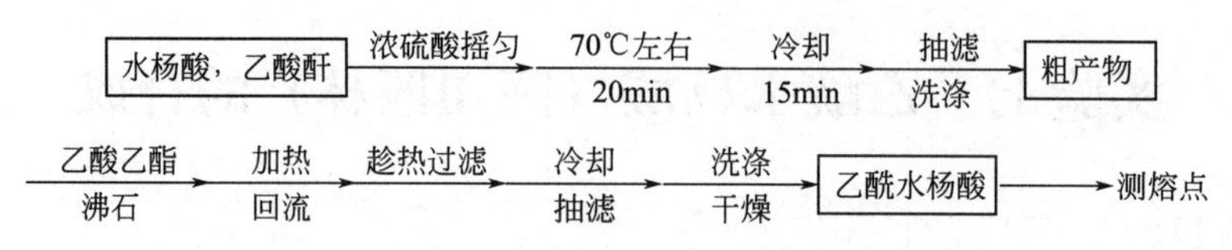

图 6-1 水杨酸的制备实验流程

将粗产品转至250mL圆底烧瓶中，装好回流装置，向烧瓶内加入100mL乙酸乙酯和两粒沸石，加热回流，进行热溶解。然后趁热过滤，冷却至室温，抽滤，用少许乙酸乙酯洗涤，干燥，得无色晶体状乙酰水杨酸，称重，计算产率。

2.鉴定

1）外观及熔点　纯乙酰水杨酸为白色针状或片状晶体，熔点为135～136℃，但由于它受热易分解，因此熔点难测准。

2）红外光谱图　乙酰水杨酸的红外光谱图如图6-2所示。

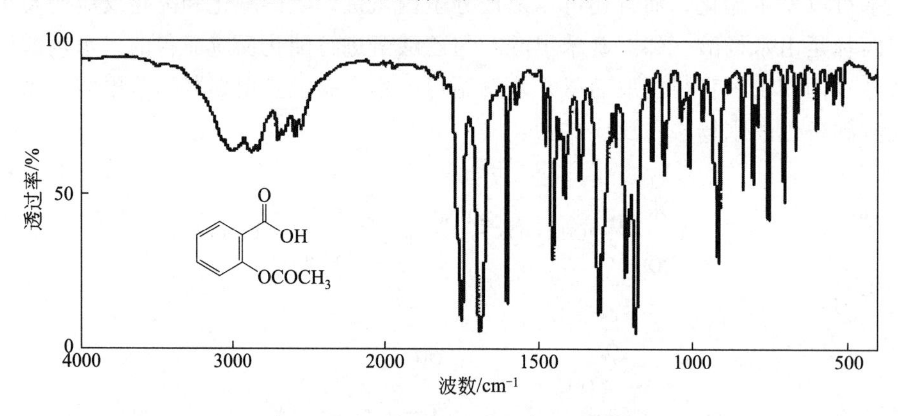

图 6-2 乙酰水杨酸的红外光谱图

五、实验数据记录及处理

记录实验现象及产量和鉴定谱图。

六、思考题

1.为什么使用新蒸的乙酸酐？

2.为什么控制反应温度在70℃左右？

3.怎样洗涤产品？

4.乙酰水杨酸还可以使用什么溶剂进行重结晶？重结晶时需要注意什么？

5.熔点测定时需要注意什么问题？

实验八　抗癫灵的制备

一、实验目的

1.掌握抗癫灵的制备原理。

2.掌握减压蒸馏和常压蒸馏基本操作。

二、实验原理

抗癫灵又称丙戊酸钠，化学名为2-丙基戊酸钠，分子式为 $C_8H_{15}O_2Na$，分子量为

166.19。抗癫灵为白色粉状晶体，味微涩，溶于水、乙醇、热乙酸乙酯，几乎不溶于乙醚、石油醚，具有较强的吸湿性。抗癫灵是一种抗癫痫药，主要用于预防和治疗各种癫痫的大发作和小发作。

抗癫灵的制备原理为：丙二酸二乙酯与溴代正丙烷发生烃化反应，得到二丙基丙二酸二乙酯；在氢氧化钾催化下，水解得到二丙基丙二酸；加热进行脱羧反应，得到二丙基乙酸；最后与氢氧化钠发生中和反应，得到丙戊酸钠。反应方程式如下：

$$CH_2(COOC_2H_5)_2 \xrightarrow[C_2H_5ONa]{CH_3CH_2CH_2Br} (CH_3CH_2CH_2)_2C(COOC_2H_5)_2 \xrightarrow[HCl]{KOH \cdot H_2O}$$

$$(CH_3CH_2CH_2)_2C(COOH)_2 \xrightarrow{180℃,\ 0.5h}$$

$$(CH_3CH_2CH_2)_2CHCOOH \xrightarrow{NaOH,\ H_2O} (CH_3CH_2CH_2)_2CHCOONa$$

三、仪器与试剂

1.仪器

电子天平（0.1g）、循环水真空泵、油泵、电动搅拌器、三口烧瓶、圆底烧瓶、量筒、恒压滴液漏斗、回流冷凝管、干燥管等。

2.试剂

乙醇钠、丙二酸二乙酯、溴代正丙烷、溴化钠、无水硫酸钠、无水乙醇、氢氧化钾、浓盐酸、氢氧化钠等。

四、实验步骤

1.烃化

在装有电动搅拌器、恒压滴液漏斗和回流冷凝管（附有氯化钙干燥管）的三口烧瓶中，加入95mL 16%～18%乙醇钠溶液，搅拌下，加热至80℃左右，开始滴加1.6g丙二酸二乙酯。滴加完毕，搅拌反应10min后，滴加2.9g溴代正丙烷，约0.5h加完，搅拌回流反应2h。室温下静置2h，过滤除去溴化钠，以少量无水乙醇洗涤滤饼，合并滤液和洗液，常压蒸馏回收乙醇，得到油状物二丙基丙二酸二乙酯粗品。经无水硫酸钠干燥后进行减压蒸馏，收集110～124℃/(7～8)×133.3Pa的馏分，产品为无色油状液体。

2.水解、中和

在烧瓶中加入2.3g二丙基丙二酸二乙酯、2.3g氢氧化钾和40mL水配成的氢氧化钾水溶液，快速搅拌下，加热回流4h。然后蒸掉乙醇，冷却至10℃以下，用浓盐酸中和至pH为2。静置，过滤，得白色针状晶体，为二丙基丙二酸。

3.脱羧

在反应器中加入1.4g二丙基丙二酸，加热至160～180℃，反应物逐渐熔融，并伴有二氧化碳逸出，于180℃保持0.5h，直到无二氧化碳逸出，蒸出低沸物，再真空蒸馏收集111～115℃/(10～12)×133.3Pa馏分，得到无色油状液体二丙基乙酸。

4.中和成盐

在二丙基乙酸中缓缓加入14%氢氧化钠水溶液20mL，加热浓缩至干，得到白色固体钠盐。

五、实验数据记录及处理

1.实验数据记录（含实验现象及实际产量）

2.计算产率

六、思考题

1.烃化反应的原理是什么？安装氯化钙干燥管的目的是什么？

2.常压蒸馏和减压蒸馏有何区别？减压蒸馏的注意事项有哪些？

第七章 化学化工设计实验

设计实验是一种较高层次的实验训练，它要求对实验方法、实验装置等进行设计，或对实验过程、实验结果进行分析、研究和改进。它是一种自主、独立进行的实验，可以进一步发挥学生的学习主动性，巩固学过的基础知识和操作技术，培养学生查阅文献、独立思考、设计实验、动手操作、发现问题、分析问题和解决问题的能力，比传统的演示性、验证性实验更有利于培养学生创新意识和创造能力，以及独立从事科学研究工作的能力。

设计实验需要具有原创性地研究设计实验内容，要求学生自己按照实验题目要求，查阅相关文献资料，并依据相关参考文献，运用所学的理论知识和实验操作技术，根据实验室条件，独立从实验原理、方法、材料、步骤、结果预测与鉴定等方面设计一套方案，经指导教师审阅批准后，准备实验仪器设备、试剂材料进行实验。

在此基础上，同学之间在实验讨论课上交流各自设计的实验，并展开讨论，讨论内容包括：某具体测定对象的各种分析方法、原理，并比较它们的优缺点；实验步骤；误差来源及消除；结果处理；注意事项；特殊试剂的配制。

设计实验的核心是设计、选择实验方案，并在实验中检验方案的正确性与合理性。设计时一般包括：根据研究的要求、实验精度的要求以及现有的主要仪器确定应用原理，选择实验方法与测量方法，选择测量条件与配套仪器以及测量数据的合理处理等。要求实验方法、测量测试方案、实验仪器、试剂、材料等至少有一项是独立自主设计完成。

希望同学们通过选定的设计实验实践积累和总结，培养进行科学实验的能力和提高进行科学实验的素质。

1.设计实验的教学目的

提高学生实验素质和科学研究能力，进行创造性能力的培养。同时学生自主查阅文献和归纳总结实验方案，能够更好地了解化工领域及相关行业的国际状况，具备一定的国际视野，能够初步跟踪化工专业国际前沿，在实验过程中提高学生的人际交往能力和团队精神。通过对实验的设计，体验科研过程，初步掌握实验的基本程序和方法及要求，并分析和解释数据，通过信息综合得到合理有效结论，培养科研能力和技能，为后续专业综合实验课程以及毕业论文打下良好基础。

2.设计实验的特点

教师提出实验课题和研究项目，实验室提供条件。同学自行推证有关理论，自行确定实验方法，自行选择和组合配套仪器设备，自行拟定实验程序和注意事项等，做出具有一定精度的定量的测试结果，写出完整的实验报告。

多方面综合考核方式更能够客观地考核学生的实践动手能力、综合创新能力和教学效果，调动教师和学生的教与学的积极性，同时提高了考核项目的可操作性，使教师对学生的考核更加快捷、方便和公正。

3.设计实验的教学要求

在完成设计实验的整个过程中，充分反映自己的实际水平与能力，力求有所创新。

实验方案的实施采取先汇报的形式，既可以及时发现错误或不合理的结果，又可以避免操作技术错误导致实验失败而影响项目进度和学生的积极性。同时实验方案分成小组实施，实施过程有助于培养学生团队协作能力，学生在团队中可以学会与人相处，增强互相帮助、取长补短的合作意识，使学生具有一定的人际交往能力和团队精神，能够妥善处理团队内外人际关系，明确团队成员的角色和责任。

实验结果通过 PPT 汇报的形式实施，不仅锻炼了学生的组织表达能力，而且提高了学生逻辑思维能力以及规范撰写化学化工方面报告文稿的能力，这些能力的获取有助于学生学习并掌握解决实际与科学问题的基本方法和思路，进一步提高学生综合运用知识能力和创新能力。

4.科学实验设计的原则

1）实验方案的选择：最优化原则。

2）测量方法的选择：误差最小原则。

3）测量仪器的选择：误差均分原则。

4）测量条件的选择：最有利原则。

5.实验实施方案

（1）设计性项目研究内容与要求的提出　实验开始前一周，布置课前作业，提出实验要求。各个教师根据实验项目对学生进行指导，学生根据教师列出的提纲，查阅文献，撰写文献综述，初步提出实验方案，交于教师批阅。教师归纳总结学生提出的几种不同实验方案，提前发现实验过程中有可能遇到的问题并加以解决，组织学生进行讨论，最后确定一套切实可行的方案。

（2）设计性方案的实施　在具体实验之前集中利用 0.5h 时间，让各组先汇报已完成研究的结果及下面要进行的方案设计（写在黑板上），并说出设计理由与详细操作方法。由学生和教师对研究结果和方案进行提问和质疑，最后由教师从科学性、可操作性等方面对结果和方案进行总结与评价后，再进行实验操作。小组成员实验位置相对集中，独立操作，同时进行实验，组员任务由组长分配或协商分工，这样便于相互帮助、讨论与解决实验过程中碰到的各种问题。在学生实验过程中，教师以指导者和管理员的身份参与其中，帮助学生解决困难，纠正错误操作，排除安全隐患，使学生顺利地完成实验。另外，要求学生仔细观察实验现象，如实、准确书写实验记录，养成严谨、诚信作风。

（3）结果的汇报　组长整理组员们的实验数据，对实验过程进行总结，制作成 PPT，在班内汇报本组研究结果，分析结果的可能原因，每组时间控制在 10min 以内。通过该流程，学生能够对实验结果进行分析和解释，并通过信息综合得到合理有效的结论。实验结果的汇报过程是学生与学生、学生与教师互动交流的过程，也是一种思想与思想碰撞的过程，锻炼了学生运用化工专业术语就化工问题，准确表达自己的观点的能力。

（4）报告的撰写　学生根据教师给出的统一格式进行书写，包括实验目的、实验内容及要求、结果与讨论以及参考文献四个部分。

6.考试方案的实施

实验考核要充分体现教学大纲的基本要求和内容，突出设计实验教学过程中的重点和难点，主要考核学生的文献查询能力、动手能力、仪器操作能力、数据分析能力、团队协作能力以及撰写化学化工领域规范报告的能力。考试方式要简单可行，成绩评定要体现公平公正。

教师制定详细的成绩评定标准。评价指标一般包含4个部分，分别为文献综述（20%）、平时成绩（40%）、答辩成绩（10%）和理论考试（30%）。具体要求如下：

（1）文献综述　根据实验项目名称，针对性查阅文献资料，写出研究现状，并初步拟定实验方案。实验方案主要考查学生实验设计的创新性、可行性、完整性。

（2）平时成绩　包含实验操作和实验报告两部分。实验操作包括实验准备和实验过程；实验报告由实验原理、实验步骤、数据记录和处理和思考总结组成，并附有实验原始记录。操作与结果主要考查学生的实验技能、仪器正确操作、结果观察与记录和数据整理分析的能力。

（3）答辩成绩　实验设计思想及实验结果通过PPT展示，进行汇报交流。根据PPT制作与汇报过程、答辩中回答问题的情况综合评定出每组的分数。各组员按1、0.95、0.90、0.85权重打分（其中组长权重为1）。汇报与答辩主要考查学生对专业知识掌握的深度和广度和当场论证论题的能力。

（4）理论考试　以大作业形式进行理论考试，重点考查学生对实验原理、实验内容的掌握情况。

实验一　酸碱混合物测定的方法设计

一、实验目的

1.通过自拟分析方案，巩固所学酸碱滴定知识。

2.学习拟定分析方案的方法。

二、设计要求

根据所学知识，查阅有关资料（教科书或参考书等），分四组说明下面体系各组分含量测定的理论依据。

① NaH_2PO_4-Na_2HPO_4 混合液。

② $NaOH$-Na_3PO_4 混合液。

③ HCl-NH_4Cl 混合液。

④ Na_2CO_3-$NaHCO_3$ 混合液。

三、仪器与试剂

1.主要可选仪器

电子天平、滴定装置、锥形瓶、烧杯、洗瓶等。

2.主要可选试剂

NaH_2PO_4、Na_2HPO_4、Na_3PO_4、NH_4Cl、$NaHCO_3$、$NaOH$、HCl、甲醛、乙醇、Na_2CO_3、邻苯二甲酸氢钾（GR）、酚酞、甲基红、甲基橙等。

四、实验方案

根据测定原理，写出测定的详尽步骤，特别是要把取样量、加入试剂量、终点颜色、实验数据等写清楚。

在酸碱混合物测定的方法设计中，主要考虑以下问题：

1）试样中各组分能否准确滴定？

2）实际方法的原理是什么？有哪几种可行的滴定方法？

3）采用何种滴定剂？如何配制和标定？

4）滴定结束时产物是什么？这时产物溶液 pH 值为多少？应选用何种指示剂？

5）酸碱滴定时，滴定剂和被滴定物的浓度假定在 0.1mol/L 左右，如何据此决定它们的溶液取样量？

6）各组分含量的计算公式是什么？计量比应为多少？含量以什么单位表示？计算时应查哪些常数？

五、实验结果及数据处理

按照化学化工实验结果和数据处理要求，设计实验记录及数据处理表格，记录实验原始数据，并进行数据处理。

六、思考题

通过自拟分析方案，你有什么收获？

实验二 聚铁类高分子絮凝剂的制备方法设计

一、实验目的

1. 了解无机高分子絮凝剂的絮凝机理和研究进展。

2. 设计聚铁类无机高分子絮凝剂制备过程，巩固所学无机化学及分析化学知识。

二、设计要求

根据所学知识，查阅有关资料（教科书或参考书等），分四组制备聚铁类无机高分子絮凝剂。初步拟定以下方法供选择参考。

1）以 $FeSO_4 \cdot 7H_2O$ 为原料、$KClO_3$ 为氧化剂制备聚合硫酸铁。

2）以 $FeSO_4 \cdot 7H_2O$ 为原料、H_2O_2 为氧化剂制备聚合硫酸铁。

3）以 $FeSO_4 \cdot 7H_2O$ 为原料、HNO_3 为氧化剂制备聚合硫酸铁。

4）以 $FeSO_4 \cdot 7H_2O_4$ 为原料、NaClO 为氧化剂制备聚合硫酸铁。

5）以 $FeSO_4 \cdot 7H_2O$ 为原料、MnO_2 为氧化剂制备聚合硫酸铁。

6）以 $FeCl_3 \cdot 6H_2O$ 及 Na_2CO_3 为原料，加入一定量的稳定剂，制备聚合氯化铁。

除以上方法外，还可以设计其他可行制备方法，要求写出制备路线和原理。

三、仪器与试剂

1. 主要可选仪器

恒速搅拌仪、电子天平、恒温水浴、酸度计、分光光度计、三口烧瓶、冷凝器等。

2. 主要可选试剂

$FeSO_4 \cdot 7H_2O$、$NaClO_3$、$KClO_3$、KF、HNO_3、H_2SO_4 等。

四、实验方案

根据小组讨论方案，写出详细的制备步骤，特别是要把取样量、加入试剂量等实验数据写清楚，并研究所制絮凝剂对废水的处理效果。

五、实验结果及数据处理

按照化学化工实验结果和数据处理要求，记录实验原始数据，并进行数据处理。

六、思考题

1. 聚铁絮凝机理是什么？

2.试比较无机、有机高分子絮凝剂。

实验三 废旧锌锰电池中锌、锰的回收方法设计

一、实验目的

1.了解废旧锌锰电池回收的意义。

2.设计废旧锌锰电池中锌、锰的回收方法，巩固所学无机化学及分析化学知识。

二、设计目的

根据所学知识，查阅有关资料（教科书或参考书等），分四组对废旧锌锰电池中的锰进行回收。初步拟定以下方法供选择参考。

1）以 H_2SO_4 及 NaOH 为原料回收锌。

2）以 HNO_3 及 NaOH 为原料回收锌。

3）以 HCl 及 NaOH 为原料回收锌。

4）以 H_3PO_4 及 NaOH 为原料回收锌。

5）加入 KOH、$NaClO_3$ 制备 K_2MnO_4 及 $KMnO_4$。

除以上方法外，还可以设计其他可行回收方法，要求写出回收路线和原理。

三、仪器与试剂

1.主要可选仪器

电子天平、恒速搅拌仪、马弗炉、恒温水浴、原子吸收分光光度计、分光光度计、酸度计、电炉、三口烧瓶、冷凝器等。

2.主要可选试剂

HNO_3、H_2SO_4、HCl、H_3PO_4、NaOH、$KClO_3$、KOH、$NaClO_3$、H_2O_2 等。

四、实验方案

根据小组讨论方案，写出详细的回收锌、锰的实验步骤，特别是要把取样量、加入试剂量等实验数据写清楚。

五、实验结果及数据处理

按照化学化工实验结果和数据处理要求，记录实验原始数据，并进行数据处理。

六、思考题

1.废旧电池有哪些危害？

2.普通锌锰干电池的工作原理是什么？

实验四 二苯甲酮的合成方法设计

一、实验目的

1.通过合成方法设计，巩固所学有机化学知识。

2.学习拟定合成方案的方法。

二、设计要求

根据所学知识，查阅有关资料（教科书或参考书等），分四组采用不同的方法合成二苯

甲酮，初步拟定以下方法供选择参考。

1）以氯化苄为原料，氯化苄法。

2）以苯为原料，苯氯化法。

3）以苯甲酰氯为原料，甲酰氯化法。

4）以苯为原料，草酰氯法。

除以上方法外，还可以设计其他可行合成方法，要求写出合成路线和原理。

三、仪器与试剂

1. 主要可选仪器

电子天平、恒速搅拌仪、恒温水浴、循环水真空泵、电炉、三口烧瓶、冷凝器等。

2. 主要可选试剂

苯甲酰氯、苯（无水）、三氯化铝（无水）、硫酸镁、氯化苄、硝酸、乙酸铅、碳酸钠、盐酸、氢氧化钠、四氯化碳（无水）、草酰氯、硝酸钠等。

四、实验方案

根据合成方法，写出合成的详细实验方案，特别是要把加入量、反应温度、反应时间、实验数据等写清楚。

在合成方法的设计中，主要考虑以下问题。

1）合成方法的可行性。

2）合成方法的原理是什么？有哪几种可行的合成方法？

3）实验中需要用到的仪器和操作方法。

4）产品的分析和鉴定方法。

5）实验的现象和原因。

6）实验还需改进和完善的地方。

五、结果和数据处理

按照化学化工实验结果和数据处理要求，记录实验原始数据，并进行数据处理。

六、思考题

通过本合成方法设计，你有什么收获？

实验五　对氨基苯酚的合成方法设计

一、实验目的

1. 通过合成方法设计，巩固所学有机化学知识。

2. 学习拟定合成方案的方法。

二、设计要求

根据所学知识，查阅有关资料（教科书或参考书等），分四组采用不同的方法合成对氨基苯酚，初步拟定以下方法供选择参考。

1）以硝基苯为原料，锌粉还原法。

2）以对硝基苯酚为原料，铁粉还原法。

3）以对硝基苯酚为原料，二氧化硫脲还原法。

4）以苯酚为原料，铁粉还原法。

三、仪器与试剂

1. 主要可选仪器

电子天平、恒速搅拌仪、恒温水浴、循环水真空泵、电炉、三口烧瓶、冷凝器等。

2. 主要可选试剂

硝基苯、氯化铵、硫酸、亚硫酸钠、氨水、锌粉、对硝基苯酚、铁粉、盐酸、碳酸钠、硫脲、邻苯二甲酸氢钾、双氧水、乙醇（95%）、氢氧化钠、苯酚、亚硝酸钠、焦亚硫酸钠、活性炭等。

四、实验方案

根据合成方法，写出合成的详细步骤，特别是要把加入量、反应温度、反应时间、实验数据等写清楚。

在合成方法的设计中，主要考虑以下问题。

1）合成方法的可行性。

2）合成方法的原理是什么？有哪几种可行的合成方法？

3）实验中需要用到的仪器和操作方法。

4）产品的分析和鉴定方法。

5）实验的现象和原因。

6）实验还需改进和完善的地方。

五、实验结果及数据处理

按照化学化工实验结果和数据处理要求，记录实验原始数据，并进行数据处理。

六、思考题

通过本合成方法设计，你有什么收获？

实验六 肉桂酸的合成方法设计

一、实验目的

1. 通过合成方法设计，巩固所学有机化学知识。

2. 学习拟定合成方案的方法。

二、设计要求

根据所学知识，查阅有关资料（教科书或参考书等），分四组采用不同的方法合成肉桂酸，初步拟定以下方法供选择参考。

1）以苯甲醛为原料，Perkin 法。

2）以苯甲醛为原料，PEG-400 催化 Perkin 法。

3）以苯甲醛为原料，Knoevenagel 法。

4）以苯乙烯为原料，四氯化碳法。

除以上方法外，还可以设计其他可行合成方法，要求写出合成路线和原理。

三、仪器与试剂

1. 主要可选仪器

电子天平、恒速搅拌仪、恒温水浴、循环水真空泵、电炉、三口烧瓶、冷凝器等。

2. 主要可选试剂

苯甲醛、乙酸酐、乙酸钠、盐酸、PEG-400、无水碳酸钾、对羟基苯甲醚、碳酸钠、丙二酸、吡啶、六氢吡啶、三乙胺、苯乙烯、二乙胺、氯化亚铜、冰醋酸、磷酸、四氯化碳、活性炭等。

四、实验方案

根据合成方法，写出合成的详细步骤，特别是要把加入量、反应温度、反应时间、实验数据等写清楚。

在合成方法的设计中，主要考虑以下问题。

1）合成方法的可行性。

2）合成方法的原理是什么？有哪几种可行的合成方法？

3）实验中需要用到的仪器和操作方法。

4）产品的分析和鉴定方法。

5）实验的现象和原因。

6）实验还需改进和完善的地方。

五、实验结果及数据处理

按照化学化工实验结果和数据处理要求，记录实验原始数据，并进行数据处理。

六、思考题

通过本合成方法设计，你有什么收获？

实验七　地表水分析监测方法设计

一、实验目的

1. 掌握地表水中主要监测项目的采样方法和测定方法。

2. 学习拟定环境分析监测方案的方法。

二、设计要求

根据所学知识，查阅有关资料（教科书或参考书等），分四组从色度、酸度、碱度、总硬度、pH值、氮和磷、铬等方面采用不同的方法对地表水进行分析监测。初步拟定以下水源的分析监测方法。

1）自来水水源。

2）小河水源。

3）洗浴水源。

4）餐饮水源。

三、仪器与试剂

1. 主要可选仪器

紫外分光光度计、可见分光光度计、酸度计、滴定装置等。

2. 主要可选试剂

硫酸、磷酸、盐酸、氢氧化钠、重铬酸钾、二苯碳酰二肼、丙酮、乙醇、乙二胺四乙酸二钠盐、碳酸钙、三乙醇胺、氨水、硫酸镁、氯化铵、钙指示剂、铬黑 T 指示剂。

四、实验方案

列出本实验所用仪器与试剂的名称、规格、浓度和分析监测方法。

根据小组讨论方案，写出详细的分析监测实验步骤，特别是要把取样量、加入试剂量等实验数据写清楚。

五、实验结果及数据处理

按照化学化工实验结果和数据处理要求，设计实验记录及数据处理表格，记录实验原始数据，并进行数据处理。

六、思考题

通过自拟分析方案，你有什么收获？

实验八 土壤污染监测方法设计

一、实验目的

1.掌握土壤中主要监测项目的采样方法和测定方法。

2.掌握土壤样品的制备和消解方法。

二、设计要求

根据所学知识，查阅有关资料（教科书或参考书等），分四组从土壤中金属元素、水分、氟、pH 值等方面进行分析监测。初步拟定以上指标的分析监测方法。

三、仪器与试剂

1.主要可选仪器

电子天平、酸度计、紫外分光光度计、可见分光光度计、离子选择性电极、原子吸收分光光度计、烘箱等。

2.主要可选试剂

硫酸、氢氧化钠、高锰酸钾、还原铁粉、辛醇、重铬酸钾、硫酸亚铁铵、无磷活性炭粉、酒石酸锑钾、钼锑储备液、钼锑抗显色剂、磷标准储备液、磷标准溶液、硼酸—指示剂混合液、邻菲罗啉指示剂。

四、实验方案

根据小组讨论方案，写出详细的分析监测实验步骤，列出本实验所用仪器与试剂的名称、规格、浓度和分析监测方法，特别是要把取样量、加入试剂量等实验数据写清楚。

五、实验结果及数据处理

按照化学化工实验结果和数据处理要求，设计实验记录及数据处理表格，记录实验原始数据，并进行数据处理。

六、思考题

通过自拟分析方案，你有什么收获？

实验九　阿司匹林的合成方法设计

一、实验目的

1. 学会对阿司匹林合成的实验方案进行设计，通过设计实验方案，得出实验结论，掌握设计性实验的研究方法。

2. 掌握阿司匹林的形状、特点和化学性质。

3. 熟悉和掌握酯化反应的原理和实验操作

4. 掌握重结晶的原理和实验方法。

二、设计要求

查阅相关文献，以水杨酸和乙酸酐为反应原料，以硫酸为催化剂，研究原料配比、反应温度、反应时间、催化剂用量等因素对产率的影响。

除以硫酸为催化剂外，还可以选哪些物质为催化剂？

三、仪器与试剂

1. 主要可选仪器

循环水真空泵、电子天平、真空干燥箱、制冰机、水浴锅、熔点测定仪等。

2. 主要可选试剂

水杨酸、醋酐、浓硫酸、乙醇、碳酸氢钠、乙酸乙酯、盐酸、三氯化铁等。

四、实验方案

根据小组讨论方案，写出详细的制备步骤，记录实验现象及数据，并研究不同反应条件对阿司匹林产率的影响。

五、实验结果及数据处理

按照化学化工实验结果和数据处理要求，记录实验原始数据，并进行数据处理。

六、思考题

1. 用溶剂对得到的阿司匹林粗品进行重结晶时，所使用的溶剂有什么要求？如何把握溶剂的使用量？

2. 在进行阿司匹林提纯时，为什么在实验中使用碳酸氢钠而不是使用碳酸钠？

3. 聚合物是合成中的主要副产物，生成的原理是什么？除聚合物外，是否还会有其他可能的副产物？

实验十　碘仿的电化学合成方法设计

一、实验目的

1. 查阅相关的参考文献，设计电化学法合成碘仿的实验方案，通过设计实验方案，得出实验结论，掌握设计实验的研究方法。

2. 掌握电化学合成碘仿的优点和实验原理。

3. 利用循环伏安法研究电极过程，并学会分析循环伏安曲线。

4. 掌握利用恒电流法制备碘仿的实验方法，并能够利用电流效率进行评价。

二、设计要求

本实验是设计实验，查阅相关文献，完成文献综述的内容，参考以下内容和要求，自行设计方案，并自主实施。要求自行设计实验数据记录表格。

设计要求：以碳酸钠、碘化钾、丙酮和乙醇为反应原料，设计电极过程和恒电流电解的实验方案，研究电极材料、电解液组成、电解液浓度和电流密度等工艺条件对电解过程的影响。最后设计实验对碘仿产品进行表征。

三、仪器与试剂

1.主要可选仪器

电化学工作站、分析天平、电解电源（0～12V，0～2A）、真空干燥箱、电磁搅拌器、循环水真空泵、熔点测定仪、甘汞电极、玻碳电极、铂电极等。

2.主要可选试剂

碳酸钠、碘化钾、丙酮、乙醇等。

四、实验方案

根据小组讨论方案，写出详细的实验步骤，特别要把溶液组成、电极材料、电流密度、电解温度、电解时间、电化学测试的参数等实验数据写清楚，并对制备的碘仿产品进行表征。

五、实验结果及数据处理

按照化学化工实验结果和数据处理要求，设计实验记录及数据处理表格，记录实验原始数据，并进行数据处理。

1.原始数据

1）保存并打印循环伏安法测得的图形，有峰的记录峰电位 E_p、峰电流 i_p。

2）电解时的参数。

3）电解产品的熔点和质量。

2.数据处理

1）对循环伏安图进行分析，讨论溶液组成和电极材料对电极过程的影响。

2）计算电流效率，并对不同工艺条件对电流效率的影响进行讨论。

六、思考题

1.电极材料对电合成反应有何影响？

2.电合成实验中如何提高电解反应的电流效率？

第八章 化工专业创新实验

我国处于发展的重要战略机遇期，大力培育创新型人才，为建设创新型国家、国家创新体系和全面建成小康社会提供坚强的人才保证和智力保障，显得尤为迫切和重要。实践性教学是对大学生进行实践能力培养的重要途径，为强化实践教学，教育部推出“大学生创新性实验计划”。研究创新性实验是培养学生创新思维、创新能力、自我设计能力以及提高综合素质的高层次实验。该实验是以指定题目、自主设计、自主操作、自主探究的方式进行的，是巩固和补充课堂讲授的理论知识的必要环节。这些项目经常以教师的研究项目为载体，依托学科、科研优势，结合本科生导师制，利用学校各类实验室、工程中心、产学研基地和研究所的教学科研资源，为大学生开展科技活动创造有利条件。

研究创新性实验内容可分为两个层次。第一层次是在低年级学生中开展，学生在进行了初步的基础化学实验后，进行初步的化学化工设计实验（第五章内容），为后续化工研究创新性实验项目奠定基础。当学生到了高年级就进入第二层次，可自行项目申报或参加教师科研，开始创新性实验。这样带着任务去学习，学习的目的性增强，同时也使学生的学习由被动变为主动。

1. 目的与要求

通过“创新实验计划”项目实施的实验教学模式，较好地培养了化工专业学生的创新意识与实践能力。项目实施既体现出了个性化培养的理念，又提高了学生对整个大学阶段相关知识的掌握与应用的能力。项目的实施可增强学生的学习兴趣，提高了学生的资料查阅能力、实验动手操作能力、综合知识的运用能力和论文的撰写能力。一方面，研究创新性实验的宗旨是使学生通过完成这类实验，能接受到一次较全面的、严格的、系统的科研训练，能了解化学工程研究的一般方法，亲身体验科学研究的艰苦性和长期性，使学生真正养成热爱科学的情感。初步形成思维的独特性、新颖性等创造性思维品质和创新思维习惯，能运用所学到的化学工程知识进行评价和解决某些实际问题。另一方面，研究性实验真正使学生尽早接触科学研究工作，使他们的创新意识、创新精神和创新能力在实践中得到培养与提高。以学生的自主性、探索性学习为基础，注重培养的是学生独立思考、自主设计、自主操作、自主探究的能力。

通过创新性实验，应该达到下列要求。

① 具备初步设计化学工程实验的能力。

② 具备正确处理实验数据的能力，运用所学的理论解决实际问题的能力。

③ 具备分析和综合实验结果以及撰写实验报告的能力。

④ 在实验的全过程中，培养学生勤奋学习、求真、求实的科学品德，培养学生的动手能力、观察能力、查阅文献能力、思维能力、想象能力、表达能力。

2. 实验方式

由于创新性实验属于研究性实验，这类实验持续的时间较长，实验内容较多并具有一定的复杂性和综合性，因此以小组为单位进行，每组 2～4 人，每组实验均由教师负责指导。各小组独立开展工作，但在小组内，学生既有分工（如查阅文献的年代不同、实验研究的条件不同等），又有合作。学生确定题目后，必须经指导教师同意，而后着手查阅资料，研读文献，钻研有关理论。

在此基础上，学生先提出实验方案，经与教师讨论后，即可开始实验研究。实验方案必须充分考虑实验成本、制造成本，寻求技术上可能、经济上合理、安全适用的技术（实验）方案及“三废”处理方案，了解本设计实验与社会、健康、安全、法律、文化以及环境等因素之间的关系。

具体实施过程如下：

(1) 项目申报　学生在完成基础化学化工设计性实验后，一方面，可以根据自己的兴趣和能力自拟题目，进行申报。自拟题目者需在申请中写明其创新思路，可自主进行实验，极大地激发了他们的学习兴趣，是锻炼学生独立思考能力和设计能力的良好机会；另一方面，教师可以向学生公布一些适宜学生做的课题内容，使学生有机会参与教师的科研工作，感受科学研究的氛围，接受创新意识的熏陶与锻炼。

(2) 制订实验方案　实验前必须制订周密而具体的实验方案，制订方案时要反复推敲，能够跟踪化工专业国际前沿，根据资料并结合实际，提出和充分论证课题的实施方案，认真考虑方案的合理性与可行性，并可采用一定的数学模型如正交试验等方法，用尽可能少的实验次数，取得尽可能多的实验结果。

(3) 实验研究过程　实验研究是创新实验的中心环节，要求学生以严谨的科学态度进行各实验工作，同时充分发挥观察力、想象力和逻辑思维判断力，对实验中出现的各种现象、数据进行分析与评价，并运用已学过的数据处理理论与方法对实验结果进行整理、分析与归类，找出其中规律。这样的实验教学方法不仅有利于提高学生主动索取知识的积极性，也增强了学生分析问题和解决实际问题的能力。

(4) 项目总结报告（论文）的撰写　项目的完成，意味着一个完整实验过程结束，这就要求学生对实验过程及获取的结果进行总结评价，这也是学生进入毕业论文前的一个实训过程。因此，项目总结报告的撰写要求按照一般科研论文的写作方法进行，内容包括标题、作者、摘要、关键词、引言、正文（材料与方法、结果与分析）、结论、参考文献及外文分析及讨论，这将要组织学生集体讨论。先将讨论内容变成一个个问答题，分配给参与项目的学生，要他们回到书本，通过图书资料，甚至网络获取答案，实现从“实践到理论”的飞跃。正是这种规范的要求，学生完成的每一个项目都可撰写 1～2 篇研究论文，培养学生撰写科技论文的能力。该成果除用于实验项目的鉴定、验收外，教学职能部门还将其作为指导教师的教学成果进行界定，为推进大学生创新性实验工作的深入有序开展提供了有益支撑。

3. 考核与研究报告

研究完毕后，要求学生认真分析、处理实验数据，并与教师共同讨论实验结果，最后以科技论文的格式写出研究论文格式规范的综合研究报告。项目报告设计（实验）结果表现形式必须选择得当，图文并茂，能够熟练掌握论文书写的技巧以及格式和规范。并在结论和讨论部分运用化学工程问题分析与经济决策方法，计算投资、产品成本等主要技术经济指标，得出该产品或技术是否有工业化价值的结论。

实验报告评分标准（总分为 100 分）见表 8-1。

表 8-1　实验报告评分标准（总分为 100 分）

项目	成绩/分	项目	成绩/分
实验方案	10	实验态度	5
实验操作	25	安全清洁	5
实验记录	5	实验报告	50

4. 化工研究创新性实验项目举例

（1）真空微波辅助萃取及其在天然产物有效成分分析中的应用

（2）陶瓷膜在饮用水深度处理中的应用研究

（3）陶瓷膜用于润滑油酮苯脱蜡溶剂分离的性能研究

（4）无机-有机复合膜的制备及其在渗透蒸发醇/水分离中的应用

（5）陶瓷膜超滤技术在含油废水处理中的应用

（6）陶瓷膜在菠萝汁加工中的应用

（7）壳聚糖膜材料的改性及其氧/氮分离性能研究

（8）微波消解-石墨炉原子吸收法测定壳聚糖中的痕量镉

（9）分子蒸馏技术分离提纯大蒜精油的研究

（10）分子蒸馏分离工艺研究及其在物料分离中的应用

（11）超临界 CO_2 萃取和分子蒸馏技术对玫瑰精油提取的研究

（12）超临界二氧化碳介质中纳米颗粒的可控合成

（13）苯酚的超临界水氧化技术及其分析研究

（14）超临界水氧化高浓度含氮有机废水研究

（15）气升式环流反应器合成制药精细化学品的研究

（16）复合催化剂的改性制备及光催化降解废水性能研究

（17）磷酸盐型催化剂在甘油脱水反应中的性能研究

（18）凹凸棒土负载催化剂的可控制备及其催化性能研究

（19）纳米复合结构催化剂的设计、制备及性能研究

（20）高性能超级电容器电极材料的设计与应用研究

（21）发光金属有机框架材料的构筑及其对重金属离子的检测研究

（22）吡啶-2-甲腈工艺残渣资源化高值利用技术研究

（23）羟基苯甲酸酯法制备羟基苯甲腈工艺研究

（24）金属复合催化剂改性制备及其脱硝脱汞性能研究

（25）聚羧酸减水剂的合成及性能研究

（26）青霉素的发酵及分离纯化

（27）有机污染土壤的修复

（28）有机改性黏土在改性工业废水中的应用研究

5. 参考资料

为了帮助学生迅速、准确地搜集到切合所选的设计实验题目的文献资料，下面列出一些

常用的书刊、手册以供参考。

(1) 专业书

① 孙德智，于秀娟，冯玉杰. 环境工程中的高级氧化技术 [M]. 北京：化学工业出版社，2002.

② 胡忠硬，金继红，李盛华. 现代化学基础 [M]. 北京：高等教育出版社，2000.

③ 韩布兴. 超临界流体科学与技术 [M]. 北京：中国石化出版社，2005.

④ 钱保功，王洛礼，王破瑜. 高分子科学技术发展简史 [M]. 北京：科学出版社，1994.

⑤ 陆九芳，李总成，包铁竹. 分析过程化学 [M]. 北京：清华大学出版社，1993.

⑥ 张立德. 纳米材料 [M]. 北京：化学工业出版社，2000.

⑦ 王尚弟，孙俊全，王正宝. 催化剂工程导论 [M]. 北京：化学工业出版社，2015.

⑧ 阿伦·J. 巴德. 电化学方法原理和应用 [M]. 邵元华，译. 北京：化学工业出版社，2005.

(2) 辞典、全书、手册和图集

①《中国大百科全书化学卷》(分两册)，中国大百科全书出版社，1989 年出版。

② *Dictionary of Organic Compounds* (《有机化合物辞典》)，第 5 版，J. Buckingham 主编，Chapmanand Hall，1982 年出版。

③《化工百科全书》，共 18 卷，化学工业出版社，1990 年出版。全书词目约有半数为物质类词条，从多方面对化学品、系列产品进行阐述。内容包括物理和化学性质、用途和应用技术、生产方法、分析测试等。

④ *Lange's Hand book of Chemistry* (《兰氏化学手册》)，J. A. Dean 主编，McGraw-Hill Book Company，1985 年出版，第 13 版，也是一本最常用的化学手册。

⑤《分析化学手册》，杭州大学化学系分析化学教研室、成都科技大学化学系近代分析专业教研组、中国原子科学院药物研究所合编，自 1979 年起由化学工业出版社陆续出版。

⑥《现代化学试剂手册》，梁树权、王夔、曹庭礼、张泰、时雨组织编写，自 1987 年起由化学工业出版社陆续出版。全书分通用试剂、化学分析试剂、金属有机试剂、无机离子显色剂、生化试剂、临床试剂、高纯试剂和总索引等分册。

⑦ *Sadtler Reference Spectra Collection* (《萨德勒标准光谱集》)，由美国费城 Sadder Re-search Laboratories (萨德勒研究实验室) 收集、整理和编辑出版。收录范围是红外、紫外、核磁、荧光、拉曼以及气相色谱的保留指数等，是迄今为止在光谱方面篇幅最大的一套综合性图谱集。

⑧ *CRC Handbook of Chemistry and Physics* (《CRC 化学和物理手册》) 是美国化学橡胶公司 (Chemical Rubber Co.) 出版的一部著名的化学和物理学科的实用工具书。该手册内容丰富，不仅提供了化学和物理方面的重要数据，而且还可以查阅到大量科学研究和实验室工作所需要的知识。

(3) 期刊

① 期刊式检索工具　期刊式检索工具是像期刊一样的定期连续出版物，具有收集文献量大、面广、出版速度快等优点，是手工检索原始文献最重要的工具。有关分析化学的检索期刊列举如下。

a. *Analytical Abstracts* (《英国分析文摘》)，创刊于 1954 年，月刊，是一部分析化学

学科的综合性文摘。

b.《分析化学文摘》，创刊于 1960 年，月刊，由中国科学技术信息研究所重庆分所编辑，科学技术文献出版社重庆分社出版。

c. *Chemical Abstracts*（《美国化学文摘》），创刊于 1907 年，现为周刊。摘录范围包括刊物 16000 余种，以及会议录、专利、政府报告、学位论文和图书，是化学工作者检索化学文献最重要、最方便的检索工具。

d.《中国化学化工文摘》创刊于 1983 年，月刊，该库以文摘、简介和题录形式报道我国公开发行的化学化工期刊近 1000 余种，以及化学化工专利、资料、会议论文、图书等，是检索我国化学化工科技信息、了解和掌握我国化学化工发展现状的主要工具。

② 主要期刊

a.《理化检验》，化学分册，创刊于 1965 年，月刊。由中国机械师学会、理化检验学会及上海材料研究所联合主办，为国内理化检验行业的资深权威刊物。刊载文章侧重黑色、有色金属及其原材料的化学分析与仪器分析等方面的研究成果及新技术、新方法等。

b.《色谱》，创刊于 1984 年，月刊。由中国化学会主办，主要报道色谱学科的基础性研究成果、色谱及其交叉学科的重要应用成果及其进展，包括新方法、新技术、新仪器在各个领域的应用，以及色谱仪器与部件的研制和开发。

c.《分析试验室》，创刊于 1982 年，月刊。由中国有色金属学会与有研科技集团有限公司主办，主要报道冶金、地质、石油、化工、环保、医药卫生、食品、农业等领域中分析化学专业及交叉学科的最新研究成果及进展，具有实用推广价值的创新性分析方法，以及分析仪器与部件的研制和开发。

d.《光谱学与光谱分析》，创刊于 1981 年，月刊。由中国光学学会主办，主要刊登激光光谱测量、红外、拉曼、紫外、可见光谱、发射光谱、吸收光谱、X 射线荧光光谱、激光显微光谱、光谱化学分析、国内外光谱化学分析最新进展、开创性研究论文、学科发展前沿和最新进展、综合评述、研究简报等。

e.《环境化学》，创刊于 1982 年，月刊。由中国科学院生态环境研究中心主办，主要刊登大气、水和土壤环境化学、环境分析化学、污染生态化学、污染控制和绿色化学等方面的研究论文。

f.《食品与发酵工业》，创刊于 1974 年，半月刊。由中国食品发酵工业研究院有限公司与全国食品与发酵工业信息中心主办，主要收录食品、发酵科学与技术相关领域学术论文。

g.《高等学校化学学报》，创刊于 1964 年，月刊。由吉林大学和南开大学主办，集中报道我国高等院校和各科研院所在化学学科及其相关的交叉学科、新兴学科、边缘学科等领域所开展的基础研究、应用研究和重大开发研究所取得的最新成果。

h.《高校化学工程学报》，创刊于 1989 年，双月刊。由浙江大学主办，全面、正确、迅速地反映我国化学工程与技术学科各个领域的科学研究成果。

i.《化学反应工程与工艺》，创刊于 1985 年，双月刊。浙江大学联合化学反应工程研究所和上海石油化工研究院共同主办，以化学反应工程领域内的科学研究论文、工程和工艺相结合的应用性论文为主。

j.《化工进展》，创刊于 1989 年，月刊。由中国化工学会、化学工业出版社共同主办，反映国内外化工行业最新成果、动态，介绍高新技术，传播化工知识，促进化工科技进步。

k.《无机化学学报》，创刊于 1985 年，月刊。由中国化学会主办，内容涉及固体无机化学、配位化学、无机材料化学、生物无机化学、有机金属化学、理论无机化学、超分子化学和应用无机化学、催化等。

l.《物理化学学报》，创刊于 1985 年，月刊。由中国化学会和北京大学共同主办，主要刊载化学学科物理化学领域具有原创性实验和基础理论研究类文章。

附　录

附录一　常用的指示剂及其配制

1. 酸碱滴定常用指示剂及其配制

指示剂名称	变色 pH 范围	颜色变化	溶液配制方法
甲基紫 （第一变色范围）	0.13～0.5	黄→绿	0.1%或 0.05%水溶液
甲基紫 （第二变色范围）	1.0～1.5	绿→蓝	0.1%水溶液
甲基紫 （第三变色范围）	2.0～3.0	蓝→紫	0.1%水溶液
百里酚蓝 （麝香草酚蓝） （第一变色范围）	1.2～2.8	红→黄	0.1g 指示剂溶于 100mL 20%乙醇中
百里酚蓝 （麝香草酚蓝） （第二变色范围）	8.0～9.0	黄→蓝	0.1g 指示剂溶于 100mL 20%乙醇中
甲基红	4.4～6.2	红→黄	0.1g 或 0.2g 指示剂溶于 100mL 60%乙醇中
甲基橙	3.1～4.4	红→橙黄	0.1%水溶液
溴甲酚绿	3.8～5.4	黄→蓝	0.1g 指示剂溶于 100mL 20%乙醇中
溴百里酚蓝	6.0～7.6	黄→蓝	0.05g 指示剂溶于 100mL 20%乙醇中
酚酞	8.2～10.0	无色→紫红	0.1g 指示剂溶于 100mL 60%乙醇中
甲基红-溴甲酚绿	5.1	酒红→绿	3 份 0.1%溴甲酚绿乙醇溶液 2 份 0.2%甲基红乙醇溶液
中性红-亚甲基蓝	7.0	紫蓝→绿	0.1%中性红、亚甲基蓝乙醇溶液各 1 份
甲酚红-百里酚蓝	8.3	黄→紫	1 份 0.1%甲酚红水溶液 3 份 0.1%百里酚蓝水溶液

2. 沉淀滴定常用指示剂及其配制

指示剂名称	被测离子和滴定条件	终点颜色变化	溶液配制方法
铬酸钾	Cl^-、Br^-，中性或弱碱性	黄→砖红	5%水溶液
铁铵矾 （硫酸铁铵）	Br^-、I^-、SCN^-，酸性	无色→红	8%水溶液
荧光黄	Cl^-、I^-、SCN^-、Br^-，中性	黄绿→玫瑰红，黄绿→橙	0.1%乙醇溶液
曙红	Br^-、I^-、SCN^-，pH 1～2	橙→深红	0.1%乙醇溶液 （或 0.5%钠盐水溶液）

3.常用金属指示剂及其配制

指示剂名称	适用 pH 范围	直接滴定的离子	终点颜色变化	配制方法
铬黑 T(EBT)	8～11	Mg^{2+}、Zn^{2+}、Cd^{2+}、Pb^{2+}等	酒红→蓝	0.1g 铬黑 T 和 10g 氯化钠,研磨均匀
二甲酚橙(XO)	<6.3	Bi^{3+}、Zn^{2+}、Cd^{2+}、Pb^{2+}、Hg^{2+}及稀土等	紫红→亮黄	0.2%水溶液
钙指示剂	12～12.5	Ca^{2+}	酒红→蓝	0.05g 钙指示剂和 10g 氯化钠,研磨均匀
吡啶偶氮萘酚(PAN)	1.9～12.2	Bi^{3+}、Cu^{2+}、Ni^{2+}、Th^{4+}等	紫红→黄	0.1%乙醇溶液

附录二　常用正交设计表

(1) $L_4(2^3)$

列号 实验号	1	2	3
1	1	1	1
2	1	2	2
3	2	1	2
4	2	2	1

(2) $L_8(2^7)$

列号 实验号	1	2	3	4	5	6	7
1	1	1	1	1	1	1	1
2	1	1	1	2	2	2	2
3	1	2	2	1	1	2	2
4	1	2	2	2	2	1	1
5	2	1	2	1	2	1	2
6	2	1	2	2	1	2	1
7	2	2	1	1	2	2	1
8	2	2	1	2	1	1	2

(3) $L_{12}(2^{11})$

列号 实验号	1	2	3	4	5	6	7	8	9	10	11
1	1	1	1	1	1	1	1	1	1	1	1
2	1	1	1	1	1	2	2	2	2	2	2
3	1	1	2	2	2	1	1	1	2	2	2

续表

列号 实验号	1	2	3	4	5	6	7	8	9	10	11
4	1	2	1	2	2	1	2	2	1	1	2
5	1	2	2	1	2	2	1	2	1	2	1
6	1	2	2	2	1	2	2	1	2	1	1
7	2	1	2	2	1	1	2	2	1	2	1
8	2	1	2	1	2	2	2	1	1	1	2
9	2	1	1	2	2	2	1	2	2	1	1
10	2	2	2	1	1	1	1	2	2	1	2
11	2	2	1	2	1	2	1	1	1	2	2
12	2	2	1	1	2	1	2	1	2	2	1

（4）$L_9(3^4)$

列号 实验号	1	2	3	4
1	1	1	1	1
2	1	2	2	2
3	1	3	3	3
4	2	1	2	3
5	2	2	3	1
6	2	3	1	2
7	3	1	3	2
8	3	2	1	3
9	3	3	2	1

（5）$L_{16}(4^5)$

列号 实验号	1	2	3	4	5
1	1	1	1	1	1
2	1	2	2	2	2
3	1	3	3	3	3
4	1	4	4	4	4
5	2	1	2	3	4
6	2	2	1	4	3
7	2	3	4	1	2
8	2	4	3	2	1
9	3	1	3	4	2
10	3	2	4	3	1

续表

列号 实验号	1	2	3	4	5
11	3	3	1	2	4
12	3	4	2	1	3
13	4	1	4	2	3
14	4	2	3	1	4
15	4	3	2	4	1
16	4	4	1	3	

（6）$L_{25}(5^6)$

列号 实验号	1	2	3	4	5	6
1	1	1	1	1	1	1
2	1	2	2	2	2	2
3	1	3	3	3	3	3
4	1	4	4	4	4	4
5	1	5	5	5	5	5
6	2	1	2	3	4	5
7	2	2	3	4	5	1
8	2	3	4	5	1	2
9	2	4	5	1	2	3
10	2	5	1	2	3	4
11	3	1	3	5	2	4
12	3	2	4	1	3	5
13	3	3	5	2	4	1
14	3	4	1	3	5	2
15	3	5	2	4	1	3
16	4	1	4	2	5	3
17	4	2	5	3	1	4
18	4	3	1	4	2	5
19	4	4	2	5	3	1
20	4	5	3	1	4	2
21	5	1	5	4	3	2
22	5	2	1	5	4	3
23	5	3	2	1	5	4
24	5	4	3	2	1	5
25	5	5	4	3	2	1

(7) $L_8(4\times2^4)$

列号 实验号	1	2	3	4	5
1	1	1	1	1	1
2	1	2	2	2	2
3	2	1	1	2	2
4	2	2	2	1	1
5	3	1	2	1	2
6	3	2	1	2	1
7	4	1	2	2	1
8	4	2	1	1	2

(8) $L_{12}(3\times2^4)$

列号 实验号	1	2	3	4	5
1	1	1	1	1	1
2	1	1	1	2	2
3	1	2	2	1	2
4	1	2	2	2	1
5	2	1	2	1	1
6	2	1	2	2	2
7	2	2	1	2	2
8	2	2	1	2	2
9	3	1	2	1	2
10	3	1	1	2	1
11	3	2	1	1	2
12	3	2	2	2	1

(9) $L_{16}(4^4\times2^3)$

列号 实验号	1	2	3	4	5	6	7
1	1	1	1	1	1	1	1
2	1	2	2	2	1	2	2
3	1	3	3	3	2	1	2
4	1	4	4	4	2	2	1
5	2	1	2	3	2	2	1
6	2	2	1	4	2	1	2
7	2	3	4	1	1	2	2

续表

列号 实验号	1	2	3	4	5	6	7
8	2	4	3	2	1	1	1
9	3	1	3	4	1	2	2
10	3	2	4	3	1	1	1
11	3	3	1	2	2	2	1
12	3	4	2	1	2	1	2
13	4	1	4	2	2	1	2
14	4	2	3	1	2	2	1
15	4	3	2	4	1	1	1
16	4	4	1	3	1	2	2

附录三　相关系数检验表

a / r / $n-2$	0.05	0.01	a / r / $n-2$	0.05	0.01
1	0.997	1.000	20	0.423	0.537
2	0.950	0.990	21	0.413	0.526
3	0.878	0.959	22	0.404	0.515
4	0.811	0.917	23	0.396	0.505
5	0.754	0.874	24	0.388	0.496
6	0.707	0.834	25	0.381	0.487
7	0.666	0.798	26	0.374	0.478
8	0.632	0.765	28	0.361	0.463
9	0.602	0.735	30	0.349	0.449
10	0.576	0.708	35	0.325	0.418
11	0.553	0.684	40	0.304	0.393
12	0.532	0.661	45	0.288	0.372
13	0.514	0.641	50	0.273	0.354
14	0.497	0.623	65	0.250	0.325
15	0.482	0.606	70	0.232	0.302
16	0.468	0.590	80	0.217	0.283
17	0.456	0.575	90	0.205	0.267
18	0.444	0.561	100	0.195	0.254
19	0.433	0.549	200	0.138	0.181

附录四 国际相对原子质量表

[以相对原子质量 Ar (^{12}C) =12 为标准]

原子序数	名称	元素符号	相对原子质量	原子序数	名称	元素符号	相对原子质量	原子序数	名称	元素符号	相对原子质量
1	氢	H	1.0079	38	锶	Sr	87.62	75	铼	Re	186.207
2	氦	He	4.002602	39	钇	Y	88.9059	76	锇	Os	190.2
3	锂	Li	6.941	40	锆	Zr	91.224	77	铱	Ir	192.22
4	铍	Be	9.01218	41	铌	Nb	92.9064	78	铂	Pt	195.08
5	硼	B	10.811	42	钼	Mo	95.94	79	金	Au	196.9665
6	碳	C	12.011	43	锝	Tc	(98)*	80	汞	Hg	200.59
7	氮	N	14.0067	44	钌	Ru	101.07	81	铊	Tl	204.383
8	氧	O	15.9994	45	铑	Rh	102.9055	82	铅	Pb	207.2
9	氟	F	18.998403	46	钯	Pd	106.42	83	铋	Bi	208.9804
10	氖	Ne	20.179	47	银	Ag	107.868	84	钋	Po	(209)
11	钠	Na	22.98977	48	镉	Cd	112.41	85	砹	At	(210)
12	镁	Mg	24.305	49	铟	In	114.82	86	氡	Rn	(222)
13	铝	Al	26.98154	50	锡	Sn	118.710	87	钫	Fr	(223)
14	硅	Si	28.0855	51	锑	Sb	121.75	88	镭	Re	226.0254
15	磷	P	30.97376	52	碲	Te	127.60	89	锕	Ac	227.0278
16	硫	S	32.066	53	碘	I	126.9045	90	钍	Th	232.0381
17	氯	Cl	35.453	54	氙	Xe	131.29	91	镤	Pa	231.0359
18	氩	Ar	39.948	55	铯	Cs	132.9054	92	铀	U	238.0289
19	钾	K	39.0983	56	钡	Ba	137.33	93	镎	Np	237.0482
20	钙	Ca	40.078	57	镧	La	138.9055	94	钚	Pu	(244)
21	钪	Sc	44.95591	58	铈	Ce	140.12	95	镅	Am	(243)
22	钛	Ti	47.88	59	镨	Pr	140.9077	96	锔	Cm	(247)
23	钒	V	50.9415	60	钕	Nd	144.24	97	锫	Bk	(247)
24	铬	Cr	51.9961	61	钷	Pm	(145)	98	锎	Cf	(251)
25	锰	Mn	54.9380	62	钐	Sm	150.36	99	锿	Es	(252)
26	铁	Fe	55.847	63	铕	Eu	151.96	100	镄	Fm	(257)
27	钴	Co	58.9332	64	钆	Gd	157.25	101	钔	Md	(258)
28	镍	Ni	58.69	65	铽	Tb	158.9254	102	锘	No	(259)
29	铜	Cu	63.546	66	镝	Dy	162.50	103	铹	Lr	(262)
30	锌	Zn	65.39	67	钬	Ho	164.9304	104	𬬻	Rf	(261)
31	镓	Ga	69.723	68	铒	Er	167.26	105	𬭊	Db	(262)
32	锗	Ge	72.59	69	铥	Tm	168.9342	106	𬭳	Sg	(263)
33	砷	As	74.9216	70	镱	Yb	173.04	107	𬭛	Bh	(262)
34	硒	Se	78.96	71	镥	Lu	174.967	108	𬭶	Hs	(265)
35	溴	Br	79.904	72	铪	Hf	178.49	109	鿏	Mt	(266)
36	氪	Kr	83.80	73	钽	Ta	180.9479				
37	铷	Rb	85.4678	74	钨	W	183.85				

注：括号中的数值是该放射性元素已知的半衰期最长的同位素的原子质量数。

附录五 希腊字母英文对照及读音

α A alpha /alpha/ 阿尔法

β B beta /be：ta/ 贝塔

γ Γ gamma /gam：a/ 伽马

δ Δ delta /de：lta/ 德耳塔

ε E epsilon /epsilo：n/ 艾普西隆

ζ Z zeta /ze：ta/ 截塔

η H eta /e：ta/ 艾塔

θ Θ theta /the：ta/ 西塔

ι I iota /jo：ta，io：ta/ 约塔

κ K kappa /kap：a/ 卡帕

λ Λ lambda /lambda/ 兰姆达

μ M my /my：/ 米尤

ν N ny /ny：/ 纽

ξ Ξ xi /ksi：/ 克西

ο O omicron /omikro：n/ 奥密克戎

π Π pi /pi：/ 派

ρ P rho /rho：/ 洛

σ Σ sigma /sigma/ 西格马

τ T tau /tau/ 陶

υ Υ ypsilon /y：psilo：n/ 宇普西隆

φ Φ phi /phi：/ 斐

χ X chi /khi：/ 喜

ψ Ψ psi /psi：/ 普西

ω Ω omega /o：me：ga/ 奥米伽

附录六 常用仪器

TU-1810/1810S 型紫外可见分光光度计操作规程

一、开机

依次打开打印机、计算机、主机电源。

二、仪器初始化

在计算机窗口上双击图标，仪器进行自检，大约需要 4min。如果自检各项都"确定"，进入工作界面，预热 30min 后，便可任意进入以下操作。

文件(F) 编辑(E) 测量(R) 图形(G) 数学计算(M) 管理(A) 工具(T) 应用(P) 窗口(W) 帮助(H)

波长定位 0.00 nm 开始 停止 0.000 Abs 校零 基线

三、光度测量

1. 参数设置

单击按钮，进入光度测量。单击，设置光度测量参数。

2. 校零

单击 校零，将样品池中放入参比溶液，单击 确定 。校完零后，取出参比溶液。

3. 测量

倒掉取出的参比溶液，放入样品溶液，单击 开始，即可测出样品的 *Abs* 值。

四、光谱扫描

1. 参数设置

单击，进入光谱扫描。单击，设置光谱扫描参数。

2. 基线校正

单击 基线，在样品池中放入参比溶液，单击 确定 ，基线校正完后单击 确定 存入基线，取出参比溶液。

3. 扫描

倒掉取出的参比溶液，放入样品单击 开始 进行扫描，当扫描完毕后，单击检出图谱的峰、谷波长值及 $T\%$ 或 *Abs* 值。

五、定量测量

1. 参数设置

单击，进入定量测量；单击，设置具体参数。

2. 校零

在样品池中放入参比溶液，单击 校零 校零，校完后取出参比溶液。

3. 测量标准样品

将鼠标移动到标准样品测量窗口点击一次左键，倒掉取出的参比溶液，放入一号标准样品，单击 开始 输入相应的标液浓度，单击 确定 。以此类推将所配标准样品测完。检查曲线相关系数 K 值情况。

4. 样品测定

放入待测样品，将鼠标移动到未知样品测量窗口，单击 确定 ，即可测出样品浓度。

六、关机

退出紫外操作系统后，依次关掉主机、计算机、打印机电源。

T6 新世纪型紫外可见分光光度计操作规程

1. 开机自检

依次打开打印机、仪器主机电源，仪器开始初始化（图 1），约 3min 时间初始化完成。

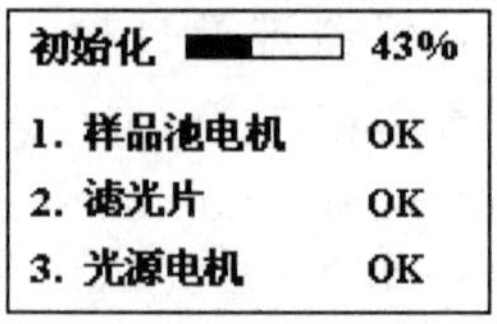

初始化	43%
1. 样品池电机	OK
2. 滤光片	OK
3. 光源电机	OK

图 1

初始化完成后，仪器进入主菜单界面（图 2）。

2. 光度测量状态

在上图所示状态按 ENTER 键，进入光度测量界面（图 3）。

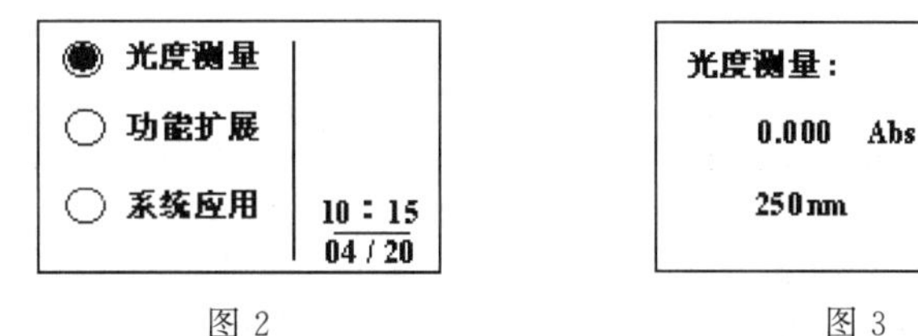

图 2　　图 3

3. 进入测量界面

按 START/STOP 键进入样品测定界面（图 4）。

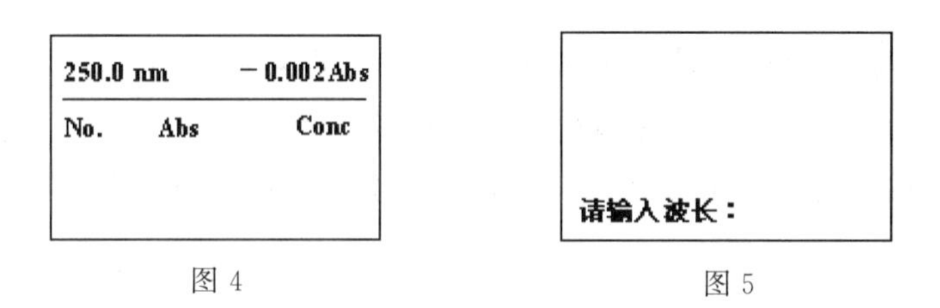

图 4　　图 5

4. 设置测量波长

按 GOTO λ 键，在图 5 界面输入测量的波长，例如需要在 460nm 测量，输入 460，按 ENTER 键确认，仪器将自动调整波长。

调整波长完成后如图 6。

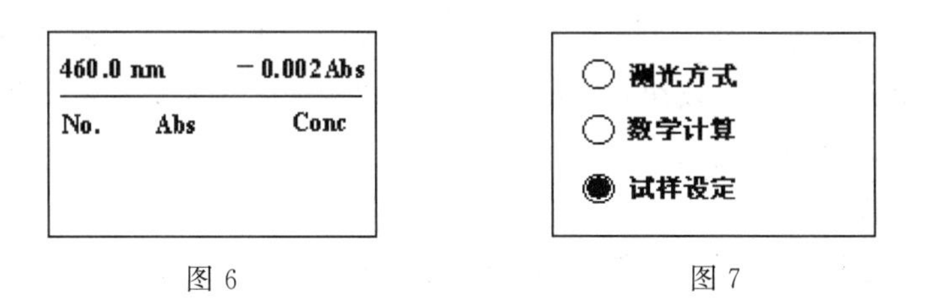

图 6　　图 7

5. 设置参数

在这个步骤中主要设置样品池。按 SET 键进入参数设定界面，按▼键使光标移动到“试样设定”，如图 7 显示。按 ENTER 键确认，进入设定界面。

6. 设定使用样品池个数

按▼键使光标移动到“样池数”，如图 8 显示。按 ENTER 键循环选择需要使用的样品池个数（主要根据使用比色皿数量确定，比如使用 2 个比色皿，则修改为 2）。

7. 样品测量

按 RETURN 键返回到参数设定界面，再按 RETURN 键返回到光度测量界面。在 1 号样品池内放入空白溶液，2 号池内放入待测样品。关闭好样品池盖后按 ZERO 键进行空白校正，再按 START/STOP 键进行样品测量。测量结果如图 9 显示。

○ 试样室	：八联池
◉ 样池数	： 2
○ 空白溶液校正	：否
○ 样池空白校正	：否

图 8

460.0nm	-0.002Abs	
No.	Abs	Conc
1-1	0.012	1.000
2-1	0.052	2.000

图 9

如果需要测量下一个样品，取出比色皿，更换为下一个测量的样品按 START/STOP 键即可读数。

如果需要更换波长，可以直接按 GOTO λ 键，调整波长。

注意：更换波长后必须重新按 ZERO 进行空白校正。

如果每次使用的比色皿数量是固定个数，下一次使用仪器时可以跳过步骤 5、6 直接进入样品测量。

8. 结束测量

测量完成后按 PRINT 键打印数据，如果没有打印机请记录数据。退出程序或关闭仪器后测量数据将消失。确保已从样品池中取出所有比色皿，清洗干净以便下一次使用。按 RETURN 键直到返回到仪器主菜单界面后再关闭仪器电源。

TAS-986 型原子吸收分光光度计（火焰法）操作规程

启动 AAWin 软件，将会看到一个标题画面，如果通信线路畅通的话，标题画面会很快消失。如果通信线路没有接通，则经过几秒钟，系统会弹出信息，提示查看线路，当认定连接线路无误后，单击“重试”按钮，标题画面会很快消失，表示已经与仪器连接。也可以单击“取消”按钮，则会脱机进入系统。

1. 选择运行模式

当软件与仪器连接成功后，将弹出运行模式选择对话框，可以在“选择运行模式”下拉框中选择软件的运行模式。如果需要退出系统，可单击“退出”按钮，如图 1 所示。

可供选择的模式有以下两个。

(1) 联机。当需要联机运行时，可选择“联机”，此时单击“确定”按钮，系统立刻会转到初始化状态，将仪器的所有参数进行初始化。

(2) 脱机。如果需要脱机进入系统，可选择“脱机”，单击“确定”按钮，系统便会以脱机的形式进入，在脱机状态下，无法对仪器进行操作。

2. 初始化

若选择了联机运行模式，系统将对仪器进行初始化。初始化主要是对氘灯电机、元素灯电机、原子化器电机、燃烧头电机、光谱带宽电机以及波长电机进行初始化。初始化成功的项目将标记为“√”，否则标记为“×”。如果有一项失败，系统则认为初始化的整个过程失败，会在初始化完成后提示是否继续，回答“是”则继续往下进行，回答“否”则退出系统。注意，此提示只在选择联机时才会出现，当使用菜单【应用】/【初始化】功能时，此提示将不会出现，如图 2 所示。

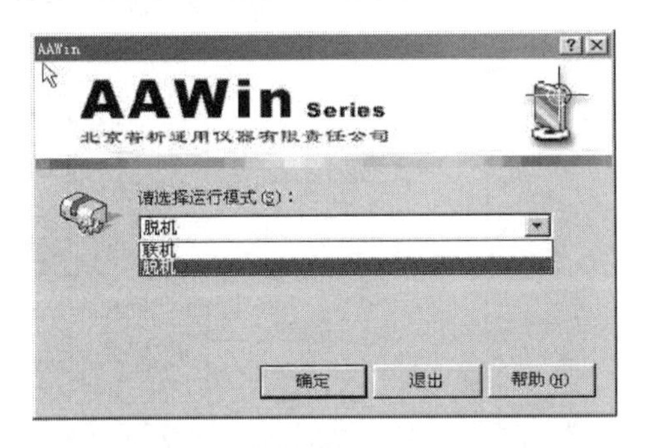

图 1

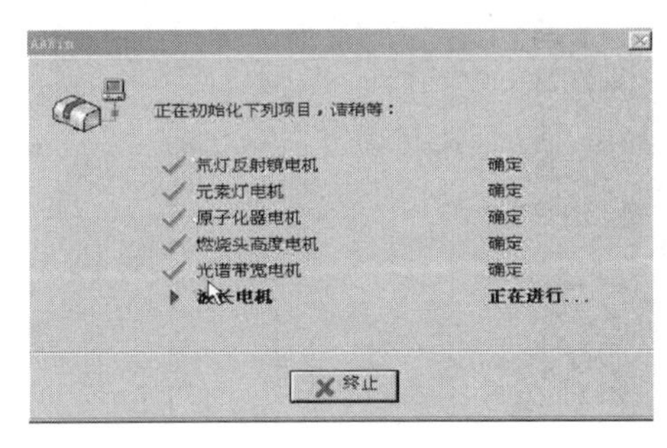

图 2

3. 元素灯的设置

按说明书装上元素灯，在对应位置选择对应符号，点击图 4 的 3 号，便出现图 3 对话框，选择元素铜。

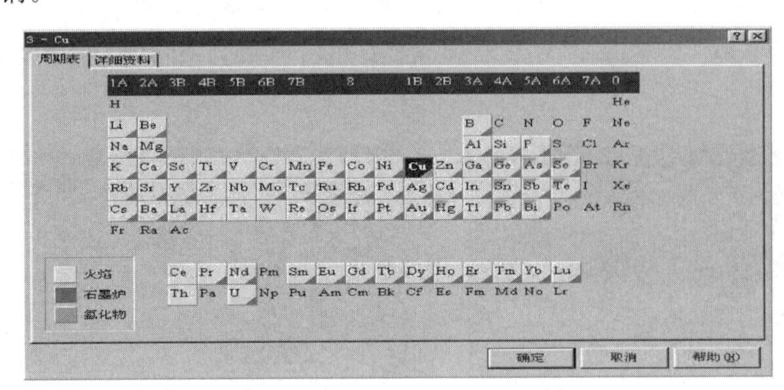

图 3

4. 选择工作灯及预热灯

图面上是选择铜为元素灯，铅作为预热灯（即测完铜后，点击“交换”就可测铅），如图 4 所示。点击下一步，出现对话框，如图 5 所示。要对燃烧器高度、燃烧器位置选择好，直到光斑位置在狭缝中心为止。

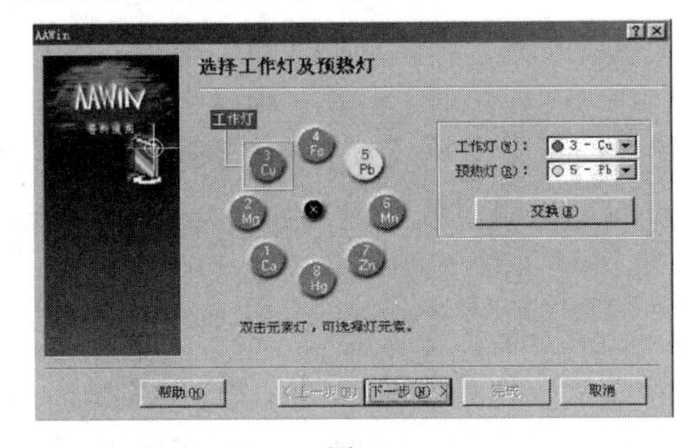

图 4

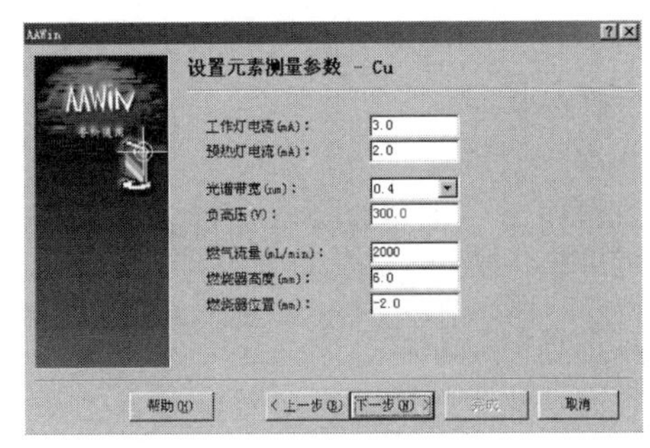

图 5

再下一步，如图 6 所示。

再点击“寻峰”，如图 7 所示。

点击“下一步”，再点击“完成”，即完成元素灯的设置。

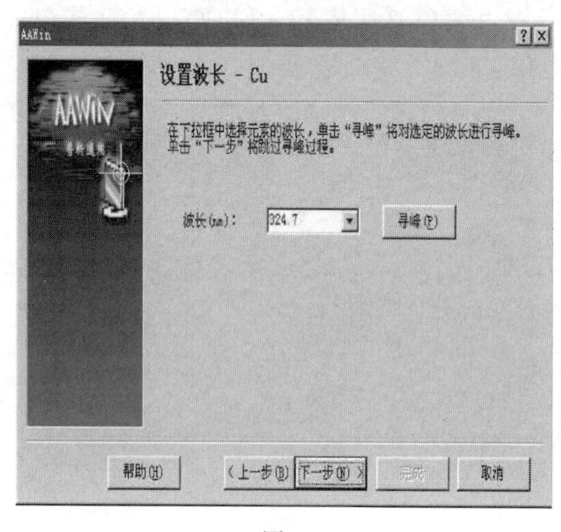

图 6

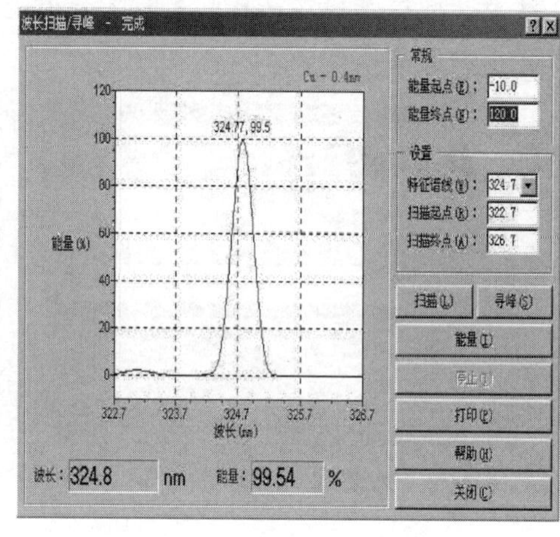

图 7

5. 能量调试

当需要查看仪器当前能量状态或需要对能量进行调整时，可依次选择主菜单的【应用】/【能量调试】，或单击工具栏上的按钮，即可打开能量调整对话框，如图 8 所示。

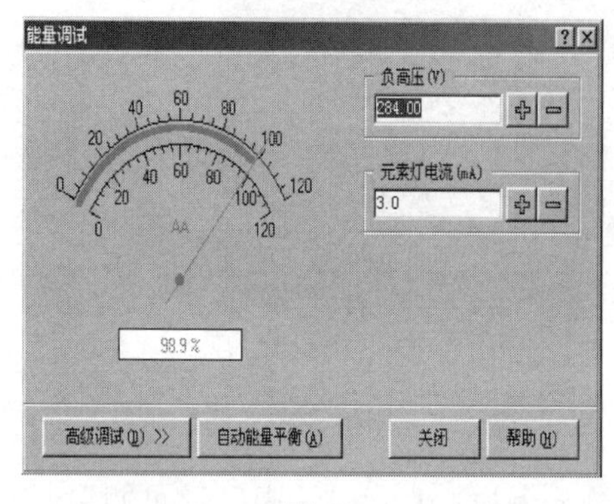

图 8

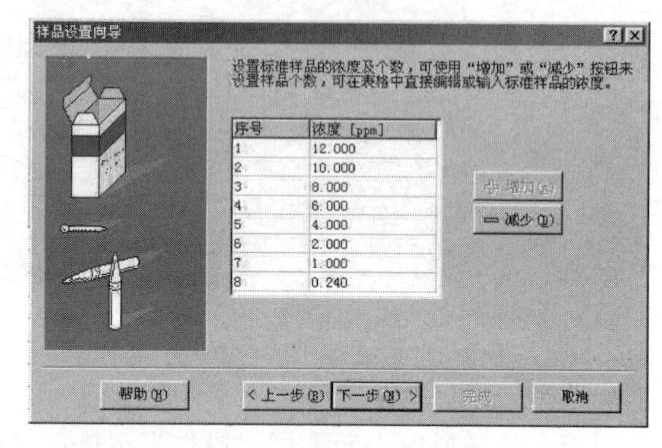

图 9

一般选择“自动能量平衡”平衡后关闭（注意：在实际测量过程中，如果没有特殊的情况，应尽量不要使用“高级调试”功能，以免将仪器的参数调乱，从而影响测量）。

6. 样品设置

在准备测量之前，需要对样品进行设置。依次选择主菜单【设置】/【样品设置】或单击工具按钮，即可打开样品设置对话框。按照图上说明，依次出现如图 9～图 11 所示对话框。

7. 设置测量参数

在准备测量之前，需要对测量参数进行设置。依次选择主菜单【设置】/【测量参数】或单击工具按钮，即可打开测量参数设置对话框。一切要求按照图上的文字说明进行操作，如图 12 所示。点击“显示”，如图 13 所示。

点击“信号处理”，如图 14 所示。

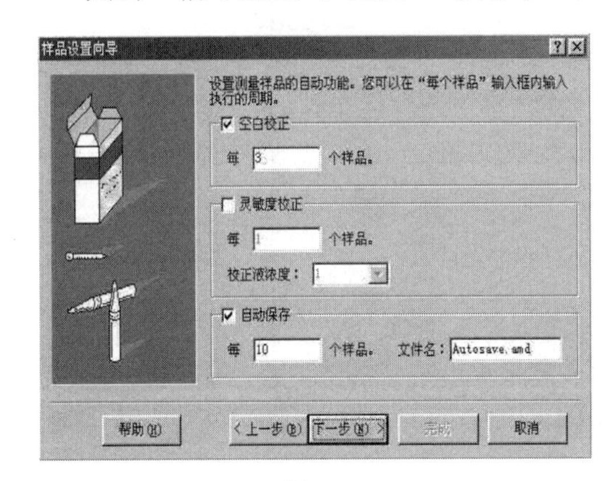

图 10

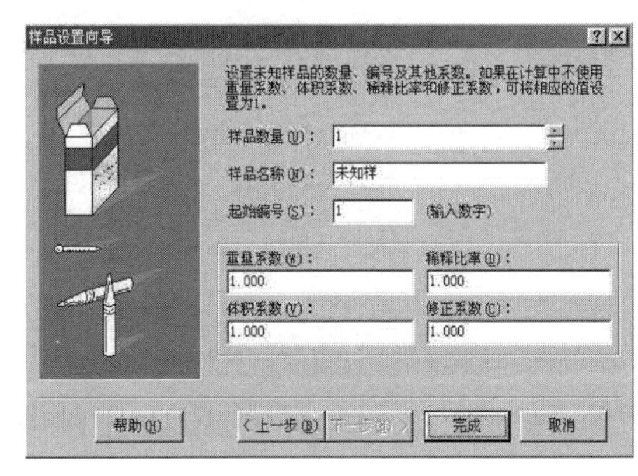

图 11

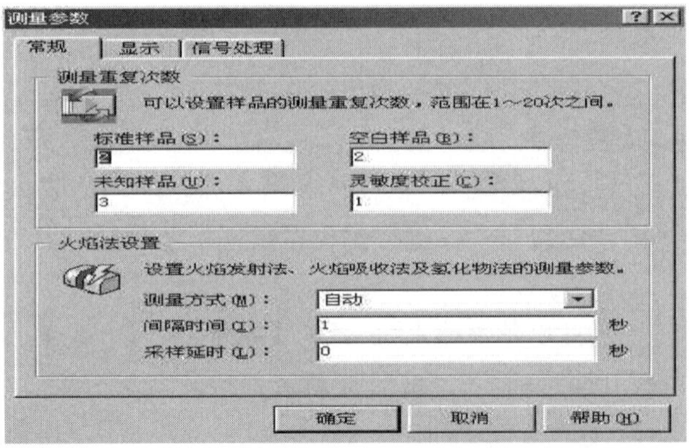

图 12

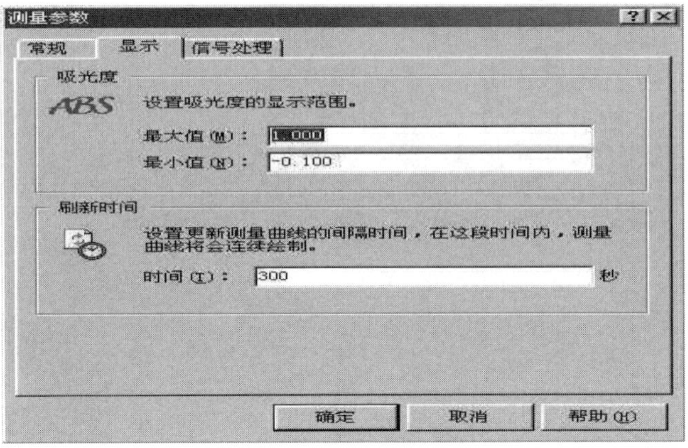

图 13

8. 开空压机

先开“风机开关”，再开“工作机开关”，调节“调压阀”，直到压力达到自己需要的为止（一般在 0.2～0.3MPa 之间）。

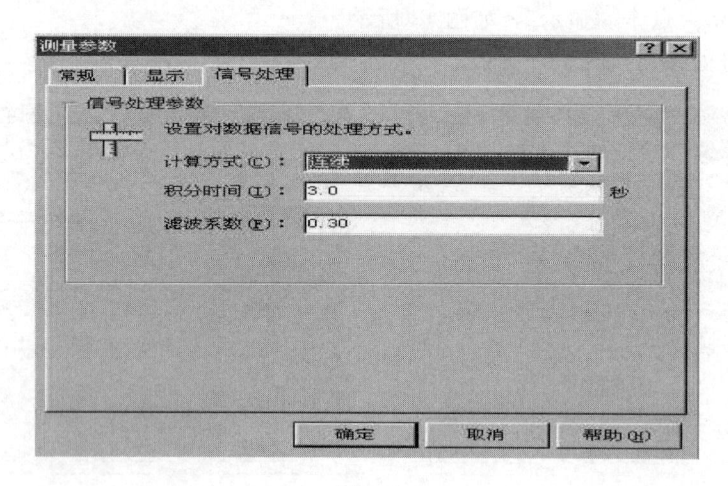

图 14

9. 开乙炔罐

达到 0.05MPa 即可。

10. 点火

在进入测量前，应认真检查气路以及水封。当确认无误后，可依次选择主菜单【应用】/【点火】或单击工具按钮“”，即可将火焰点燃。如果认为火焰过大、过小或火焰不在合理的位置，可使用燃烧器参数设置将燃烧器条件调整到最佳状态即可。

11. 测量

调好火焰后，这时，便可以依次选择主菜单【测量】/【开始】，也可以单击工具按钮“”或按 F5 键，即可打开测量窗口，如图 15 所示。

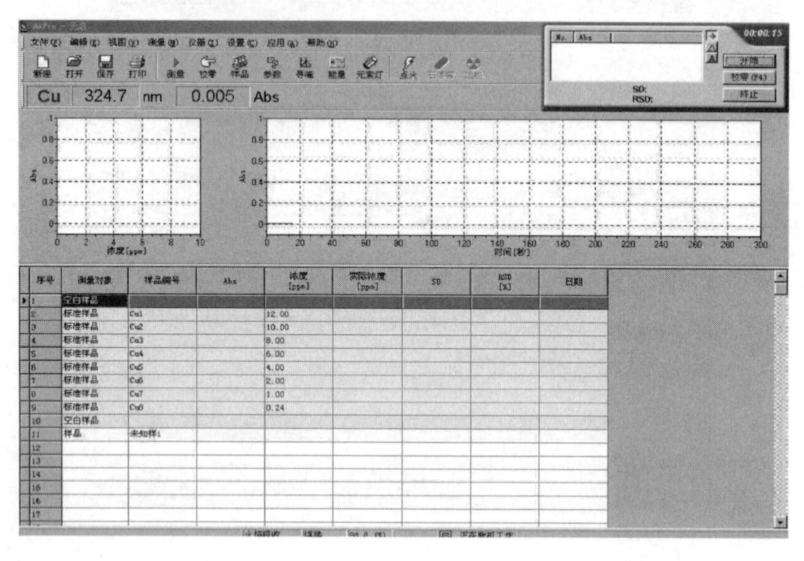

图 15

开始测量时，吸喷在空白样时，要“校零”，待稳定后，点击“开始”；在测量标准样品时，要从浓度高的开始，即按由大到小的顺序吸喷。

在测量过程中，测量窗口中将会显示总的测量时间，还可以在每次采样之间喷入空白样品，单击“校零”按钮对仪器进行校零。如果需要终止测量，可单击“终止”按钮。

在标样测量过程中，系统会将每个测量完的标样绘制在校正曲线谱图中，并在所有标样测量完成后，将校正曲线绘制在校正曲线谱图中。

开始测量时，吸喷在空白样时，要“校零”，待稳定后，点击“开始”；在测量标准样品时，要从浓度高的开始，即按由大到小的顺序吸喷。

在测量过程中，测量窗口中将会显示总的测量时间，还可以在每次采样之间喷入空白样品，单击“校零”按钮对仪器进行校零。如果需要终止测量，可单击“终止”按钮。

在标样测量过程中，系统会将每个测量完的标样绘制在校正曲线谱图中，并在所有标样测量完成后，将校正曲线绘制在校正曲线谱图中。

接下来，可以对未知样品进行测量，测量结果同样会被自动填充到测量表格中。当完成了全部样品的测量，可以将测量窗口关闭。如果需要将测量结果保存为文件，可依次选择主菜单【文件】/【保存】或单击工具按钮即可。

12. 重新测量

重新测量功能是对已经测量过的样品进行重新测量，也就是对最终结果进行重新测量。当完成了全部样品测量时，发现有的测量结果不符合要求，可使用鼠标在测量表格中选中此样品，然后依次选择主菜单“测量”和“重新测量”或用鼠标右键单击测量表格，并在弹出菜单中选择“重新测量”，即可对此样品进行重新测量。在测量结束后，如果最终结果还是不能满足要求，可以不用关闭测量窗口，然后继续按“开始”按钮，即可再次对此样品进行重新测量，直到令人满意为止。如果重新测量的结果达到了要求，可单击“终止”按钮关闭测量窗口，然后再单击工具按钮“▶”继续对其他样品进行测量。如果对标准样品进行重新测量，那么，校正曲线会被重新计算并重新拟合。

计算机屏幕上显示的钙的标准曲线如图 16 所示。

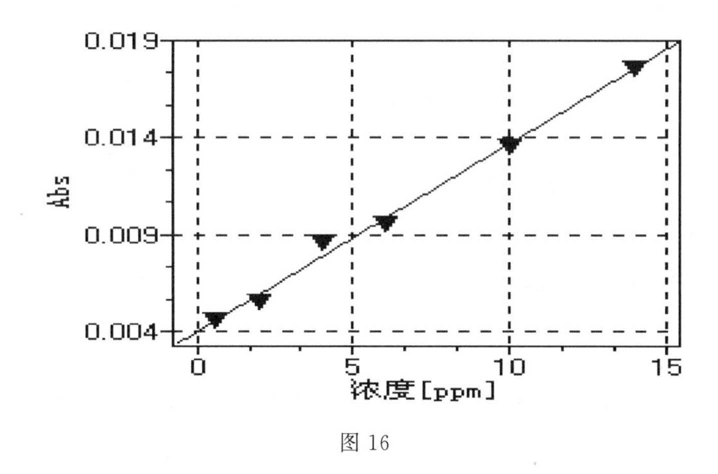

图 16

13. 样品测量

可依次选择主菜单【设置】/【测量方法】，即可打开测量方法设置对话框。把待测样品放在小烧杯中，即可测量，如图 17 所示。

14. 测量结束后的操作

(1) 点燃“空气-乙炔火焰”，吸喷蒸馏水 5～10min，清洗原子化室及进样毛细管。在

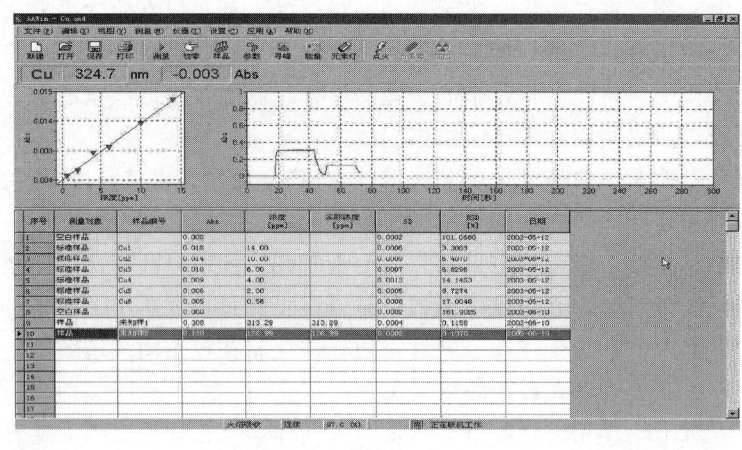

图 17

火焰点燃的状态下，关闭乙炔储气瓶减压阀开关和总开关。

（2）火焰熄灭之后，关闭气路乙炔开关，关闭压缩机，排净压缩机，排净储气罐和净化器内的积水。

（3）将排水井里废液倒掉，换上新鲜的水，注意水封。

（4）关闭空压机→关闭软件→关闭主机→关闭电脑→关闭电源。

（5）停止排气。停机 15min 后，停止仪器上方排气。

（6）清理。清理现场，试样瓶放回样品制备室。

Nicolet IS 10 型傅里叶变换红外光谱仪操作规程

一、开机与自检

（1）按光学台、打印机及电脑顺序开启仪器，光学台开启后 3min 即可稳定。

（2）开始/所有程序/Thermo scientific OMNIC，弹出对话框。或者点击桌面上的快捷方式，选择所需操作软件。

（3）仪器自检：按打开软件后，仪器将自动检测，当联机成功后，将出现 。

（4）主机左上角的两个指示灯分别代表：激光、扫描。激光指示灯常亮，扫描指示灯闪烁。如果出问题时，激光指示灯将熄灭。

二、样品 ATR 检测

（1）垂直安放 ATR 试验台，旋上探头，保持探头尖端距离平台一定高度。此时电脑显示智能附件，自检后，点击确定。

（2）将样品（固体或者液体 pH＝5～9，非腐蚀性、非氧化型、不含 Cl 的有机溶剂）放在平台上检测窗上，将探头对准检测窗，顺时针旋下，紧贴样品，直到听见一声响声后采集数据。

（3）清洗样品台，更换样品或结束实验时，用酒精棉擦洗检测台，等待其自然风干。

三、样品 E. S. P. 检测

安装样品架，电脑显示附件、自检后，点击确定。把制备好的样品放入样品架，然后插入仪器样品室的固定位置上，待稳定后采集数据。

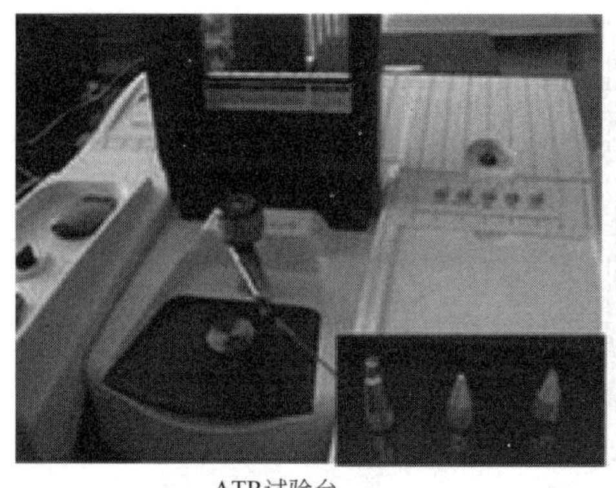

ATR试验台

样品架

四、OMNIC 软件操作

（1）进入采集，选择实验设置对话框，设置实验条件。

① 扫描次数通常选择 32。

② 分辨率指的是数据间隔，通常固体、液体样品选 4，气体样品选择 2。

③ 校正选项中可选择交互 K-K 校正，消除刀切峰。

④ 采集预览相当于预扫。

⑤ 文件处理中的基础名字可以添加字母，以防保存的数据覆盖之前保存的数据。

⑥ 可以选择不同的背景处理方式：采样前或者后采集背景；采集一个背景后，在之后的一段时间内均采用同一个背景；选择之前保存过的一个背景。

⑦ 光学台选项中，范围在 6～7 为正常。

⑧ 诊断中可以进行准直校正（通常一个月进行一次，相当于能量校正）和干燥剂试验。

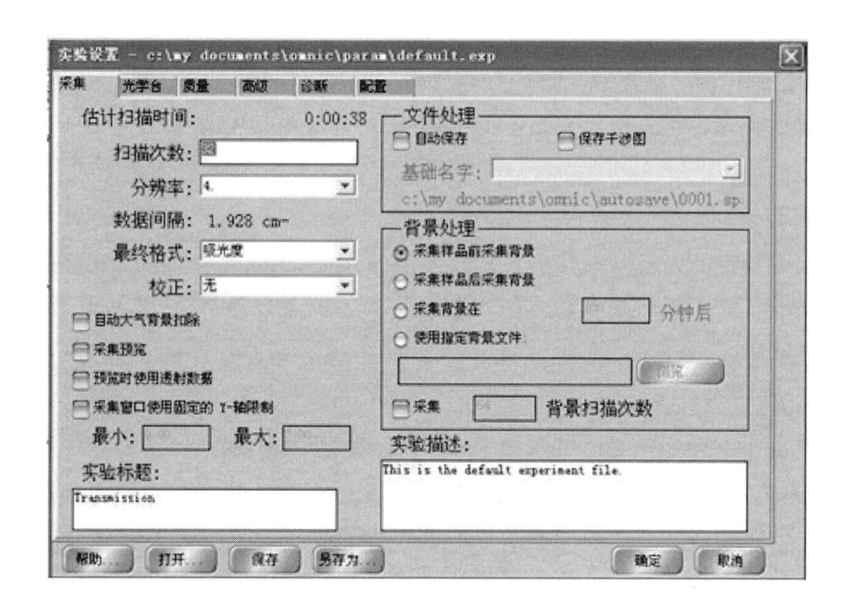

（2）设定结束，点击确定，开始测定。

① 点击采集样品，弹出对话框。输入图谱的标题，点击确定。准备好样品后，在弹出的对话框中点击确定，开始扫描。

② 扫描结束后，弹出对话框提示准备背景采集。采集后，点击“是”，自动扣除背景。

③ 也可以设定先扫描背景，按采集背景光谱，然后扫描样品。

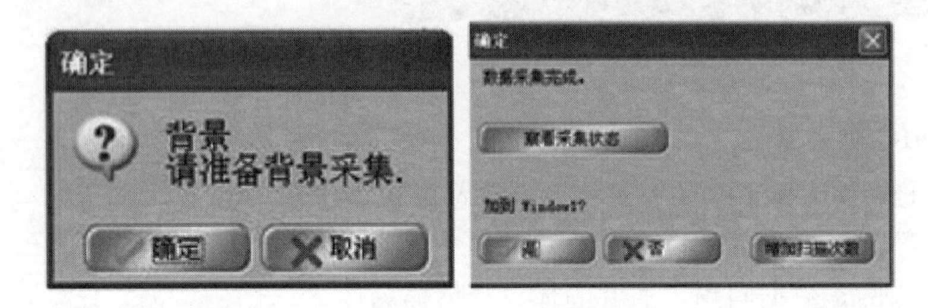

(3) 可对采集的光谱进行处理，以下按钮分别为：选择谱图、区间处理、读坐标（按住 shift 直接读峰值）、读峰高（按住 shift 自动标峰，调整校正基线）、读峰面积、标信息（可拖拽）、缩放或者移动。

(4) 采集结束后，保存数据，存成 SPA 格式（omnic 软件识别格式）和 CSV 格式（Excel 可以打开）。

(5) 用 ATR 测定时，无论先测背景还是后测背景，只要点击，按照提示进行测定。测定结束后，需清理试验台，用无水乙醇清洗探头和检测窗口，晾干后测定下一个样品。

五、期间检查

为了保证仪器随时处于良好状态，在两次仪器检定之间至少对仪器进行一次期间检查。期间检查的主要参数包括：(1) 仪器能量值；(2) 基线噪声；(3) 基线倾斜及波数重复性。

六、其他注意事项

(1) 在主机背面 purgein 口，可安装 N_2 吹扫，必须用高纯 N_2，吹扫气体压力控制在 0.15～0.30MPa。

(2) 如果需要搬动仪器，需要用光学台内的海绵固定镜子，防止搬动过程中损坏仪器。

(3) 注意仪器防潮，光学台上面干燥剂位置的指示变红则需更换干燥剂。

(4) 样品仓、检测器仓内放置一杯变色硅胶，吸收仪器内的水蒸气。

(5) 红外压片时，所有模具应该用酒精棉洗干净。

(6) 取用 KBr 时，不能将 KBr 污染，以免影响实验精度。

(7) 红外压片时，样品量不能加得太多，样品量和 KBr 的比例大约在 1∶100。

(8) 用压片机压片时，应该严格按操作规定操作：压片模具的不锈钢小垫片应该套在中心轴上，压片过程中移动模具时应小心以免小垫片移位。压片机使用时压力不能过大（25～27MPa），以免损坏模具。压出来的片应该较为透明。

(9) 采集背景信息时应将样品从样品室中拿出。

(10) 用 ATR 附件时，尽量缩短使用时间。

(11) 实验室应该保持干燥，大门不能长期敞开。

(12) 如操作过程中出现失误弄脏检测窗口，不可用含水物清洗，应用吸耳球吹去污染物。

SP6800A 型气相色谱仪（TCD）操作规程

1. 首先打开氢气钢瓶，出口压力在 0.2～0.25MPa 之间。

2. 打开色谱仪的载气 1 和载气 2，根据需要调到所需压力（两路流速要一致），通气 15～30min 后方可打开电源。

3. 打开电源，仪器显示 READY，说明仪器自检通过，然后按“温度参数”，显示“DETE.—×××”，输入“000”，再按“温度参数”，显示“INJE.—×××”，输入“150”，再按“温度参数”，显示“AUXI.—×××”，输入“150”，再按“温度参数”，显示“OVEN.—×××”，输入“120”，再按“温度参数”，又回到“DETE.—000”。温度设置完毕（注意：若输入两位数如 95，应按“095”）。

4. 按“加热”，仪器加热指示灯亮，按“显示”，可观看实际温度。待“恒温”灯亮时，按“TCD 桥流”，显示“CURR.—×××”，输入“160”，再按“TCD 桥流”，桥流设置成功，按“TCD 衰减”，显示“T. ATT.—×××”，按“001”，再按“TCD 衰减”即可（TCD 衰减的输入为 001、002、004、008、016、032、064、128 等之间的数）。对以上操作规程若不太明白，应参阅说明书。

5. 打开“在线工作站”，选“通道 1”，按“OK”，再按通道 1 窗口的“最大化按钮”。按“数据采集”选项，显示“数据采集”对话框，再按“查看基线”按钮，基线就会显示在窗口内，此时基线是单方向漂移的，等基线平直后，若为负值，通过“零点校正”按钮调到零点。再通过仪器上的“TCD 调零”旋钮调到零点以上，方可进样分析。进样后按“数据采集”按钮。

6. 若为倒峰，应按仪器上的“TCD 极性”按钮，等所有的峰出完后，按工作站上的“停止采集”按钮。谱图自动保存到指定的位置。

7. 按“预览”，可观看结果（若太小而看不清，应按屏幕左上端的放大镜图标进行调整）。

8. 按“打印”，即可将谱图打印出来。

9. 实验结束后，按仪器上的“停止”按钮，仪器开始降温，等柱室温度（OVEN）和热导池检测器温度（AUXI）降到 60℃以下时（按“显示”观看），方可关闭电源和氢气。

N2000 色谱工作站操作规程

一、开机进入工作站

点击桌面开始菜单，拉出程序菜单，点击 N2000 色谱工作站下的串口设置图标，设置串口。然后再点击在线色谱工作站，即可进入工作站（图 1～图 4）。

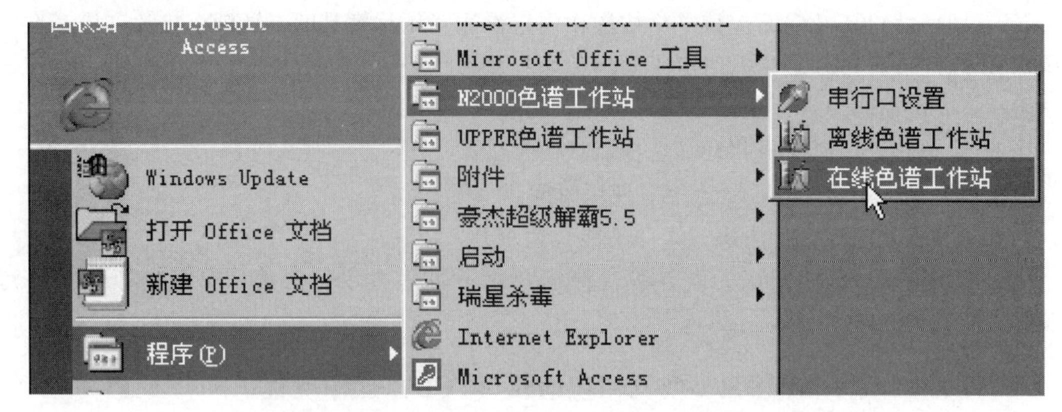

图 1

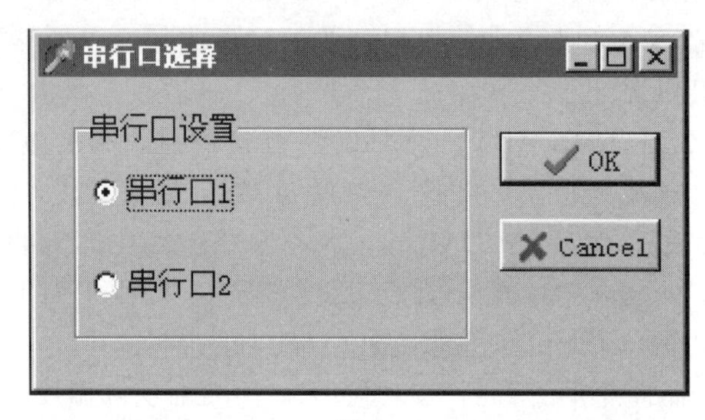

图 2

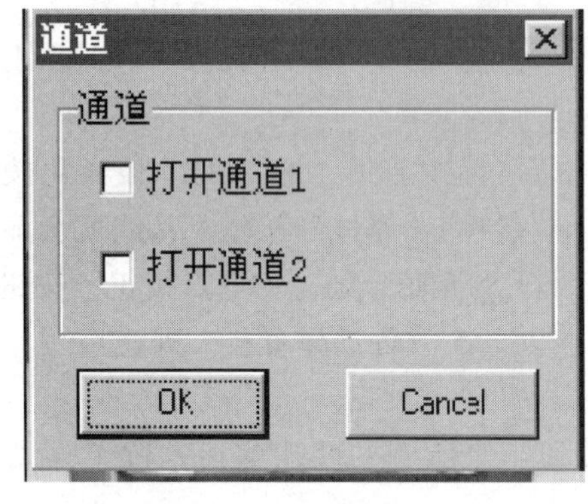

图 3

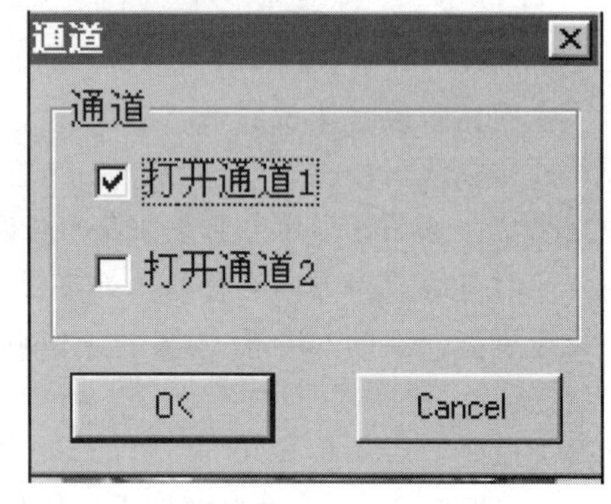

图 4

二、打开通道，编辑实验信息

根据需要，输入相应的实验标题、实验者、实验单位、实验简介；另外，工作站还自动给出实验时间和实验方法（图 5）。

三、编辑方法

（1）编辑实验方法。点击方法，依次设置采样控制、积分、组分表、谱图显示等。如果用户是第一次使用，可以根据自己的实际情况，结合工作站给出的缺省方法进行修改，然后另存为一个方法文件（.mdy）。具体操作如图 6～图 8 所示。

（2）打开已有方法。主菜单包括方法、报告、系统设置、窗口及帮助四个菜单选项。方

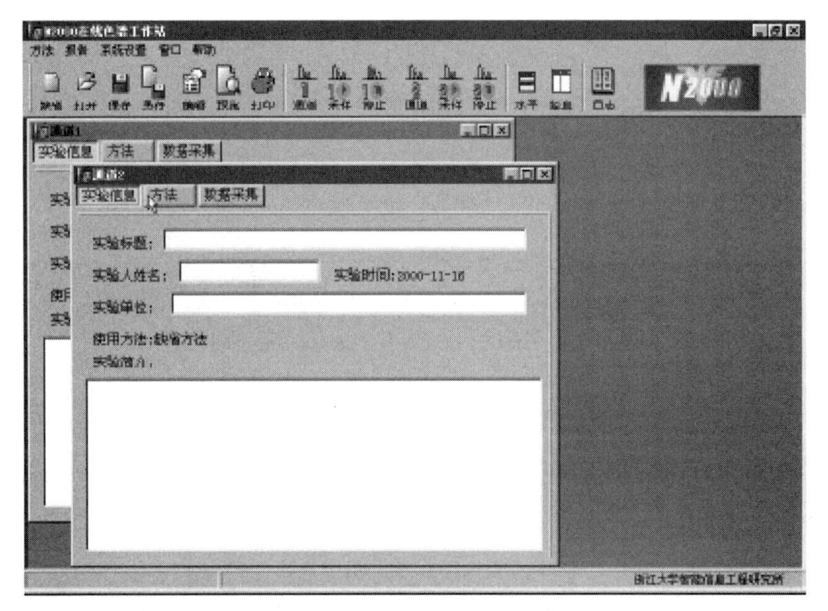
N2000在线色谱工作站
方法 报告 系统设置 窗口 帮助
实验信息 方法 数据采集
实验标题:
实验人姓名:
实验时间:2000-11-16
实验单位:
使用方法:缺省方法
实验简介:
浙江大学智能信息工程研究所

图 5

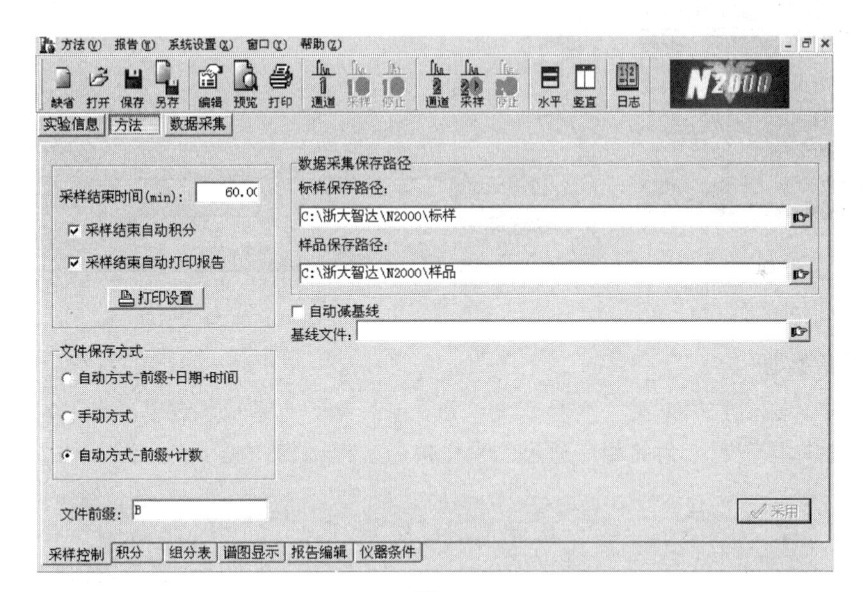
方法 报告 系统设置 窗口 帮助
缺省 打开 保存 另存 编辑 预览 打印 通道 采样 停止 通道 采样 停止 水平 竖直 日志
实验信息 方法 数据采集
采样结束时间(min):
60.00
采样结束自动积分
采样结束自动打印报告
打印设置
数据采集保存路径
标样保存路径:
C:\浙大智达\N2000\标样
样品保存路径:
C:\浙大智达\N2000\样品
自动减基线
基线文件:
文件保存方式
自动方式-前缀+日期+时间
手动方式
自动方式-前缀+计数
文件前缀:
采用
采样控制 积分 组分表 谱图显示 报告编辑 仪器条件

图 6

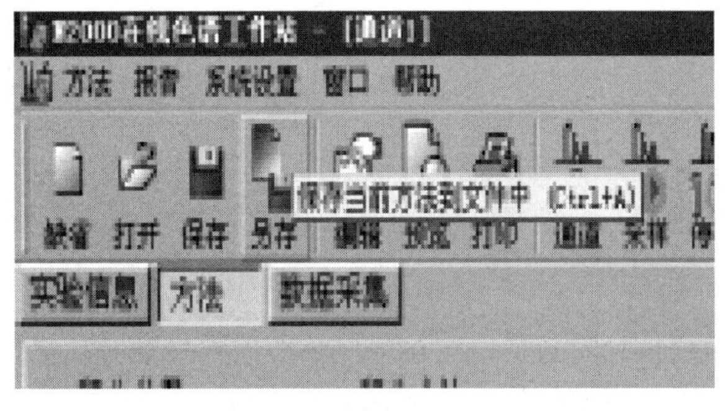
N2000在线色谱工作站 - [通道1]
方法 报告 系统设置 窗口 帮助
保存当前方法到文件中 (Ctrl+A)
缺省 打开 保存 另存 编辑 预览 打印 通道 采样
实验信息 方法 数据采集

图 7

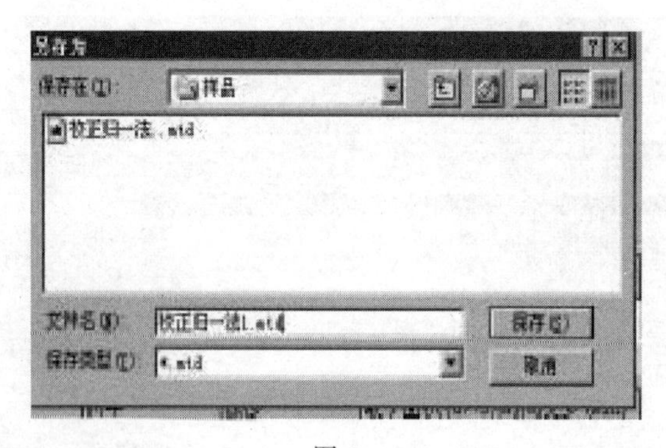

图 8

法菜单主要用于对进样操作方法进行选择。

拉开方法菜单，可以看到缺省、打开、保存、另存四个菜单选项。打开选项用于打开已经存在的操作方法，其热键为 Ctrl＋O。点此项将看到如图 9 所示的对话框。

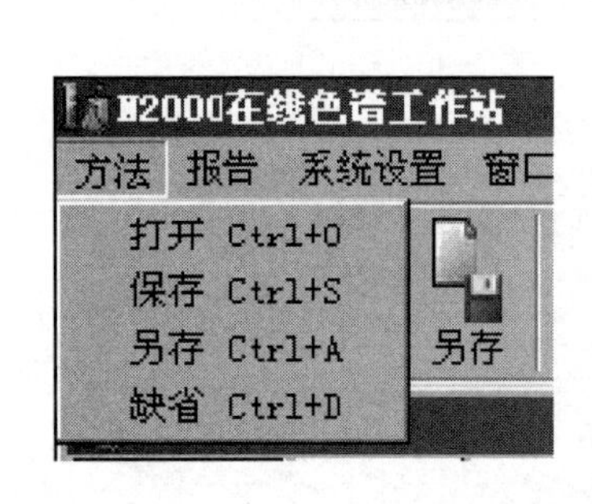

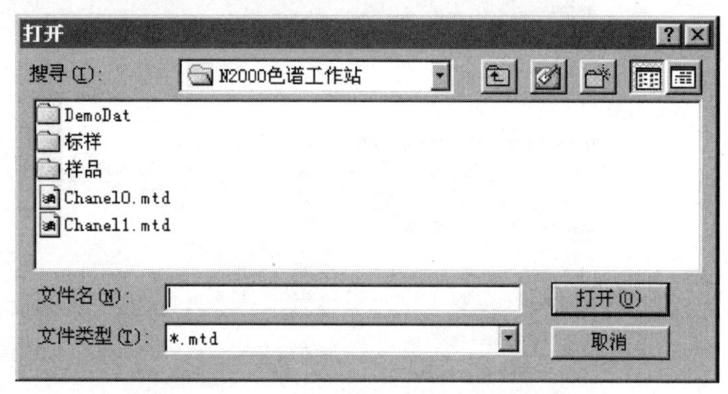

图 9

四、采集数据

（1）采样。点击数据采集，查看基线，看看基线是否走平稳。若基线已平稳，将试样注入色谱仪，鼠标单击右上角的相应通道的采样按钮，谱图窗内画出色谱图，如图 10 所示。

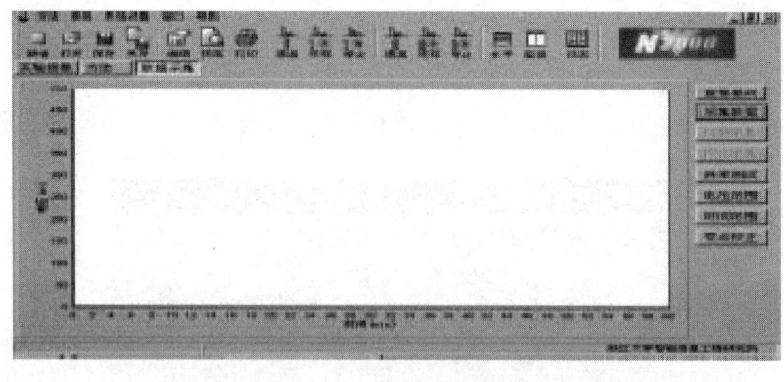

图 10

（2）当用户设置的停止时间到了，或在用户单击停止采集时，工作站就自动将谱图及实验信息保存在依照用户设置的文件保存方式而生成的 ORG 文件和相应的 DAT 数据文件里，并弹出一个对话窗口提示用户。当用户不需要保存谱图时，只要单击放弃采集就可以了。

（3）用户看到的谱图监视窗口右边还有电压范围、时间范围等按钮，如图 11 所示。这是为了方便用户将谱图看得更清楚一些，需要哪一个功能，只要单击相应按钮并输入相应数值即可。

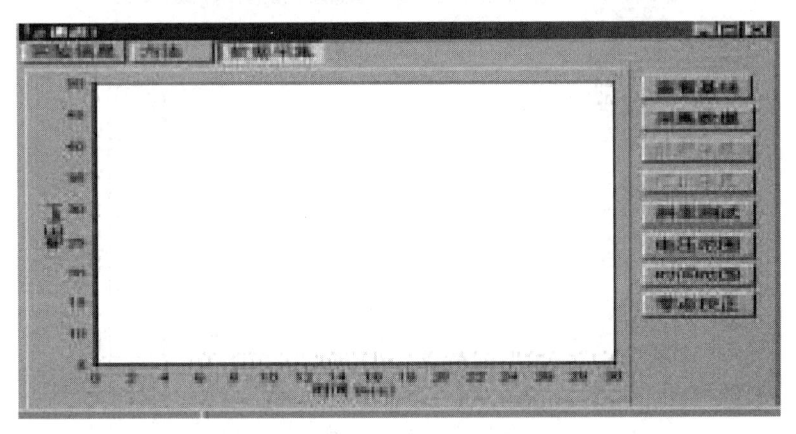

图 11

五、报告菜单

该菜单用于实验报告编辑和修改等操作。拉开此菜单项可以看到编辑、预览、打印三个菜单选项，如图 12 所示。

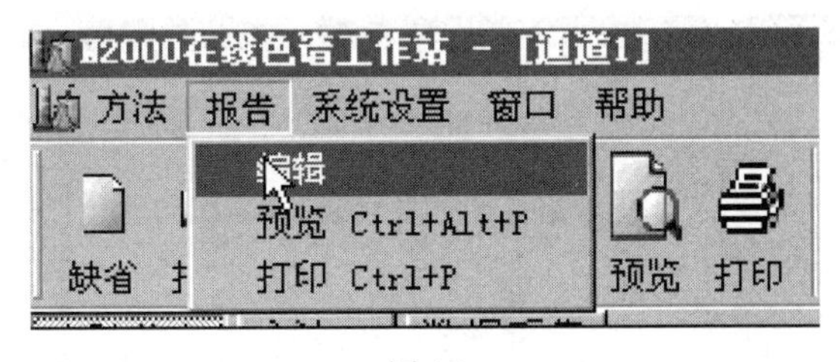

图 12

编辑选项用于对实验报告进行编辑。

（1）点击报告编辑，选择报告内容一项，在这里需要打印积分表、积分结果表、组分表、积分方法、仪器信息及系统评价，结果单位为%，因此选择这些所要的项目，如图 13 所示。

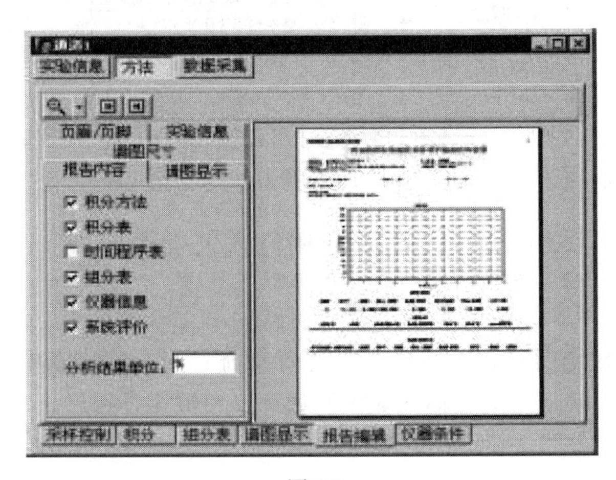

图 13

(2) 选择所需的实验信息。点击实验信息，希望打印实验单位、时间、日期、简介及实验人姓名，因此选择这些项目，如图 14 所示。

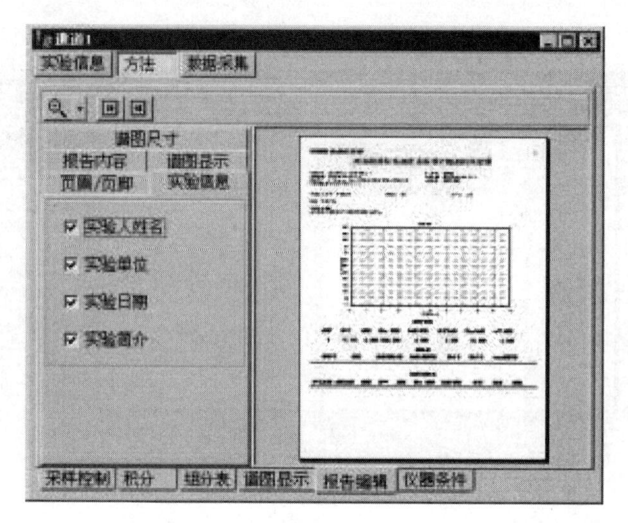

图 14

(3) 谱图显示。点击谱图显示，希望打印时谱图显示保留时间、基线显示，选择这两项，如图 15 所示。

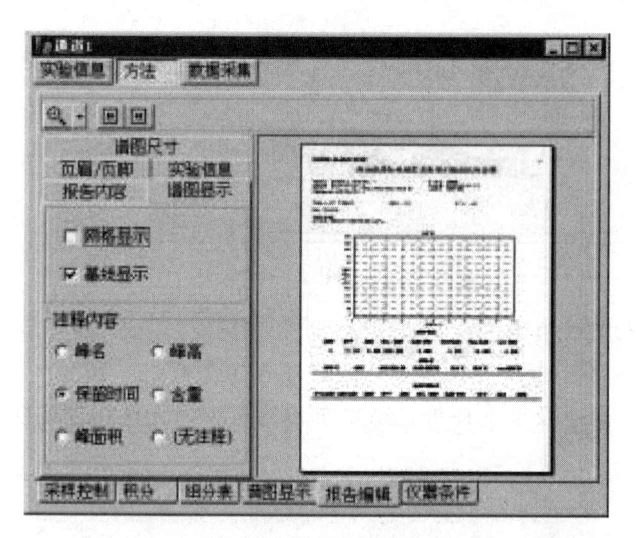

图 15

预览选项主要用于对编辑或修改好的实验报告进行预浏览，其热键为 Ctrl+Alt+P。

打印选项用于实验报告的打印输出，其热键为 Ctrl+P。

LC1200 型高效液相色谱仪操作规程

一、开机

1. 开机前准备工作包括选择、纯化和过滤流动相；检查储液瓶中是否具有足够的流动相，吸液砂芯过滤器是否已可靠地插入储液瓶底部，废液瓶是否已倒空，所有排液管道是否已妥善插在废液瓶中。

2. 开启 LC1200 真空脱气、四元泵、紫外检测器各模板电源，待各模块自检完成后，双击“仪器联机”图标，化学工作站自动与 1200LC 通信，如图 1 所示。

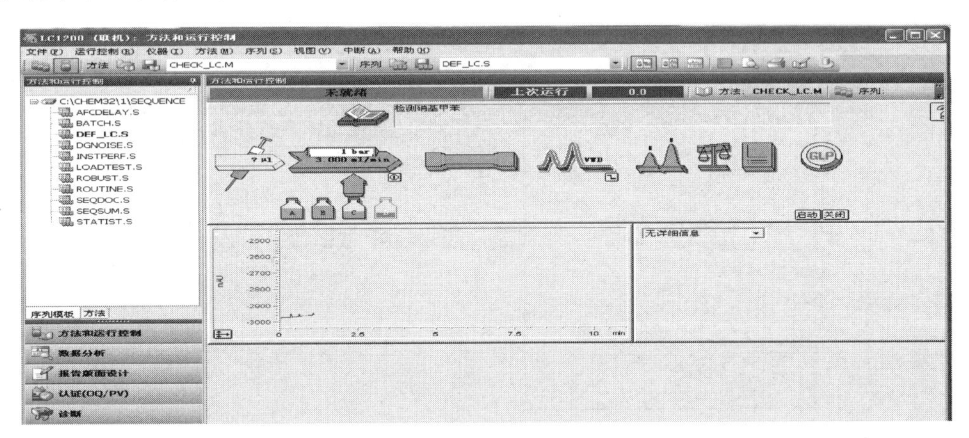

图 1

3. 打开“排气”阀，单击泵图标，单击“设置泵”选项，进入泵编辑画面，如图 2 所示。设 flow：5mL/min，单击“OK”。单击泵图标，单击“泵控制”选项，选中 ON，单击“确定”（图 3），则系统开始“排气”，直到管线内无气泡为止，切换通道继续 Purge，直到要用的所有的通道无气泡为止。

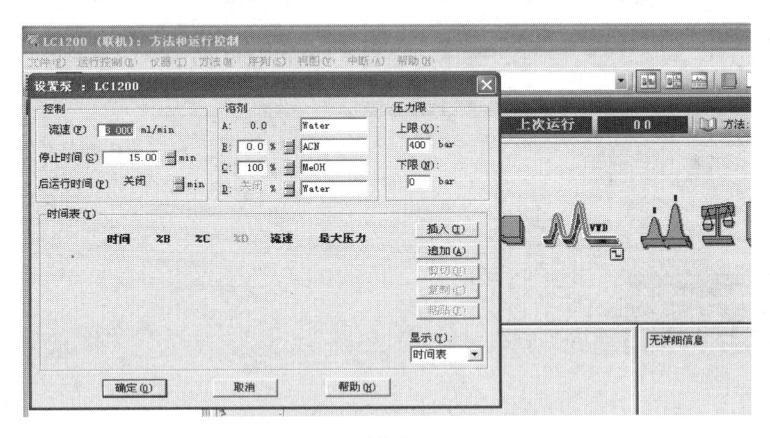

图 2

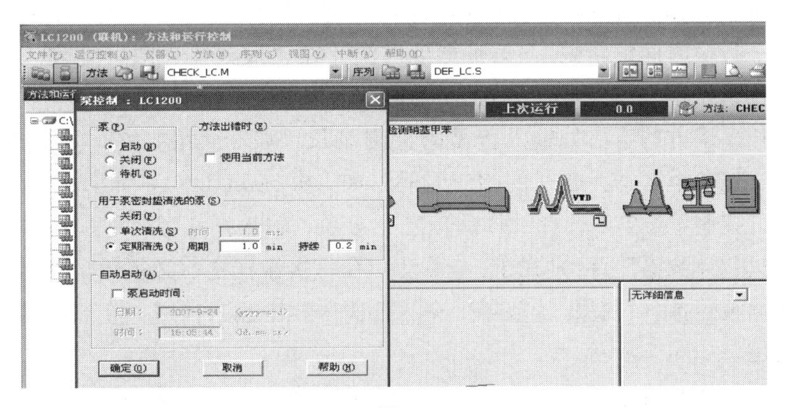

图 3

4. 单击泵下面的瓶图标，输入溶剂的实际体积和瓶体积；也可输入停泵的体积。单击“OK”，如图 4 所示。

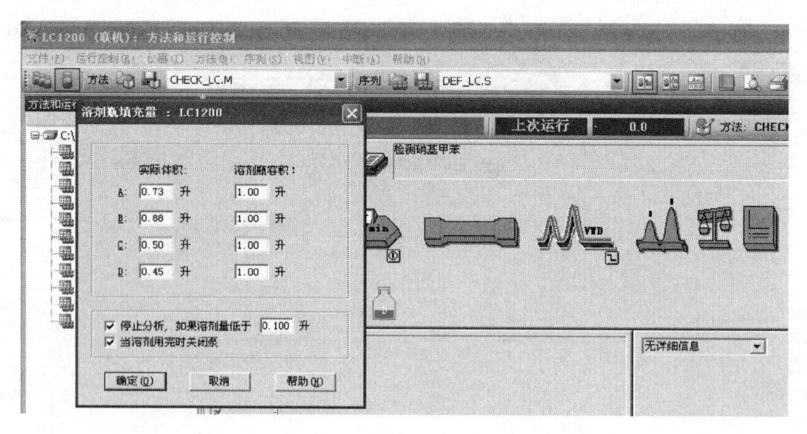

图 4

二、数据采集方法编辑

1. 从“方法”菜单中选择“编辑完整方法”项，选中除“数据分析”外的三项，单击“确定”，进入下一画面，如图 5 所示。

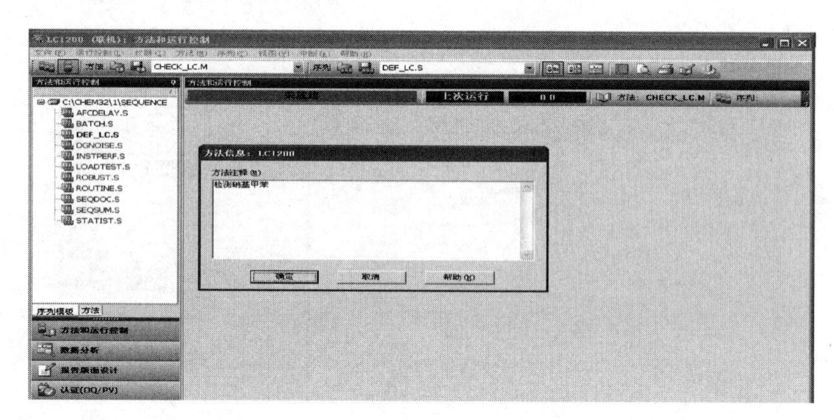

图 5

2. 在“方法信息”中加入方法的信息（如方法的用途等），单击“确定”进入下一画面。

3. 在“流量”处输入流量 1mL/min，B 设定为 70.0 后，A 的值自动变为 100－70.0，也可“插入”一行“时间编辑表”，编辑梯度淋洗。在“最大压力限”处输入柱子的最大耐高压，以保护柱子，单击“确定”进入下一画面。

4. 在“波长”下方的空白处输入所需的检测波长，如 254nm，在“峰宽”（响应时间）下方点击下拉式三角框，选择合适的响应时间，如＞0.1min（2s），如图 6 所示。

5. 从“运行控制”菜单中选择“样品信息”选项，输入操作者名称，在数据文件中选择“手动”或“前缀/计数器”。区别在于：“手动”在每次做样之前必须给出新名字，否则仪器会将上次的数据覆盖掉。“前缀/计数器”在“前缀”框中输入前缀，在“计数器”框中输入计数器的起始位，如图 7 所示。

6. 基线调节。待基线稳定后，按“Balance”键，使基线回至零点附近，准备进样。

7. 进样。将六通阀旋转至“LOAD”位置，用平头注射器进样后，转回至“INJECT”

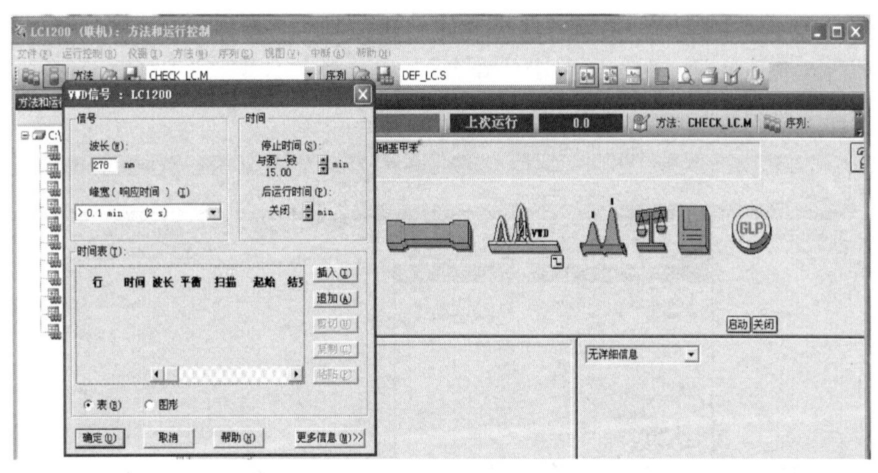

图 6

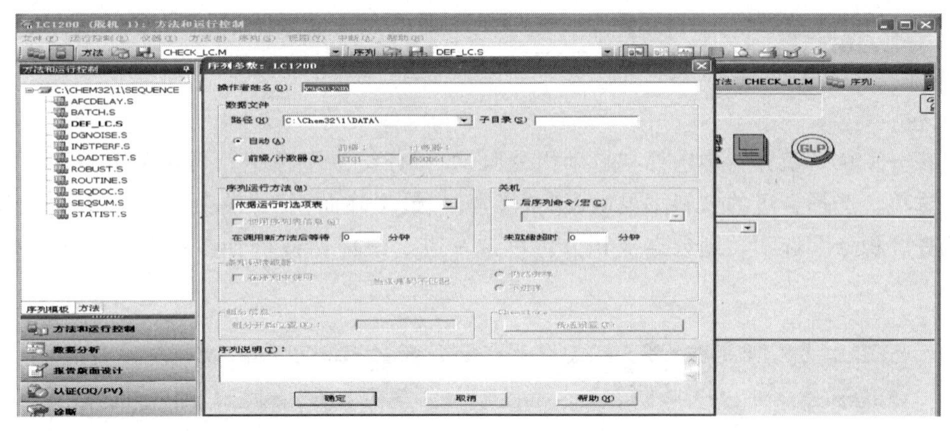

图 7

位置，工作站上即出现竖直红线，计时开始，同时界面变成蓝色。

三、数据分析方法编辑

1.从“视图”菜单中，单击“数据分析”进入数据分析画面。从“文件”菜单中选择“调用信号”选项，选中所需的数据文件名，单击“确定”，如图8所示。

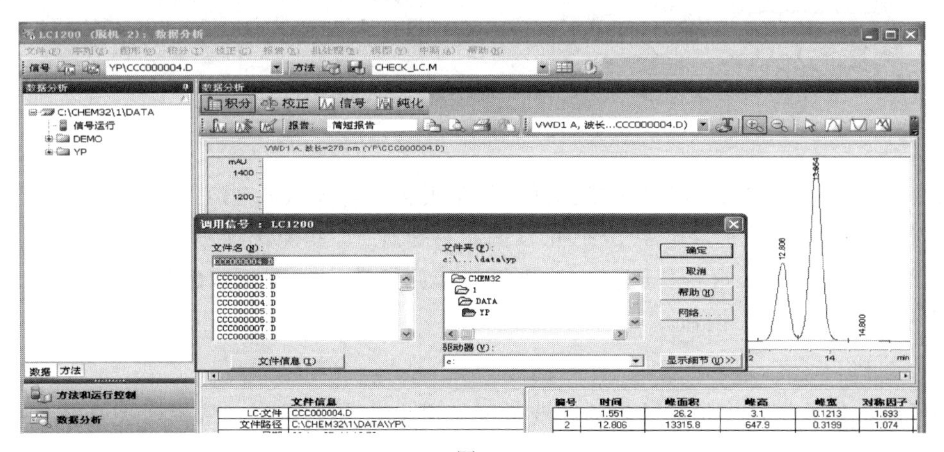

图 8

2. 谱图优化。从“图形”菜单中选择“信号选项”，再从“范围”中选择“自动量程”或“满量程”及合适的显示时间，单击“确定”，或选择“自定义”调整，直到图的比例合适为止，如图 9 所示。

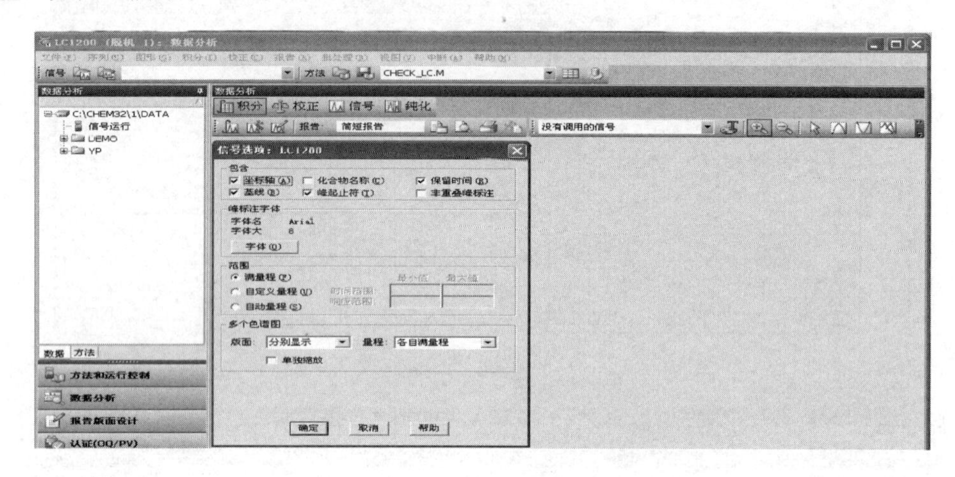

图 9

3. 积分。从“积分”中选择“自动积分”，如积分结果不理想，再从菜单中选择“积分事件”选项，选择合适的“斜率灵敏度”“峰宽”“最小峰面积”“最小峰高”。从“积分”菜单中选择“积分”选项，则数据被积分。单击左边√图标，将积分参数存入方法，如图 10 所示。

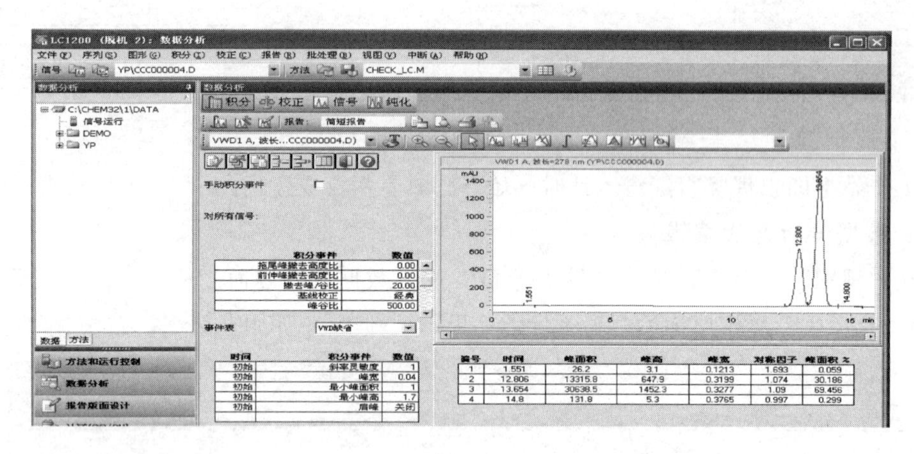

图 10

4. 打印报告。从“报告”菜单中选择“设定报告”选项（图 11），单击“定量结果”框中“定量”右侧的黑三角，选中 percent（面积百分比），其他选项不变，单击“确定”。从“报告”菜单中选择打印报告，则报告结果将打印到屏幕上，若想输出到打印机上，则单击“报告”底部的“打印”按钮。

四、关机

关机前，先关灯，用相应的溶剂冲洗系统。退出化学工作站，依提示关泵及其他窗口，关闭计算机。关闭 LC1200 各模块电源开关。

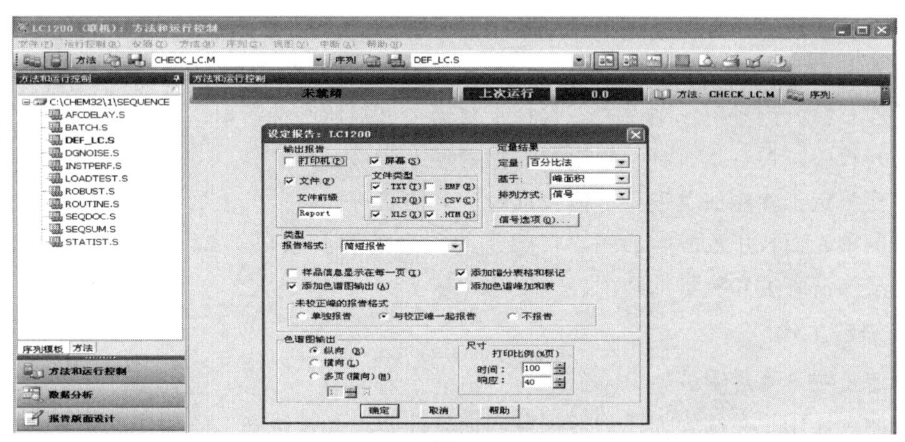

图 11

FL5090 型液相色谱仪操作规程

1.开机

依次打开泵、检测器、脱气机、柱温箱、自动进样器和电脑的电源，此时仪器自动进入自检程序。各个部件左上角的 2 个指示灯都是绿灯，说明仪器正常。双击桌面上的“5090 工作站”图标，进入工作站界面。

2.流动相及样品的准备

流动相配制所用的试剂必须是色谱级。流动相须经 0.45μm 的微孔滤膜过滤后方能进入液相色谱系统。样品溶液亦必须用 0.45μm 的微孔滤膜过滤后才能进样。

3.仪器条件的设置

（1）泵参数的设置。点击泵图标中的［设置］，选择“等度”，输入流量，点击［确定］，使用等度时系统默认使用 A 泵。或者点击泵图标中的［设置］，选择“高压梯度”，输入流量，样品方法是二元等度模式，设置 B 的比例，点击确定。

（2）单波长模式。点击检测器图标中的［设置］，输入波长值，点击［确定］。

（3）柱恒温箱参数的设置。点击柱温箱图标中的［设置］，输入预定的柱温值，点击［确定］。

4.进样

打开放空阀→点击“冲洗”→选择泵 A 或者泵 B→等冲洗完毕后→关闭放空阀→点击“泵启动”→稳定 30min→查看基线等基线在此状态下成一稳定的直线，说明已经走平→可直接进样。

5.仪器清洗

设置“仪器清洗项目”为当前项目，用甲醇清洗 30min→点击“泵停止”→关机。

WAY（2WAJ）型阿贝折射仪操作规程

一、准备工作

1.在开始测定前，必须先用蒸馏水或用标准试样校对读数。如用标准试样则对折射棱镜的抛光面加 1～2 滴溴代萘，再贴上标准试样的抛光面，当读数视场指示于标准试样上之值时，观察望远镜内明暗分界线是否在十字线中间，若有偏差则用螺丝刀微量旋转小孔内的螺钉，带动物镜偏摆，使分界线相位移至十字线中心。通过反复观察与校正，使示值的起始误差降至最小（包括操作者的瞄准误差）。校正完毕后，在以后的测定过程中不允许随意再动此部位。在日常的测量工作中一般不需校正仪器，如对所测的折射率示值有怀疑时，可按上述方法进行检验，检查是否有起始误差，如有误差应进行校正。

2. 每次测定工作之前及进行示值校准时，必须将进光棱镜的毛面、折射棱镜的抛光面及标准试样的抛光面，用乙醇与乙醚（1∶1）的混合液和脱脂棉轻擦干净，以免留有其他物质，影响成像清晰度和测量准确度。

二、测定工作

1. 测定透明、半透明液体

将被测液体用干净滴管加在折射棱镜表面，并将进光棱镜盖上，用手轮锁紧，要求液层均匀，充满视场，无气泡。打开遮光板，合上反射镜，调节目镜视度，使十字线成像清晰，此时旋转手轮并在目镜视场中找到明暗分界线的位置，再旋转手轮使分界线不带任何彩色，微调手轮，使分界线位于十字线的中心，再适当转动聚光镜，此时目镜视场下方显示的示值即为被测液体的折射率。

2. 测定透明固体

被测物体上需有一个平整的抛光面。把进光棱镜打开，在折射棱镜的抛光面加1～2滴比被测物体折射率高的透明液体（如溴代萘），并将被测物体的抛光面擦干净放上去，使其接触良好，此时便可在目镜视场中寻找分界线，瞄准和读数的操作方法如前所述。

3. 测定半透明固体

用上法将被测半透明固体上抛光面粘在折射棱镜上，打开反射镜并调整角度利用反射光束测量，具体操作方法同上。

4. 测量蔗糖溶液质量分数

操作与测量液体折射率相同，此时读数可直接从视场中示值上半部读取，即为蔗糖溶液质量分数。

5. 测定平均色散值

基本操作方法与测量折射率相同，只是以两个不同方向转动色散调节手轮，至视场中明暗分界线无彩色为止，此时需记下每次在色散值刻度圈上指示的刻度值 Z，取其中平均值，再记下其折射率 n_D。根据折射率 n_D 值，在阿贝折射仪色散表的同一横行中找出 A 和 B 值（若 n_D 在表中两数值中间时，用内插法求得）。再根据 Z 值在表中查出相应的 a 值，当 $Z>30$ 时 a 值取负值，当 $Z<30$ 时 a 取正值，按照所求出的 A、B、a 值代入色散值公式 $n_F-n_C=A+Ba$，就可求出平均色散值。

若需测量在不同温度时的折射率，将温度计旋入温度计座中，接上恒温器的通水管，把恒温器的温度调节到所需测量温度，接通循环水，待温度稳定10min后，即可测量。

三、维护与保养

为了确保仪器的精度，防止损坏，用户应注意维护与保养，特提出下列要点以供参考。

1. 仪器应放置于干燥、空气流通的室内，以免光学零件受潮后生霉。

2. 当测试腐蚀性液体时应及时做好清洗工作（包括光学零件、金属件以及涂料表面），防止受侵蚀损坏。仪器使用完毕后必须做好清洁工作。

3. 被测试样中不应有硬性杂质，当测试固体试样时，应防止把折射棱镜表面拉毛或产生压痕。

4.经常保持仪器清洁，严禁油手或汗手触及光学零件，若光学零件表面有灰尘，可用高级麂皮或长纤维的脱脂棉轻擦后用皮吹风吹去。如光学零件表面沾上了油垢后，应及时用乙醇与乙醚混合溶液擦干净。

5.仪器应避免受强烈振动或撞击，以防止光学零件损伤及影响精度。

6.本仪器折射棱镜中有通恒温水结构，如需测定样品在某一特定温度下的折射率，仪器可外接恒温器，将温度调节到用户所需温度再进行测量。

四、仪器校正

仪器应定期进行校准，或对测量数据有怀疑时，也可以对仪器进行校准。校准用蒸馏水或玻璃标准块。如测量数据与标准有误差，可用钟表螺丝刀通过色散校正手轮中的小孔，小心旋转里面的螺钉，使分划板上交叉线上下移动，然后再进行测量，直到测数符合要求为止。样品为标准块时，测数要符合标准块上所标定的数据。如样品为蒸馏水时，测数要符合表1。

表1 蒸馏水的温度与折射率

温度/℃	折射率(n_D)	温度/℃	折射率(n_D)
18	1.33316	25	1.33250
19	1.33308	26	1.33239
20	1.33299	27	1.33228
21	1.33289	28	1.33217
22	1.33280	29	1.33205
23	1.33270	30	1.33193
24	1.33260		

五、仪器的维护与保养

1.仪器应放在干燥、空气流通和温度适宜的地方，以免仪器的光学零件受潮发霉。

2.仪器使用前后及更换样品时，必须先清洗并揩净折射棱镜系统的工作表面。

3.被测试样品不准有固体杂质，测试固体样品时应防止折射棱镜的工作表面拉毛或产生压痕，本仪器严禁测试腐蚀性较强的样品。

4.仪器应避免受强烈振动或撞击，防止光学零件震碎、松动而影响精度。

5.如聚光照明系统中灯泡损坏，可将聚光镜筒沿轴取下，换上新灯泡，并调节灯泡左右位置（松开旁边的紧定螺钉），使光线聚光在折射棱镜的进光表面上，并不产生明显偏斜。

6.仪器聚光镜是由塑料制成的，为了防止带有腐蚀性的样品对它的表面破坏，使用时用透明塑料罩将聚光镜罩住。

7.仪器不用时应用塑料罩将仪器盖上或将仪器放入箱内。

8.使用者不得随意拆装仪器，如仪器发生故障或达不到精度要求时，应及时送修。

DDS-307型电导率仪操作规程

一、仪器的使用

1.开机

（1）将仪器电源插头插入有良好接地的电源插座。

（2）打开电源开关，接通电源，预热30min。

2. 校准

(1) 使用前必须进行校准。

(2) 校准过程：将“选择”开关指向“检查”，“常数”补偿旋钮指向“1”刻度线，温度补偿旋钮指向“25”刻度线，调节“核准”旋钮，使仪器显示 100.0μS/cm，到此校准完毕。

3. 测量

(1) 调节仪器面板上“温度”补偿调节旋钮，使其指向待测溶液的实际温度值，此时测量结果是待测溶液经温度补偿后折算为 25℃下的电导率值。

(2) 如果将“温度”补偿调节旋钮指向“25”刻度线，那么测量的将是待测溶液在试剂温度下未经补偿的原始电导率值。

(3) 常数、温度补偿设置完毕，应将“选择”旋钮指向合适的位置，根据水质情况，应调节到相应挡位。

(4) 关机。样品检测完毕后，关闭开关，拔掉电源，清洁仪器，罩好防尘罩。

二、仪器的日常保养与维护

1. 电极的清洗与储存

通常电极分为铂电极和镀铂黑的铂电极，铂电极必须储存在干燥的环境中，镀铂黑的铂电极不允许干放，必须储存在蒸馏水中。

含有洗涤剂的温水可以清洗电极上有机成分沾污，也可以用乙醇清洗。

2. 注意事项

(1) 为确保测量精度，电极使用前应用小于 0.5μS/cm 的去离子水（或蒸馏水）冲洗两次，然后用被测试样冲洗后方可测量。

(2) 电极插头座应绝对防止受潮，以免造成不必要的测量误差。

(3) 电极应定期进行常数标定。

pHS-3C 型酸度计操作规程

一、准备

1. 将电源的适配器插入 220V 交流电源上，直流输出插头插入仪器后面板上的“DC9V”电源插孔。把电极装在电极架上，取下仪器电极插口上的短路插头，把电极插头插上。注意电极插头在使用前应保持清洁干燥，切忌被污染。

2. 打开电源开关，接通电源，预热 20min 左右。

二、标定、测试

1. 把斜率旋钮刻度置于 100%，电极用纯化水清洗干净，并用滤纸吸干，将复合电极插入 pH 值为 7 的标准缓冲溶液中，调节温度补偿旋钮，使其指示温度与溶液温度相同，再调节定位旋钮，使仪器显示的 pH 值与该标准缓冲溶液在此温度下的 pH 值相同。

2. 把电极从 pH 值为 6.86 溶液中取出，用纯化水清洗干净，并用滤纸吸干，插入 pH 值为 4（或 pH 值为 9.6 标准缓冲溶液中，调节温度补偿旋钮，使其指示温度与溶液温度相同，再调节斜率旋钮，使样品显示 pH 值与该溶液在此温度下的 pH 值相同。

3. 把电极从 pH 值为 4（或 pH 值为 9.6）标准缓冲溶液中取出，并用纯化水清洗干净，并用滤纸吸干，插入被测溶液中，调节温度补偿旋钮，使其指示的温度和被测溶液温度一致，等试样显示的 pH 值在 1min 内不超过±0.05 时，此时仪器显示的 pH 值即被测溶液的 pH 值。

4. 测量完毕，用纯化水冲洗电极，再用滤纸吸干，套上电极保护套（套中盛满电极保护液）。

三、仪器的日常保养与维护

1. 电极玻璃很薄，使用时要小心保护。

2. 标准缓冲溶液一般可使用 2～3 个月，如有浑浊、发霉或沉淀等现象时，不能继续使用。

3. 测定前，选择两个标准缓冲溶液，使样品的 pH 值处于二者之间。

4. 取与样品 pH 值较接近的第一种标准缓冲溶液进行校正（定位），使仪器显示值与标准缓冲溶液数值一致。

5. 仪器定位，再用第二种标准缓冲溶液核对仪器示值，误差应不大于±0.02，若大于此偏差，则小心调节斜率，使示值与第二种标准缓冲溶液的数值相符。重复上述定位与斜率调节操作，至仪器示值与标准缓冲溶液的规定数值相差不大于±0.02，否则，须检查仪器或更换电极后，再行校正至符合要求。

6. 配制标准缓冲溶液应使用新过滤的冷蒸馏水，其 pH 值应为 5.5～7.0。

气压计的校正和使用

一、结构原理

实验室常用的气压计为福廷式气压计，福廷式气压计是一种单管真空汞压力计。其结构如图 1 所示。福廷式气压计是以汞柱来平衡大气压力。

福廷式气压计主要结构是一根长 90cm 且上端封闭的玻璃管，管中盛有汞，倒插入下部汞槽内。玻璃管顶部为绝对真空，汞槽下部是用羚羊皮袋作为汞槽，它既与大气相通，但汞又不会漏出。在底部有一个调节螺旋，可用来调节其中汞面的高度。象牙针的尖端是黄铜标尺刻度的零点，利用黄铜标尺的游标尺，读数的精密度可达 0.1mm 或 0.05mm。

从以上可看出，当大气压力与汞槽内的汞面作用达到平衡时，汞就会在玻璃管内上升到一定高度，通常测量汞的高度，就可确定大气压力的数值。

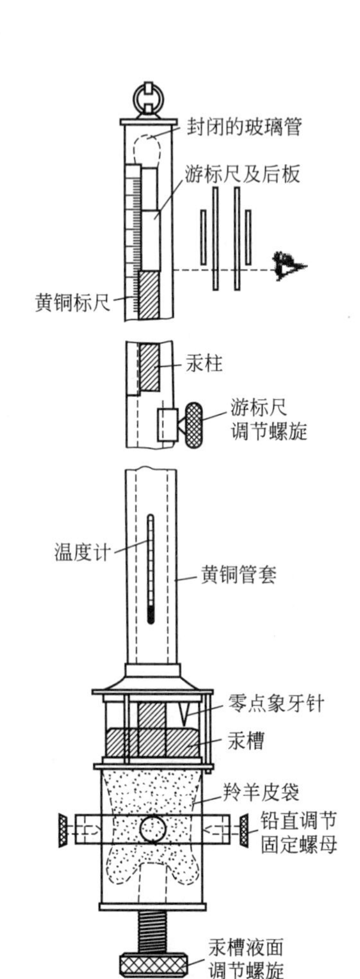

图 1 福廷式气压计结构

二、气压计的使用方法

1. 铅直调节

福廷式气压计必须垂直放置。

2. 调节汞槽内的汞面高度

慢慢旋转底部的汞面调节螺旋，使汞槽内的汞面升高。直到汞面恰好与象牙针尖接触，然后轻轻扣动铜管使玻璃管上部汞的弯曲正常，这时象牙针与汞面的接触应没有什么变动。气压计底部汞面的调节如图 2 所示。

3. 调节游标尺

转动游标尺调节螺旋，使游标尺的下沿边与管中汞柱的凸面相切，这时观察者的眼睛和游标尺前后的两个下沿边应在同一水平面。标尺位置的调节如图 3 所示。

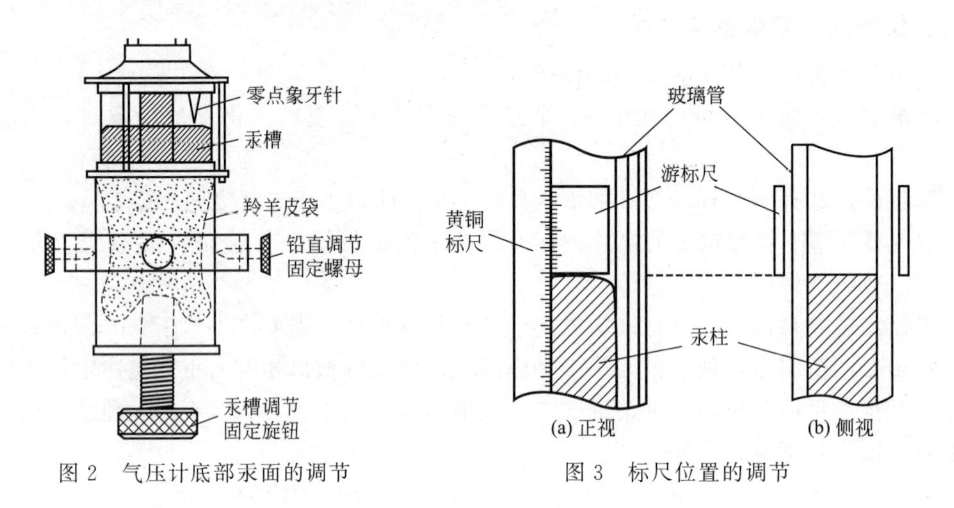

图 2　气压计底部汞面的调节

图 3　标尺位置的调节

4. 读数

游标尺的零线在标尺上所指的刻度，为大气压力的整数部分（单位为 mm 或 kPa），再从游标尺上找出一根与标尺某一刻度相吻合的刻度线，此游标刻度线上的数值即为大气压力的小数部分。

5. 整理工作

向下转动汞槽调节固定旋钮，使汞面离开象牙针，记下气压计上附属温度计的温度读数，并从所附的仪器校正卡片上读取该气压计的仪器误差。

三、气压计读数的校正

当气压计的汞柱与大气压相平衡时，则 $p_{大气}=gdh$，但汞的密度 d 与温度有关，重力加速度 g 随测量地点不同而异。因此，规定温度为 0℃、重力加速度 g 为 $9.80665\mathrm{m/s^2}$ 条件下的汞柱为标准来度量大气压力，此时汞的密度 d 为 $13.5951\mathrm{g/cm^3}$。凡是不符合上述规定所读得的大气压值，除仪器误差校正外，在精密的测量工作中还必须进行温度、纬度和海拔高度的校正。气压计的读数如图 4 所示。

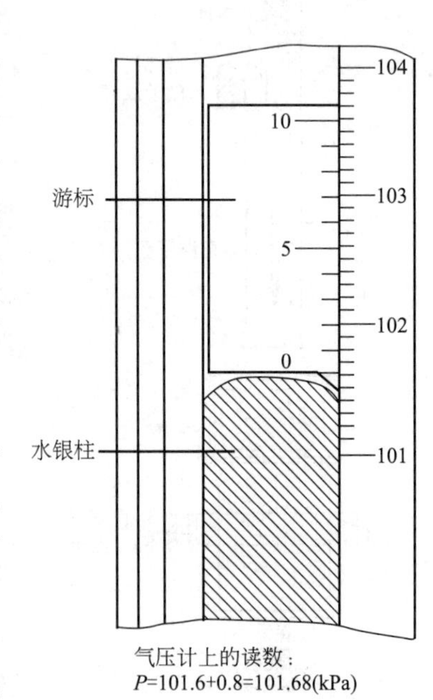

图 4　气压计的读数

1. 仪器误差校正

由汞的表面张力引起的误差，汞柱上方残余气体的影响，以及压力计制作时的误差，在出厂时都已做了校正。在使用时，由气压计上读得的示值，首先应按制造厂所附的仪器误差校正卡上的校正值进行校正。

2. 温度校正

在对气压计进行温度校正时，除了考虑汞的密度随温度的变化外，还要考虑标尺随温度的线性膨胀。

3. 纬度和海拔高度的校正

由于国际上用水银气压计测定大气压力时，是以纬度 45°的海平面上重力加速度 9.80665m/s^2 为准的。而实验中各地区纬度不同，海拔高度不同，则重力加速度值也就不同，所以要做纬度和海拔高度的校正。

人工智能调节器

一、主要特点

(1) 输入采用数字校正系统，内置常用热电偶和热电阻非线性校正表格，测量精度高达 0.2 级。

(2) 采用先进的 AI 人工智能调节算法，无超调，具备自整定 (AT) 功能。

(3) 采用先进的模块化结构，提供丰富的输出规格，能广泛满足各种应用场合的需要，交货迅速且维修方便。

(4) 采用人性化设计的操作方法，易学易用。

(5) 采用全球通用的 100～240V AC 输入范围开关电源或 24V DC 电源供电，并具备多种外形尺寸供客户选择。

二、参数及功能

AI 系列仪表通过参数来定义仪表的输入、输出、报警、通信及控制方式，见表 1。

表 1 AI 系列仪表的参数及功能

参数代号	参数含义	说明	设置范围
HIAL	上限报警	测量值大于 HIAL 值时仪表将产生上限报警。测量值小于 HIAL－dF 值时，仪表将解除上限报警。设置 HIAL 到其最大值可避免产生报警作用。 每种报警可自由定义为控制 AL1、AL2、AU1、AU2 等输出端口动作	－1999～9999 线性单位或 1℃
LIAL	下限报警	当测量值小于 LoAL 时产生下限报警，当测量值大于 LoAL＋dF 时下限报警解除。设置 LoAL 到其最小值可避免产生报警作用	
dHAL	正偏差报警	采用 MT 人工智能调节时，当偏差(测量值 PV 减给定值 SV)大于 dHAL 时产生正偏差报警，当偏差小于 dHAL－dF 时正偏差报警解除。设置 dHAL＝9999(温度为 999.9℃)时，正偏差报警功能被取消。 采用位式调节时，则 dHAL 和 dLAL 分别作为第二个上限和下限绝对值报警	0～999.9℃或 0～9999 定义单位
dLAL	负偏差报警	采用 MT 人工智能调节时，当负偏差(给定值 SV 减测量值 PV)大于 dLAL 时产生负偏差报警，当负偏差小于 dLAL－dF 时负偏差报警解除。设置 dLAL＝9999(温度为 999.9℃)时，负偏差报警功能被取消	
dF	回差	回差用于避免因测量输入值波动而导致位式调节频繁通断或报警频繁产生/解除。 对采用位式调节而言，dF 值越大，通断周期越长，控制精度越低。反之，dF 值越小，通断周期越短，控制精度较高，但容易因输入波动而产生误动作，使继电器或接触器等机械开关寿命降低	0～200.0℃或 0～2000 定义单位

续表

参数代号	参数含义	说明	设置范围
CtrL	控制方式	CtrL=0,采用位式调节(ON/OFF),只适合要求不高的场合进行控制时采用。 CtrL=1,采用MT人工智能调节,该设置下允许从面板启动执行自整定功能。 CtrL=2,启动自整定参数功能,自整定结束后会自动设置为3或4。 CtrL=3,采用MT人工智能调节,自整定结束后,仪表自动进入该设置,该设置下不允许从面板启动自整定参数功能。以防止误操作重复启动自整定。 CtrL=4,该方式下与CtrL=3时基本相同,但其P参数定义为原来的10倍,即在CtrL=3时,P=5,则CtrL=4时,设置P=50时,二者有相同的控制结果。在对极快速变化的温度(每秒变化100℃以上),在CtrL=1、3时,其P值都很小,有时甚至要小于1才能满足控制需要,此时如果设置CtrL=4,则可将P参数放大10倍,获得更精细的控制。 温度变送器/程序发生器功能:若设置CtrL=0而OPt参数(见后文)又将主输出定义为电流输出(OPt=1、2或4分别表示为0~10mA、0~20mA或4~20mA输出),则对于MT-A1/A2仪表,将把PV值变送为电流信号从OUTP位置输出,而对于MT-A1P/A2P,则将把SV值变送为电流信号从OUTP位置输出,成为程序发生器。可以用dIL、dIH参数设置要变送值的下限或上限。新一代X3/X5电流输出模块精度为0.2级,加上测量误差,综合变送精度为0.3~0.4级	0~4
M5	保持参数	M5、P、t、CtI等参数为MT人工智能调节算法的控制参数,对位式调节方式(CtrL=0时),这些参数不起作用。M5定义为输出值变化为5%时,控制对象基本稳定后测量值的差值。5表示输出值变化量为5%,同一系统的M5参数一般会随测量值有所变化,应取工作点附近为准。例如某电炉温度控制,工作点为700℃,为找出最佳M5值,假定输出保持为50%时,电炉温度最后稳定在700℃左右,而55%输出时,电炉温度最后稳定在750℃左右。则M5=750-700=50.0℃ M5参数PID调节的积分时间起相同的作用。M5值越小,系统积分作用越强。M5值越大,积分作用越弱(积分时间增加)	0~999.9℃或0~9999
P	速率参数	P与每秒内仪表输出变化100%时测量值对应变化的大小成反比,当CtrL=1或3时,其数值定义如下: P=1000÷每秒测量值升高值(测量值单位是0.1℃或1个定义单位) 如仪表以100%功率加热并假定没有散热时,电炉每秒升1℃,则P=1000÷10=100	1~9999
t	滞后时间	对于工业控制而言,被控系统的滞后效应是影响控制效果的主要因素,系统滞后时间越长,要获得理想的控制效果就越困难,滞后时间参数t是MT人工智能算法相对标准PID算法而引进的新的重要参数,MT系列仪表能根据t参数来进行一些模糊规则运算,以便能较完善地解决超调现象及振荡现象,同时使控制响应速度最佳。 t定义为假定没有散热,电炉以某功率开始升温,当其升温速率达到最大值63.5%时所需的时间。MT系列仪表中t参数值单位是s。 t参数的正确设定值与PID调节中微分时间相等。 如果设置t≤CtI时,系统的微分作用被取消	0~2000s
CtL	输出周期	CtI参数值可在(0.5~125)×0.5s(0表示输出周期为0.25s)之间设置,它反映仪表运算调节的快慢。采用SSR、可控硅或电流输出时一般建议设置为0.5~3s。当输出采用继电器开关输出时或是采用加热/冷却双输出控制系统,短的控制周期会缩短机械开关的寿命或导致冷/热输出频繁转换启动,周期太长则使控制精度降低,因此一般在15~40s之间,建议CtI设置为系统滞后时间的1/10~1/4,但数值最大不应超过60s(CtI=120)	(0~125)×0.5s

续表

参数代号	参数含义	说明	设置范围
dIP	小数点位置	线性输入时，定义小数点位置，以配合用户习惯的显示数值。 dIP=0，显示格式为0000，不显示小数点。 dIP=1，显示格式为000.0，小数点在十位。 dIP=2，显示格式为00.00，小数点在百位。 dIP=3，显示格式为0.000，小数点在千位。 采用热电偶或热电阻输入时，此时dIP选择温度显示的分辨率。 dIP=0，温度显示分辨率为1℃(内部仍维持0.1℃分辨率用于控制运算)。 dIP=1，温度显示分辨率为0.1℃(1000℃以上自动转为1℃分辨率)。 改变小数点位置参数的设置只影响显示，对测量精度及控制精度均不产生影响	0～3
dIL	输入下限显示值	用于定义线性输入信号下限刻度值，对外给定、变送输出、光柱显示均有效。 例如在采用压力变送器将压力(也可是温度、流量、湿度等其他物理量)变换为标准的1～5V信号输入(4～20mA信号可外接250Ω电阻予以变换)中。对于1V信号压力为0，5V信号压力为1MPa，希望仪表显示分辨率为0.001MPa。则参数设置如下： Sn=33（选择1～5V线性电压输入） dIP=3（小数点位置设置，采用0.000格式） dIL=0.000（确定输入下限1V时压力显示值） dIH=1.000（确定输入上限5V时压力显示值）	－1999～9999线性单位或1℃
dIH	输入上限	用于定义线性输入信号上限刻度值，与dIL配合使用	－1999～9999线性单位或1℃
Sc	主输入平移修正	Sc参数用于对输入进行平移修正，以补偿传感器、输入信号或热电偶冷端自动补偿的误差。PV补偿后 = PV补偿前 + Sc。一般应设置为0，乱设置会导致测量误差	－199.9～400.0℃
OPt	输出方式	OPt表示仪表的调节输出方式： OPt= OPt.A×1+OPt.B×10 OPt.A表示主输出(OUTP)类型，OUTP上安装的模块类型应该与之相适合。 OPt.A =0，当主模块上安装SSR电压输出、继电器触点开关输出、过零方式可控硅触发输出或可控硅无触点开关输出等模块时，应用此方式。 OPt.A =1，0～10mA线性电流输出，主输出模块上安装线性电流输出模块。 OPt.A =2，0～20mA线性电流输出，主输出模块上安装线性电流输出模块。 OPt.A =3，备用。 OPt.A =4，4～20mA线性电流输出，主输出模块上安装线性电流输出模块。 OPt.A =5～7，位置比例输出(只适合MT-A2/A2P)。其中OP1、OP2可用于直接驱动阀门电机正、反转，其中OPt.A=5适合无阀门反馈信号控制，要求阀门行程时间为60s，OPt.A=6可从0～5V输入端输入阀门位置反馈信号，要求阀门行程时间大于10s即可，OPt.A=7为阀门位置自整定功能，整定完毕后会自动将OPt.A设置为6。通过对参数dF的设置可以作为阀门位置不灵敏区大小的调整，建议设置范围是1.0%～3.0%，加大参数dF值，可避免阀门频繁转动，但太大的dF值将导致控制精度下降。dF参数此时仍对报警起作用。 OPt.A =8，单相移相输出，应安装K5移相触发输出模块实现移相触发输出。 OPt.A=5～8时，在该设置状态下，AUX不能作为调节输出的冷输出端。 OPt.B表示辅助接口(AUX)输出类型，仅当oPL参数设置小于0时方起作用。 OPt.B =0，输出为时间比例输出方式，AUX位置可安装SSR电压输出、继电器触点开关输出、过零方式可控硅触发输出模块或可控硅无触点开关输出等模块。 OPt.B =1、2、4分别表示为0～10mA、0～20mA及4～20mA线性电流输出，AUX输出模块上安装线性电流输出模块。 OPt.B =3，备用于将来其他用途，请勿使用该设置。 AUX输出不支持位置比例或移相触发输出功能。 例如，仪表要求OUT输出为4～20mA，没有辅助输出，则设置oP=4。 又如，OUT和AUX均为4～20mA输出，则设置oP=44	0～48

续表

参数代号	参数含义	说明	设置范围
oPL	输出下限	设置为0～110%时，表示在通常的单向调节中作为限制调节输出最小值。 设置为－110%～－1%时，仪表成为一个双向输出系统，具备加热/冷却双输出功能，当设置CF.A=0，即OUT的输出用于加热时，AUX的输出相应地被用于制冷，反之亦可(CF.A=1)。这时AUX不能再用于报警输出或作为开关量输入。 在具有双向输出的控制系统中，OPL用于反映被控系统反输出能力的百分比系数，在通常的双输出系统中，加热/冷却的能力往往是不一样的，比如一台变频冷暖空调器，同样最大输出时，制冷和制热能力是不一样的，假定制冷能力为4000W，而制热能力为5000W，这样当AUX用于制冷输出时，应设置OPL=－(4000/5000)×100%=－80%。才能准确表示系统特性，实现理想的控制效果。 AUX输出不能限制输出幅度，如设置OPL=－80%时，则内部调节运算值等于OPL时，即为－80%时，AUX的物理输出即达到最大，例如在4～20mA输出中达到20mA	－110%～110%
oPH	输出上限	限制OUTP调节输出的最大值的百分比	0～110%
ALP	报警输出编程	ALP的4位数的个位、十位、百位及千位分别用于定义HIAL、LoAL、dHAL和dLAL 4个报警的输出位置，如下： ALP=5503 dLAL　dHAL　LoAL　HIAL 数值范围是0～6，0表示不从任何端口输出该报警，1～2备用，3、4、5、6分别表示该报警由AL1、AL2、AU1、AU2输出。 例如设置ALP=5503，则表示上限报警HIAL由AL1输出，下限报警LoAL不输出，dHAL及dLAL则由AU1输出，即dHAL或dLAL产生报警均导致AU1动作。 注1：当AUX在双向调节系统作辅助输出时，报警指定AU1、AU2输出无效。 注2：若需要使用AL2或AU2，可在ALM或AUX位置安装L5双路继电器模块	0～9999
CF	系统功能选择	CF参数用于选择部分系统功能： CF=A×1+B×2+C×4+D×8+E×16+F×32+G×64+H×128 A=0，控制为反作用调节，适用加热控制；A=1，为正作用调节，如制冷控制。 B=0，仪表报警无上电/给定值修改免除报警功能；B=1，仪表有上电/给定值修改免除报警功能(详细说明见后文叙述)。 C=0，作为程序发生器时PV窗显示程序段；C=1，则显示测量值(仅MT-A1P/A2P)。 C=0，给定值设置范围限制在HIAL和LoAL之间；C=1，给定值设置范围不限制(该功能仅限于MT-A1/A2，对于MT-A1P/A2P则不限制给定值设置范围)。 D=0，程序时间以min为单位；D=1，以s为单位(仅适用MT-A1P/A2P型)。 D=0，无外给定功能；D=1，有外给定功能(仅适用MT-A2型)。 E=0，无分段功率限制功能；E=1，有分段功率限制功能(详见后文叙述)。 F=0，仪表光柱指示输出值；F=1，仪表光柱指示测量值(仅带光柱的仪表)。 G=0时，报警时在下显示器交替显示报警符号，能迅速了解仪表报警原因；G=1时，报警时在下显示器不显示报警符号，一般用于将报警作为控制的场合。 H=0，报警为单边回差；H=1，报警为双边回差(与V6.X版本兼容)。 例如，要求一台MT-A1型仪表为反作用调节，有上电免除报警功能，给定值设置范围无限制，无分段功率限制功能，无光柱，报警时下显示器交替显示报警符号，则： A=0，B=1，C=1，D=0，E=0，F=0 CF参数值应设置如下： CF=0×1+1×2+1×4+0×8+0×16+0×32+0×64+0×128=6	0～255

续表

参数代号	参数含义	说明	设置范围
dL	输入数字滤波	MT仪表内部具有一个取中间值滤波和一个一阶积分数字滤波系统，取值滤波为3个连续值取中间值，积分滤波和电子线路中的阻容积分滤波效果相当。当因输入干扰而导致数字出现跳动时，可采用数字滤波将其平滑。dL设置范围是0～20，0没有任何滤波，1只有取中间值滤波，2～20同时有取中间值滤波和积分滤波。dL越大，测量值越稳定，但响应也越慢。一般在测量受到较大干扰时，可逐步增大dL值，调整使测量值瞬间跳动小于2～5个字。在实验室对仪表进行计量检定时，则应将dL设置为0或1以提高响应速度	0～20
run	运行状态及上电信号处理	(1)对MT-A2型仪表，run参数定义自动/手动工作状态。 run=0，手动调节状态。 run=1，自动调节状态。 run=2，自动调节状态，并且禁止手动操作。不需要手动功能时，该功能可防止因误操作而进入手动状态。 通过RS485通信接口控制仪表操作时，可通过修改run参数的方式用计算机(上位机)实现仪表的手动/自动切换操作 (2)对于MT-A1P/A2P仪表，run参数定义MT-A1P/A2P型仪表程序运行模式。 run=A×1+D×8+ F×32 其中A用于选择5种停电事件处理模式，D用于选择4种运行/修改事件处理模式： A=0，除非停电前为停止状态，否则来电后都自动从第1段开始运行程序。 A=1，在通电后如果没有偏差报警，则在原终止处继续执行，若有偏差报警则程序停止。 A=2，在仪表通电后继续在原终止处执行。 A=3，通电后无论出现何种情况，仪表都进入停止状态。 A=4，仪表在运行中停电，来电后无论出现何种情况，仪表都进入暂停状态。但如果仪表停电前为停止状态，则来电后仍保持停止状态。 D用于选择运行/修改事件处理，其设置定义如下： D=0，无测量值启动功能和准备功能，程序按原计划执行，这种模式保证了固定的程序运行时间，但无法保证整条曲线的完整性。 D=1，有测量值启动功能，可根据测量值预置已运行的时间，无准备功能。 D=2，无测量值启动功能，有准备功能。 D=3，有测量值启动功能及准备功能。 测量值启动功能和准备功能的详细含义见后文MT-A2P程序编排说明。 F用于选择手动/自动状态(仅MT-A2P)，其定义如下： F=0，自动调节状态。 F=1，手动调节状态。 F=2，自动状态且禁止从面板切换到手动状态。 例如，一台MT-A2P型仪表通电后在原来位置继续执行，并且有测量值启动功能和准备功能，仪表处于自动工作状态，可设置A=2，D=3，F=0。则run=2×1+3×8+0×32=26	0～127

续表

参数代号	参数含义	说明	设置范围
Loc	参数修改级别	MT 仪表当 Loc 设置为 A2 以外的数值时，仪表只允许显示及设置 0～8 个现场参数(由 EP1～EP8 定义)及 Loc 参数本身。当 Loc＝A2 时才能设置全部参数。当用户技术人员配置完仪表的输入、输出等重要参数后，可设置 Loc 为 A2 以外的数，以避免现场操作人员无意中修改某些重要操作参数。如下： (1)对于 MT-A1/A2 型仪表 Loc＝0，允许修改现场参数、给定值。 Loc＝1，可显示查看现场参数，不允许修改，但允许设置给定值。 Loc＝2，可显示查看现场参数，不允许修改，也不允许设置给定值。 Loc＝A2，可设置全部参数及给定值。 (2)对于 MT-A1P/A2P 型仪表 Loc＝0，允许修改现场参数、程序值(时间及温度值)及程序段号 StEP 值。 Loc＝1，允许修改现场参数及 StEP 值，但不允许修改程序。 Loc＝2，允许修改现场参数，但不允许修改程序及 StEP 值。 Loc＝3，除 Loc 参数本身可修改外，其余参数、程序及 StEP 值均不允许修改。 Loc＝A2，可设置全部参数、程序及 StEP 值。注意 A2 是所有 MT 系列仪表的设置密码，仪表使用时应设置其他值以保护参数不被随意修改。同时应加强生产管理，避免随意地操作仪表。 如果 Loc 设置为其他值，其结果可能是以上结果之一。 在设置现场参数时将 Loc 参数设置为 A2，可临时性开锁，结束设置后 Loc 自动恢复为 0，开锁后在参数表中将 Loc 设置为 A2，则 Loc 将被保存为 A2，等于长久开锁	0～9999
EP1～EP8	现场参数定义	当仪表的设置完成后，大多数参数将不再需要现场工人进行设置。而且现场操作工对许多参数也可能不理解，并且可能发生误操作将参数设置为错误的数值而使得仪表无法正常工作。 通常智能仪表都具备参数锁(Loc)功能，不过普通的参数锁功能往往将所有参数均锁上，而有时我们又需要现场操作工对部分参数能进行修改及调整，例如上限报警值 HIAL 或 M50、P、t 等参数，对于 MT-A1P/A2P 型则可能还需要修改部分程序值，如某段的温度值或时间值。 在参数表中 EP1～EP8 定义 1～8 个现场参数给现场操作工使用。其参数值是 EP 参数本身外其他参数，如 HIAL、LoAL 等参数，对于 MT-A1P/A2P 型仪表，则还包括程序设置值，例如 C01、t01 等。当 Loc＝0、1、2 等值时，只有被定义到的参数或程序设置值才能被显示，其他参数不能被显示及修改。该功能可加快修改参数的速度，又能避免重要参数(如输入、输出参数)不被误修改。 参数 EP1～EP8 最多可定义 8 个现场参数，如果现场参数少于 8 个(有时甚至没有)，应将要用到的参数按 EP1～EP8 依次定义，没用到的第一个参数定义为 nonE。 例如，某仪表现场常要修改 HIAL(上限报警)、LoAL(下限报警)两个参数，可将 EP 参数设置如下：Loc＝0、EP1＝HIAL、EP2＝LoAL、EP3＝nonE。 如果仪表调试完成后并不需要现场参数，此时可将 EP1 参数值设置为 nonE	nonE～run

附录七 实验室常用危险化学品安全说明

品名	健康特性	理化特性
醋酸酐	吸入后有刺激作用，引起咳嗽、胸痛、呼吸困难。眼直接接触可致灼伤；蒸气对眼有刺激性。皮肤接触可引起灼伤。口服灼伤口腔和消化道，出现腹痛、恶心、呕吐和休克等	无色透明液体，有强烈的乙酸气味，味酸，有吸湿性，溶于氯仿和乙醚，缓慢地溶于水形成乙酸，与乙醇作用形成乙酸乙酯
	应急处理	
	皮肤接触：立即脱去污染的衣着，用大量流动清水冲洗至少15min。就医。 眼睛接触：立即提起眼睑，用大量流动清水或生理盐水彻底冲洗至少15min。就医。 吸入：迅速脱离现场至空气新鲜处。保持呼吸道通畅。如出现呼吸困难应立即就医。 食入：误服入口立即就医	

品名	健康特性	理化特性
三氯甲烷	主要作用于中枢神经系统，具有麻醉作用，对心、肝、肾有损害。急性中毒：吸入或经皮肤吸收引起急性中毒。初期有头痛、头晕、恶心、呕吐、兴奋、皮肤湿热和黏膜刺激症状。以后呈现精神紊乱、呼吸表浅、反射消失、昏迷等，重者发生呼吸麻痹、心室纤维性颤动。同时可伴有肝、肾损害。误服中毒时，胃有烧灼感，伴恶心、呕吐、腹痛、腹泻。液态可致皮炎、湿疹，甚至皮肤灼伤	无色透明液体。有特殊气味。味甜。高折射率，不燃，质重，易挥发。纯品对光敏感，遇光照会与空气中的氧作用，逐渐分解而生成剧毒的光气（碳酰氯）和氯化氢。可加入0.6%～1%的乙醇作稳定剂。能与乙醇、苯、乙醚、石油醚、四氯化碳、二硫化碳和油类等混溶，25℃时1mL溶于200mL水
	应急处理	
	皮肤接触：立即脱去污染的衣着，用大量流动清水冲洗至少15min。就医。 眼睛接触：立即提起眼睑，用大量流动清水或生理盐水彻底冲洗至少15min。就医。 吸入：迅速脱离现场至空气新鲜处。保持呼吸道通畅。如呼吸困难，给输氧。如呼吸停止，立即进行人工呼吸。就医。 食入：饮足量温水，催吐。就医	

品名	健康特性	理化特性
乙醚	主要作用为全身麻醉。急性大量接触，早期出现兴奋，继而嗜睡、呕吐、面色苍白、脉缓、体温下降和呼吸不规则，而有生命危险。急性接触后的暂时后作用有头痛、易激动或抑郁、流涎、呕吐、食欲下降和多汗等。液体或高浓度蒸气对眼有刺激性。长期低浓度吸入，有头痛、头晕、疲倦、嗜睡、蛋白尿、红细胞增多症。长期皮肤接触，可发生皮肤干燥、皲裂	无色透明液体。有特殊刺激气味。带甜味。极易挥发。其蒸气重于空气。当乙醚中含有过氧化物时，在蒸发后所分离残留的过氧化物加热到100℃以上时能引起强烈爆炸；这些过氧化物可加5%硫酸亚铁水溶液振摇除去。与无水硝酸、浓硫酸和浓硝酸的混合物反应也会发生猛烈爆炸。溶于低碳醇、苯、氯仿、石油醚和油类，微溶于水
	应急处理	
	皮肤接触：脱去污染的衣着，用大量流动清水冲洗。 眼睛接触：提起眼睑，用流动清水或生理盐水冲洗。就医。 吸入：迅速脱离现场至空气新鲜处。保持呼吸道通畅。如呼吸困难，给输氧。如呼吸停止，立即进行人工呼吸。就医。 食入：饮足量温水，催吐。就医	

续表

<table>
<tr><th>品名</th><th>健康特性</th><th>理化特性</th></tr>
<tr><td rowspan="4">硝酸银</td><td>硝酸银有一定毒性，进入体内对胃肠产生严重腐蚀，成年人致死量约10g。半数致死量(小鼠，经口)50mg/kg。误服硝酸银可引起剧烈腹痛、呕吐、血便，甚至发生胃肠道穿孔。可造成皮肤和眼灼伤。长期接触该品的工人会出现全身性银质沉着症。表现包括：全身皮肤广泛的色素沉着，呈灰蓝黑色或浅石板色；眼部银质沉着造成眼损害；呼吸道银质沉着造成慢性支气管炎等</td><td>无色晶体，易溶于水。纯硝酸银对光稳定，但由于一般的产品纯度不够，其水溶液和固体常被保存在棕色试剂瓶中。用于照相乳剂、镀银、制镜、印刷、医药、染毛发，检验氯离子、溴离子和碘离子等，也用于电子工业</td></tr>
<tr><td colspan="2">应急处理</td></tr>
<tr><td colspan="2">皮肤接触：脱去污染的衣着，用肥皂水和清水彻底冲洗皮肤。
眼睛接触：提起眼睑，用流动清水或生理盐水冲洗，并及时就医。
吸入：迅速脱离现场至空气新鲜处。保持呼吸道通畅。如呼吸困难，给输氧。如呼吸停止，立即进行人工呼吸。就医。
食入：用水漱口，给饮牛奶或蛋清，并及时就医</td></tr>
<tr style="display:none"></tr>
<tr><th>品名</th><th>健康特性</th><th>理化特性</th></tr>
<tr><td rowspan="3">高锰酸钾</td><td>高锰酸钾有毒，且有一定的腐蚀性。吸入后可引起呼吸道损害。溅落眼睛内，刺激结膜，重者致灼伤。刺激皮肤后呈棕黑色。浓溶液或结晶对皮肤有腐蚀性，对组织有刺激性。口服后，会严重腐蚀口腔和消化道。口服剂量大者，口腔黏膜黑染呈棕黑色、肿胀糜烂，胃出血，肝肾损害，剧烈腹痛，呕吐，血便，休克，最后死于循环衰竭，高锰酸钾纯品致死量约为10g</td><td>黑紫色、细长的棱形结晶或颗粒，带蓝色的金属光泽；无臭；与某些有机物或易氧化物接触，易发生爆炸，溶于水、碱液，微溶于甲醇、丙酮、硫酸。熔点为240℃，稳定，但接触易燃材料可能引起火灾。要避免的物质包括还原剂、强酸、有机材料、易燃材料、过氧化物、醇类和化学活性金属</td></tr>
<tr><td colspan="2">应急处理</td></tr>
<tr><td colspan="2">皮肤接触：立即脱去污染的衣着，用大量流动清水冲洗至少15min。就医。
眼睛接触：立即提起眼睑，用大量流动清水或生理盐水彻底冲洗至少15min。就医。
吸入：迅速脱离现场至空气新鲜处。保持呼吸道通畅。如呼吸困难，给输氧。如呼吸停止，立即进行人工呼吸。就医。
食入：用水漱口，给饮牛奶或蛋清。就医</td></tr>
<tr><th>品名</th><th>健康特性</th><th>理化特性</th></tr>
<tr><td rowspan="3">甲苯</td><td>对皮肤、黏膜有刺激，对中枢神经系统有麻醉作用。急性中毒：短时间内吸入较高浓度本品可出现眼及上呼吸道明显的刺激症状、眼结膜及咽部充血、头晕、头痛、恶心、呕吐、胸闷、四肢无力、步态蹒跚、意识模糊。重症者可有躁动、抽搐、昏迷。慢性中毒：长期接触可发生神经衰弱综合征，肝肿大，女工月经异常等。皮肤干燥、皲裂、皮炎</td><td>无色澄清液体。有苯样气味。能与乙醇、乙醚、丙酮、氯仿、二硫化碳和冰醋酸混溶，极微溶于水。相对密度0.866。凝固点−95℃。沸点110.6℃。折射率1.4967。闪点(闭杯)4.4℃。易燃。蒸气能与空气形成爆炸性混合物，爆炸极限1.2%～7.0%(体积分数)</td></tr>
<tr><td colspan="2">应急处理</td></tr>
<tr><td colspan="2">皮肤接触：脱出被污染的衣着，用肥皂水和清水彻底冲洗皮肤。
眼睛接触：提起眼睑，用流动清水或生理盐水冲洗。就医。
吸入：迅速脱离现场至空气新鲜处，保持呼吸道通畅。如呼吸困难，给输氧。如呼吸停止，立即进行人工呼吸。就医。
食入：饮足量温水，催吐。就医</td></tr>
</table>

续表

<table>
<tr><td>品名</td><td>健康特性</td><td>理化特性</td></tr>
<tr><td rowspan="4">乙醇</td><td>本品为中枢神经系统抑制剂。首先引起兴奋，随后抑制。乙醇易燃，具刺激性。其蒸气与空气可形成爆炸性混合物，遇明火、高热能引起燃烧爆炸。与氧化剂接触发生化学反应或引起燃烧。在火场中，受热的容器有爆炸危险。其蒸气比空气重，能在较低处扩散到相当远的地方，遇火源会着火回燃</td><td>乙醇在常温常压下是一种易燃、易挥发的无色透明液体，低毒性，纯液体不可直接饮用；具有特殊香味，并略带刺激；微甘，并伴有刺激的辛辣滋味。易燃，其蒸气能与空气形成爆炸性混合物，能与水以任意比互溶。能与氯仿、乙醚、甲醇、丙酮和其他多数有机溶剂混溶</td></tr>
<tr><td colspan="2">应急处理</td></tr>
<tr><td colspan="2">皮肤接触：脱去污染的衣着，用肥皂水和清水彻底冲洗皮肤。
眼睛接触：提起眼睑，用流动清水或生理盐水冲洗。就医。
吸入：迅速脱离现场至空气新鲜处。保持呼吸道通畅。如呼吸困难，给输氧。如呼吸停止，立即进行人工呼吸。就医。
食入：饮足量温水，催吐。就医</td></tr>
<tr style="display:none"><td colspan="2"></td></tr>
<tr><td>品名</td><td>健康特性</td><td>理化特性</td></tr>
<tr><td rowspan="3">双氧水</td><td>高浓度过氧化氢有强烈的腐蚀性。吸入该品蒸气或雾对呼吸道有强烈刺激性。眼直接接触液体可致不可逆损伤甚至失明。口服中毒出现腹痛、胸口痛、呼吸困难、呕吐、一时性运动和感觉障碍、体温升高等。个别病例出现视力障碍、癫痫样痉挛、轻瘫</td><td>化学式为 H_2O_2。纯过氧化氢是淡蓝色的黏稠液体，可任意比例与水混溶，是一种强氧化剂，水溶液俗称双氧水，为无色透明液体。其水溶液适用于医用伤口消毒及环境消毒和食品消毒。在一般情况下会缓慢分解成水和氧气，但分解速度极其慢，加快其反应速度的办法是加入催化剂——二氧化锰等或用短波射线照射</td></tr>
<tr><td colspan="2">应急处理</td></tr>
<tr><td colspan="2">皮肤接触：脱去被污染的衣着，用大量流动清水冲洗。
眼睛接触：立即提起眼睑，用大量流动清水或生理盐水彻底冲洗至少 15min。就医。
吸入：迅速脱离现场至空气新鲜处。保持呼吸道通畅。如呼吸困难，给输氧。如呼吸停止，立即进行人工呼吸。就医。
食入：饮足量温水，催吐，就医</td></tr>
<tr><td>品名</td><td>健康特性</td><td>理化特性</td></tr>
<tr><td rowspan="3">重铬酸钾</td><td>急性中毒：吸入后可引起急性呼吸道刺激症状、鼻出血、声音嘶哑、鼻黏膜萎缩，有时出现哮喘和发绀。重者可发生化学性肺炎。口服可刺激和腐蚀消化道，引起恶心、呕吐、腹痛、血便等；重者出现呼吸困难、发绀、休克、肝损害及急性肾功能衰竭等</td><td>室温下为橙红色三斜晶体或针状晶体，溶于水，不溶于乙醇，别名为红矾钾。重铬酸钾是一种有毒且有致癌性的强氧化剂，它被国际癌症研究机构划归为第一类致癌物质，而且是强氧化剂，在实验室和工业中都有很广泛的应用。用于制铬矾、火柴、铬颜料、鞣革、电镀、有机合成等</td></tr>
<tr><td colspan="2">应急处理</td></tr>
<tr><td colspan="2">皮肤接触：脱去被污染的衣着，用肥皂水和清水彻底冲洗皮肤。
眼睛接触：提起眼睑，用流动清水或生理盐水冲洗。就医。
吸入：迅速脱离现场至空气新鲜处。保持呼吸道通畅。如呼吸困难，给输氧。如呼吸停止，立即进行人工呼吸。就医。
食入：误服者用水漱口，用清水或 1% 硫代硫酸钠溶液洗胃。给饮牛奶或蛋清。就医</td></tr>
</table>

续表

<table>
<tr><th>品名</th><th>健康特性</th><th>理化特性</th></tr>
<tr><td rowspan="4">甲醇</td><td>对中枢神经系统有麻醉作用；对视神经和视网膜有特殊选择作用，引起病变；可致代谢性酸中毒。急性中毒：短时大量吸入出现轻度眼上呼吸道刺激症状；经一段时间潜伏期后出现头痛、头晕、乏力、眩晕、酒醉感、意识不清、谵妄，甚至昏迷。皮肤出现脱脂、皮炎等</td><td>结构为最简单的饱和一元醇，因在干馏木材中首次发现，故又称“木醇”或“木精”。是无色有酒精气味易挥发的液体。用于制造甲醛和农药等，并用作有机物的萃取剂和酒精的变性剂等。成品通常由一氧化碳与氢气反应制得</td></tr>
<tr><td colspan="2">应急处理</td></tr>
<tr><td colspan="2">皮肤接触：脱去污染的衣着，用肥皂水和清水彻底冲洗皮肤。
眼睛接触：提起眼睑，用流动清水或生理盐水冲洗，就医。
吸入：迅速脱离现场至空气新鲜处。保持呼吸道通畅。如呼吸困难，给输氧。如呼吸停止，立即进行人工呼吸，就医。
食入：饮足量温水，催吐或用清水、1%硫代硫酸钠溶液洗胃，就医</td></tr>
<tr><th>品名</th><th>健康特性</th><th>理化特性</th></tr>
<tr><td rowspan="3">氢氧化钠</td><td>该品有强烈刺激和腐蚀性。粉尘或烟雾会刺激眼和呼吸道，腐蚀鼻中隔、皮肤和眼。与 $NaOH$ 直接接触会引起灼伤，误服可造成消化道灼伤，黏膜糜烂、出血和休克</td><td>俗称烧碱、火碱、苛性钠，为一种具有强腐蚀性的强碱，一般为片状或块状形态，易溶于水（溶于水时放热）并形成碱性溶液，另有潮解性，易吸取空气中的水蒸气（潮解）和二氧化碳（变质），可加入盐酸检验是否变质</td></tr>
<tr><td colspan="2">应急处理</td></tr>
<tr><td colspan="2">皮肤接触：先用水冲洗至少 15min（稀液）或用布擦干（浓液），再用 5%～10%硫酸镁或 3%硼酸溶液清洗并就医。
眼睛接触：立即提起眼睑，用流动清水或生理盐水清洗至少 15min。就医。
吸入：迅速脱离现场至空气新鲜处。必要时进行人工呼吸。就医。
食入：少量误食时立即用食醋、大量橘汁或柠檬汁等中和；给饮蛋清、牛奶或植物油并迅速就医</td></tr>
<tr><th>品名</th><th>健康特性</th><th>理化特性</th></tr>
<tr><td rowspan="3">氨水</td><td>吸入后对鼻、喉和肺有刺激性，引起咳嗽、气短和哮喘等；重者发生喉头水肿、肺水肿，心、肝、肾损害等。溅入眼内可造成灼伤，皮肤接触可致灼伤。口服灼伤消化道。慢性影响：反复低浓度接触，可能引起支气管炎</td><td>氨的水溶液无色透明且具有刺激性气味。氨气易溶于水、乙醇。易挥发，具有部分碱的通性，氨水由氨气通入水中制得。工业氨水是含氨 25%～28%的水溶液，氨水中仅有一小部分氨分子与水反应形成一水合氨，是仅存在于氨水中的弱碱。氨水凝固点与氨水浓度有关，常用的 20%（质量分数）浓度凝固点约为−35℃。与酸中和反应产生热</td></tr>
<tr><td colspan="2">应急处理</td></tr>
<tr><td colspan="2">皮肤接触：立即脱去被污染的衣着，用大量流动清水冲洗至少 15min。就医。
眼睛接触：立即提起眼睑，用大量流动清水或生理盐水彻底冲洗至少 15min。就医。
吸入：迅速脱离现场至空气新鲜处。保持呼吸道通畅。如呼吸困难，给输氧。如呼吸停止，立即进行人工呼吸。就医。
食入：误服者用水漱口，给饮牛奶或蛋清。就医</td></tr>
</table>

续表

<table>
<tr><th>品名</th><th>健康特性</th><th>理化特性</th></tr>
<tr><td rowspan="3">浓硫酸</td><td>对皮肤、黏膜等组织有强烈的刺激和腐蚀作用。蒸气或雾可引起结膜炎、结膜水肿、角膜混浊，以致失明；引起呼吸道刺激，重者发生呼吸困难和肺水肿；高浓度引起喉痉挛或声门水肿而窒息死亡。口服后引起消化道烧伤以致溃疡形成；严重者可能有胃穿孔、腹膜炎、肾损害、休克等。皮肤灼伤轻者出现红斑，重者形成溃疡，愈后瘢痕收缩影响功能。溅入眼内可造成灼伤，甚至角膜穿孔、全眼炎以至失明</td><td>具有高腐蚀性的强矿物酸。浓硫酸指质量分数大于或等于70%的硫酸溶液。浓硫酸在浓度高时具有强氧化性，这是它与稀硫酸最大的区别之一。同时它还具有脱水性，强腐蚀性，难挥发性，酸性，吸水性等</td></tr>
<tr><td colspan="2">应急处理</td></tr>
<tr><td colspan="2">眼睛接触：张开眼睑用大量清水或2%碳酸氢钠溶液彻底冲洗。
皮肤接触：立即用大量冷水冲洗（浓硫酸对皮肤腐蚀强烈，实际操作应直接大量冷水冲洗），然后涂上3%～5%的碳酸氢钠溶液，以防灼伤皮肤。
吸入：将患者移离现场至空气新鲜处，有呼吸道刺激症状者应吸氧。
食入：立即服用氧化镁悬浮液、牛奶、豆浆等</td></tr>
<tr><th>品名</th><th>健康特性</th><th>理化特性</th></tr>
<tr><td rowspan="3">浓硝酸</td><td>蒸气对眼睛、呼吸道等的黏膜和皮肤有强烈刺激性。蒸气浓度高时可引起肺水肿。对牙齿具有腐蚀性。皮肤沾上可引起灼伤，腐蚀而留下疤痕，浓硝酸腐蚀可达到相当深部。如进入咽部，对口腔以下的消化道可产生强烈的腐蚀性烧伤，严重时发生休克致死</td><td>易挥发，可以任意比例溶于水，混溶时与硫酸相似会释放出大量的热所以需要不断搅拌，并且只能是把浓 HNO_3 加入水中而不能反过来。危险性：加热时分解，产生有毒烟雾；与可燃物和还原性物质发生激烈反应，爆炸。与碱发生激烈反应，腐蚀大多数金属，生成氮氧化物，与许多常用有机物发生非常激烈反应，引起火灾和爆炸危险</td></tr>
<tr><td colspan="2">应急处理</td></tr>
<tr><td colspan="2">皮肤接触：立即用水冲洗至少15min，或用2%碳酸氢钠溶液冲洗。若有灼伤，就医治疗。
眼睛接触：立即提起眼睑，用流动清水或生理盐水冲洗至少15min。就医。
吸入：迅速脱离现场至空气新鲜处。呼吸困难时给予输氧。给予2%～4%碳酸氢钠溶液雾化吸入。就医。
食入：误服者给牛奶、蛋清、植物油等口服，不可催吐。立即就医</td></tr>
<tr><th>品名</th><th>健康特性</th><th>理化特性</th></tr>
<tr><td rowspan="3">甲醛</td><td>甲醛的主要危害表现为对皮肤黏膜的刺激作用，甲醛在室内达到一定浓度时，人就有不适感。可引起眼红、眼痒、咽喉不适或疼痛、声音嘶哑、喷嚏、胸闷、气喘、皮炎等。新装修的房间甲醛含量较高，是众多疾病的主要诱因</td><td>无色气体，有特殊的刺激气味，对人眼、鼻等有刺激作用。易溶于水和乙醇。水溶液的浓度最高可达55%，通常是40%，称作甲醛水，俗称福尔马林（formalin），是有刺激气味的无色液体</td></tr>
<tr><td colspan="2">应急处理</td></tr>
<tr><td colspan="2">皮肤接触：脱去被污染的衣着，用肥皂水和清水彻底冲洗皮肤。
眼睛接触：提起眼睑，用流动清水或生理盐水冲洗。就医。
吸入：迅速脱离现场至空气新鲜处。保持呼吸道通畅。如呼吸困难，给输氧。如呼吸停止，立即进行人工呼吸。就医。
食入：饮足量清水，催吐，用清水或1%硫代硫酸钠溶液洗胃。就医</td></tr>
</table>

续表

<table>
<tr><th>品名</th><th>健康特性</th><th>理化特性</th></tr>
<tr><td rowspan="3">苯酚</td><td>对皮肤、黏膜有强烈的腐蚀作用,可抑制中枢神经或损害肝、肾功能。急性中毒:吸入高浓度蒸气可致头痛、头晕、乏力、视物模糊、肺水肿等。误服引起消化道灼伤,出现烧灼痛,呼出气带酚味,呕吐物或大便可带血液,有胃肠穿孔的可能,可出现休克、肺水肿、肝或肾损害,出现急性肾功能衰竭,可死于呼吸衰竭。眼接触可致灼伤。可经灼伤皮肤吸收经一定潜伏期后引起急性肾功能衰竭。慢性中毒:可引起头痛、头晕、咳嗽、食欲减退、恶心、呕吐,严重者引起蛋白尿。可致皮炎</td><td>具有特殊气味的无色针状晶体,有毒,是生产某些树脂、杀菌剂、防腐剂以及药物(如阿司匹林)的重要原料。也可用于消毒外科器械和排泄物的处理,皮肤杀菌、止痒及中耳炎。苯酚有腐蚀性,接触后会使局部蛋白质变性,其溶液沾到皮肤上可用酒精洗涤</td></tr>
<tr><td colspan="2">应急处理</td></tr>
<tr><td colspan="2">皮肤接触:立即脱去污染的衣着,用甘油、聚乙烯乙二醇或聚乙烯乙二醇和酒精混合液(7:3)抹洗,然后用水彻底清洗。或用大量流动清水冲洗至少15min。就医。
眼睛接触:立即提起眼睑,用大量流动清水或生理盐水彻底冲洗至少15min。就医。
吸入:迅速脱离现场至空气新鲜处。保持呼吸道通畅。如呼吸困难,给输氧。如呼吸停止,立即进行人工呼吸。就医。
食入:立即给饮植物油15~30mL。催吐。就医</td></tr>
<tr><th>品名</th><th>健康特性</th><th>理化特性</th></tr>
<tr><td rowspan="3">氢氧化钾</td><td>本品具有强腐蚀性。粉尘刺激眼和呼吸道,腐蚀鼻中隔;皮肤和眼直接接触可引起灼伤;误服可造成消化道灼伤,黏膜糜烂、出血,休克</td><td>具强碱性及腐蚀性。极易吸收空气中水分而潮解,吸收二氧化碳而成碳酸钾。溶于约0.6份热水、0.9份冷水、3份乙醇、2.5份甘油。当溶解于水、醇或用酸处理时产生大量热量。0.1mol/L溶液的pH值为13.5。溶于乙醇,微溶于醚</td></tr>
<tr><td colspan="2">应急处理</td></tr>
<tr><td colspan="2">皮肤接触:立即脱去污染的衣着,用大量流动清水冲洗至少15min。就医。
眼睛接触:立即提起眼睑,用大量流动清水或生理盐水彻底冲洗至少15min。就医。
吸入:迅速脱离现场至空气新鲜处。保持呼吸道通畅。如呼吸困难,给输氧。如呼吸停止,立即进行人工呼吸。就医。
食入:用水漱口,给饮牛奶或蛋清。就医</td></tr>
<tr><th>品名</th><th>健康特性</th><th>理化特性</th></tr>
<tr><td rowspan="3">邻苯二甲酸酐</td><td>本品对眼、鼻、喉和皮肤有刺激作用,这种刺激作用,可因其在湿润的组织表面水解为邻苯二甲酸而加重。可造成皮肤灼伤。吸入本品粉尘或蒸气,引起咳嗽、喷嚏和鼻衄。对有哮喘史者,可诱发哮喘。长期反复接触可引起皮疹和慢性眼刺激。反复接触对皮肤有致敏作用。可引起慢性支气管炎和哮喘</td><td>邻苯二甲酸酐,简称苯酐,是邻苯二甲酸分子内脱水形成的环状酸酐。苯酐为白色固体,是化工中的重要原料,尤其用于增塑剂的制造。难溶于冷水,易溶于热水,乙醇,乙醚,苯等多数有机溶剂</td></tr>
<tr><td colspan="2">应急处理</td></tr>
<tr><td colspan="2">皮肤接触:立即脱去被污染衣着,用大量流动清水冲洗至少15min。就医。
眼睛接触:立即提起眼睑,用大量流动清水或生理盐水彻底冲洗至少15min。就医。
吸入:迅速脱离现场至新鲜空气处。保持呼吸道通畅。如呼吸困难,给输氧。如呼吸停止,立即进行人工呼吸。就医。
食入:误服者用水漱口,给饮牛奶或蛋清。就医</td></tr>
</table>

续表

品名	健康特性	理化特性
冰醋酸/乙酸	对眼睛健康的影响有强烈的刺激作用。液体或气体会使视力严重损伤或导致视力丧失。含量在10%以上的水溶液会引起严重的结膜刺激和角膜损伤，对皮肤造成严重的化学烧伤。误吞后对健康的影响：鼻子、喉咙和呼吸道受到刺激，含量升高会严重刺激鼻子、喉咙和呼吸道	乙酸，也叫醋酸、冰醋酸，化学式 CH_3COOH，是一种有机一元酸，为食醋主要成分。纯的无水乙酸（冰醋酸）是无色的吸湿性固体，凝固点为16.6℃，凝固后为无色晶体，其水溶液呈弱酸性且腐蚀性强
	应急处理	
	皮肤接触：立即脱去被污染的衣着，用大量流动清水冲洗至少15min。就医。 眼睛接触：立即提起眼睑，用大量流动清水或生理盐水彻底冲洗至少15min。就医。 吸入：迅速脱离现场至空气新鲜处。保持呼吸道通畅。如呼吸困难，给输氧。如呼吸停止，立即进行人工呼吸。就医。 食入：误服者用水漱口。就医	
品名	健康特性	理化特性
水杨酸	该品粉尘对呼吸道有刺激性，吸入后引起咳嗽和胸部不适。对眼有刺激性，长时间接触可致眼损害。长时间或反复皮肤接触可引起皮炎，甚至发生灼伤。摄入发生胃肠道刺激、耳鸣及肾损害	白色针状晶体或毛状结晶性粉末。易溶于乙醇、乙醚、氯仿，微溶于水，在沸水中溶解
	应急处理	
	皮肤接触：立即脱去污染的衣着，用大量流动清水冲洗至少15min。就医。 眼睛接触：立即提起眼睑，用大量流动清水或生理盐水彻底冲洗至少15min。就医。 吸入：脱离现场至空气新鲜处。如呼吸困难，给输氧。就医。 食入：饮足量温水，催吐。洗胃，导泄。就医	
品名	健康特性	理化特性
硝基苯	硝基苯毒性较强，吸入大量蒸气或皮肤大量沾染，可引起急性中毒，使血红蛋白氧化或络合，血液变成深棕褐色，并引起头痛、恶心、呕吐等	无色或微黄色具苦杏仁味的油状液体。难溶于水，密度比水大；易溶于乙醇、乙醚、苯和油。遇明火、高热会燃烧、爆炸。与硝酸反应剧烈。硝基苯由苯经硝酸和硫酸混合硝化而得
	应急处理	
	皮肤接触：立即脱去被污染的衣着，用肥皂水和清水彻底冲洗皮肤。就医。 眼睛接触：提起眼睑，用流动清水或生理盐水冲洗。就医。 吸入：迅速脱离现场至空气新鲜处。保持呼吸道通畅。如呼吸困难，给输氧。如呼吸停止，立即进行人工呼吸。就医。 食入：饮足量温水，催吐，就医	

续表

<table>
<tr><th>品名</th><th>健康特性</th><th>理化特性</th></tr>
<tr><td rowspan="3">乙腈</td><td>乙腈急性中毒发病较氢氰酸慢，可有数小时潜伏期。主要症状为衰弱、无力、面色灰白、恶心、呕吐、腹痛、腹泻、胸闷、胸痛；严重者呼吸及循环系统紊乱，呼吸浅、慢而不规则，血压下降，脉搏细而慢，体温下降，阵发性抽搐，昏迷。可有尿频、蛋白尿等</td><td>无色液体，极易挥发，有类似于醚的特殊气味，有优良的溶剂性能，能溶解多种有机、无机和气体物质。有一定毒性，与水和醇无限互溶。乙腈能发生典型的腈类反应，并被用于制备许多典型含氮化合物，是重要的有机中间体</td></tr>
<tr><td colspan="2">应急处理</td></tr>
<tr><td colspan="2">皮肤接触：脱去污染的衣着，用肥皂水和清水彻底冲洗皮肤。
眼睛接触：提起眼睑，用流动清水或生理盐水冲洗。就医。
吸入：迅速脱离现场至空气新鲜处。保持呼吸道通畅。如呼吸困难，给输氧。如呼吸停止，立即进行人工呼吸。就医。
食入：饮足量温水，催吐。用1∶5000高锰酸钾或5%硫代硫酸钠溶液洗胃。就医</td></tr>
<tr><th>品名</th><th>健康特性</th><th>理化特性</th></tr>
<tr><td rowspan="3">一氧化碳</td><td>一氧化碳在血中与血红蛋白结合而造成组织缺氧。一氧化碳极易与血红蛋白结合，形成碳氧血红蛋白，使血红蛋白丧失携氧的能力和作用，造成组织窒息，严重时死亡。一氧化碳对全身的组织细胞均有毒性作用，尤其对大脑皮质的影响最为严重</td><td>无色、无臭、无刺激性的气体。分子量为28.01。在水中的溶解度甚低，极难溶于水。溶于乙醇、苯等多数有机溶剂。具有可燃性、还原性和毒性</td></tr>
<tr><td colspan="2">应急处理</td></tr>
<tr><td colspan="2">吸入：立即打开门窗，移病人于通风良好、空气新鲜的地方。松解衣扣，保持呼吸道通畅，清除口鼻分泌物，如发现呼吸骤停，应立即行口对口人工呼吸，并做心脏体外按摩。就医</td></tr>
<tr><th>品名</th><th>健康特性</th><th>理化特性</th></tr>
<tr><td rowspan="3">氢气</td><td>氢气是一种无色、无嗅、无毒、易燃易爆的气体，和氟气、氯气、氧气、一氧化碳以及空气混合均有爆炸的危险，其中，氢气与氟气的混合物在低温和黑暗环境就能发生自发性爆炸，与氯气的混合体积比为1∶1时，在光照下也可爆炸。本品在生理学上是惰性气体，仅在高浓度时，由于空气中氧分压降低才引起窒息。在很高的分压下，氢气可呈现出麻痹作用</td><td>极易燃烧，无色透明，无臭无味。世界上已知的密度最小的气体，密度只有空气的1/14，在0℃时，一个标准大气压下，氢气的密度为0.0899g/L。氢气可作为飞艇、氢气球的填充气体（由于氢气具有可燃性，安全性不高，飞艇现多用氦气填充）</td></tr>
<tr><td colspan="2">应急处理</td></tr>
<tr><td colspan="2">吸入：迅速脱离现场至空气新鲜处，保持呼吸道通畅。如呼吸困难，给输氧。如呼吸停止，立即进行人工呼吸。就医。
泄漏：应急处理人员戴自给正压式呼吸器，穿消防防护服。尽可能切断泄漏源。合理通风，加速扩散。漏气容器要妥善处理，修复、检验后再用。
着火：切断气源。若不能立即切断气源，则不允许熄灭正在燃烧的气体。喷水冷却容器，可能的话将容器从火场移至空旷处喷水冷却，灭火剂为雾状水、泡沫、二氧化碳、干粉</td></tr>
</table>

续表

品名	健康特性	理化特性
二氧化碳	二氧化碳密度较空气大，当二氧化碳少时对人体无危害，但其超过一定量时会影响人(其他生物也是)的呼吸，原因是血液中的碳酸浓度增大，酸性增强，并产生酸中毒。空气中二氧化碳的体积分数为1%时，感到气闷，头昏，心悸；4%～5%时感到眩晕。6%以上时使人神志不清、呼吸逐渐停止以致死亡	空气中常见的温室气体，是一种气态化合物，由碳与氧反应生成，其化学式为 CO_2，一个二氧化碳分子由两个氧原子与一个碳原子通过共价键构成。 二氧化碳常温下是一种无色无味、不可燃的气体，密度比空气大，略溶于水，与水反应生成碳酸
	应急处理	
	皮肤接触：若有冻伤，就医治疗。 眼睛接触：若有冻伤，就医治疗。 吸入：迅速脱离现场至空气新鲜处。保持呼吸道通畅。如呼吸困难，给输氧。如呼吸停止，立即进行人工呼吸。就医	
品名	健康特性	理化特性
乙炔	具有弱麻醉作用。高浓度吸入可引起单纯窒息。急性中毒：暴露于20%浓度时，出现明显缺氧症状；吸入高浓度，初期兴奋、多语、哭笑不安，后出现眩晕、头痛、恶心、呕吐、共济失调、嗜睡；严重者昏迷、发绀、瞳孔对光反应消失、脉弱而不齐。当混有磷化氢、硫化氢时，毒性增大，应予注意	俗称风煤和电石气，是炔烃化合物系列中的一员，主要作工业用途，特别是烧焊金属方面。乙炔在室温下是一种无色、极易燃的气体。纯乙炔是无臭的，但工业用乙炔由于含有硫化氢、磷化氢等杂质，而有一股大蒜的气味
	应急处理	
	吸入：迅速脱离现场至空气新鲜处。保持呼吸道通畅。如呼吸困难，给输氧。如呼吸停止，立即进行人工呼吸，就医	
品名	健康特性	理化特性
液化气	液化气就是瓶装罐气，成分以甲烷和氢气为主，有氢气成分。液化气无色无味。液化气罐指的是用来储存液化气的储罐，其内部有液化气时压力很大，稍有操作不当就有可能引起爆炸，属于特种设备。产品本身是钢材制成，拥有一定的抗压能力。液化气钢瓶的最大承受压力为2.1MPa	氢气是一种极易燃烧，无色透明，无臭无味的气体。甲烷对人基本无毒，但浓度过高时，使空气中氧含量明显降低，使人窒息。当空气中甲烷达25%～30%时，可引起头痛、头晕、乏力、注意力不集中、呼吸和心跳加速、共济失调。若不及时远离，可致窒息死亡。皮肤接触液化的甲烷，可致冻伤
	应急处理	
	皮肤接触：若有冻伤，就医治疗。 吸入：迅速脱离现场至空气新鲜处。保持呼吸道通畅。如呼吸困难，给输氧。如呼吸停止，立即进行人工呼吸。就医。 食入：催吐	

参考文献

[1] 朱自强，徐汛. 化工热力学 [M]. 2版. 北京：化学工业出版社，1991.

[2] Hala P，et al. Vapour-Liquid Equilibrium [M]. Oxford：Pergamon Press Ltd，1967.

[3] Smith J M，Van Ness H C，Abott M M. Introduction to Chemical Engineering Thermodynamics [M]. Sixth Edition. 北京：化学工业出版社，2002.

[4] 武文良，张雅明，等. 异丙醇-水-乙酸钾体系汽液平衡数据的测定及关联 [J]. 石油化工，1997，26(9)：610-613.

[5] Wu W L，Zhang Y M，Lu X H，et al. Modification of the Furter equation and correlaton of the vapor-liquid equilibria for mixed-solvent electrolyte systems [J]. Fluid Phase Equilibria，1999，154：301-310.

[6] 陈维苗，张雅明. 醇-水-醋酸钾/碘化钾体系汽液平衡 [J]. 高校化学工程学报，2003，17(2)：123-127.

[7] 陈维苗，张雅明. 含盐醇水体系汽液平衡研究进展 [J]. 南京工业大学学报，2002，24(6)：99-106.

[8] Gamehling J，Onken H. VLE Data Collection. Aqueous-organic system Vol 1. part 1. Germany：DECHEMA，1977.

[9] 冯亚云. 化工基础实验 [M]. 北京：化学工业出版社，2000.

[10] 李丽娟. 化工实验与开发技术 [M]. 北京：化学工业出版社，2002.

[11] 雷良恒，等. 化工原理实验 [M]. 北京：清华大学出版社，1998.

[12] 杨祖荣. 化工原理实验 [M]. 北京：化学工业出版社，2004.

[13] 孙晓然，谢全安. 化学工程与工艺综合设计实验教程 [M]. 北京：冶金工业出版社，2001.

[14] 赵何为，朱承炎. 精细化工实验 [M]. 上海：华东化工学院出版社，1992.

[15] 强亮生，王慎敏. 精细化工综合实验 [M]. 黑龙江：哈尔滨工业大学出版社，2002.

[16] 周春隆. 精细化工实验法 [M]. 北京：中国石化出版社，1998.

[17] 廖传华，黄振仁. 超临界 CO_2 流体萃取技术：工艺开发及其应用 [M]. 北京：化学工业出版社，2004.

[18] 任建新. 膜分离技术及其应用 [M]. 北京：化学工业出版社，2002.

[19] 房鼎业，乐清华，等. 化学工程与工艺实验 [M]. 北京：化学工业出版社，2000.

[20] 张禹秋. 化学工程与工艺实验技术 [M]. 北京：化学工业出版社，2006.

[21] 张谦，等. 安息茴香油脂的超临界 CO_2 提取工艺研究 [J]. 新疆农业科学，2001，38(5)：273-274.

[22] 梁洁，等. 超临界 CO_2 萃取食用姜油的研究 [J]. 广州食品工业科技，2000，(1)：23-27.

[23] 高福成，等. 现代食品工程高新技术 [M]. 北京：中国轻工业出版社，1997.

[24] 李德华. 化学工程基础实验 [M]. 北京：化学工业出版社，2008.